Freimann

# Hydraulik in der Wasserwirtschaft

Robert Freimann

# Hydraulik in der Wasserwirtschaft

## Grundlagen und Anwendungen

4., aktualisierte und erweiterte Auflage

HANSER

Dieses Buch ist in den Auflagen 1 bis 3 unter dem Titel „Hydraulik für Bauingenieure“ erschienen.

**Der Autor:**

Prof. Dr.-Ing. Robert Freimann, Hochschule für angewandte Wissenschaften, München

MIX
Papier aus verantwortungsvollen Quellen
FSC® C083411
FSC www.fsc.org



Bibliografische Information der Deutschen Nationalbibliothek:
Die Deutsche Nationalbibliothek verzeichnet diese Publikation in der Deutschen Nationalbibliografie; detaillierte bibliografische Daten sind im Internet über http://dnb.d-nb.de abrufbar.


Internet: www.hanser-fachbuch.de

Lektorat: Dipl.-Ing. Natalia Silakova-Herzberg
Herstellung: Frauke Schafft
Covergestaltung: Max Kostopoulos
Coverkonzept: Marc Müller-Bremer, www.rebranding.de, München
Titelbild: © shutterstock.com/Amstk
Satz: Eberl & Koesel Studio, Kempten
Druck und Bindung: CPI books GmbH, Leck
Printed in Germany

Print-ISBN 978-3-446-46088-1
E-Book-ISBN 978-3-446-46089-8

# Vorwort zur 4. Auflage

**Liebe Leserin, lieber Leser,**

die bisherigen Auflagen 1 bis 3 wurden von Ihnen sehr gut angenommen, vielen Dank dafür. Daher habe ich mich zusammen mit dem Carl Hanser Verlag entschieden, eine vierte Auflage herauszubringen. Wie Sie vielleicht bemerkt haben, geschieht dies unter etwas anderem Titel. Da der Nutzerkreis unserer Erfahrung nach deutlich über die Beteiligten des Bauingenieurwesens hinausgeht, lautet der Titel nun „Hydraulik in der Wasserwirtschaft". Dies trägt dem Umstand Rechnung, dass hydraulische Erkenntnisse und Prinzipien beispielsweise auch von Hydrologinnen und Hydrologen, Agrar- und Umweltingenieurinnen und -ingenieuren, Landschafts- und Stadtplanerinnen und -planern sowie Vermessungsingenieurinnen und -ingenieuren in den jeweiligen Tätigkeitsbereichen genutzt und umgesetzt werden.

Mit diesem Buch wende ich mich an die gesamte Leserschaft, unabhängig vom Geschlecht und anderen Merkmalen. Keine Person soll weder bevorzugt noch benachteiligt werden. Bei direkter Ansprache verfahre ich wie im ersten Absatz bereits geschehen, möchte dabei aber ausdrücklich alle Personen geschlechtsneutral mit einbeziehen (w/m/d). Auf die in diesem Zusammenhang manchmal eingesetzten Sonderzeichen verzichte ich zugunsten einer guten Lesbarkeit bewusst.

Der Aufbau bleibt weitgehend gleich, ebenso der Inhalt. Hier und da wurde etwas korrigiert, ergänzt, verdeutlicht oder anders dargestellt. Dies alles erfolgt nicht zuletzt aufgrund der Anregungen seitens der Leserschaft, für die ich mich an dieser Stelle bedanken möchte. Unverändert sind die praxisgerechte Aufbereitung der hydraulischen Grundlagen sowie die durchgerechneten Beispiele und selbst zu lösenden Aufgaben mit detaillierten Lösungen. Auch die einschlägigen englischsprachigen Fachbegriffe werden beibehalten. Hinzugekommen sind Praxishinweise, die Ihnen weitere Informationen liefern können. Aus technischen Gründen nicht fortgeführt werden kann die App FREDDY, weshalb in diesem Buch auch kein Verweis oder QR-Code mehr zu finden ist.

Nach wie vor richtet sich dieses Buch in erster Linie an Studierende an Universitäten, Hochschulen und vergleichbaren Bildungseinrichtungen. Neben der Vermittlung der im Studium erforderlichen Kenntnisse kann es aber auch der Praktikerin und dem Praktiker eine wertvolle Hilfe zur kurzfristigen Auffrischung von hydraulischen Inhalten sein. Der Stoff ist fundiert dargestellt, ohne dabei theoretische Her- und Ableitungen in den Vordergrund zu stellen.

Ich danke allen, die mir wieder mit Rat und Tat bei der Erstellung des Manuskriptes behilflich waren. Ein besonderer Dank geht an das Team um Frau Natalia Silakova und Frau Christina Kubiak vom Carl Hanser Verlag für die sehr gute, angenehme und geduldige Zusammenarbeit.

München, im September 2022

Robert Freimann

# Inhalt

# 1 Einführung und Grundlagen

## 1.1 Bedeutung der Hydraulik

Keine andere technische Disziplin ist derart eng mit der Entwicklung der Zivilisation verknüpft wie das Bauingenieurwesen. In den vor Jahrtausenden gewachsenen städtischen Hochkulturen errichteten die damaligen Techniker vor allem Stadtmauern, Sakral- und Repräsentationsbauten sowie Anlagen der Wasserwirtschaft. Es entstanden Bauwerke zur Wasserversorgung, zur Entwässerung und zum Schutz vor Wasser. Zudem war in den Regionen zwischen Euphrat und Tigris, am Nil oder am Indus Landwirtschaft nur mithilfe von künstlicher Bewässerung möglich. Unsere heutige Zivilisation ist ohne Hochwasserschutzmaßnahmen, ohne Wasserversorgung und Abwasserentsorgung, ohne Wasserkraftanlagen, ohne Hafenbauten nicht vorstellbar. Auch Anlagen zur Entwässerung von Straßen und Bahnen, der Wasserhaltung im Tiefbau, Brücken und Tunnelanlagen bedürfen der Beherrschung und des sachgerechten Umgangs mit Wasser.

### Geschichtlicher Abriss

Beschreibungen und Untersuchungen zum Verhalten des Wassers gehören zu den frühesten Wissenschaftsbereichen, hierbei sind die beiden Universalgenies ARCHIMEDES VON SYRAKUS (um 285 - 212 v. Chr.) und LEONARDO DA VINCI (1452 - 1519) hervorzuheben. Auf ARCHIMEDES ist unter anderem die Entdeckung des Prinzips des hydrostatischen Auftriebs zurückzuführen (siehe Abschnitt 2.6), während LEONARDO mit umfangreichen Skizzen, Studien und Konstruktionsideen die empirische Strömungslehre mitbegründete (Bild 1.1).

**Bild 1.1**
Skizze der Umströmung eines Zylinders (aus: Leonardo da Vinci - Das Wasserbuch, Verlag Schirmer/Mosel, München 1996)

Bei den Untersuchungen der klassischen Hydromechanik (vor allem D. BERNOULLI, 1700 - 1782, Mathematiker, Physiker und Mediziner, und L. EULER, 1707 - 1783, Mathematiker und Physiker) erfolgte zunächst eine starke Ausrichtung an der Mathematik. Dabei wurden Erkenntnisse für das ideale Fluid, das als inkompressibel und reibungsfrei betrachtet wurde, gewonnen. Insbesondere die Annahme der Reibungsfreiheit erwies sich allerdings als wenig praktikabel. Durch Einführung von Reibungsansätzen (vor allem C.L.M.H. NAVIER, 1785 - 1836, Physiker) sowie durch zweckmäßige Vereinfachungen in den mathematisch-physikalischen Ansätzen wurden Berechnungsmöglichkeiten geschaffen, die eine mathematisch-physikalische Ausgangsbasis haben, zudem aber für die praktische Anwendung geeignet sind. Diese Vereinfachungen werden in der Hydraulik durch experimentell ermittelte, also empirische Beiwerte berücksichtigt.

## Technische Abgrenzungen

Die Wirkungen und Einflüsse von ruhendem oder sich bewegendem Wasser auf die natürliche Umwelt, den vom Menschen genutzten Lebensraum und auf entsprechende Bauwerke erfordern fundierte Kenntnisse von der Hydraulik des Wassers. Die Beschäftigung mit Hydraulik wiederum setzt Wissen und Fähigkeiten in Technischer Mechanik und Mathematik voraus. Bild 1.2 zeigt die Einteilung der Hydraulik in der Mechanik.

Die drei möglichen Aggregatszustände von Wasser werden gemäß Bild 1.2 in der Festkörpermechanik (Eis), in der Gasdynamik (Dampf) sowie in der Hydromechanik (Wasser) bearbeitet. Letztere wird in der praxisorientierten „Version" als **Hydraulik** bezeichnet, manchmal auch als „Technische Hydraulik" oder „Technische Hydromechanik". Man versteht darunter die Lehre und technische Anwendung vom Gleichgewicht ruhender, inkompressibler Flüssigkeiten bei Einwirkung äußerer Kräfte (Hydrostatik) und von der Bewegung inkompressibler Flüssigkeiten in Rohren, Gerinnen und porösen Stoffen (Hydrodynamik).

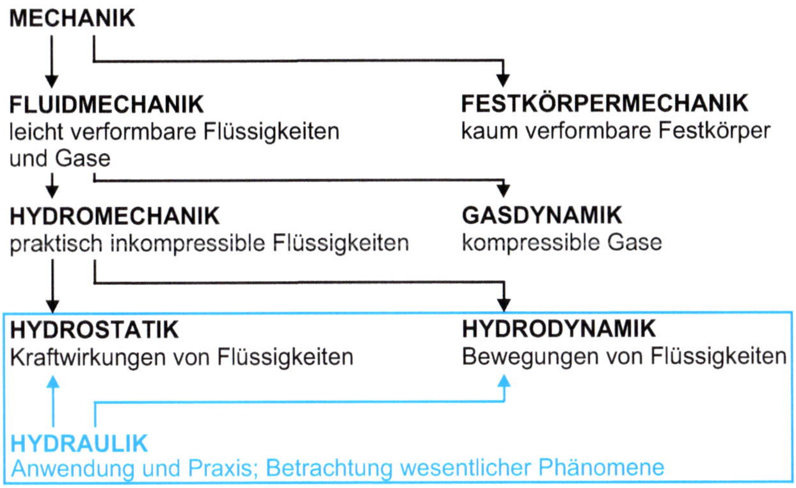


**Bild 1.2** Hydraulik als Teilgebiet der Mechanik

Die Zustandsgrößen Druck und Temperatur entscheiden über den Aggregatszustand von Wasser (Bild 1.3). Der Phasenübergang fest – flüssig ist allgemein im Bauwesen wegen den damit verbundenen Volumenänderungen von Eis gegenüber flüssigem Wasser von Bedeutung (siehe Abschnitt 1.2.1). In der Hydraulik spielt die Zustandsänderung flüssig – gasförmig bei großen Geschwindigkeitsänderungen eine Rolle, darauf wird in diesem Buch aber nur durch Erläuterung der praktischen Auswirkungen eingegangen (Stichwort: Druckstoß, siehe Abschnitt 9.2). Der Übergang von der festen in die gasförmige Phase ist bei wasserwirtschaftlichen Aufgabenstellungen unerheblich. Am Tripelpunkt beträgt die Temperatur 0 °C, der Dampfdruck 0,6 kN/m² und die Dichte von Wasser 999,8 kg/m³.

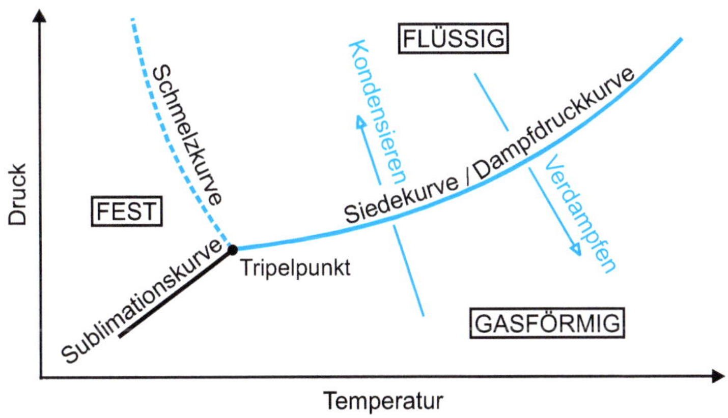


**Bild 1.3** Aggregatszustände und deren Übergänge

**Wesentliche Berufsfelder**

Die Hydraulik bildet die physikalische Grundlage für die Wasserwirtschaft, mit den Teilgebieten Wasserbau und Siedlungswasserwirtschaft. Neben der Entwicklung, Berechnung und Simulation (Stichwort: Computational Fluid Dynamics – kurz CFD) waren und sind Beobachtungen und Messungen in Feld- und Laborversuchen eine wesentliche Basis der Hydraulik. Die Hauptanwendungen liegen in der Ermittlung von Kräften auf Wasserbauwerke und den Strömungsgeschehnissen in Uferbereichen, in der Erfassung und Beschreibung von Strömungsbewegungen in Behältern, Rohren, Kanälen, Bächen und Flüssen, in der Berechnung von Überflutungsvorgängen auf Straßen und Plätzen, sowie in der Bearbeitung von Grundwasser- und Sickerströmungen.

Neben den oben schon erwähnten Bauingenieurinnen und Bauingenieuren werden hydraulische Erkenntnisse und Prinzipien beispielsweise auch von Hydrologinnen und Hydrologen, Agrar- und Umweltingenieurinnen und -ingenieuren, Landschafts- und Stadtplanerinnen und -planern sowie Vermessungsingenieurinnen und -ingenieuren in den jeweiligen Tätigkeitsbereichen genutzt und umgesetzt. Daher ist dieses Buch mit „Hydraulik in der Wasserwirtschaft“ betitelt.

Im Umfeld der im vorliegenden Buch angesprochenen Arbeitsbereiche und Berufsfelder kommt der eigentlich präzisierende Begriff der „Wasser-Hydraulik“ praktisch nicht vor, obwohl im landläufigen Sinne hydraulische Antriebe von Arbeitsmaschinen ebenfalls unter der Bezeichnung „Hydraulik“ bekannt sind. Im Zusammenhang mit den Arbeitsmaschinen wird manchmal auch der Begriff der „Öl-Hydraulik“ verwendet, da vor allem Öle als Kraftübertragungsmedien eingesetzt werden.

## 1.2 Wichtige Eigenschaften von Wasser

Denkt man an eine Flüssigkeit, dann kommt einem zumeist Wasser oder anderes trinkbares Nass in den Sinn. Beim heftigen Schütteln eines mit Wasser gefüllten Glases schwappt es über oder verspritzt gar. Gilt das für alle Flüssigkeiten? Haben alle Flüssigkeiten gleiche oder zumindest ähnliche Eigenschaften? Denken Sie an ein Glas Honig: Passiert beim Schütteln dasselbe wie mit Wasser? Verspritzt Honig oder schwappt er über den Rand? Allein beim Anheben zweier gleich großer Gläser, eines mit Wasser und das andere mit Honig gefüllt, spürt man die unterschiedliche Gewichtskraft der Flüssigkeiten. Das voneinander abweichende Verhalten verschiedener Flüssigkeiten kann mit den jeweiligen Eigenschaften erklärt werden.

### 1.2.1 Dichte

Für einen homogenen Stoff ist die Dichte $\rho$ der Quotient aus der Masse $m$ und dem Volumen $V$:

$$\rho = \frac{m}{V} \quad \text{in } \frac{\text{kg}}{\text{m}^3} \text{ oder } \frac{\text{t}}{\text{m}^2} \tag{1.1}$$

Die Dichte des Wassers ist abhängig

- vom Salz- und Feststoffgehalt (siehe Tabelle 1.1),
- vom Druck (siehe Tabelle 1.2), und
- von der Temperatur (siehe Tabelle 1.2).

**Tabelle 1.1** Zur Dichte $\rho$ von Wasser

| Medium | $\rho$ in kg/m³ |
|---|---|
| Reines Wasser bei 30 °C | 996 |
| Reines Wasser bei 4 °C (Dichtemaximum) | 1000 |
| Ostseewasser mit ca. 0,8 % Salzgehalt | 1006 |
| Nordseewasser mit ca. 3,5 % Salzgehalt | 1025 |
| Mittelmeerwasser mit ca. 3,7 % Salzgehalt | 1027 |
| Wasser im Toten Meer mit ca. 28 % Salzgehalt | 1240 |
| Flusswasser mit hohem Schwebstoffgehalt | bis etwa 1100 möglich |

Die geringste Auswirkung auf die Dichte von Wasser haben Druckänderungen, daher kann Wasser als inkompressibel angesehen werden. Dagegen ist die Temperaturabhängigkeit (siehe Tabelle 1.2) für einige Aufgabenstellungen nicht zu vernachlässigen. Für praktische Berechnungen mit Wassertemperaturen im Bereich bis 20 °C wird in der Regel ohne gravierende Genauigkeitseinbußen der Wert $\rho = 1000\ \text{kg/m}^3$ angesetzt.

Multipliziert man die Dichte $\rho$ mit der für hydraulische Betrachtungen zumeist ausreichend genauen Erdbeschleunigung von $g = 9{,}81\ \text{m/s}^2$, so erhält man das spezifische Gewicht $\gamma$, eine in der Hydraulik häufig benötigte Größe. Mit Wasser ergibt sich dafür der Wert 9810 N/m³ bzw. 9,81 kN/m³.

$$\gamma = \rho \cdot g \tag{1.2}$$

**Tabelle 1.2** Eigenschaften wichtiger Stoffe in der Hydraulik bei normalem Luftdruck (die gebräuchlichsten Größen für Wasser sind **fett** markiert)

| Stoff | Temperatur $T$ in °C | Dichte $\rho$ in kg/m³ | Kinematische Viskosität $\nu$ in m²/s | Elastizitätsmodul $E$ in N/m² |
|---|---|---|---|---|
| Eis | -20 | 920,2 | | ca. $9{,}6 \cdot 10^{9}$ |
| | -10 | 918,6 | | |
| | 0 | 916,7 | | |
| Reines Wasser | 0 | 999,8 | $1{,}79 \cdot 10^{-6}$ | ca. $\mathbf{2{,}1 \cdot 10^{9}}$ |
| | 4 | **1000** | $1{,}57 \cdot 10^{-6}$ | |
| | **10** | 999,7 | $\mathbf{1{,}31 \cdot 10^{-6}}$ | |
| | **20** | 998,2 | $\mathbf{1{,}01 \cdot 10^{-6}}$ | |
| | 30 | 995,7 | $0{,}80 \cdot 10^{-6}$ | |
| | 40 | 992,2 | $0{,}66 \cdot 10^{-6}$ | |
| | 50 | 988,1 | $0{,}56 \cdot 10^{-6}$ | |
| | 60 | 983,2 | $0{,}48 \cdot 10^{-6}$ | |
| Luft | 0 | 1,29 | $13{,}3 \cdot 10^{-6}$ | ca. $1{,}5 \cdot 10^{5}$ |
| | 10 | 1,25 | $14{,}2 \cdot 10^{-6}$ | |
| | 20 | 1,20 | $15{,}1 \cdot 10^{-6}$ | |

**Aufgabe 1.1**

Eine Flasche ist mit einem 3/4 Liter Wasser mit der Temperatur $T_1$ = 40 °C gefüllt. Um welches Maß $x$ sinkt der Wasserspiegel im Flaschenhals ab, wenn das Wasser auf $T_2$ = 10 °C abgekühlt wird? (Diese Aufgabe kann mithilfe eines Kühlschranks nachvollzogen werden.)

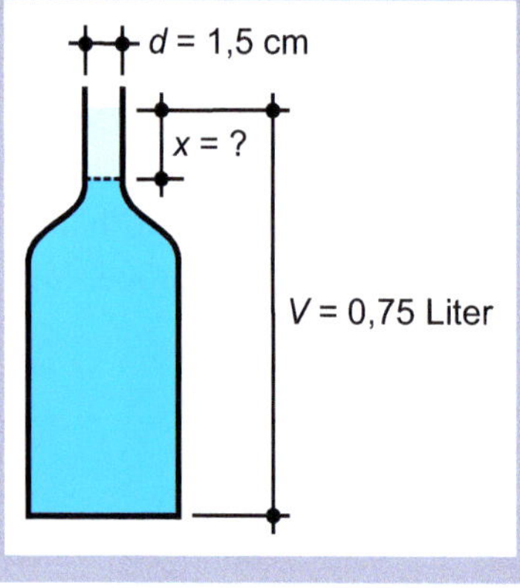

**Praxishinweis**

Eis schwimmt, da es eine geringere Dichte hat, auf dem Wasser; das ist bekannt. Aber warum gibt es diesen Dichteunterschied (siehe Tabelle 1.2)? Normalerweise hat ein Feststoff eine größere Dichte als sein flüssiger Aggregatszustand. Bei Wasser und Eis ist es genau umgekehrt, da die einzelnen Wasserteilchen bei Eis einen größeren Abstand zueinander haben als im flüssigen Zustand. Im festen Zustand liegen die Wassermoleküle in einem geordneten Gitter vor, bei flüssigem Wasser sind sie beweglich, ungeordnet und rücken näher zusammen. Beim Gefrieren von Wasser zu Eis wird das Volumen daher größer und die Dichte geringer, der Volumenunterschied beträgt dabei etwa 9 %. Dringt Wasser über Kapillare und Risse in Beton oder Fahrbahndecken ein und gefriert bei Frost zu Eis, so kann durch die damit verbundene Volumenausdehnung die Baustoffstruktur geschädigt werden. So können aus Beton Stücke „herausgesprengt“ werden oder Schlaglöcher in Straßendecken entstehen.

## 1.2.2 Viskosität oder Zähigkeit

Die Viskosität (Zähigkeit) macht sich erst bemerkbar, wenn sich eine Flüssigkeit in Bewegung befindet. Ursache sind Geschwindigkeitsunterschiede zwischen benachbarten Flüssigkeitsteilchen, die Viskosität ist also ein Maß für die innere Reibung einer Flüssigkeit. Nach I. Newton (1643 - 1727, Mathematiker und Physiker) gilt für die dadurch hervorgerufene Schubspannung $\tau$ folgende Gleichung mit den Bezeichnungen gemäß Bild 1.4:

$$\tau = \eta \cdot \frac{v_2 - v_1}{\mathrm{d}n} = \eta \cdot \frac{\mathrm{d}v}{\mathrm{d}n} \qquad (1.3)$$

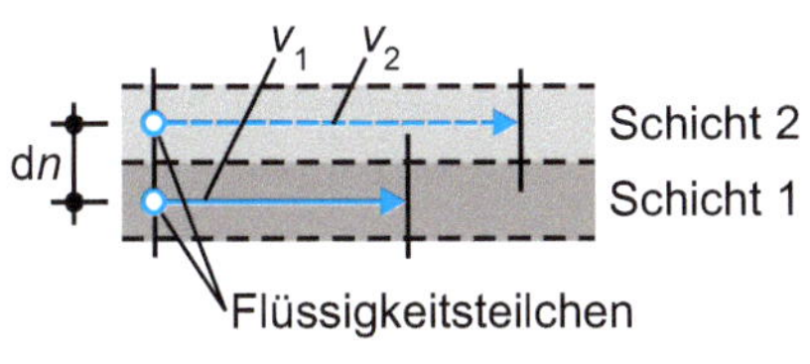


**Bild 1.4**
Schubspannung und Viskosität

Die Schubspannung $\tau$ in N/m² ist also zum Geschwindigkeitsgefälle $\mathrm{d}v/\mathrm{d}n$ proportional. Dies gilt für fast alle tropfbaren Flüssigkeiten. Der dazugehörige Proportionalitätsfaktor $\eta$ wird als dynamische Viskosität bezeichnet und hat die Einheit Ns/m². Auf die Dichte bezogen, ergibt sich die in der Praxis verwendete kinematische Viskosität $\nu$ in m²/s zu

$$\nu = \frac{\eta}{\rho} \qquad (1.4)$$

Dynamische und kinematische Viskosität sind von der Flüssigkeitstemperatur abhängig (siehe Tabelle 1.2). Die Abhängigkeit der Viskosität des Wassers vom Druck kann dagegen vernachlässigt werden. Die kinematische Viskosität $v$ ist vor allem für die Berechnung der Reibungsverluste in Rohrleitungen und Gerinnen von Bedeutung.

### 1.2.3 Volumenelastizität

Die Volumenänderung $\Delta V$ des Wassers bei Druckänderung $\Delta p$ errechnet sich analog dem Hookschen Gesetz der Mechanik zu

$$\Delta p = -E_W \cdot \frac{\Delta V}{V} \quad \text{oder} \quad \Delta V = -V \cdot \frac{\Delta p}{E_W} \tag{1.5}$$

Darin bedeuten $\Delta p$ die Druckänderung in $N/m^2$, $\Delta V$ die Volumenänderung in $m^3$, $V$ ist das ursprüngliche Volumen in $m^3$ und $E_W$ gibt den Elastizitätsmodul der Flüssigkeit in $N/m^2$ wieder. Der Elastizitätsmodul von Wasser ist mit etwa $E_W = 2{,}1 \cdot 10^9$ $N/m^2$ (siehe Tabelle 1.2) rund 100-mal geringer als der von Stahl, Luft ist etwa 10 000-fach kompressibler als Wasser.

Die Elastizität wird vor allem bei gespanntem Grundwasser und zur Berechnung der Laufgeschwindigkeit von Druckwellen (Stichwort: Druckstoß, siehe Abschnitt 9.2) benötigt.

**Aufgabe 1.2**

Aus welchem Grund enthält Formel 1.5 das Minuszeichen?

### 1.2.4 Schallgeschwindigkeit

Störungen in einer Flüssigkeit breiten sich als Druckwellen mit der Schallgeschwindigkeit $a_0$ aus. Diese auch als Störungsausbreitungsgeschwindigkeit, Druckfortpflanzungsgeschwindigkeit oder Druckwellengeschwindigkeit bezeichnete Größe (jeweils in m/s) berechnet sich mit dem Elastizitätsmodul $E$ und der Dichte $\rho$ wie folgt:

$$a_0 = \sqrt{\frac{E}{\rho}} \tag{1.6}$$

Dieser Zusammenhang gilt nur für reine Flüssigkeiten ohne Einschluss von Gasblasen. Werden Gasblasen in einer Flüssigkeitsströmung mitgeführt, dann verringert sich die Schallgeschwindigkeit gegenüber dem Ansatz mit Formel 1.6, da Gasblasen aufgrund ihrer Kompressibilität die Übertragung von Druckschwankungen dämpfen. Die Rohrleitungsart nach Material und Einbausituation wirkt sich ebenfalls verringernd auf die Druckwellengeschwindigkeit aus.

**Aufgabe 1.3**

Berechnen Sie unter Zuhilfenahme von Tabelle 1.2 die typischen Größenordnungen der Schallgeschwindigkeit für Wasser und Luft.

### 1.2.5 Oberflächenspannung und Kapillarität

Beim Übergang zwischen zwei verschiedenen Flüssigkeiten (z. B. Wasser/Öl) oder zwischen einer Flüssigkeit und einem Gas (z. B. Wasser/Luft) treten aufgrund der Anziehungskräfte zwischen den verschiedenartigen Molekülen die Oberflächenspannungen $\sigma$ in N/m auf:

$$\sigma = \frac{\text{Arbeit}}{\text{Fläche}} = \frac{\text{Kraft}}{\text{Länge}} \tag{1.7}$$

**Aufgabe 1.4**

Überlegen Sie sich Beispiele aus Freizeit, Umwelt oder Alltag, in denen die Oberflächenspannung von Flüssigkeiten eine wesentliche Rolle spielt.

Von praktischer Bedeutung ist die Oberflächenspannung für die kapillare Steighöhe $h_K$ in runden Kapillaren mit dem Durchmesser $d_K$ (Bild 1.5), vor allem im Zusammenhang mit der Grundwasserhydraulik. Die Kapillarwirkung ist die Ursache für das Aufsteigen von Wasser in porösen Medien entgegen der Erdanziehung, z. B. in den feinen Porenräumen des Untergrundes.

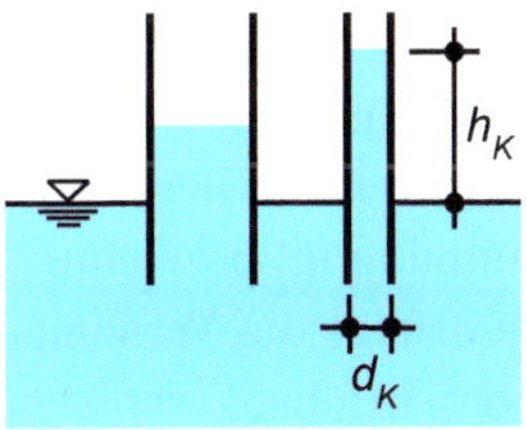


**Bild 1.5**
Kapillare Steighöhe

Gebräuchliche Werte der Oberflächenspannung sind für die Grenzfläche Wasser/Luft $\sigma$ = 0,073 N/m bei 20 °C und für den Grenzbereich Wasser/Öl $\sigma$ = 0,02 N/m. Berechnet wird die kapillare Steighöhe mit

$$h_K = \frac{4 \cdot \sigma}{\rho g \cdot d_K} \tag{1.8}$$

Es ist zu erkennen, dass sich die Steighöhe $h_K$ umgekehrt proportional zum Durchmesser $d_K$ verhält.

**Aufgabe 1.5**

Berechnen Sie die kapillare Steighöhe von Wasser in einem Röhrchen mit dem Durchmesser $d$ = 4 mm.

**Praxishinweis**

Wegen des kapillaren Aufstiegs von Untergrundfeuchte müssen Bodenplatten und Wände von Bauwerken z. B. durch Bitumenbahnen und -anstriche abgedichtet werden, Frostschäden an Straßendecken werden durch grobkörnige (und daher kapillarbrechende) Schichten verhindert. Bei kiesigem Untergrund liegt die kapillare Steighöhe im Bereich von einigen Millimetern bis wenigen Zentimetern, bei feinem Sand können mehrere Dezimeter erreicht werden, bindiges Material wie Schluff und Ton kann einen Feuchteaufstieg bis zu mehreren Metern bewirken.

## 1.2.6 Dampfdruck

Wasser siedet bei einem bestimmten Druck und scheidet unter Hohlraumbildung Gasblasen aus. Dieser Dampfdruck $p_d$ ist temperaturabhängig. Bei 100 °C ist er gleich dem Standardatmosphärendruck (Luftdruck) $p_a$ = 101,3 kN/m², bei der Verdampfung geht das Wasser von der flüssigen in die gasförmige Phase über. Wasser mit der Temperatur von 10 °C verdampft bei einem absoluten Druck von 1,25 kN/m², also bei einem um 100 kN/m² unter dem normalen Luftdruck liegenden Unterdruck. Bei 20 °C beträgt $p_d$ = 2,34 kN/m². Weitere Informationen zum Dampfdruck finden sich in Beispiel 5.3 in Kapitel 5.

Starke Druckabsenkungen in Saug- und Heberleitungen können zum sogenannten „Abreißen“ der Wassersäule mit fallweise erheblichen Schäden führen. Dieser Vorgang wird allgemein mit dem Begriff „Kavitation“ (Hohlraumbildung) bezeichnet. Durch gelöste Gase, Inhaltsstoffe oder Temperatureinflüsse erfolgt die Verdampfung nicht erst mit ca. 100 kN/m² Unterdruck (wie oben beschrieben), sondern bereits bei 70 bis 80 kN/m².

# 1.3 Höhensysteme und Transportmechanismen

## 1.3.1 Höhensysteme

Höhenangaben (z. B. von Bauwerken) bezeichnen oft die Höhe über einem definierten Mittelwert eines Meeresspiegels. So hat das sogenannte Normalhöhennull (NHN) in Deutschland seinen Ursprung letztendlich im Nullpunkt des Amsterdamer Pegels, ursprünglich abgeleitet aus Beobachtungen in den Jahren 1683 und 1684.

In Europa haben die Höhensysteme der Länder allerdings unterschiedliche Bezugspunkte. Da zudem auch die Höhendefinitionen der Länder verschieden sind, ergeben sich Abweichungen der Bezugssysteme von wenigen Zentimetern bis zu einigen Dezimetern, im Extremfall ergeben sich auch Werte im Meterbereich. Insgesamt existieren in Europa 15 verschiedene Höhenbezugssysteme.

Insbesondere bei grenzüberschreitenden Projekten, z. B. bei wasserwirtschaftlichen Anlagen, Brücken, Eisenbahn- und Straßenstrecken oder Tunnelanlagen, müssen diese Unterschiede der Höhensysteme exakt beachtet werden, um zeitraubende und kostspielige Fehler zu vermeiden. Die Unterschiede zwischen den verschiedenen Höhensystemen können allerdings nicht mit konstanten Größen angegeben werden, da sie aufgrund unterschiedlicher Bezugshöhen und Berechnungsmethoden von der Lage im Höhennetz und unter Umständen auch von der Höhe selbst abhängig sind. Die in folgender Tabelle angegebenen Differenzen sind daher Durchschnittswerte, von denen sich lokale Abweichungen von einigen Zentimetern ergeben können.

**Tabelle 1.3** Differenz der Höhenbezugssysteme der Nachbarländer Deutschlands

| Land | Bezugspegel | Bezeichnung | Kurzangabe | Differenz |
|---|---|---|---|---|
| Belgien | Ostende/ Nordsee | meter boven Oostends Peil | m O. P. | -233 cm |
| Dänemark | 10 dänische Pegel | meter over havets overflade | m. o. h. | -1 cm |
| **Deutschland** | **Amsterdam/ Nordsee** | **Meter über Normalhöhennull** | **m ü. NHN** oder **m NHN** | - |
| Frankreich | Marseille/ Mittelmeer | metres au-dessus du niveau de la mer | m | -48 cm |
| Luxemburg | Amsterdam/ Nordsee | NG95 | m | +1 cm |
| Niederlande | Amsterdam/ Nordsee | meter boven/onder NAP | m NAP | +1 cm |

**Tabelle 1.3** Differenz der Höhenbezugssysteme der Nachbarländer Deutschlands *(Fortsetzung)*

| Land | Bezugspegel | Bezeichnung | Kurzangabe | Differenz |
|---|---|---|---|---|
| Österreich | Triest/Adria | Meter über Adria | m ü. A. | -35 cm |
| Polen | Kronstadt/ Ostsee | metry nad pozionem morza | m n. p. m. | +16 cm |
| Schweiz | Marseille/ Mittelmeer | Meter über Meer | m ü. M. | -24 cm |
| Tschechien | Kronstadt/ Ostsee | metrů nad mořem | m n. m. | +12 cm |
| Datenquelle: Bundesamt für Kartographie und Geodäsie (BKG), Stand 1/2015 | | | | |

Beispielsweise lautet die deutsche Höhenangabe n = 230,30 m NHN nach österreichischem System n + 0,35 m = 230,65 m ü. A. Zusätzlich zur richtigen Höhendifferenz muss auch das richtige Vorzeichen beachtet werden.

## 1.3.2 Physikalische Transportmechanismen

Fluidteilchen, Schweb- und Schwimmstoffe, Temperatur, Energie usw. werden durch eine Kombination verschiedener physikalischer Prozesse in einer Strömung (mit-)transportiert. Wesentlich sind für die Belange der Wasserwirtschaft die Vorgänge von

- Diffusion,
- Konvektion,
- Advektion.

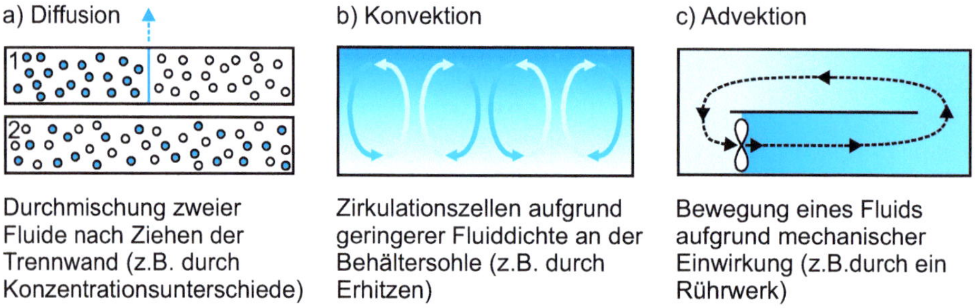


**Bild 1.6** Wesentliche Transportmechanismen in der Hydraulik

### Diffusion

In einem Behälter trennt eine herausziehbare Wand zwei Fluide mit unterschiedlichen Konzentrationen oder Temperaturen (Zeitpunkt 1). Wird die Trennwand gezogen, dann findet ohne äußere Einwirkung ein Ausgleich der Unterschiede statt. Die Fluidteilchen sind ständig in unregelmäßiger Bewegung und bewirken so – allein durch Bewegungen auf atomarer Ebene – mit der Zeit eine vollständige Durchmischung des Behälterinhaltes bis hin zu einer homogenen Konzentrations- oder Temperaturverteilung (Zeitpunkt 2).

Das Streben nach Konzentrationsausgleich kennt jeder aus dem Alltag: so breiten sich Gerüche innerhalb weniger Minuten in einem Raum aus. Ein weiteres Beispiel stammt aus dem Bereich der Baukonstruktion, bei der die Wasserdampfdiffusion von der Außenseite eines Gebäudes ins Innere durch Dampfbremsen oder Dampfsperren verringert werden muss, um unzulässig hohen Tauwasserausfall auf der kühlen Bauteiloberfläche oder innerhalb eines Bauteils zu vermeiden.

### Konvektion

Bei der freien Konvektion beruht der Transportvorgang eines Fluids auf seinen Temperatur- und damit Dichteunterschieden. Fluidschichten mit der höheren Temperatur (geringere Dichte) steigen auf, die mit geringerer Temperatur (höhere Dichte) sinken ab, so dass es zu Zirkulationsbewegungen kommt. Ein Beispiel aus dem häuslichen Bereich ist eine Raumheizung mit Heizkörper oder Ofen. Die Luft wird vom Konvektor erwärmt und steigt nach oben, wodurch kältere Raumluft nach unten sinkt. Auf diese Weise wird durch die Wärmequelle eine Luftzirkulation im Raum angeregt.

Eine durch eine äußere Kraft hervorgerufene Strömungsbewegung wird als erzwungene Konvektion oder Advektion bezeichnet.

### Advektion

Wird ein Strömungsvorgang durch eine äußere mechanische Einwirkung hervorgerufen, so spricht man von Advektion. Dabei entsteht eine Druckdifferenz, die beispielsweise durch ein Rührwerk (z. B. Beckenströmung), eine Pumpe (z. B. Rohrströmung) oder einen Höhenunterschied (z. B. Gerinneströmung) erzeugt wird. Da die Bewegung nicht aufgrund der Fluideigenschaften, sondern durch einen äußeren mechanischen Eingriff entsteht, ist die Advektion eine erzwungene Konvektion. Der Fluidtransport erfolgt hier – im Unterschied zur Diffusion – gerichtet als Massenbewegung.

## 1.4 Englische Fachbegriffe zu Kapitel 1

| Deutsch | Englisch |
|---|---|
| Advektion | advection |
| Dampfdruck | vapor pressure |
| Dichte | density |
| Diffusion | diffusion |
| Elastizitätsmodul | modulus of elasticity |
| empirischer Beiwert | empirical coefficient |
| Erdbeschleunigung | acceleration of gravity; g-load |
| fest | solid |
| flüssig | liquid |
| gasförmig | gaseous |
| Hydraulik | hydraulics |
| inkompressibel | incompressible |
| kapillare Steighöhe | capillary rise; capillary lift |
| Konvektion | convection |
| Oberflächenspannung | surface tension |
| Schallgeschwindigkeit | pressure wave velocity |
| Schubspannung | shear stress |
| Siedlungswasserwirtschaft | municipal water management; urban water management |
| spezifisches Gewicht | specific weight |
| Viskosität; Zähigkeit | viscosity |
| Wasserbau | hydraulic engineering |

# 2 Hydrostatik

In der Hydrostatik werden die von ruhenden Flüssigkeiten ausgehenden Kräfte ermittelt. Damit können die mit der Flüssigkeit in Kontakt stehenden Bauwerke und Anlagen so dimensioniert werden, dass die schadlose Aufnahme dieser Belastungen möglich ist. Im Bauwesen betrifft dies z. B. Klärbecken zur Abwasserreinigung, Wasserspeicher in der Trinkwasserversorgung oder Staumauern als Teil von Wasserkraftanlagen. Dabei geht es immer um die Berechnung des Druckes, den die Flüssigkeit auf die Berandung ausübt. So hat die 102,5 m hohe Gewichtsstaumauer der Talsperre Leibis-Lichte in Thüringen eine Wandstärke an der Krone von etwa 9 m und an der Basis von über 80 m, um die von oben nach unten zunehmende Wasserbelastung (siehe z. B. Bild 2.8) aufnehmen zu können.

## 2.1 Flüssigkeitsdruck

Ist eine Flüssigkeit ausschließlich konstanten Beschleunigungen ausgesetzt, so ergeben sich in ihr keine Geschwindigkeitsunterschiede und damit keine Schubspannungen. Demzufolge treten nur Normalspannungen auf. Da Flüssigkeiten keine Zugspannungen aufnehmen können, verbleiben einzig Druckspannungen. Das statische Gleichgewicht in einer Flüssigkeit wird damit insbesondere durch den Druck und die konstanten Beschleunigungen bestimmt. Dies ist dann gegeben, wenn

- sich die Flüssigkeit in Ruhe befindet; dabei wirkt allein die Schwerkraft durch die Erdbeschleunigung $g$. In diesem Standardfall der Hydrostatik stellt sich immer ein horizontaler Flüssigkeitsspiegel ein (Abschnitt 2.2 bis Abschnitt 2.5).
- sich die Flüssigkeit ähnlich formstabil wie ein Starrkörper und ohne Fließgeschwindigkeit verhält; dies ist der Fall z. B. bei der Zentrifugalbeschleunigung in rotierenden Behältern oder bei geradlinig beschleunigten Behältern. In diesem Sonderfall der Hydrostatik können sich auch gekrümmte oder nicht horizontale Flüssigkeitsspiegel einstellen (Abschnitt 2.7).

Als zweite Konsequenz aus oben Gesagtem folgen für beide Fälle die für den Flüssigkeitsdruck $p$ fundamentalen Erkenntnisse und Regeln:

- Der Flüssigkeitsdruck steht immer senkrecht auf der belasteten Fläche (siehe Bild 2.1 rechts).
- Der Flüssigkeitsdruck ist immer richtungsunabhängig und hat damit an einem Punkt nach allen Richtungen den gleichen Wert (siehe Bild 2.1 rechts).
- Der Wert des Flüssigkeitsdrucks resultiert immer aus der zum Flüssigkeitsspiegel rechtwinkligen Strecke zwischen Flüssigkeitsspiegel und betrachtetem Punkt in der Tiefe $h$ bzw. in der Entfernung $z$ (siehe Bild 2.1 links):

$$p = \rho g \cdot z \quad \text{in } \frac{\text{N}}{\text{m}^2} \tag{2.1}$$

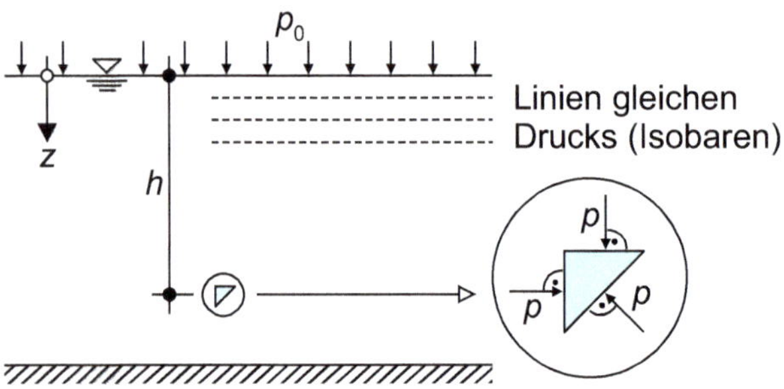


**Bild 2.1** Druck am Flüssigkeitselement

Wirkt auf die Flüssigkeitsoberfläche zusätzlich ein Druck $p_0$ ein, z.B. der atmosphärische Luftdruck, so beträgt der Gesamtdruck $p$ in Abhängigkeit von $h$ bzw. $z$:

$$p = p_0 + \rho g \cdot z \quad \text{in } \frac{\text{N}}{\text{m}^2} \tag{2.2}$$

Der Druck $p_0$ an der Flüssigkeitsoberfläche kann von einem anderen Medium stammen, z.B. Luft, oder von einer darüber befindlichen Flüssigkeit, z.B. Öl. Auf derartig geschichtete Flüssigkeiten und deren Auswirkungen auf die Hydrostatik wird in Abschnitt 2.3 eingegangen.

Der hydrostatische Druck wächst mit Formel 2.2 linear mit der Entfernung vom Flüssigkeitsspiegel $z$ und ist abhängig von folgenden Größen:

- Tiefe unter dem Flüssigkeitsspiegel $h$,
- Dichte der Flüssigkeit $\rho$,
- Erdbeschleunigung $g$,
- Druck $p_0$ an der Flüssigkeitsoberfläche.

Der Druck $p$ kann auch an einem Volumenelement hergeleitet werden mit dem Ergebnis der Eulerschen Grundgleichung der Hydrostatik,

$$dp = \rho \cdot \left(a_x \cdot dx + a_y \cdot dy + a_z \cdot dz\right) \qquad (2.3)$$

wobei d$p$ die Druckänderung aufgrund der Beschleunigungen $a_x$, $a_y$ und $a_z$ entlang der Abmessungen d$x$, d$y$ und d$z$ des Volumenelements ist. Mit $a_x = a_y = 0$ und $a_z = g$ ergibt sich nach Integration Formel 2.1.

## 2.1.1 Druckeinheiten

Definiert ist der Druck als Kraft pro Flächeneinheit. Er ist eigentlich eine Spannung, seine Basiseinheit geht auf B. Pascal (1623–1662, Mathematiker, Physiker und Philosoph) zurück:

$$1\ \text{Pa} = 1\ \frac{\text{N}}{\text{m}^2} \qquad (2.4)$$

Der Luftdruck der uns umgebenden Atmosphäre wird in Wettermeldungen oftmals in Bar, Millibar oder Hektopascal angegeben, wobei gilt:

$$1\ \text{bar} = 10^5\ \text{Pa} \qquad (2.5)$$

Der Druck $p_a$ der uns umgebenden Luft wird als Luftdruck, Umgebungsdruck oder Atmosphärendruck bezeichnet. Bei 15 °C beträgt der Standardatmosphärendruck auf Meereshöhe ca. 1013 mbar = 1013 hPa. Je nach Wetter treten Schwankungen zwischen 880 und 1080 mbar auf, Unter- und Überschreitungen des Standardatmosphärendrucks werden mit Tiefdruck und Hochdruck bezeichnet.

Im der Wasserwirtschaft ist der aus Formel 2.1 hervorgehende anschauliche Begriff der Druckhöhe $h$ üblich:

$$h = \frac{p}{\rho g} \qquad (2.6)$$

Mit Wasser als Flüssigkeit spricht man von der Wasserdruckhöhe $h$ oder von der Einheit „Meter Wassersäule“ (Kurzzeichen: m WS) (siehe Tabelle 2.1).

**Tabelle 2.1** Druck und Druckhöhe

| Internationales System (gemäß SI-Einheiten) | | | | British Engineering System | | | |
|---|---|---|---|---|---|---|---|
| Druckhöhe *h* | Druck *p* | | | Pressure head *h* | | Pressure *p* | |
| Meter Wassersäule | Bar | Millibar | Pascal | Feet of water | Inches of water | Pound per square foot | Pound per square inch |
| m WS | bar | mbar | Pa, hPa, kPa, MPa | ft $H_2O$ | in $H_2O$ | $lb/ft^2$ | $lb/in^2$ (psi) |
| 101,97 | 10 | 1000 | $10^6$ Pa = 1 MPa | 334,55 | 4014,5 | 20885,5 | 145,04 |
| 100 | 9,807 | 9807 | 0,981 MPa | 328,09 | 3937,0 | 20482,0 | 142,24 |
| 10,33 | 1,013 | 1013 | 1013 hPa | 33,89 | 406,7 | 2115,8 | 14,69 |
| 10,20 | 1 | 1000 | $10^5$ Pa = 100 kPa | 33,46 | 401,5 | 2088,6 | 14,50 |
| 10 | 0,981 | 980,7 | 98,07 kPa | 32,81 | 393,7 | 2048,2 | 14,22 |
| 1,02 | 0,1 | 100 | $10^4$ Pa = 100 hPa | 3,35 | 40,1 | 208,9 | 1,45 |
| 1 | 0,098 | 98,07 | 98,07 hPa | 3,28 | 39,4 | 204,8 | 1,42 |
| 0,10 | 0,01 | 10 | $10^3$ Pa = 10 hPa | 0,33 | 4,0 | 20,9 | 0,15 |

## 2.1.2 Bezugsdruck

Der Druck kann wie die Temperatur durch verschiedene Skalen angegeben werden. Bezogen auf den absoluten Nullpunkt der Temperatur ergibt sich die Kelvinskala. Die Orientierung an einem praktischen Referenzwert wie dem Gefrierpunkt des Wassers erfolgt an der Celsiusskala.

Ähnlich verhält es sich mit dem Druck. Auch dieser kann auf den absoluten Nullpunkt bezogen werden, im vorliegenden Fall das Vakuum. Eine andere Möglichkeit ist es, den Umgebungsdruck als Referenzwert festzulegen und den Flüssigkeitsdruck relativ dazu anzugeben. Für die meisten Aufgabenstellungen in der Hydraulik ist Letzteres angebracht, da der Umgebungsdruck $p_a$ von allen Seiten mit etwa gleicher Größe angreift. Dadurch entstehen keine wesentlichen Kräfte und Formel 2.1 kann angewendet werden.

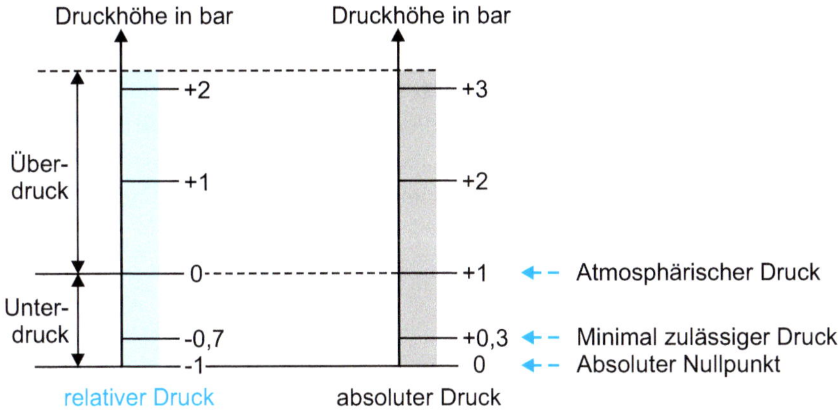


**Bild 2.2** Absoluter und relativer Druck

Der absolute Druck hat gemäß Bild 2.2 seinen Nullpunkt im Vakuum ($p = 0$). Negative absolute Drücke existieren daher nicht.

Von Druck - im Sinne von Überdruck - wird dann gesprochen, wenn dieser den Atmosphärendruck $p_a$ übersteigt. Liegt der Druck unterhalb des Luftdrucks $p_a$, dann handelt es sich um Unterdruck. Die Druckabsenkung in einer Flüssigkeit unterliegt allerdings physikalischen Grenzen, ein Unterdruck von 1 bar oder rund 10 m WS ist nur eine theoretische Größe. Wird der Dampfdruck (siehe Abschnitt 1.2.6) erreicht, dann erfolgt ein Übergang vom flüssigen zum gasförmigen Zustand. Im ungünstigsten Fall kann es dabei zum sogenannten „Abreißen der Flüssigkeitssäule" mit Schadensbildungen kommen. Um dies zu vermeiden, wird der zulässige Unterdruck auf etwa 7 m WS begrenzt.

Wird also in einer hydraulischen Aufgabenstellung nach dem Überdruck gefragt, dann geht nur der Flüssigkeitsdruck in die Berechnung ein (Formel 2.1). Sucht man dagegen den Absolutdruck, dann resultiert der Gesamtdruck aus Flüssigkeitsdruck und Umgebungsdruck (Formel 2.2). Eine Anwendung für Letzteres ist z. B. in Saugleitungen von Pumpen (siehe Abschnitt 5.4) gegeben.

**Aufgabe 2.1**

Bei der Kontrolle des Reifendrucks Ihres Autos stellen Sie mit dem Reifenfüll-Messgerät einen Druck von 2,5 bar fest. Geben Sie den absoluten und den relativen Reifendruck an.

### 2.1.3 Kommunizierende Gefäße und Röhren

Wenn Behälter mit Flüssigkeitsspiegel durch Rohrleitungen miteinander verbunden sind, dann kann aus der Feststellung, dass der hydrostatische Druck in gleicher Flüssigkeitstiefe überall gleich groß ist, das Flüssigkeitsniveau errechnet werden. Dies geschieht immer durch einen Vergleich der auftretenden Drücke.

**Beispiel 2.1**

Die kommunizierenden Gefäße und Röhren in Bild 2.3a sind mit einer in Ruhe - also im Gleichgewicht - befindlichen, homogenen Flüssigkeit der Dichte $\rho$ gefüllt. Auf die linke Hälfte des Systems (a) wirkt der Druck $p_1$ auf den Flüssigkeitsspiegel ein, der rechte Schenkel ist durch den Druck $p_2$ belastet.

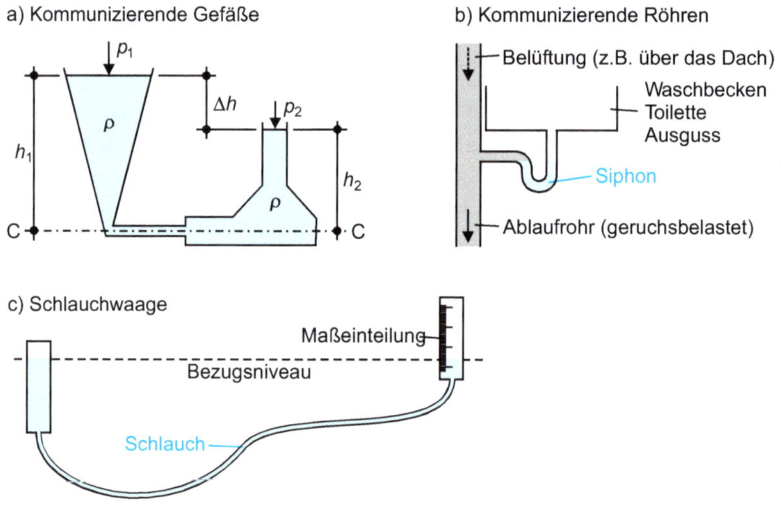


**Bild 2.3** a) Kommunizierende Gefäße, b) kommunizierende Röhren, c) Schlauchwaage

Entlang des Schnittes C-C muss der Druck überall gleich groß sein, da es sonst Verschiebungen der Flüssigkeitsteilchen geben würde. Mit Formel 2.2 werden die Drücke $p_C$ für beide Seiten ermittelt und gleichgesetzt:

$$p_C = p_1 + \rho g \cdot h_1 = p_2 + \rho g \cdot h_2$$

Daraus kann die Differenz der Flüssigkeitsspiegel $\Delta h = h_1 - h_2$ aufgrund der unterschiedlichen Drücke $p_1$ und $p_2$ errechnet werden:

$$\Delta h = \frac{p_2 - p_1}{\rho g} \tag{2.7}$$

Dieser Spiegelunterschied $\Delta h$ ist unabhängig von Form und Größe der Gefäße sowie des Verbindungsrohres.

Mit verschiedenen Messgeräten wurden beispielsweise folgende Zahlenwerte zu Bild 2.3a ermittelt:

- $\rho = 1000\ \text{kg/m}^3$,
- $p_1 = 97{,}1\ \text{kPa}$,
- $p_2 = 1020\ \text{mbar}$.

Aufgrund der voneinander abweichenden Druckeinheiten müssen diese zunächst in die gemeinsame SI-Einheit Pascal (Pa) umgerechnet werden:

$$p_1 = 97{,}1 \cdot 10^3\ \text{Pa} \quad \text{sowie} \quad p_2 = 1020 \cdot 10^2\ \text{Pa}$$

Mit diesen unterschiedlichen Drücken erhält man mit Formel 2.7 den Wasserspiegelunterschied zwischen linker und rechter Seite:

$$\Delta h = \frac{1020 \cdot 10^2 - 97{,}1 \cdot 10^3}{1000 \cdot 9{,}81} = 0{,}499\,\text{m} \approx 0{,}50\,\text{m}$$

Unterliegen beide Gefäße dem gleichen Umgebungsdruck, also $p_1 = p_2$, dann stellt sich auf beiden Seiten der gleiche Flüssigkeitsspiegel ein und die Differenz wird $\Delta h = 0$. Dieser Umstand kann genutzt werden, um mit einem durchsichtigen Kunststoffschlauch Nivellierungsaufgaben durchzuführen (Schlauchwaage, siehe Bild 2.3c) oder um mittels Beobachtung des Flüssigkeitsstandes in Standrohren oder Wasserstandsgläsern die Füllhöhe von Behältern zu ermitteln (Flüssigkeitsmanometer). ■

**Praxishinweis**

*Siphon*

Sanitärgegenstände in häuslichen und gewerblichen Anlagen müssen durch einen Geruchsverschluss von der Kanalisation getrennt werden. Ein derartiger Siphon verhindert das Austreten von Gerüchen durch eine S-förmige Wassersperre (siehe Bild 2.3b), deren untere Rohrkrümmung permanent mit (sauberer) Flüssigkeit gefüllt ist.

*Schlauchwaage*

Das Funktionsprinzip der Schlauchwaage beruht darauf, dass sich die Wasserspiegel an den beiden Schlauchenden exakt horizontal einstellen (siehe Bild 2.3c). Auch über längere und nicht einsehbare Distanzen hinweg können damit in verschiedenen Bereichen (z. B. Bauwesen, Garten- und Landschaftsbau, Agrar- und Umweltingenieurwesen) die genauen Höhenverhältnisse festgestellt werden. Elektronische Schlauchwaagen ermöglichen es, über Entfernungen von bis zu 250 m geringste Höhendifferenzen im Bereich von Millimeterbruchteilen festzustellen. Voraussetzung für eine einwandfreie Messung ist die Luftblasenfreiheit im Schlauch. ■

Das einfachste Flüssigkeitsmanometer ergibt sich durch eine Druckbohrung an einem Behälter, an die ein Standrohr angeschlossen wird. Die Flüssigkeit in Behälter und Standrohr ist die gleiche. Damit erfolgt die Druck- bzw. Spiegelmessung direkt über den Flüssigkeitsstand.

Große Schwankungen oder hohe Lagen des Flüssigkeitsspiegels in einem Behälter wären mit der gleichen Flüssigkeit im Standrohr (Bild 2.4a) allerdings schlecht ablesbar. Zu diesem Zweck wird eine Sperrflüssigkeit größerer Dichte in ein sogenanntes U-Rohr-Manometer eingebracht, um deutlich geringere Anzeigeschwankungen zu erhalten, siehe Bild 2.4b.

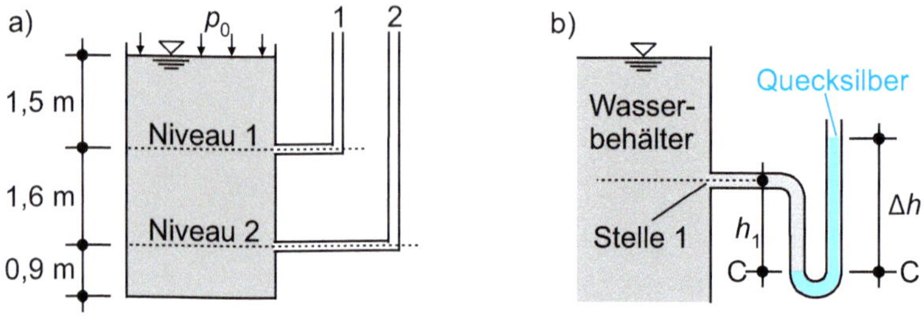


**Bild 2.4** a) Standrohre am Behälter, b) U-Rohr-Manometer mit Sperrflüssigkeit

**Aufgabe 2.2**

In dem in Bild 2.4a gezeigten Behälter sind zwei Standrohre angebracht. Auf welchen Höhen über dem Behälterboden stellen sich die Wasserstände in den Standrohren 1 und 2 ein? Wie groß sind die Drücke $p_1$ und $p_2$ auf die Niveauflächen 1 und 2?

**Beispiel 2.2**

Zur Beobachtung des Wasserstandes ($\rho_W$ = 1000 kg/m³) in einem oben offenen Behälter ist ein U-Rohr-Manometer mit Quecksilber ($\rho_{Hg}$ = 13 600 kg/m³) als Sperrflüssigkeit angebracht (siehe Bild 2.4b). Es werden eine Höhendifferenz $\Delta h$ = 30 cm und die Höhe $h_1$ = 20 cm beobachtet. Wie hoch ist der Wasserstand im Behälter relativ zur Höhenlage der Stelle 1 (Druckbohrung)?

Aus dem Gleichgewicht der Drücke im Schnitt C-C (der Luftdruck greift sowohl im Behälter und als auch im Standrohr an) erhält man die Druckbedingung

$$p_C = p + \rho_W \cdot g \cdot h_1 = \rho_{Hg} \cdot g \cdot \Delta h$$

Daraus wird der Druck erhalten zu

$$p = \rho_{Hg} \cdot g \cdot \Delta h - \rho_W \cdot g \cdot h_1 = 13.600 \cdot 9{,}81 \cdot 0{,}3 - 1000 \cdot 9{,}81 \cdot 0{,}2 = 38.062{,}8 \frac{\mathrm{N}}{\mathrm{m}^2}$$

Der Wasserstand an Stelle 1 ist dann

$$h = \frac{p}{\rho_W \cdot g} = \frac{38.062,8}{1000 \cdot 9,81} = 3,88 \text{ m}$$

Diese Wasserdruckhöhe $h$ = 3,88 m plus $h_1$ = 0,20 m links des U-Rohres wird also durch die Quecksilbersäule $\Delta h$ = 0,3 m rechts des U-Rohres abgebildet. Dieses Ergebnis zeigt den Einsatzvorteil einer Sperrflüssigkeit.

Ein kleiner technischer Rückblick: Früher wurden Standrohre und U-Rohr-Manometer häufig in der Versuchstechnik eingesetzt, um z. B. zwischen zwei Druckbohrungen den Druckverlust in einer Rohrleitung (siehe Kapitel 5) zu untersuchen.

## 2.2 Grundlegendes zum Druck auf Flächen

Auf Basis der fundamentalen Regeln aus Abschnitt 2.1 - Druck wirkt senkrecht zur belasteten Fläche, ist richtungsunabhängig und resultiert aus der lotrechten Entfernung zwischen Flüssigkeitsspiegel und betrachtetem Punkt - kann die Druckverteilung und in Folge die Druckkraft auf flüssigkeitsbelastete Flächen ermittelt werden. In Bild 2.5 ist eine beliebig geformte Stauwand mit der entsprechenden Druckverteilung zu sehen. Die Druckkraft $F$ errechnet sich allgemein aus der resultierenden Druckfläche $p$ multipliziert mit der belasteten Staufläche $A$:

$$F = p \cdot A \tag{2.8}$$

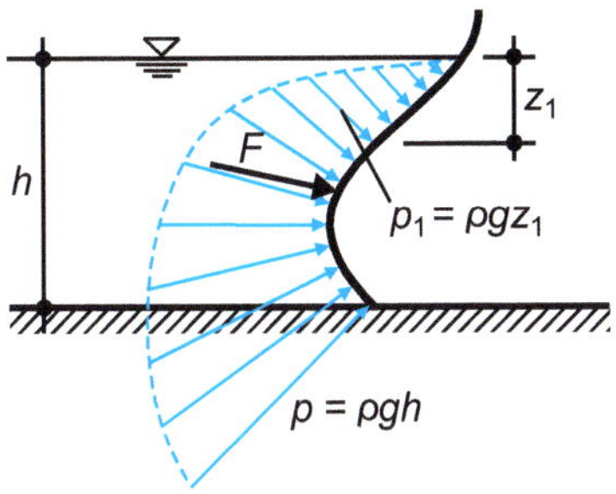


**Bild 2.5**
Wasserdruckbelastete Stauwand

Die rechnerische Bestimmung der Druckkraft aus der resultierenden Druckfläche ist in manchen Fällen aufwendig oder gar auf direktem Wege unmöglich (Bild 2.5). In diesen Fällen kann man sich durch eine Zerlegung der resultierenden Druckfläche in einfacher zu berechnende Teilflächen behelfen (Bild 2.6).

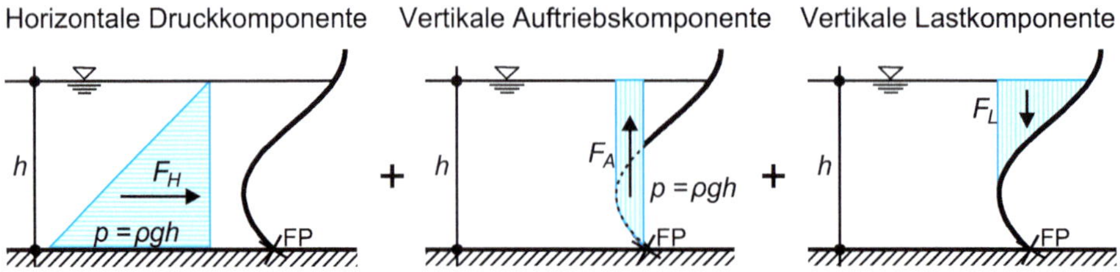


**Bild 2.6** Aufteilung des Wasserdrucks aus Bild 2.5 in Einzelkomponenten

Gemäß Formel 2.1 nimmt der Flüssigkeitsdruck unter dem Einfluss der Schwerkraft linear mit der Tiefe $z$ zu, man spricht hier von hydrostatischer Druckverteilung. In der Tiefe $h$ beträgt der Druck schließlich $p = \rho g h$. Daher werden die Horizontalkomponenten von hydrostatischen Wasserdruckfiguren zeichnerisch mit dem Winkel 45° dargestellt, um die direkte Abhängigkeit der Druckordinaten von der Wassertiefenzunahme zum Ausdruck zu bringen (Bild 2.6 links). Bezüglich der Vertikalkomponenten unterliegen die Bereiche, auf denen die Flüssigkeit von oben angreift, einer Auflast. Die Druckfigur ist in diesem Fall vom Wasserspiegel bis zur Berandung anzuzeichnen (Bild 2.6 rechts). Bei von unten angreifendem Wasser ergibt sich dagegen ein Auftrieb, der ebenfalls von der Berandung bis zum Wasserspiegel zu skizzieren ist (Bild 2.6 Mitte). Zu beachten ist der Fußpunkt der Stauwand (FP) in Bild 2.6, an dieser Stelle liegt sowohl in der horizontalen Druckfigur als auch in der vertikalen Auftriebskomponente der gleiche Druck vor. Dies zeigt die Richtungsunabhängigkeit des Drucks.

Da in der Hydrostatik das Prinzip der Superposition gilt, dürfen die beiden Vertikalkomponenten überlagert und somit zur resultierenden Vertikalkomponente $F_V$ zusammengefügt werden (Bild 2.7).

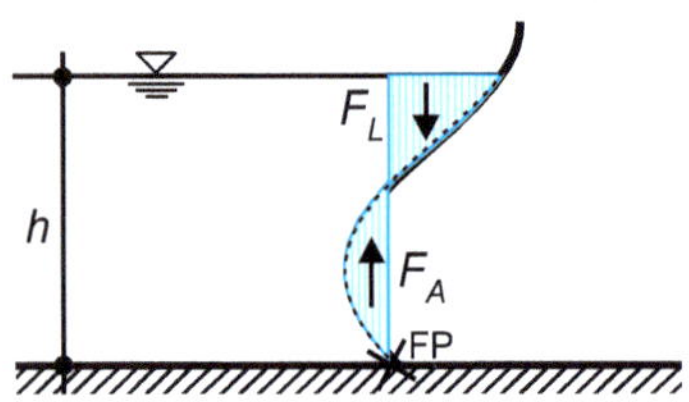


**Bild 2.7**
Resultierende Vertikalkomponente der Druckverteilung

Mit der Horizontalkomponente $F_H$ erhält man schließlich durch Anwendung des Satzes des PYTHAGORAS:

$$F = \sqrt{F_H^2 + F_V^2} = \sqrt{F_H^2 + \left(F_A - F_L\right)^2} \tag{2.9}$$

**Zur Verdeutlichung:** Die in Bild 2.6 gezeigte Zerlegung der realen Druckverteilung aus Bild 2.5 ist eine gedankliche Aufteilung und erleichtert in vielen Fällen die weiteren Berechnungen. Diese Aufteilung in Einzelkomponenten dient damit der Berechnung, stellt jedoch nicht die reale Druckverteilung dar. Diese ist in Bild 2.5 gegeben.

Folgende Aufteilungsregeln können fallweise zur Berechnung der Druckkraft angewandt werden:

- Zerlegung der realen Druckverteilung in horizontale und vertikale Komponenten,
- Aufteilung der Vertikalkomponente in die beiden Anteile Auftrieb und Auflast,
- bei beidseitigem Wasserangriff an einer Berandung werden die beiden Seiten getrennt voneinander bearbeitet,
- entgegengesetzt gerichtete Druckanteile gleicher Größe heben sich auf (siehe z. B. die Vertikalkomponente in Bild 2.6 sowie Bild 2.7),
- Zusammenfügen der ermittelten Teildruckflächen bzw. Berechnung der resultierenden Druckkraft.

## 2.3 Druck auf ebenen Flächen

Auf ebenen Flächen wirkt der Flüssigkeitsdruck an jedem Punkt in die gleiche Richtung. Daher lässt sich die Druckkraft $F$ direkt aus der resultierenden Druckverteilung $p$ multipliziert mit der belasteten Fläche $A$ errechnen. Als Druckgröße ist dabei der Druck im Schwerpunkt $p_S$ anzusetzen, also

$$p_S = \rho g \cdot z_S \tag{2.10}$$

Bei ungleichmäßiger Druckverteilung geht die Wirkungslinie der Kraft $F$ nicht durch den Schwerpunkt S der belasteten Fläche, sondern durch den Druckmittelpunkt D (Bild 2.8). Der Druckmittelpunkt D wird mittels Momentengleichgewicht als Abstand $a$ eines bekannten Punktes errechnet, beispielsweise des Fußpunktes einer Stauwand (FP).

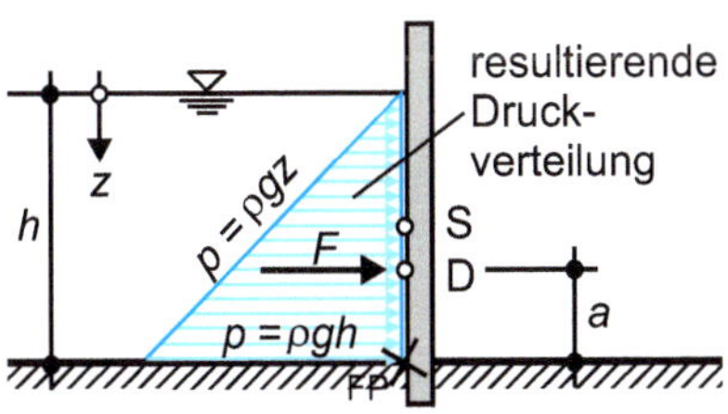


**Bild 2.8**
Einseitiger Druck auf vertikale Berandung

Bei vertikaler Berandung erhält man die Druckkraft $F$ durch Kombination der Formel 2.8 und Formel 2.10, wobei die belastete Fläche $A = b \cdot h$ beträgt:

$$F = \rho g \cdot \frac{h}{2} \cdot bh = \rho gb \cdot \frac{h^2}{2} \tag{2.11}$$

Formel 2.11 macht deutlich, dass die Größe der Druckkraft $F$ nicht vom Wasservolumen in einem Behälter oder vor einem Staubauwerk abhängt, sondern nur von der Füllhöhe $h$ und der Staubreite $b$.

Im Falle einer vertikalen Berandung beträgt der Schwerpunktabstand vom Wasserspiegel also $z_S = h/2$. Der Druckmittelpunkt D liegt im unteren Drittelpunkt der Druckfigur, damit ist der Abstand $a$ über dem Fußpunkt

$$a = \frac{h}{3} \tag{2.12}$$

**Beispiel 2.3**

Bei beidseitigem Wasserangriff an der Stauwand (Bild 2.9) ist die resultierende Druckkraft $F$ aus der Differenz der Einzelkräfte $F_L$ und $F_R$ zu bilden:

$$F = F_L - F_R = \rho gb \cdot \frac{h_L^2}{2} - \rho gb \cdot \frac{h_R^2}{2} = \rho gb \cdot \frac{h_L^2 - h_R^2}{2} \tag{2.13}$$

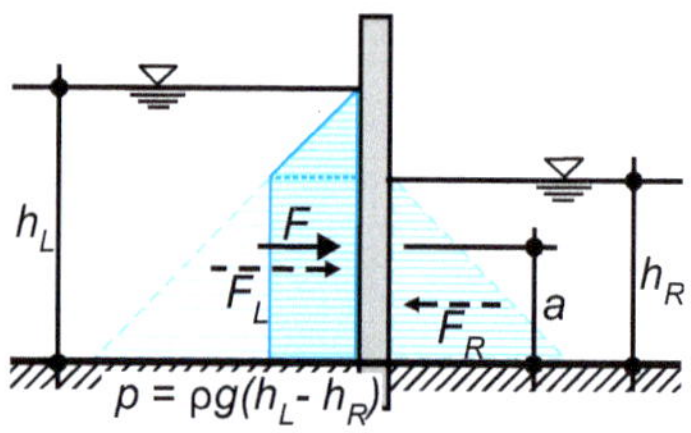


**Bild 2.9**
Beidseitiger Druck auf vertikale Berandung

Die Berechnung des Abstandes $a$ der Wirkungslinie der Druckkraft $F$ mittels Momentengleichgewicht um den Fußpunkt der Stauwand ergibt:

$$F \cdot a = F_L \cdot \frac{h_L}{3} - F_R \cdot \frac{h_R}{3}$$

Durch Einsetzen der Kräfte $F$, $F_L$ und $F_R$ (siehe Formel 2.13), Kürzen und Zusammenfassen erhält man:

$$a = \frac{1}{3} \cdot \frac{h_L^3 - h_R^3}{h_L^2 - h_R^2} \tag{2.14}$$

**Aufgabe 2.3**

Berechnen Sie für eine beidseitig durch Wasser belastete Stauwand (Bild 2.9) der Breite $b$ = 1,0 m die resultierende Druckkraft $F$ und die Höhenlage $a$ der Kraftwirkungslinie für $h_L$ = 9 m und $h_R$ = 6 m.

Die Staubreite *b* ist in vielen Anwendungen der Wasserwirtschaft konstant. Daher können Kräfte und Momente häufig auf die Breite 1 m bezogen werden. Als Einheiten ergeben sich dann für Kräfte N/m und für Momente Nm/m.

**Beispiel 2.4**

Werden die zwei sich nicht mischenden Flüssigkeiten Öl, hier $\rho_1$ = 800 kg/m³, und Wasser, $\rho_2$ = 1000 kg/m³, in einen Behälter konstanter Breite gegeben, dann wird sich das Öl über dem Wasser absetzen (Bild 2.10). In diesem Fall bewirkt die Ölschicht der Höhe $h_1$ = 1,0 m einen Vordruck $p_0$ auf die Wasserschicht der Höhe $h_2$ = 2,0 m.

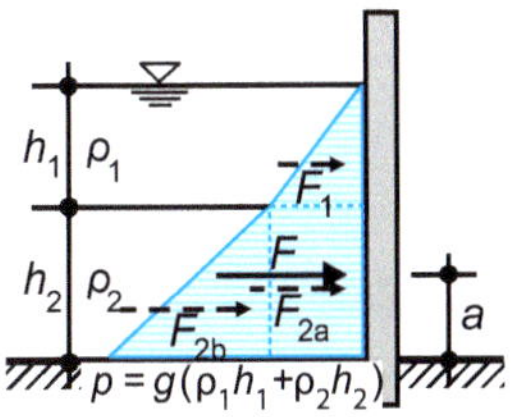


**Bild 2.10**
Druck auf vertikale Berandung aufgrund geschichteter Flüssigkeiten

Die Gesamtdruckkraft *F* wird aus der Summe der Einzelkräfte $F_1$ (dreieckige Druckbelastung durch Öl – geringere Druckordinate als mit Wasser, daher etwas steiler geneigt), $F_{2a}$ (rechteckiger Druckanteil des Wassers aufgrund der Öl-Vorlast) und $F_{2b}$ (dreieckiger Druckanteil des Wassers) gebildet. Es liegt eine konstante Breite *b* vor, daher wird die Kraft pro Breitenmeter berechnet.

$$F = F_1 + F_{2a} + F_{2b} = \rho_1 g \cdot \frac{h_1^2}{2} + \rho_1 g \cdot h_1 \cdot h_2 + \rho_2 g \cdot \frac{h_2^2}{2} \tag{2.15}$$

$$= 3924 + 15.696 + 19.620 = 39.240\,\frac{\text{N}}{\text{m}} = 39{,}24\,\frac{\text{kN}}{\text{m}}$$

Die Höhe der Wirkungslinie *a* der Druckkraft *F* errechnet sich durch Anschreiben des Momentengleichgewichts mit

$$F \cdot a = F_1 \cdot \left(\frac{h_1}{3} + h_2\right) + F_{2a} \cdot \frac{h_2}{2} + F_{2b} \cdot \frac{h_2}{3} \tag{2.16}$$

Durch Einsetzen der Kräfte *F*, $F_1$, $F_{2a}$ und $F_{2b}$ (siehe Formel 2.15), Kürzen und Zusammenfassen erhält man schließlich

$$\alpha = \frac{\rho_1 g \cdot \frac{h_1^3}{6} + \rho_1 g \cdot \frac{h_1^2 \cdot h_2}{2} + \rho_1 g \cdot \frac{h_1 \cdot h_2^2}{2} + \rho_2 g \cdot \frac{h_2^3}{6}}{\rho_1 g \cdot \frac{h_1^2}{2} + \rho_1 g \cdot h_1 \cdot h_2 + \rho_2 g \cdot \frac{h_2^2}{2}} \tag{2.17}$$

$$= \frac{7848 \cdot \frac{1{,}0^3}{6} + 7848 \cdot \frac{1{,}0^2 \cdot 2{,}0}{2} + 9810 \cdot \frac{2{,}0^3}{6}}{7848 \cdot \frac{1{,}0^3}{2} + 7848 \cdot 1{,}0 \cdot 2{,}0 + 9810 \cdot \frac{2{,}0^2}{2}} = \frac{1308 + 7848 + 15.696 + 13.080}{3924 + 15.696 + 19.620} = 0{,}967\text{ m}$$

Die Kraftangriffshöhe *a* liegt also geringfügig unterhalb der Mitte der Wasserschicht. ■

Ist die seitliche Berandung einer Flüssigkeit, beispielsweise eine Beckenwand, nicht vertikal angeordnet, sondern unter einem beliebigen Winkel geneigt, dann müssen – hydrostatisch gesehen – zwei Fälle unterschieden werden:

- Die Wand ist vom Wasservolumen weg geneigt (Bild 2.11).
- Die Wand ist zum Wasservolumen hin geneigt (Bild 2.13).

### Stauwand vom Wasser weg geneigt

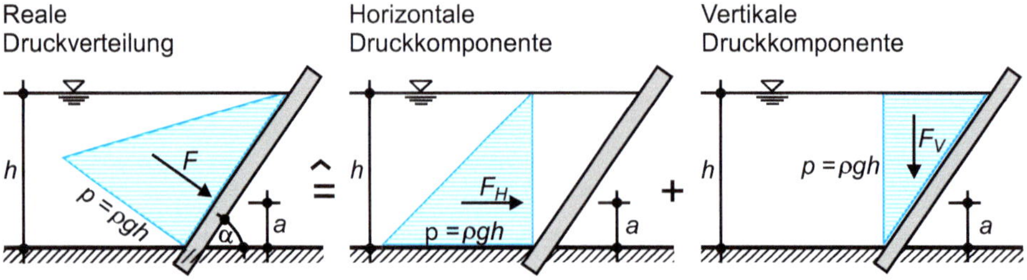


**Bild 2.11** Druck auf eine vom Wasser weg geneigte Stauwand

Auch bei geneigter Wand ist die Richtung des Drucks senkrecht zur Wand orientiert. Bild 2.11 zeigt links die reale Druckverteilung und -richtung, mittig und rechts sind die Druckdreiecke der horizontalen und vertikalen Komponente zu sehen. Die vertikale Komponente $F_V$ wirkt in diesem Falle als Auflast auf die Stauwand. Am Fußpunkt der Stauwand liegt richtigerweise sowohl in der horizontalen als auch vertikalen Druckfigur der Druck $p = \rho gh$ vor.

Die Druckkräfte der beiden Komponenten ergeben sich aus dem Flächeninhalt der Druckfiguren (siehe dazu auch Bild 2.12) multipliziert mit der Breite $b$:

$$F_H = \rho gb \cdot \frac{h^2}{2} \quad \text{sowie} \quad F_V = \rho gb \cdot \frac{h}{2} \cdot \frac{h}{|\tan\alpha|} = \rho gb \cdot \frac{h^2}{2 \cdot |\tan\alpha|}$$

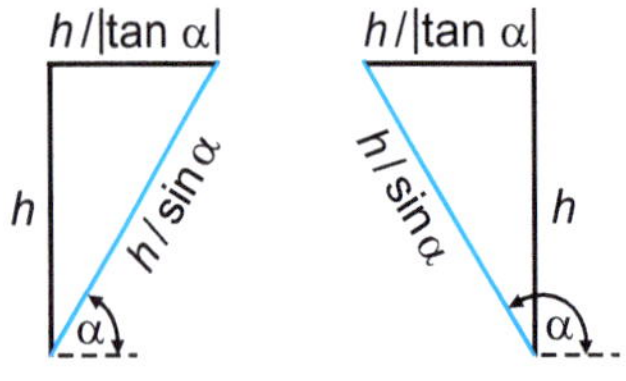


**Bild 2.12** Längenumrechnungen in Abhängigkeit des Winkels $\alpha$

$F_H$ und $F_V$ addieren sich mit Formel 2.9 zur resultierenden Druckkraft $F$.

**Beispiel 2.5**

Durch eine Wassertiefe $h$ = 3,0 m auf eine unter dem Winkel $\alpha$ = 60° geneigte Wand der Breite $b$ = 2,0 m ergibt sich mit der benetzten Länge der Stauwand $h/(\sin\alpha)$ die Druckkraft

$$F = \rho g b \cdot \frac{h}{2} \cdot \frac{h}{\sin\alpha} = \rho g b \cdot \frac{h^2}{2 \cdot \sin\alpha} = 9810 \cdot 2{,}0 \cdot \frac{3{,}0^2}{2 \cdot \sin 60°}$$

$$= 101.948{,}5\,\text{N} = 101{,}9\,\text{kN} \qquad (2.18)$$

Der Kraftangriffspunkt errechnet sich zu

$$a = \frac{h}{3} = 1{,}0\,\text{m}$$

Dieses Ergebnis ist unabhängig vom Neigungswinkel der Stauwand, liegt also auf gleicher Höhe wie bei einer vertikalen Wandausrichtung (siehe Formel 2.12).

**Aufgabe 2.4**

Berechnen Sie die resultierende Druckkraft für die in Beispiel 2.5 geschilderte und in Bild 2.11 dargestellte Situation durch Zerlegung der Druckverteilung in die horizontale und vertikale Komponente.

### Stauwand zum Wasser hin geneigt

Bei einer zur Flüssigkeit hin geneigten Stauwand (Bild 2.13) kann die reale Druckverteilung vorteilhafterweise wiederum aufgeteilt werden in eine Horizontal- und eine Vertikalkomponente. Die horizontale Druckverteilung und -kraft ist mit Bild 2.11 identisch, die vertikale Druckverteilung und -kraft wirken hier nach oben.

$$F_H = \rho g b \cdot \frac{h^2}{2} \quad \text{sowie} \quad F_V = \rho g b \cdot \frac{h}{2} \cdot \frac{h}{|\tan\alpha|} = \rho g b \cdot \frac{h^2}{2 \cdot |\tan\alpha|}$$

Die resultierende Gesamtdruckkraft $F$ senkrecht zur Wand kann wieder mittels Formel 2.9 oder Formel 2.18 berechnet werden. Den Kraftangriffspunkt $a$ erhält man durch Formel 2.12.

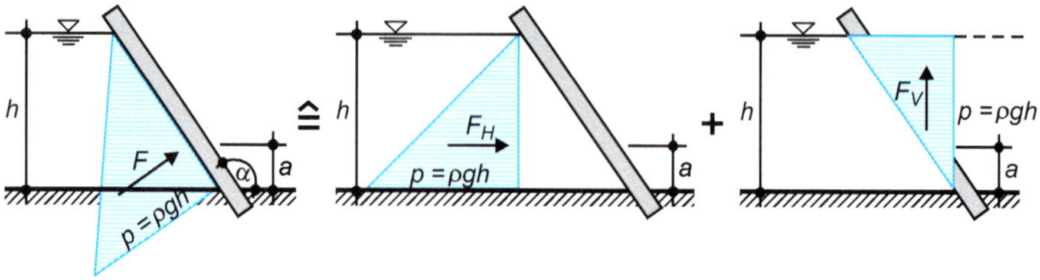


**Bild 2.13** Druck auf eine zum Wasser hin geneigte Stauwand

**Vorsicht:** Die vertikale Druckkomponente darf auf keinen Fall wie in Bild 2.14 angetragen werden! Die vertikale Komponente $F_V$ ergibt im Falle von Bild 2.13 eine Auftriebskraft, die von der Stauwand ausgehend nach oben zum gedanklich fortgesetzten Wasserspiegel orientiert ist.

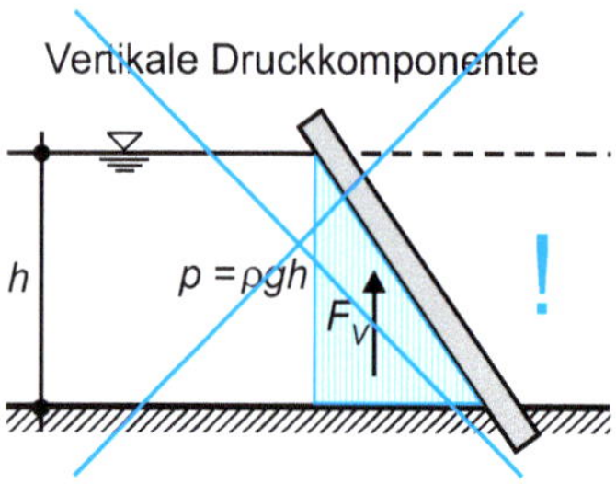


**Bild 2.14** Falsche Druckantragung

**Aufgabe 2.5**

Warum ist der Kraftangriffspunkt *a* in Formel 2.12 für eine ebene geneigte und einseitig belastete Stauwand unabhängig von der Neigung dieser Stauwand?

**Aufgabe 2.6**

Die dargestellte Stauwand ist unter dem Winkel $\alpha$ = 70° geneigt. Links greift Wasser der Dichte $\rho_L$ = 1000 kg/m³ mit der Höhe $h_L$ = 3,0 m an, rechts befindet sich über dem Wasser (mit $h_{R2}$ = 0,5 m) eine Ölschicht der Tiefe $h_{R1}$ = 2,0 m und der Dichte $\rho_{R1}$ = 900 kg/m³. Ermitteln Sie die resultierende Druckfigur, die resultierende Druckkraft sowie den Angriffspunkt für eine Breite $b$ = 5,0 m.

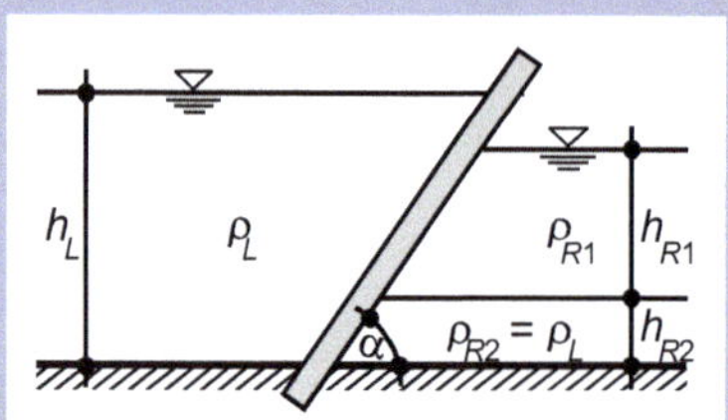

**Hydrostatisches Paradoxon**

Auf eine horizontale Bodenfläche $A$ eines gefüllten Behälters wirkt aufgrund des Drucks $p = \rho gh$ an der Sohle des Behälters die Flüssigkeitsdruckkraft

$$F_B = \rho gh \cdot A \tag{2.19}$$

Das bedeutet, dass die Druckkraft neben der Bodenfläche $A$ nur von der Flüssigkeitsdichte $\rho$ und von der Füllhöhe $h$ abhängig ist. Die Form und das Volumen des Gefäßes haben keinen Einfluss. Bei gleicher Bodenfläche $A$ von verschiedenen Behältern errechnet sich bei einer dichten, aber nicht kraftschlüssigen Verbindung zwischen Bodenplatte und Gefäßwand also die gleiche Bodendruckkraft $F_B$. Diesen zunächst überraschenden Zusammenhang bezeichnet man als hydrostatisches Paradoxon (Bild 2.15).

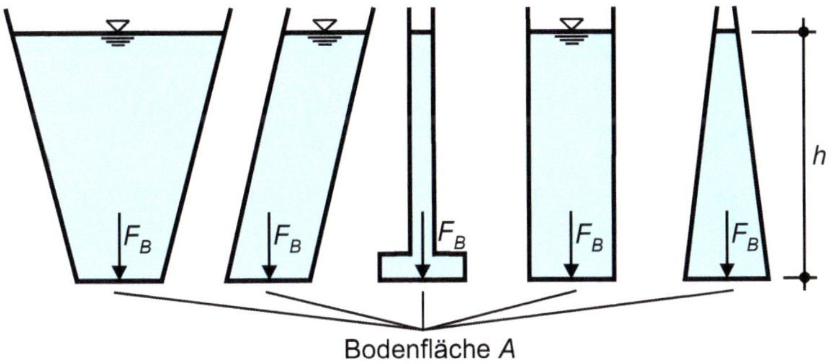


**Bild 2.15** Zum hydrostatischen Paradoxon

**Die Erklärung:** Die Druckkraft auf den Behälterboden kann sich von der Gewichtskraft des Wassers unterscheiden, da die Differenz durch Druckkräfte auf die nicht senkrechten Wandteile getragen wird.

## ■ 2.4 Tabellarische Ermittlung der Druckkraft

Für einige wichtige ebene Flächen aus der wasserwirtschaftlichen Praxis sind die Berechnungsgleichungen für die Lage des Schwerpunkts S, die Größe der Druckkraft $F$ und den zur Fläche parallelen Abstand $e_y$ zwischen Schwerpunkt S und Druckmittelpunkt D in Abhängigkeit von Wasserspiegel und Flächenneigung gegen die Horizontale in Tabelle 2.2 zusammengestellt. Die Systemdarstellung inklusive der Bezeichnungen ist Bild 2.16 zu entnehmen. Die Größe der Wasserdruckkraft erhält man mit den Formel 2.8 und Formel 2.10 zu

$$F = p_S \cdot A = \rho g z_S \cdot A \tag{2.20}$$

Da die Druckkraft bei ungleichmäßiger Druckverteilung nicht am Flächenschwerpunkt S, sondern am Druckmittelpunkt D angreift, muss für jede Fläche der Abstand zwischen S und D bestimmt werden:

$$e_y = y_D - y_S = \frac{A}{y_S} \tag{2.21}$$

Die Lage $y_S$ des Schwerpunktes S ist aus der Geometrie der jeweiligen Fläche zu errechnen.

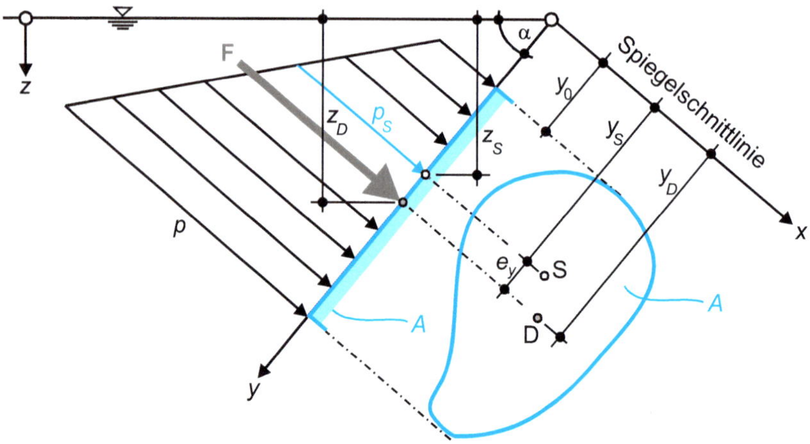


**Bild 2.16** Systemskizze zur tabellarischen Druckkraftermittlung in Tabelle 2.2

Die farbige, druckbelastete Fläche im Vertikalschnitt des linken Teiles von Bild 2.16 ist im rechten Teil an der $y$-Achse um 90° gedreht, sodass eine Sicht senkrecht auf die Fläche $A$ entsteht. Die auf der linken Seite eingetragenen Koordinaten $z_D$ und $z_S$ können daher nicht aus dem rechten Teil von Bild 2.16 abgelesen werden.

**Tabelle 2.2** Berechnungsgleichungen für Schwerpunkt, Kraft und Außermittigkeit

| Fläche | $y_S = z_S/\sin\alpha =$ | $F/\sin\alpha =$ | $e_y =$ |
|---|---|---|---|
| 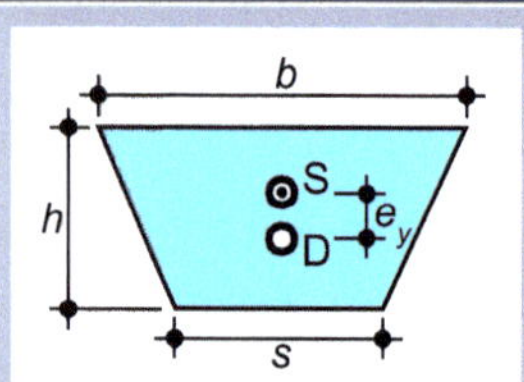  | $y_0 + \frac{h}{3} \cdot \frac{b+2s}{b+s}$ | $\rho g \cdot h \cdot y_S \cdot \frac{b+s}{2}$ | $\frac{h^2}{18 \cdot y_S} \cdot \frac{(b+s)^2 + 2b \cdot s}{(b+s)^2}$ |
| 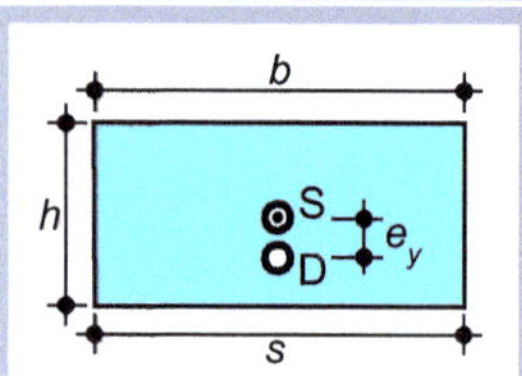  | $y_0 + \frac{h}{2}$ | $\rho g \cdot h \cdot y_S \cdot b$ | $\frac{h^2}{12 \cdot y_S}$ |

| Fläche | $y_S = z_S/\sin\alpha =$ | $F/\sin\alpha =$ | $e_y =$ |
|---|---|---|---|
| 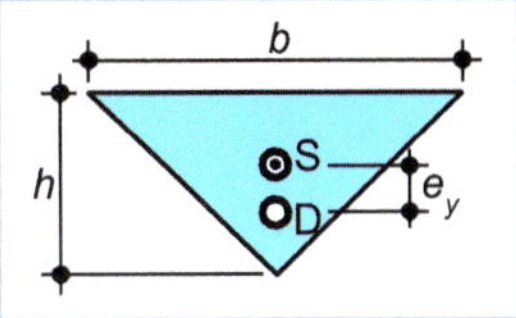 | $y_0 + \frac{h}{3}$ | $\rho g \cdot b \cdot y_S \cdot \frac{h}{2}$ | $\frac{h^2}{18 \cdot y_S}$ |
| 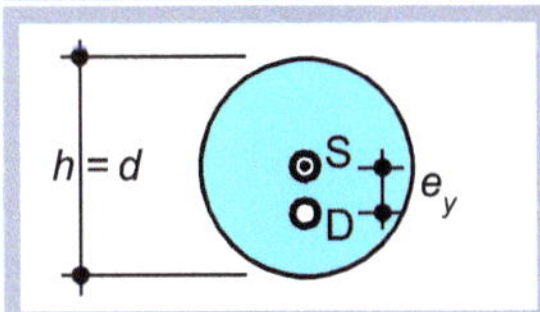 | $y_0 + \frac{d}{2}$ | $\rho g \cdot y_S \cdot \frac{\pi \cdot d^2}{4}$ | $\frac{d^2}{16 \cdot y_S}$ |
| 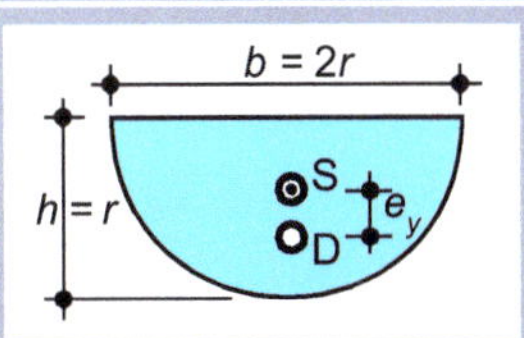 | $y_0 + \frac{4r}{3\pi}$ | $\rho g \cdot y_S \cdot \frac{\pi \cdot r^2}{2}$ | $\frac{r^2}{14{,}31 \cdot y_S}$ |

**Beispiel 2.6**

Gegeben ist die in Bild 2.17 dargestellte rechteckige Stauklappe mit der Breite $b$ = 1 m und dem Neigungswinkel $\alpha$ = 60° gegen die Horizontale. Gesucht sind die resultierende Druckkraft sowie der Abstand $c$ des Kraftangriffspunktes vom Gelenk. Der Wasserstand ($\rho$ = 1000 kg/m$^3$) beträgt $h$ = 6,5 m und die Höhe $a$ = 2,0 m. Die Lösung dieser Aufgabe kann entweder durch direktes Antragen der realen Druckverteilung und entsprechende Rechenvorgänge erfolgen oder mithilfe von Tabelle 2.2 bearbeitet werden.

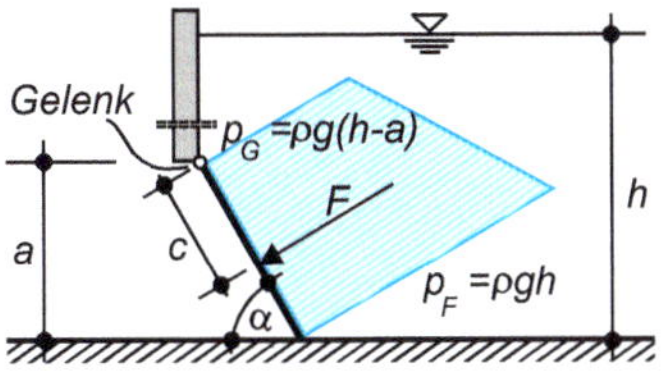


**Bild 2.17**
Stauklappe

- Die reale Druckverteilung (Bild 2.17) ergibt sich aus den Druckordinaten am Gelenk und am Fußpunkt der Stauklappe:

$$p_G = \rho g \cdot (h - a) = 9810 \cdot (6{,}5 - 2{,}0) = 44.145\,\frac{\text{N}}{\text{m}^2} = 44{,}1\,\frac{\text{kN}}{\text{m}^2}$$

$$p_F = \rho g \cdot h = 9810 \cdot 6{,}5 = 63.765\,\frac{\text{N}}{\text{m}^2} = 63{,}8\,\frac{\text{kN}}{\text{m}^2}$$

- Die schräge Höhe der Stauklappe ist $L = a/\sin\alpha = 2{,}0/\sin 60° = 2{,}309$ m. Damit erhält man die resultierende Kraft $F$ zu

$$F = \frac{(p_G + p_F)}{2} \cdot L \cdot b = 124.582\,\text{N} = 124{,}6\,\text{kN}$$

- Der Kraftangriffspunkt errechnet sich durch das Momentengleichgewicht um das Gelenk. Die Druckverteilung wird hierzu in einen rechteckigen sowie einen dreieckförmigen Anteil zerlegt:

$$F\cdot c=\frac{p_G\cdot L^2}{2}+\frac{(p_F-p_G)\cdot L^2\cdot b}{2\cdot 3}=117{,}56+35{,}01=152{,}57\ \text{kNm}$$

$$\Rightarrow c=\frac{152{,}6}{124{,}6}=1{,}22\ \text{m}$$

- Aus Tabelle 2.2 werden die Werte für *F* und *a* folgendermaßen berechnet:

$$y_S=y_0+\frac{L}{2}=\frac{4{,}5}{\sin 60°}+\frac{2{,}309}{2}=5{,}196+1{,}155=6{,}351\ \text{m}$$

$$F=\rho g\cdot L\cdot y_S\cdot b\cdot\sin\alpha=9810\cdot 2{,}309\cdot 6{,}351\cdot 1{,}0\cdot\sin 60°=124{,}6\ \text{kN}$$

$$e_y=\frac{L^2}{12\cdot y_S}=\frac{2{,}309^2}{12\cdot 6{,}351}=0{,}070\ \text{m}$$

$$c=\frac{L}{2}+e_y=\frac{2{,}309}{2}+0{,}070=1{,}22\ \text{m}$$

**Aufgabe 2.7**

Der Auslass eines Beckens ist durch eine Klappe der Gewichtskraft $G$ = 50 kN verschlossen. Die Auslasshöhe ist mit $a$ = 1,0 m und die Breite mit $b$ = 1,0 m gegeben, der Neigungswinkel beträgt $\alpha$ = 60°. Ab welchem Wasserstand $h$ öffnet sich die Klappe, weil ihr Eigengewicht allein als Gegendruck nicht mehr ausreicht?

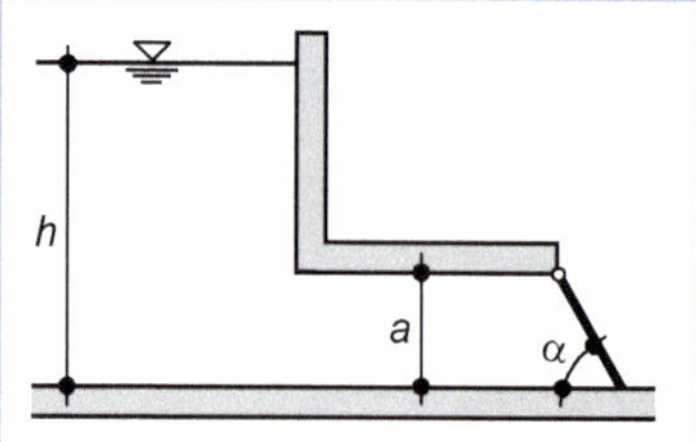


# 2.5 Druck auf gekrümmte und polygonartig zusammengesetzte Berandung

Die in Abschnitt 2.2 eingeführte Zerlegung der Druckverteilung in horizontale und vertikale Komponenten ist in manchen Fällen zur Berechnung der Druckkraft vorteilhaft bzw. unerlässlich, da hierdurch die Flächenberechnung der Druckverteilung einfacher bzw. überhaupt erst ermöglicht wird. Für den Druck auf gekrümmte und polygonartig zusammengesetzte Berandungen wird dies am Beispiel der Staumwand aus Aufgabe 2.8 gezeigt.

**Aufgabe 2.8**

Ermitteln Sie für die beidseitig mit Wasser belastete Stauwand der Breite 1 m die resultierende Druckfigur, die resultierende Druckkraft und deren Wirkrichtung.

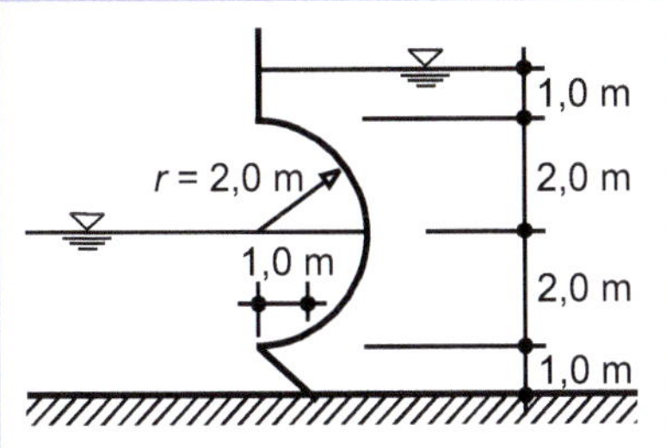


Bild 2.18 macht deutlich, dass die Aufteilung der Gesamtbelastung in die Einzelkomponenten

- horizontal - vertikal,
- Auflast (von oben) - Auftrieb (von unten),
- Wasserangriff von links - Wasserangriff von rechts

die Lösung dieser Aufgabe erst ermöglicht.

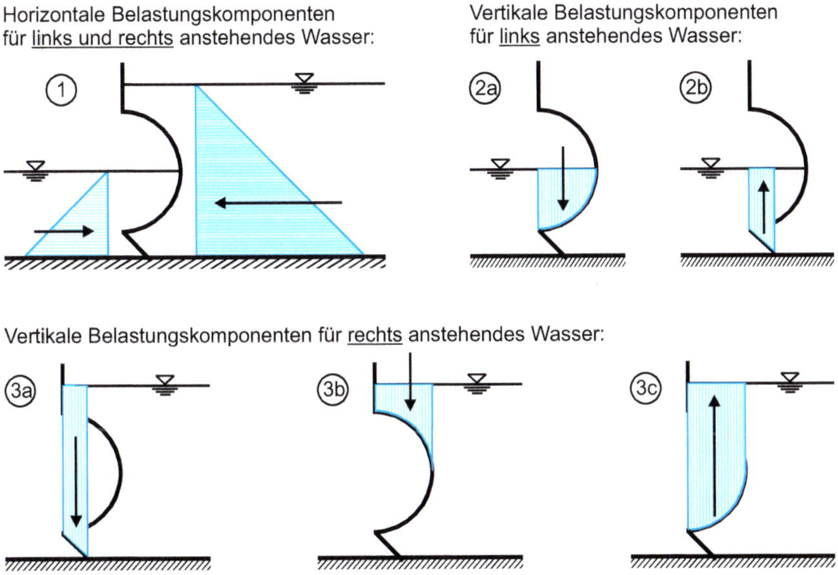


**Bild 2.18** Zerlegung der Druckkomponenten der beidseitig belasteten, gekrümmten und zusammengesetzten Stauwand

Die beiden Vertikalkomponenten 2a und 2b für links anstehendes Wasser sowie die Vertikalkomponenten 3a, 3b und 3c für rechts anstehendes Wasser können jeweils zusammengefasst werden:

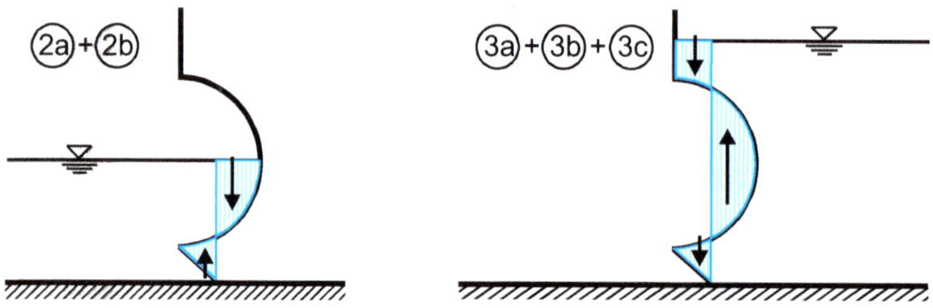


**Bild 2.19** Zusammenfassung der vertikalen Druckfiguren aus Bild 2.18

Folgende allgemeingültige Regel zur Ermittlung der Vertikalkomponenten der Druckfigur kann an Bild 2.19 gezeigt werden:

- Eine Vertikalgerade vom Fußpunkt der Stauwand bis zum Wasserspiegel bzw. zur luftseitig fortgesetzten Wasserlinie erstellen.
- Bei beidseitiger Wasserbelastung wird jede Belastungsseite getrennt betrachtet.
- Luftseitig der Vertikalgeraden eingeschlossene Flächen zwischen Vertikalgerade, Stauwand und Wasserspiegel bzw. -linie bilden senkrecht nach unten orientierte Auflastkomponenten.
- Wasserseitig der Vertikalgeraden eingeschlossene Flächen zwischen Vertikalgerade, Stauwand und Wasserspiegel bzw. -linie bilden senkrecht nach oben gerichtete Auftriebskomponenten.

Diese Vorgehensweise kann auch an Bild 2.7 nachvollzogen werden.

**Aufgabe 2.9**

Ermitteln Sie für das dargestellte Kreissegmentschütz die Druckfiguren für die horizontale und vertikale Komponente sowie die resultierende Druckfigur direkt am Schütz. Welche Größe ergibt sich für die resultierende Kraft pro Breitenmeter? Wie groß ist das sich aus der Wasserbelastung ergebende Moment, wenn sich das Drehlager im Kreismittelpunkt befindet?

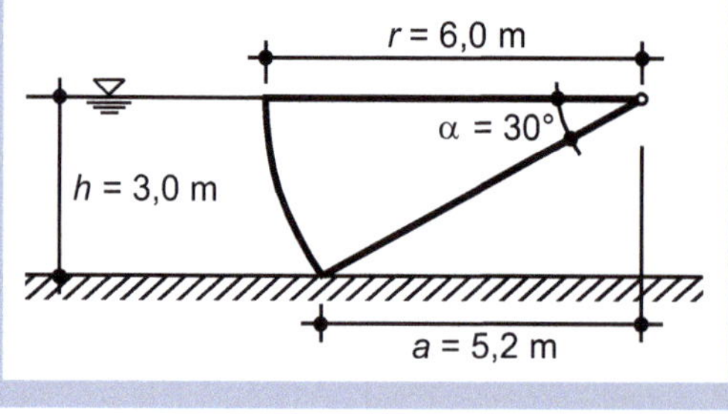

## 2.6 Auftrieb

Körper, die in einer Flüssigkeit unter- oder eingetaucht sind, unterliegen der Auftriebskraft. Dies wurde in einigen Beispielen der vorangehenden Abschnitte bereits deutlich. Dabei ist die Auftriebskraft $F_A$ gleich dem verdrängten Flüssigkeitsvolumen $V_V$ mit der Flüssigkeitsdichte $\rho_{Fl}$

$$F_A = \rho_{Fl} g V_V \tag{2.22}$$

Der Auftrieb ist somit unabhängig von der Körperdichte. In die Berechnung geht nur das verdrängte Wasservolumen ein.

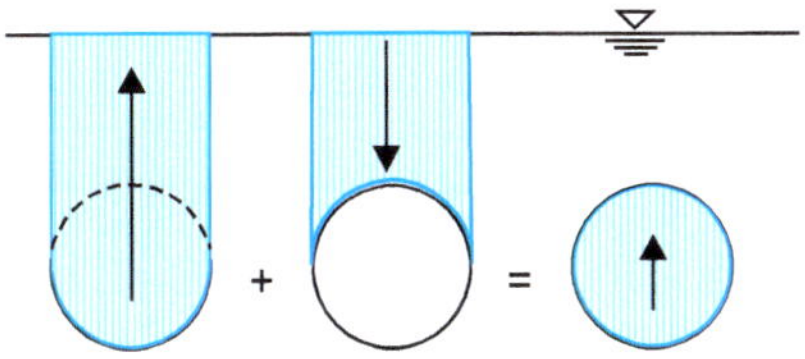


**Bild 2.20**
Zum Auftrieb getauchter Körper

Dieses auf ARCHIMEDES zurückgehende Prinzip gilt auch für Körper, die nur teilweise untergetaucht sind. Die Auftriebskraft $F_A$ greift im Verdrängungsschwerpunkt $S_V$ des Körpers an, die Gewichtskraft $F_G$ im Körperschwerpunkt $S_K$ (siehe Bild 2.21). Bei vollständig untergetauchten Körpern haben diese beiden Schwerpunkte eine identische Lage.

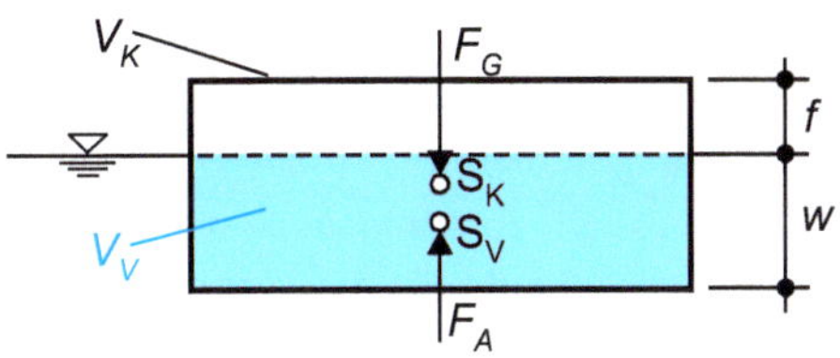


**Bild 2.21**
Bezeichnungen am schwimmenden Körper

Für die Wirkung der Auftriebskraft $F_A$ auf einen Körper mit der Gewichtskraft $F_G$ sind drei Möglichkeiten zu unterscheiden:

- Der Körper sinkt nach unten. Seine Dichte ist größer als die der Flüssigkeit.
- Der Körper schwebt vollständig untergetaucht in der Flüssigkeit. Seine Dichte ist gleich der Flüssigkeitsdichte.
- Der Körper schwimmt und taucht nur teilweise unter. Seine Dichte ist geringer als die der Flüssigkeit.

Im letzten Fall ragt ein Teil des Körpers aus der Flüssigkeit heraus, diese Höhe wird als Freibord $f$ bezeichnet. Die Eintauchtiefe wird üblicherweise mit $w$ benannt (Bild 2.21).

**Beispiel 2.7**

Ein Holzbalken der Kantenlänge $a$ = 0,10 m und der Dichte $\rho_H$ = 900 kg/m³ schwimmt im Wasser. Wie weit ragt der Balken aus dem Wasser?

Körpergewicht und Auftrieb stehen im Gleichgewicht, daher gelten

$$F_G = F_A \tag{2.23}$$

und damit

$$\rho_H g V_K = \rho_W g V_V$$

$$\Delta\rho_H g \cdot a \cdot A = \rho_W g \cdot w \cdot A$$

Die Schwimmfläche $A$ und die Erdbeschleunigung $g$ lassen sich herauskürzen, eine Umstellung ergibt

$$w = a \cdot \frac{\rho_H}{\rho_W} \tag{2.24}$$

Die Eintauchtiefe $w$ und das Freibord $f$ eines im Vertikalschnitt rechteckigen Körpers sind also unabhängig von dessen Form und der Größe seiner Schwimmfläche $A$. Mit den gegebenen Werten erhält man

$$f = a - w = a - a \cdot \frac{\rho_H}{\rho_W} = a \cdot \left(1 - \frac{\rho_H}{\rho_W}\right) = 0{,}10 \cdot \left(1 - \frac{900}{1000}\right) = 0{,}01\,\text{m} \tag{2.25}$$

Der Holzbalken ragt also einen Zentimeter aus dem Wasser heraus. ■

**Beispiel 2.8**

Der in Bild 2.22 dargestellte rechteckige Senkkasten soll als Fundament eines Brückenpfeilers dienen. Der aus Beton der Dichte $\rho_B$ = 2200 kg/m³ bestehende Kasten wird schwimmend zur Einbaustelle transportiert. Zu ermitteln ist die Eintauchtiefe $w$ bzw. das Freibord $f$ des Gründungselements für die gegebenen Größen.

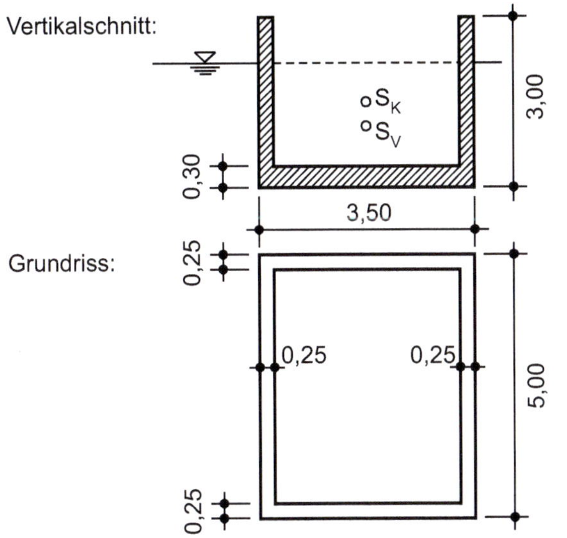


**Bild 2.22** Einschwimmbares Gründungselement (Maße in m)

Zunächst sind das Materialvolumen $V_K$ und die Gewichtskraft des Senkkastens $F_G$ zu bestimmen:

$$V_K = 5{,}0 \cdot 3{,}5 \cdot 3{,}0 - (5{,}0 - 2 \cdot 0{,}25) \cdot (3{,}5 - 2 \cdot 0{,}25) \cdot (3{,}0 - 0{,}3) = 16{,}05\ \text{m}^3$$

$$F_G = \rho_B g V_K = 2200 \cdot 9{,}81 \cdot 16{,}05 = 346.391{,}1\ \text{N} = 346{,}4\ \text{kN}$$

Da die Gewichtskraft $F_G$ und die Auftriebskraft $F_A$ im Gleichgewicht stehen müssen (siehe Formel 2.23), erhält man durch Umformung das (eingetauchte) Verdrängungsvolumen

$$V_V = \frac{F_G}{\rho_W g} = \frac{346.391{,}1}{9810} = 35{,}31\ \text{m}^3$$

Die Eintauchtiefe $w$ ergibt sich schließlich mit Bezug auf die Länge $L$ und die Breite $B$ des Gründungselements zu

$$w = \frac{V_V}{L \cdot B} = \frac{35{,}31}{5{,}0 \cdot 3{,}5} = 2{,}02\ \text{m}$$

Das Freibord $f$ erhält man mit der Höhe $H$ des Senkkastens zu

$$f = H - w = 3{,}0 - 2{,}02 = 0{,}98\ \text{m}$$

**Praxishinweis**

Senkkästen werden entweder offen ausgeführt oder als Druckluftsenkkästen mit Überdruck genutzt. In beiden Fällen müssen bei schwimmendem Verbringen zur Baustelle sowohl die Schwimmfähigkeit (Abschnitt 2.6) als auch die Schwimmstabilität (Abschnitt 2.8) berücksichtigt werden.

*Offener Senkkasten*

Offene Senkkästen dienen als Fundamentteil z. B. von Brückenpfeilern. Der Senkkasten wird aus Holz, Stahl oder Stahlbeton an Land vorgefertigt, anschließend schwimmend zum Einbauort transportiert, dort ausgerichtet und zielgerecht versenkt. Der Vorgang des Versenkens geschieht langsam durch Zugabe von Sand, Gestein oder Beton. Bei schneller Füllung des Senkkastens mit Wasser wird dieses durch den nachträglich einzubringenden Unterwasserbeton verdrängt.

*Druckluftsenkkasten (Caisson)*

Bei einem Druckluftsenkkasten wird eine unten offene und seitlich sowie oben luftdichte Arbeitskammer geschaffen, in die Luft gepresst wird. Durch den Überdruck wird das Wasser aus der so gebildeten Taucherglocke verdrängt und es kann auf dem Grund des Gewässers im Trockenen gearbeitet werden.

**Aufgabe 2.10**

Ein mit Wasser gefülltes Gefäß steht auf einer Waage. Wie ändert sich die Anzeige, wenn man einen Finger in das Wasser eintaucht? Begründen Sie Ihre Antwort.

**Aufgabe 2.11**

In einem (großen runden) Regenbecken ist entlang einer Fertigteilwand ein auskragendes Auflager ausgebildet. Zwischen Wand und Sohle ist ein elastisches Dichtband angebracht. Welcher resultierenden Kraft pro Meter ist die Wand ausgesetzt?

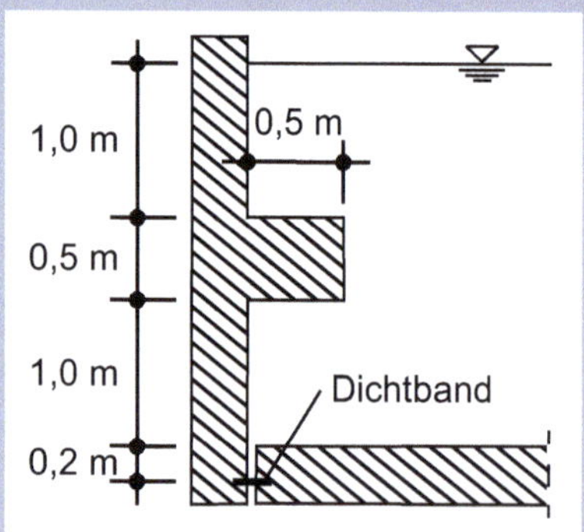

Nicht nur schwimmende oder getauchte Körper erfahren Auftrieb, auch Bauwerke oder Bauteile in wasserhaltigem Untergrund unterliegen dem Wasserdruck von unten nach oben. Zudem wirken auch Kräfte in horizontaler Richtung, die sich insgesamt aber zumeist gegenseitig aufheben. Zur Dimensionierung der Seitenwände müssen diese jedoch berücksichtigt werden. Beispielhaft ist die Druckverteilung an einer Gründungswanne in Bild 2.23 dargestellt. Die Auftriebswirkung wird nochmals in Kapitel 8 betrachtet.

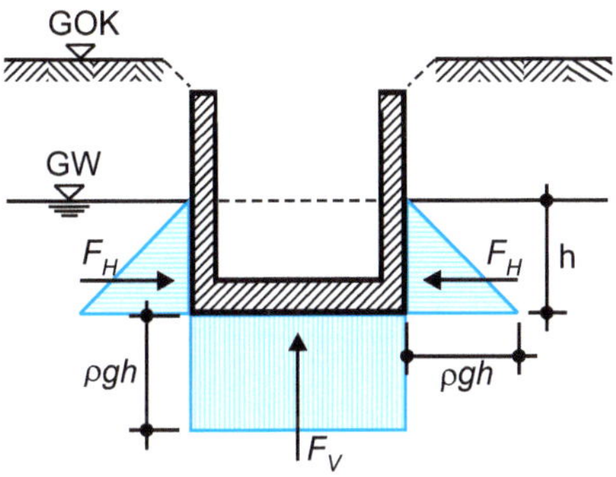


**Bild 2.23**
Wasserdichte Gründungswanne

## ■ 2.7 Hydrostatik in bewegten Behältern

Wirkt allein die Schwerkraft auf ein Flüssigkeitsvolumen ein, dann stellen sich zwangsläufig ein horizontaler Wasserspiegel und horizontale Isobaren (= Linien gleichen Drucks) ein (siehe Abschnitt 2.1 mit Bild 2.1). In diesem Fall wirkt ausschließlich die Erdbeschleunigung $g$, die immer senkrecht zum Wasserspiegel sowie zu anderen Linien gleichen Drucks orientiert ist.

Unterliegt ein mit einer Flüssigkeit gefüllter Behälter zusätzlich zur Schwerkraft auch einer (konstanten) Beschleunigung (oder Verzögerung) $a$, dann ist die Flüssigkeit im bewegten Behälter der aus $g$ und $a$ resultierenden Beschleunigung $a_R$ ausgesetzt.

### 2.7.1 Vertikal beschleunigte Behälter

Eine zusätzliche vertikale Beschleunigung $a_z$ muss unterschieden werden in die Bewegung nach unten (Bild 2.24b) oder nach oben (Bild 2.24c). Bei Bewegung nach unten wirkt $a_z$ entgegen g und verringert so die Druckspannung $p$ (Formel 2.26), die Bewegung nach oben vergrößert $p$ (Formel 2.27):

$$p = \rho h \cdot a_R = (g - a_z) \tag{2.26}$$

$$p = \rho h \cdot a_R = (g + a_z) \tag{2.27}$$

Bei einer konstanten Geschwindigkeit ist die (zusätzliche) Beschleunigung gleich Null, daher ergibt sich in Fall von Bild 2.24a keine veränderte Druckspannung $p$.

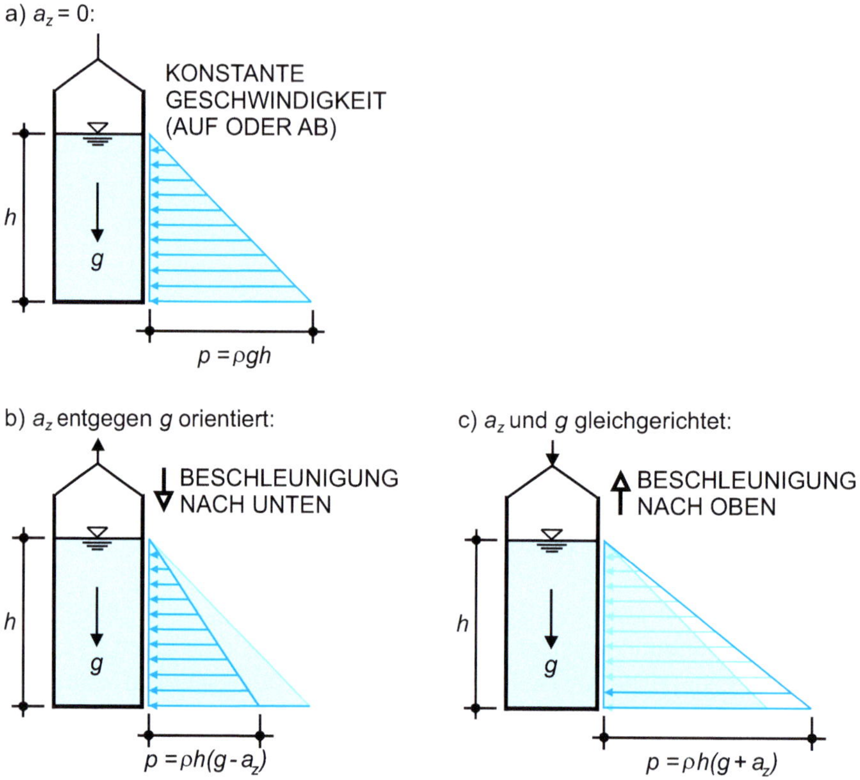


**Bild 2.24** Vertikale Behälterbewegung

**Praxishinweis**

Ihre Bedeutung in der Praxis haben die Zusammenhänge aus Abschnitt 2.7.1 beispielsweise bei Erdbebenbelastungen, da sich hier auch vertikale Beschleunigungen ergeben (bis zu $a_z \approx 0{,}4\ \mathrm{m/s^2}$). Bei Schiffshebewerken ($a_{z,max}$ = 0,01 bis 0,02 $\mathrm{m/s^2}$) werden die zulässigen Beschleunigungen im Anfahr- und Bremsvorgang auf unkritische Größenordnungen begrenzt, um die daraus resultierenden Druckbelastungen und Wellenbildung in der Transportwanne zu minimieren.

Zum Vergleich: Mit Krananlagen können je nach Hubwerk Beschleunigungen von 2 $\mathrm{m/s^2}$ und mehr erreicht werden, also um zwei Zehnerpotenzen größere Werte im Vergleich zu Schiffshebewerken.

## 2.7.2 Horizontal beschleunigte Behälter

Bei horizontaler Beschleunigung $a_x$ eines Behälters (siehe Bild 2.25) kommt es aufgrund der Überlagerung mit der Erdbeschleunigung $g$ zu einer Schräglage $\alpha$ der Flüssigkeitsoberfläche, da diese sich senkrecht zur resultierenden Beschleunigung $a_R$ einstellt (Formel 2.28):

$$a_R = \sqrt{g^2 + a_x^2} \quad \text{und} \quad \tan\alpha = \frac{a_x}{g} \tag{2.28}$$

Aufgrund der Volumenkontinuität bleibt der ursprüngliche Flüssigkeitsspiegel $h_0$ bei rechteckförmiger Grundfläche in Behältermitte unverändert. Mit dem dort positionierten Koordinatenursprung und den oben erläuterten Parametern erhält man die Systemskizze in Bild 2.25.

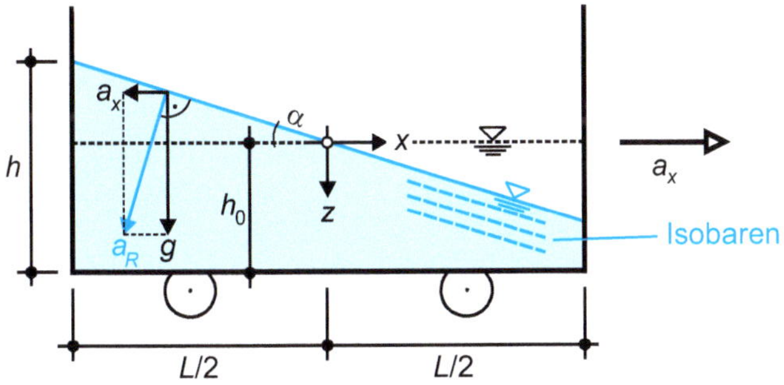


**Bild 2.25**
Geradlinige horizontale Behälterbeschleunigung

Ausgehend vom Koordinatenursprung lautet die Gleichung zur Entwicklung des Flüssigkeitsspiegels und parallel dazu für die Linien gleichen Drucks (siehe Bild 2.25)

$$z = \frac{a_x}{g} \cdot x \tag{2.29}$$

Der Maximaldruck $p$ kann mit der Überdeckung $h$ am linken unteren Eckpunkt von Bild 2.25 berechnet werden, da der Druck nach allen Richtungen gleich ist:

$$p = \rho g \cdot \left( h_0 + \tan\alpha \cdot \frac{L}{2} \right) \tag{2.30}$$

**Aufgabe 2.12**

Die abgedichtete rechteckige Ladefläche (Länge $L$ = 6,0 m, Bordwandhöhe $H$ = 1,5 m) eines Lkw ist mit (flüssigem) Frischbeton der Dichte $\rho_B$ = 2200 kg/m$^3$ gefüllt. Aus der Kombination von Bremsanlage und Straßenbelag kann der Lkw eine Maximalverzögerung von $a_x$ = 3,1 m/s$^2$ erreichen. Bis zu welcher Höhe $h_0$ darf der Lkw befüllt werden, damit bei einer Vollbremsung kein Beton aus der Ladefläche schwappt? Welcher maximalen Druckspannung wird die Ladefläche in diesem Fall ausgesetzt?

### 2.7.3 Rotierende Behälter

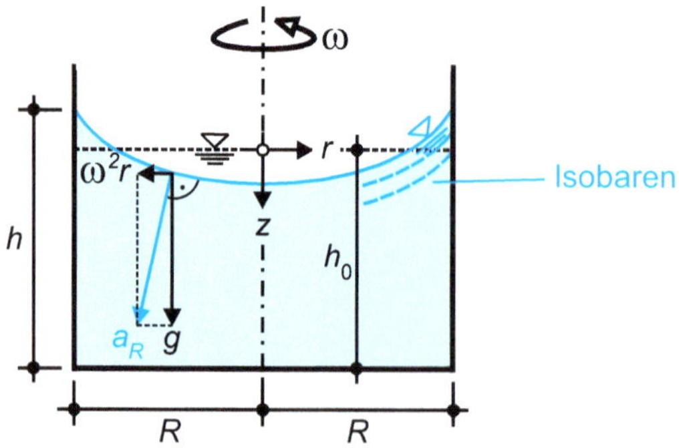


**Bild 2.26**
Horizontal rotierender Flüssigkeitsbehälter

Die Zentrifugalbeschleunigung $a_r$ in einem flüssigkeitsgefüllten, um eine Vertikalachse rotierenden Behälter ist mit der Erdbeschleunigung $g$ überlagert wie bei geradlinig beschleunigten Behältern (Abschnitt 2.7.2) gemäß Formel 2.28. Für $a_r$ bzw. $a_x$ gilt

$$a_r = a_x = \omega^2 \cdot r = \frac{v^2(r)}{r} \tag{2.31}$$

Durch den Ansatz der Volumenkontinuität sowie Umformung und Integration der Formel 2.31 errechnet sich die parabelförmige Flüssigkeitsoberfläche mit den Größen aus Bild 2.26 schließlich mit

$$z(r) = -\frac{\omega^2}{g} \cdot \frac{r^2}{2} + \frac{\omega^2}{g} \cdot \frac{R^2}{4} \tag{2.32}$$

In Bild 2.26 sind rechts die Linien gleichen Drucks (= Isobaren) skizziert, die sich parallel zur Flüssigkeitsoberfläche senkrecht zur resultierenden Beschleunigung einstellen.

Setzt man die beiden Extremfälle $r = 0$ und $r = R$ in Formel 2.32 ein, so zeigt sich, dass die Flüssigkeitsspiegelabsenkung im Rotationszentrum exakt der Oberflächenanhebung am Behälterrand entspricht, also $z(0) = -z(R)$.

**Aufgabe 2.13**

In einem runden Regenbecken ($R$ = 11,0 m) rotiert der Inhalt aufgrund tangentialer Wassereinleitung mit der Rotationsgeschwindigkeit $\omega$ = 0,05 Hz = 0,05 rad/s. Wie groß ist der Wasserspiegelunterschied zwischen Beckenzentrum und Beckenrand?

Kann für die Geschwindigkeitsverteilung in radialer Richtung ein ausreichend genauer Ansatz gefunden werden, dann sind auch Flüssigkeitsspiegelverläufe in gekrümmten Gerinnen mit den gezeigten Ansätzen berechenbar. Zudem können Aufgaben bearbeitet werden, bei denen sich Behälter durch eine Kurve bewegen, also beispielsweise Tanklastzüge.

**Beispiel 2.9**

Der Lkw aus Aufgabe 2.12 (abgedichtete rechteckige Ladefläche der Breite $B$ = 2,0 m und mit der Bordwandhöhe $H$ = 1,5 m) ist wieder mit (flüssigem) Frischbeton der Dichte $\rho_B$ = 2200 kg/m³ gefüllt, bei Geradeausfahrt mit konstanter Geschwindigkeit $v$ bis zur Höhe $h_0$ = 0,5 m. Der Lkw fährt nun mit $v$ = 54 km/h durch eine Kurve mit dem Radius $R$ = 75 m. Wie stark neigt sich die Betonoberfläche gegen die Horizontale und wie sieht die Druckverteilung auf die Ladefläche aus, wenn von Radius $R$ >> Breite $B$ ausgegangen werden kann?

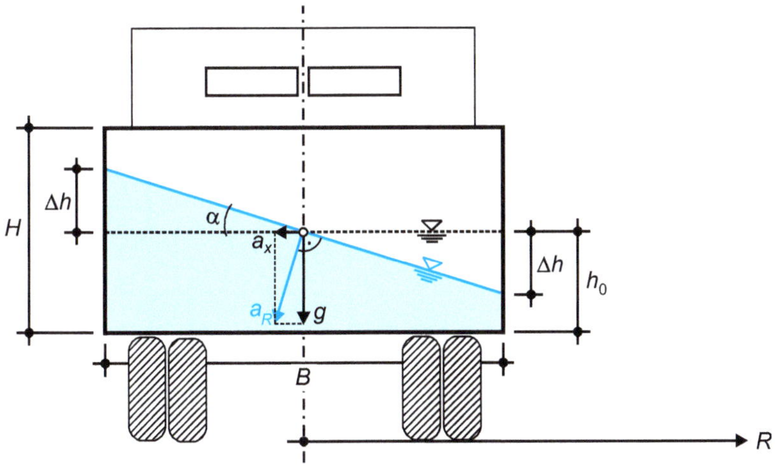


**Bild 2.27** Mit Beton beladener Lkw in einer Kurve

In der Kurve wirken senkrecht die Erdbeschleunigung $g$ und waagrecht die Zentrifugalbeschleunigung $a_r$ aus Formel 2.31. Mit den gegebenen Größen erhält man

$$v(r) = \frac{54.000}{3600} = 15\,\frac{\text{m}}{\text{s}} \quad \text{und damit} \quad a_r = \frac{v^2(r)}{r} = \frac{15^2}{75} = 3\,\frac{\text{m}}{\text{s}^2}$$

Die Neigung der Betonoberfläche erhält man mit Formel 2.28 zu

$$\tan\alpha = \frac{a_r}{g} = \frac{3}{g} = 0{,}3058 \quad \rightarrow \quad \alpha = 17{,}0°$$

Die Betonoberfläche ist also um $\alpha$ = 17° gegen die Horizontale geneigt. Mit dem Tangens dieses Winkels kann nun die Höhe $\Delta h$ als Differenz zwischen Maximallage (bzw. Minimallage) des Flüssigkeitsspiegels und der Ausgangslage $h_0$ berechnet werden:

$$\tan\alpha = \frac{\Delta h}{B/2} = 0{,}3058 \quad \rightarrow \quad \Delta h = 0{,}31 \text{ m}$$

Wegen $R >> B$ gilt dieser Spiegelunterschied näherungsweise sowohl in der Kurvenaußenseite (A) als auch auf der Innenseite (I). Damit ergeben sich die Druckordinaten mit Formel 2.1 zu

$$p_A = \rho_B g \cdot (h_0 + \Delta h) = 17.481{,}4 \frac{\text{N}}{\text{m}^2} = 17{,}5 \frac{\text{kN}}{\text{m}^2}$$

$$p_I = \rho_B g \cdot (h_0 - \Delta h) = 4100{,}6 \frac{\text{N}}{\text{m}^2} = 4{,}1 \frac{\text{kN}}{\text{m}^2}$$

Der Druck greift innen an den Begrenzungen der Lademulde an, die Druckverteilung zeigt Bild 2.28.

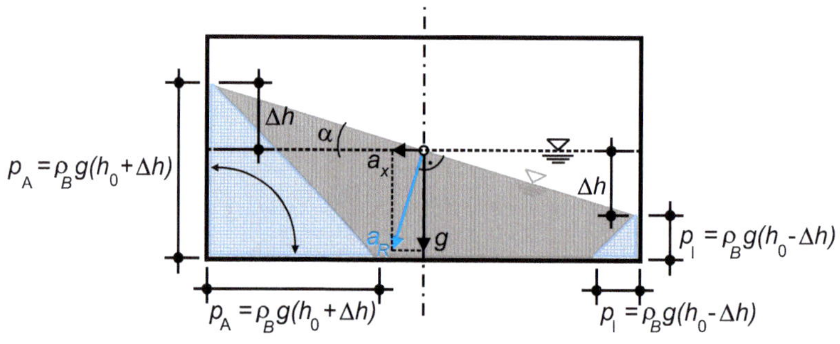


**Bild 2.28** Druckverteilung auf die Lademulde des Lkw

Die in Bild 2.28 dargestellte Flüssigkeitsoberfläche und Druckverteilung auf die Lademulde sind in der Realität leicht parabelförmig. Aufgrund des großen Kurvenradius $R$ ist die zugrunde gelegte Näherung aber zulässig. Exakte Berechnungen für den parabelförmigen Verlauf wären sehr aufwendig und für den zu erwartenden Genauigkeitsgewinn nicht angebracht. ■

In zum Flüssigkeitstransport bestimmten Tanklastautos und -schiffen werden die Behälter mit sogenannten Schwallwänden (in der Schifffahrt Schottwänden) durchbrochen, um durchgängige lineare Flüssigkeitsspiegel und Druckzustände wie in Bild 2.28 zu unterbinden. Diese meist durchlässigen Trennwände vermindern die Flüssigkeitsverlagerung beim Bremsen, Beschleunigen und in Kurvenfahrten und verringern damit die maximale Druckdifferenz durch Ausbildung eines sägezahnförmigen Spiegelverlaufs (Bild 2.29).

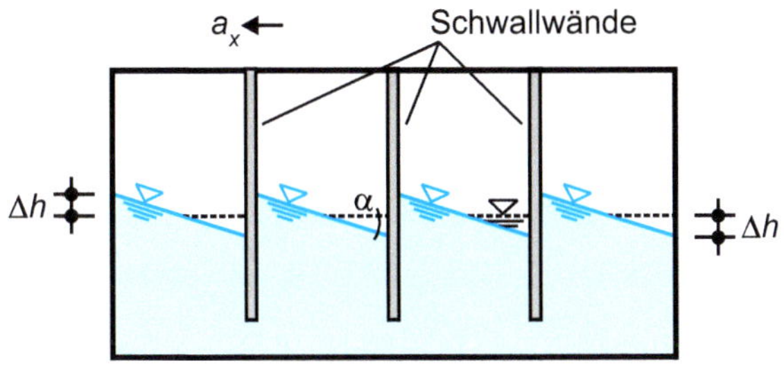


**Bild 2.29** Auslenkungen des Flüssigkeitsspiegels durch Schwall- oder Schottwände

## 2.8 Schwimmstabilität

Schwimmt ein Körper, so stellt sich auch die Frage, ob er dies stabil tut oder ob er zum Kentern neigt. Von Bedeutung ist dies beispielsweise für den Senkkasten aus Beispiel 2.8, Bild 2.22, der schwimmend an seinen Bestimmungsort transportiert wird.

Maßgeblich für die Schwimmstabilität ist die Lage des Verdrängungsschwerpunktes $S_V$ relativ zum Körperschwerpunkt $S_K$. Hierbei sind drei Möglichkeiten zu unterscheiden:

- Der Körper schwimmt stabil, wenn er nach einer kurzzeitigen Auslenkung (z. B. durch Wind oder Wellen) wieder in seine ursprüngliche Lage zurückdreht. Dies ist bei tiefliegendem Körperschwerpunkt $S_K$ der Fall.
- Der Körper schwimmt labil, wenn er nach einer kurzzeitigen Auslenkung nicht in seine Ausgangslage zurückdreht, sondern vollständig kippt. Dies ist bei hoch liegendem Körperschwerpunkt $S_K$ der Fall.
- Der Körper schwimmt indifferent, wenn er sich nach einer kurzzeitigen Auslenkung ständig weiterdreht (z. B. ein Zylinder, der um seine Längsachse rotiert).

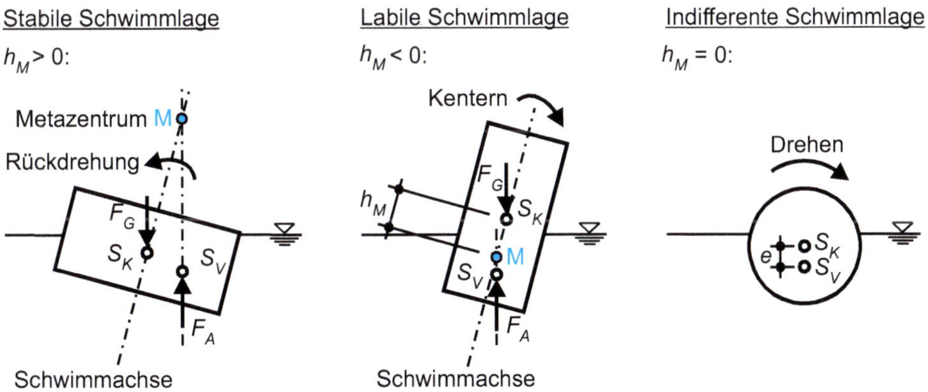


**Bild 2.30** Zur Stabilität von Schwimmkörpern

Damit ein Körper stabil schwimmt, muss die Wirkungslinie der Auftriebskraft $F_A$ im ausgelenkten Zustand oberhalb des Körperschwerpunktes $S_K$ die Schwimmachse schneiden. Dies kann über die sogenannte metazentrische Höhe $h_M$ (Abstand zwischen M und $S_K$) beurteilt werden (Bild 2.30).

$$h_M = \frac{I_{min}}{V_V} - e > 0 \tag{2.33}$$

Darin bedeuten $I_{min}$ das minimale Flächenträgheitsmoment der Schwimmfläche $A$, $V_V$ ist das Verdrängungsvolumen und $e$ der Ruhelage-Abstand zwischen Körperschwerpunkt $S_K$ und Verdrängungsschwerpunkt $S_V$. Je größer $h_M$, umso größer ist die Sicherheit gegen Auslenkung. Für $h_M = 0$ liegt eine indifferente Schwimmlage vor, mit $h_M < 0$ ist sie instabil.

**Beispiel 2.10**

Der Holzbalken aus Beispiel 2.7 soll auf seine Schwimmstabilität untersucht werden. Mit Formel 2.33 und den Werten aus Beispiel 2.7 erhält man mit dem kleineren Flächenträgheitsmoment der vorliegenden Rechteckfläche $I_{min} = L \cdot a^3/12$ für die Drehung um die Längsachse als ungünstigsten Fall

$$h_M = \frac{I_{min}}{V_V} - e = \frac{L \cdot a^3}{12 \cdot L \cdot a \cdot (a-f)} - \left(\frac{a}{2} - \frac{a-f}{2}\right) = \frac{a^2}{12 \cdot (a-f)} - \frac{f}{2}$$

$$= \frac{0{,}10^2}{12 \cdot (0{,}10 - 0{,}01)} - \frac{0{,}01}{2} = 0{,}0043 \approx 0$$

Rechnerisch liegt damit gerade noch stabiles Schwimmen vor, allerdings ist die Sicherheit gegen Auslenkung äußerst gering. Der Holzbalken ist daher eher einer indifferenten Schwimmlage zuzuordnen.

**Anmerkung:** In Beispiel 2.10 wurde das Flächenträgheitsmoment der Rechteckfläche mit $I_{min} = L \cdot a^3/12$ berechnet. Die Berechnung der Trägheitsmomente anderer Flächen ist in entsprechender Statikliteratur dargestellt und in Formelsammlungen aufgeführt.

**Aufgabe 2.14**

Überprüfen Sie die Schwimmstabilität für den Senkkasten mit der Länge $L$, der Breite $B$ und der Höhe $H$ aus Beispiel 2.8.

## 2.9 Englische Fachbegriffe zu Kapitel 2

| Deutsch | Englisch |
|---|---|
| Atmosphärendruck | atmospheric pressure |
| Auflast | hydrostatic load |
| Auftrieb | buoyancy; uplift |
| Auftriebskraft | buoyant force |
| Becken | basin; tank |
| konstante, gleichmäßige Beschleunigung | uniform acceleration |
| Druckhöhe | pressure head |
| Druckkraft | compressive force |
| Druckmittelpunkt | centre of pressure |
| Druckverteilung | pressure distribution |
| Eintauchtiefe | depth of immersion |
| Freibord | freeboard |
| Füllhöhe | filling level |
| geschichtete Flüssigkeiten | layered liquids |
| hydrostatisches Paradoxon | hydrostatic paradox |
| kommunizierende Röhren | communicating tubes |
| Körperschwerpunkt | center of mass |
| Luftdruck | air pressure |
| Momentengleichgewicht | equilibrium of moments |
| Quecksilber | mercury |
| Rotation | rotation |
| Rotationsgeschwindigkeit | rotation(al) speed; rotation(al) velocity |
| Schwallwand | baffle; surge plate |
| Schwerpunkt | centre of gravity |
| Schwimmstabilität | flotation stability |
| Senkkasten, druckluftbetrieben | compressed-air caisson; pneumatic caisson |
| Senkkasten, offen | drop shaft; open caisson |
| Sperrflüssigkeit | sealing fluid |
| Standrohr | stand pipe; pipe riser |
| Überdruck | overpressure |
| Unterdruck | negative pressure; vacuum |
| U-Rohr-Manometer | vertical liquid manometer |
| Verdrängungsschwerpunkt | center of buoyancy |
| Verzögerung | deceleration |
| Wasserdruckhöhe | head of water |
| Wassersäule | water column |

# 3 Hydrodynamik

Können Sie sich daran erinnern, wie Sie als Kind in der Badewanne oder in Schlammpfützen mit dem Wasser gespielt haben, wie Sie versucht haben, es zu „lenken“? Später dann haben Sie vielleicht Bäche, Flüsse und Wasserfälle beobachtet, aufzustauen und umzuleiten versucht und den Eindruck gehabt, dass Wasser im Vergleich zu festen Materialien lebendig und wie mit eigenem Willen versehen wirkt. Vielfach scheint das Verhalten von Flüssigkeiten unerwartet und kaum vorhersehbar zu sein. In den technischen Anwendungen lassen sich die Strömungsgeschehnisse auf einige wesentliche Zusammenhänge reduzieren und damit letztendlich für viele Fälle in der Praxis auch vorausberechnen. Während in späteren Abschnitten auf die wichtigsten Anwendungen vor allem von Wasserbewegungen eingegangen wird, soll der vorliegende Abschnitt die wesentlichen Grundlagen von Flüssigkeitsbewegungen darstellen.

In der Hydrodynamik beschäftigt man sich mit Flüssigkeitsbewegungen entlang einer oder mehrerer Strömungsberandungen sowie mit der Bestimmung der hierbei jeweils wirksamen Kräfte. Dabei bewegen sich die Flüssigkeitsteilchen auch relativ zueinander.

## 3.1 Allgemeine Begriffe

Strömungsvorgänge, die dem weiten Bereich der Wasserwirtschaft zuzurechnen sind, verlaufen bei detaillierter Betrachtung immer dreidimensional. Um sie „exakt“ berechnen zu können, ist ein enormer Aufwand erforderlich, der nur mithilfe eines Computers und einem relativ hohen Zeitbedarf auf numerischem Weg zu leisten ist. Zur überschaubaren und analytischen rechnerischen Erfassung von Fließvorgängen in den ingenieurtechnischen Anwendungen werden daher Vereinfachungen eingeführt. Dazu wird die Strömung bei gleichartiger Bewegung in parallelen Ebenen als zweidimensional und im einfachsten Fall sogar als eindimensional aufgefasst. Letzteres bedeutet, dass sich gedanklich alle Flüssigkeitsteilchen parallel mit gleicher Geschwindigkeit durch einen Strömungsquerschnitt bewegen. Mit entsprechenden Idealisierungen können dann viele Aufgaben aus der Hydraulik unter Zuhilfenahme eindimensionaler Berechnungsansätze ausreichend genau gelöst werden.

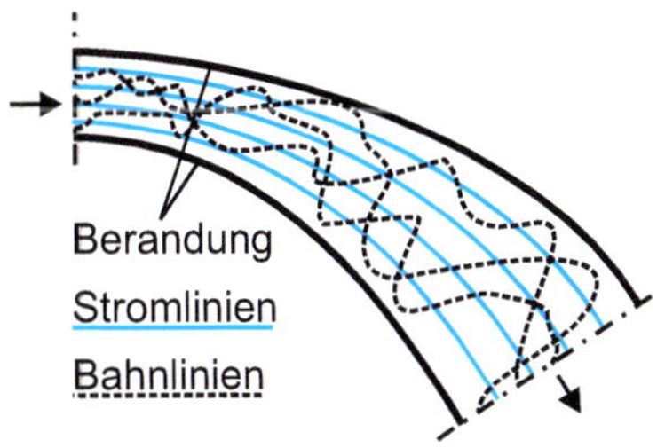


**Bild 3.1**
Stromlinien und Bahnlinien

Die Flüssigkeitsbewegung kann anhand des tatsächlich von einem Flüssigkeitsteilchen zurückgelegten Weges, der Bahnlinie, veranschaulicht werden. Eine zweite und für die meisten Anwendungen sinnvollere Visualisierung der Strömung stellen die Stromlinien dar. Stromlinien folgen den Geschwindigkeitsvektoren im Strömungsfeld, zeigen also durch angelegte Tangenten die jeweiligen Strömungsrichtungen an (Bild 3.1). Daraus folgt, dass sich Stromlinien nicht kreuzen können, da dann an einem Kreuzungspunkt gleichzeitig zwei verschiedene Geschwindigkeiten auftreten müssten. Die festen baulichen bzw. natürlich entstandenen Berandungen eines Strömungsbereiches stellen ebenso Stromlinien dar wie offene Flüssigkeitsoberflächen.

Bild 3.2 zeigt verschiedene Beispiele für Stromlinienbilder. Im Stromlinienbild charakterisiert die Liniendichte (Anzahl der Stromlinien pro Flächeneinheit) die Strömungsgeschwindigkeit: Je enger die Stromlinien beieinanderliegen, desto höher sind die Strömungsgeschwindigkeiten an der betreffenden Stelle. Als Pendant zu den Stromlinien kann man sich die Höhenlinien von Land- oder Wanderkarten vorstellen.

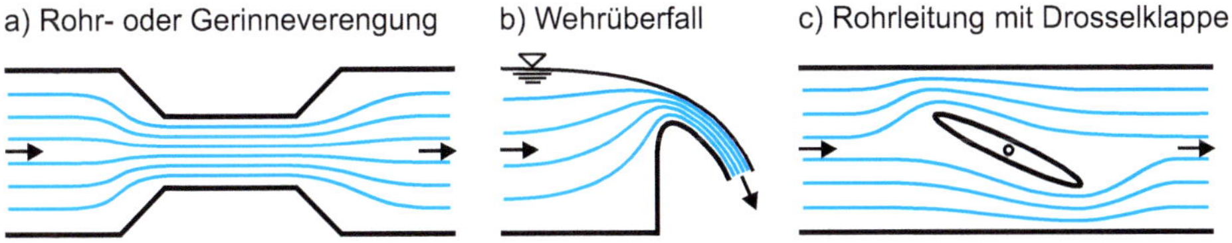


**Bild 3.2** Beispiele für Stromlinienbilder

Wird ein Bündel von Stromlinien von einer geschlossenen Kurve umschlungen, so erhält man das schlauchförmige Raumgebiet einer Stromröhre (Bild 3.3). Durch diese Stromröhre findet kein Flüssigkeitsaustausch – weder von innen nach außen noch umgekehrt - statt. Damit bewegt sich die gesamte Flüssigkeitsmenge durch die Stromröhre. Diese Stromröhre besitzt allgemein die durchflossene Fläche $A$ (in m²), die von den Geschwindigkeitsvektoren der fließenden Flüssigkeit $v$ (in m/s) senkrecht angeströmt wird. Die Multiplikation beider Größen ergibt den Durchfluss $Q$

$$Q = v \cdot A \quad \text{in } \frac{\mathrm{m}^3}{\mathrm{s}} \tag{3.1}$$

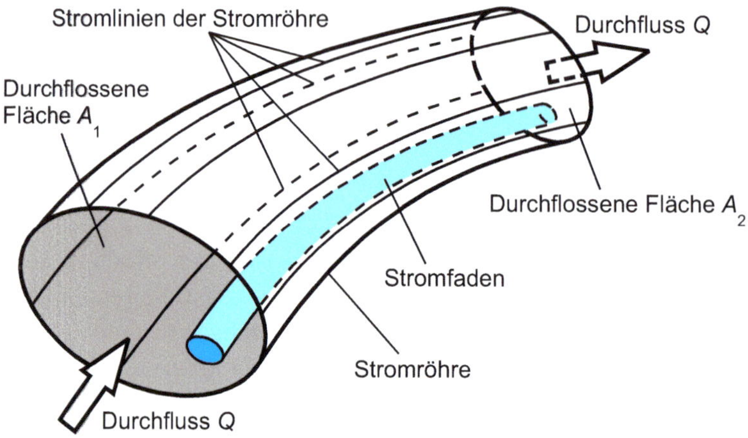


**Bild 3.3** Stromröhre, Stromfaden und Durchfluss

Bezogen auf seine physikalische Einheit „Volumen pro Zeiteinheit" wird auch der Begriff „Volumenstrom" $Q$ verwendet. Hier strömt während eines Zeitintervalls $\Delta t$ (in s) ein Flüssigkeitsvolumen $V$ (in m³) in eine Stromröhre ein, bei inkompressibler Flüssigkeit muss dann am anderen Ende zugleich ein Volumen gleicher Größe abfließen. Bei näherer örtlicher Kennzeichnung wird der Durchfluss $Q$ auch als Zufluss oder Abfluss bezeichnet.

Mit den SI-Einheiten erhält man für den Durchfluss die Einheit m³/s. Je nach Aufgabenstellung und Größenordnung der verwendeten Daten können auch Angaben z. B. in l/s oder m³/h sinnvoll sein. Beispielsweise ist dann

$$Q = 0{,}5\ \frac{\mathrm{m}^3}{\mathrm{s}} = 500\ \frac{\mathrm{l}}{\mathrm{s}} = 1800\ \frac{\mathrm{m}^3}{\mathrm{h}}$$

Bei Betrachtung einer sehr engen Stromröhre spricht man auch vom Stromfaden. In diesem ist die Geschwindigkeit $v$ in jedem Punkt des durchströmten Querschnitts gleich groß (Formel 3.2). Für die meisten praktischen Aufgaben ist der Ansatz dieser Stromfadentheorie ohne maßgebliche Genauigkeitseinbußen ausreichend.

$$v = \frac{Q}{A} \tag{3.2}$$

Die Geschwindigkeit $v$ (in m/s) darf damit als mittlere Geschwindigkeit an jeder Stelle des gesamten Querschnitts angesetzt werden.

**Praxishinweis**

In der Ozeanographie ist für die sehr großen Volumenströme von Meeresströmungen die Maßeinheit **Sverdrup** (Kürzel Sv) gebräuchlich, benannt nach dem norwegischen Ozeanographen H. U. Sverdrup. Dabei ist 1 Sv definitionsgemäß eine Million Kubikmeter je Sekunde, also

$$1\,\mathrm{Sv} = 10^6\,\frac{\mathrm{m}^3}{\mathrm{s}} = 3{,}6\,\frac{\mathrm{km}^3}{\mathrm{h}}$$

Die Werte für den Golfstrom liegen je nach Position bei etwa 30 (südlich Florida) bis 150 Sv (südlich Neufundland).

## 3.2 Bewegungsarten von Flüssigkeiten

Zur Beschreibung von Flüssigkeitsbewegungen werden verschiedene Begriffspaare unterschieden, die im Folgenden näher erläutert werden.

### 3.2.1 Stationäre und instationäre Bewegung

Bei einem stationären Fließvorgang ist die Fließgeschwindigkeit an einem betrachteten Punkt unabhängig von der Zeit $t$. In einem bestimmten Querschnitt $x$ ist die Geschwindigkeit $v$ damit über die Zeit konstant:

$$\frac{\mathrm{d}v}{\mathrm{d}t} = 0 \tag{3.3}$$

Bei zeitlicher Veränderung der Fließgeschwindigkeit an einem betrachteten Punkt spricht man von instationärer Bewegung:

$$\frac{\mathrm{d}v}{\mathrm{d}t} \neq 0 \tag{3.4}$$

Nur in wenigen Anwendungsfällen liegt tatsächlich ein stationärer Zustand vor. Weicht das Strömungsbild einer instationären Bewegung von der stationären nicht maßgeblich ab, so wird diese als quasistationäre Strömung betrachtet und zur Bearbeitung der stationäre Zustand herangezogen.

Die Kapitel 3 bis 8 in diesem Buch beziehen sich vor allem auf stationäre Fälle, lediglich Abschnitt 7.8 und Teile von Kapitel 9 behandeln auch ausgewählte instationäre Strömungsvorgänge.

### 3.2.2 Gleichförmige und ungleichförmige Bewegung

Bei einem gleichförmigen Fließvorgang ändert sich die Fließgeschwindigkeit mit dem Ort nicht. Die Geschwindigkeit $v$ ist zu einem bestimmten Zeitpunkt $t$ über die betrachtete Strecke $x$ konstant:

$$\frac{\mathrm{d}v}{\mathrm{d}x} = 0 \tag{3.5}$$

Ändert sich die Fließgeschwindigkeit entlang des Fließweges, so spricht man von ungleichförmiger Bewegung:

$$\frac{\mathrm{d}v}{\mathrm{d}x} \neq 0 \tag{3.6}$$

Bei stationär gleichförmiger Strömung liegen parallele Stromlinien vor. In diesem Fall ist auch in einer bewegten Flüssigkeit eine hydrostatische Druckverteilung, also lineare Druckzunahme mit der Wassertiefe, gegeben (siehe Kapitel 2).

### 3.2.3 Kontinuierliche und diskontinuierliche Bewegung

Bei einem kontinuierlichen Fließvorgang ändert sich der Durchfluss mit dem Ort nicht. Der Durchfluss $Q$ ist damit zu einem bestimmten Zeitpunkt $t$ über die betrachtete Strecke $x$ konstant:

$$\frac{\mathrm{d}Q}{\mathrm{d}x} = 0 \tag{3.7}$$

Ändert sich der Durchfluss $Q$ entlang des Fließweges $x$, so spricht man von diskontinuierlicher Bewegung:

$$\frac{\mathrm{d}Q}{\mathrm{d}x} \neq 0 \tag{3.8}$$

### 3.2.4 Beispiel zu den Bewegungsarten

**Beispiel 3.1**

Mithilfe der mathematischen Ausdrücke der Formeln 3.3 bis 3.8 sollen für die in Bild 3.4 gegebenen Strömungsfälle die Bewegungsarten bestimmt werden.

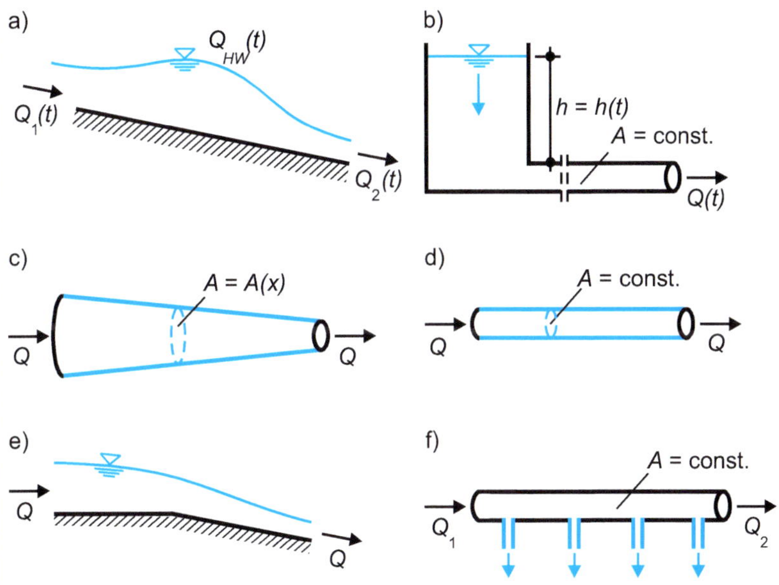


**Bild 3.4** Zur Bestimmung der Bewegungsarten einer Strömung

a) In einer Hochwasserwelle ändern sich sowohl die Geschwindigkeit $v$ als auch der Durchfluss $Q$ mit der Zeit $t$ und dem Ort $x$. Damit liegt hier eine instationäre ($dv/dt \neq 0$), ungleichförmige ($dv/dx \neq 0$) und diskontinuierliche Strömung ($dQ/dx \neq 0$) vor.
b) Der Auslaufvorgang aus einem Behälter mit einer angeschlossenen Rohrleitung konstanten Durchmessers ist abhängig von der Zeit $t$ und damit instationär ($dv/dt \neq 0$). Zu einem bestimmten Zeitpunkt sind die Geschwindigkeit $v$ und der Durchfluss $Q$ an verschiedenen Orten in der Rohrleitung (also außerhalb des Behälters) gleich, womit dieser Strömungsvorgang gleichförmig ($dv/dx = 0$) und kontinuierlich ($dQ/dx = 0$) ist.
c) In einer sich verengenden Rohrleitung ändert sich die Geschwindigkeit $v$ mit dem Ort, der Durchfluss $Q$ bleibt unverändert. Damit liegt eine stationäre ($dv/dt = 0$), ungleichförmige ($dv/dx \neq 0$) und kontinuierliche Strömung ($dQ/dx = 0$) vor.

d) Der Strömungsvorgang in einer Rohrleitung konstanten Durchmessers *A* und mit unveränderlichem Durchfluss *Q* ist stationär ($dv/dt = 0$), gleichförmig ($dv/dx = 0$) und kontinuierlich ($dQ/dx = 0$).

e) Der dargestellte Knick in einer Gerinnesohle führt zu einer Beschleunigung der Strömung, der Durchfluss *Q* bleibt gleich. Die Strömung ist folglich stationär ($dv/dt = 0$), ungleichförmig ($dv/dx \neq 0$) und kontinuierlich ($dQ/dx = 0$).

f) Die Verteilerrohrleitung (z. B. zur Pflanzenbetropfung) hat eine abnehmende Geschwindigkeit *v* und einen abnehmenden Durchfluss *Q* mit dem Ort *x*, nicht jedoch mit der Zeit *t*. Damit liegt hier eine stationäre ($dv/dt = 0$), ungleichförmige ($dv/dx \neq 0$) und diskontinuierliche Strömung ($dQ/dx \neq 0$) vor. ■

**Aufgabe 3.1**

Beschreiben Sie die Strömungsbewegung der dargestellten Situation mithilfe der Formeln 3.3 bis 3.8. Dies könnte z. B. der Längsschnitt entlang einer Dachrinne sein, die den konstanten Dachabfluss *q* aufnimmt.

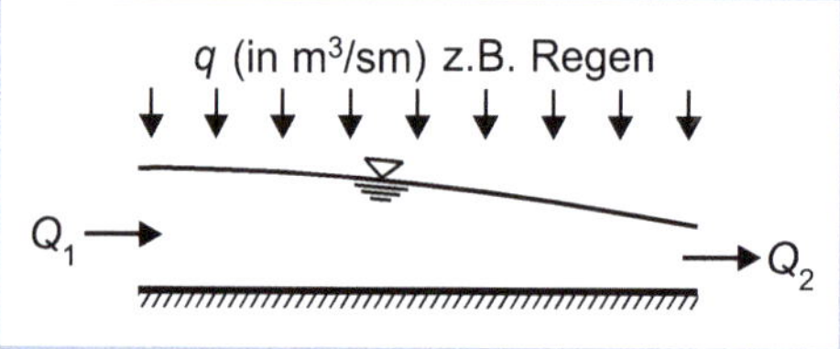


■

## ■ 3.3 Fließverhalten realer Flüssigkeiten

Viele Vorgänge und Phänomene der Hydrodynamik können nur unter der Annahme einer idealen Flüssigkeit berechnet werden. Eine ideale Flüssigkeit ist

- inkompressibel, behält also auch unter Druck das Volumen bei, und
- reibungsfrei, es werden keine Scherkräfte zwischen den Flüssigkeitsteilchen übertragen.

Unter diesen idealisierten Voraussetzungen von Flüssigkeiten konnten mathematische Beschreibungen hydrodynamischer Vorgänge beispielsweise durch Euler und Bernoulli abgeleitet werden. Da aber zur Beschreibung des Verhaltens realer Flüssigkeiten insbesondere der Einfluss der Reibung vielfach nicht vernachlässigt werden kann, werden Korrekturbeiwerte eingeführt, um den Unterschied zwischen idealem und realem Flüssigkeitsverhalten auszugleichen.

### 3.3.1 Laminares und turbulentes Fließen

Die Abweichungen zwischen idealem und realem Strömungsverhalten von Flüssigkeiten zeigen sich in veränderten Geschwindigkeitsverteilungen, hervorgerufen insbesondere durch die Viskosität der Flüssigkeit (siehe Abschnitt 1.2.2). Dabei unterscheidet man zwei Möglichkeiten:

- Beim laminaren Fließen bewegen sich die Flüssigkeitsteilchen in parallelen Schichten ohne Querbewegungen. Der Geschwindigkeitsvektor jedes Teilchens zeigt in die Hauptfließrichtung. Das laminare Fließen tritt bei geringeren Geschwindigkeiten bzw. höherer Viskosität $v$ auf.
- Beim turbulenten Fließen überlagern sich der Hauptströmung zusätzlich senkrecht dazu orientierte Geschwindigkeitskomponenten, wodurch sich Wirbelbewegungen einstellen. Das turbulente Fließen tritt bei höheren Geschwindigkeiten bzw. geringerer Viskosität $v$ auf.

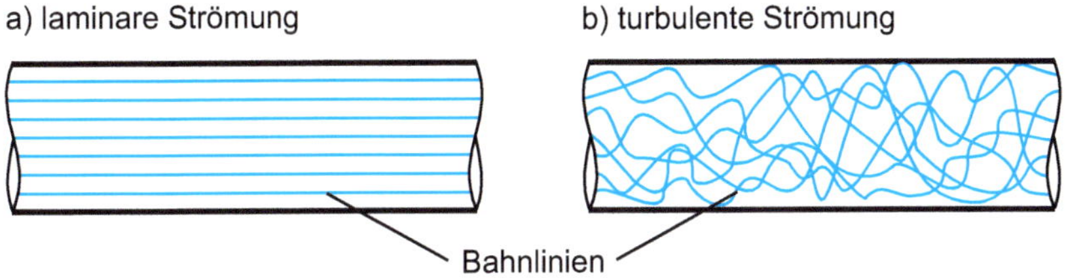


**Bild 3.5** Fließarten, laminar und turbulent

Die Viskosität $v$ der strömenden Flüssigkeit bewirkt an den Berandungen (Rohrleitung, Gerinnesohle) im Gegensatz zum reibungsfreien Fließen das Auftreten der Wandschubspannung $\tau$. Dies hat zur Folge, dass die Flüssigkeit aufgrund der Haftbedingung an der Berandung zur Ruhe kommt und sich der Strömungsverlauf über den betrachteten Querschnitt – gegenüber der Stromfadentheorie mit der mittleren Geschwindigkeit $v$ – stark verändert (Bild 3.6). Im laminaren Fall stellt sich in Rohren und Gerinnen eine parabolische Geschwindigkeitsverteilung ein, im turbulenten Fall findet eine starke Annäherung an die Gleichverteilung der Geschwindigkeit statt. Diese Unterschiede machen sich schließlich in der Berechnung der Energieverluste bemerkbar (Kapitel 4, 5 und 6).

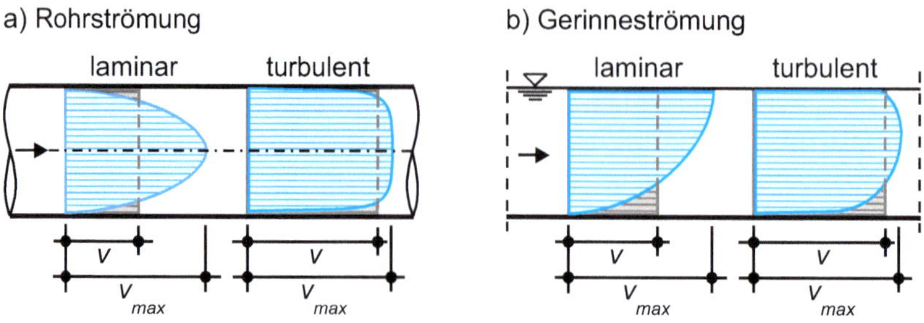


**Bild 3.6** Geschwindigkeitsverteilungen

## 3.3.2 Schubspannung

Schubspannungen entstehen, wenn es aufgrund unterschiedlicher Bewegungsgeschwindigkeiten zur gegenseitigen Verschiebung zwischen Flüssigkeitsteilchen und Berandung sowie zwischen einzelnen Flüssigkeitsteilchen kommt. Nach NEWTON gilt (siehe Abschnitt 1.2.2, Bild 1.4, Gleichung 1.3):

$$\tau = \eta \cdot \frac{v_2 - v_1}{\mathrm{d}n} = \eta \cdot \frac{\mathrm{d}v}{\mathrm{d}n}$$

Der größte Geschwindigkeitsunterschied mit der daraus folgenden Wandschubspannung $\tau_0$ liegt an der Berandung vor, mit zunehmender Entfernung davon nimmt die Schubspannung $\tau$ linear ab. Daher existieren bei voll entwickelter Strömung die in Bild 3.7 gezeigten Schubspannungsverteilungen in Rohrleitungen und Gerinnen, unabhängig von der Fließart.

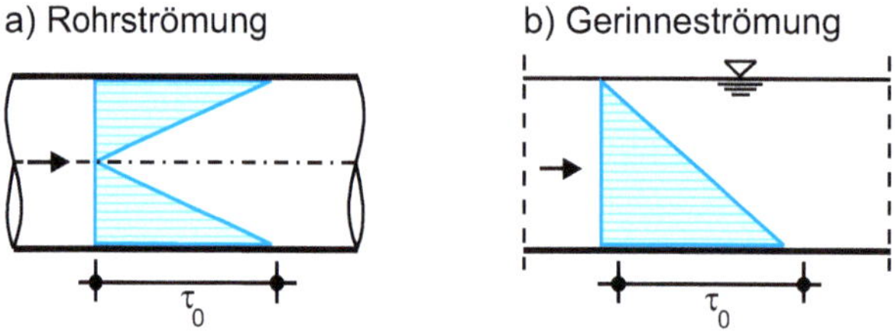


**Bild 3.7** Schubspannungsverteilungen in voll entwickelten Strömungen

## 3.3.3 Reynoldszahl

Die beiden Fließarten „laminar“ und „turbulent“ sowie deren gegenseitige Abgrenzung wurden von O. REYNOLDS (1842 - 1912, Physiker) mithilfe von Farbfadenversuchen untersucht (Bild 3.8). Zur Beurteilung des Fließbereichs einer Strömung wird seitdem eine dimensionslose Kennzahl - die sogenannte Reynoldszahl *Re* - herangezogen:

$$Re = \frac{v \cdot d}{\nu} \tag{3.9}$$

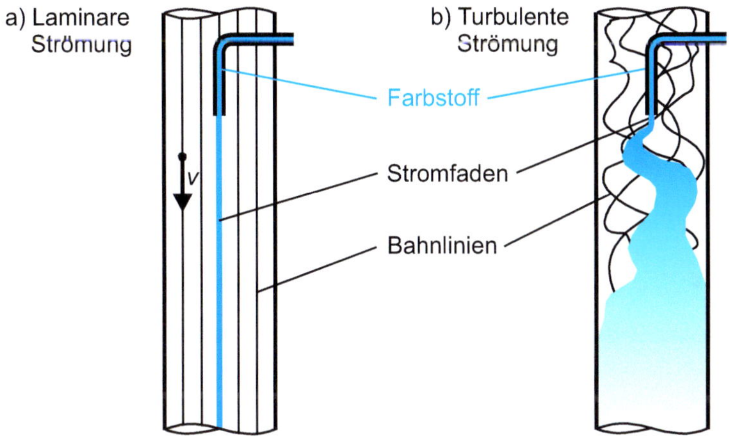


**Bild 3.8** Zum Reynoldsversuch

In Formel 3.9 bedeutet $v$ die mittlere Geschwindigkeit, $d$ ist bei kreisförmigen Rohrquerschnitten der Durchmesser und $\nu$ die kinematische Zähigkeit. Die kritische Reynoldszahl $Re_{krit}$ kennzeichnet den Übergang vom laminaren in den turbulenten Fließbereich:

$$Re_{krit} = 2320 \tag{3.10}$$

In der Praxis der Wasserwirtschaft sind die Reynoldszahlen in fast allen Fällen viel größer als diese kritische Reynoldszahl. Man hat es also praktisch immer mit turbulenten Strömungen zu tun.

Wenn es sich beim betrachteten Strömungsbereich nicht um eine Rohrleitung mit Kreisquerschnitt, sondern z. B. um einen Flachkanal mit Rechteckquerschnitt oder um ein offenes Gerinne handelt, kann die Reynoldszahl mit dem vierfachen hydraulischen Radius $r_{hy}$ anstelle des Rohrdurchmessers $d$ ermittelt werden. Der hydraulische Radius ergibt sich aus dem Quotienten der durchflossenen Fläche $A$ und dem benetzten Umfang $U$ eines Strömungsquerschnittes (siehe Bild 3.9):

$$r_{hy} = \frac{A}{U} \tag{3.11}$$

$$Re = \frac{v \cdot 4 \cdot r_{hy}}{\nu} \tag{3.12}$$

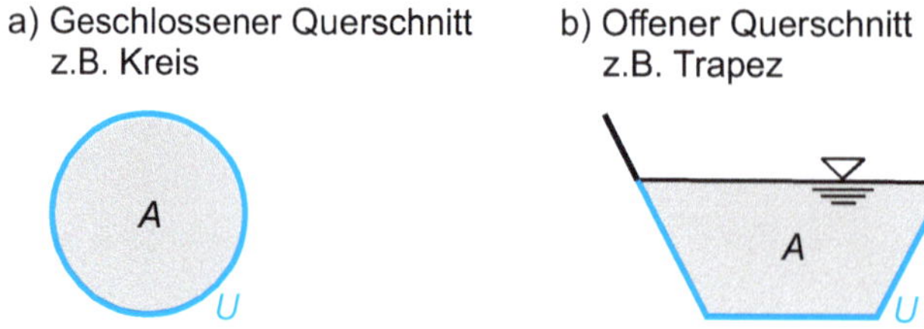


**Bild 3.9** Zum hydraulischen Radius

Auch bei der Berechnung nichtkreisförmiger Strömungsquerschnitte gilt die kritische Reynoldszahl $Re_{krit} \approx 2320$ als Übergang von laminarer zu turbulenter Flüssigkeitsbewegung.

**Praxishinweis**

In Abschnitt 3.3.3 wird die kritische Reynoldszahl mit $Re_{krit} = 2320$ angegeben. Je nach Strömungsfeld und seinen Anfangs- und Randbedingungen können aber unterschiedliche Größen für $Re_{krit}$ ermittelt werden. Dabei liegt die untere Grenze mit $Re_{krit} \approx 1500$ bis 2000 unabhängig von der jeweiligen Strömungssituation relativ eindeutig vor. Als oberen Wert der kritischen Reynoldszahl können durch die Gestaltung von besonders störungsarmen Rohreinläufen, Zuströmungen und Wandausbildungen (vor allem unter Laborbedingungen) Größen von bis zu $Re_{krit} \approx 40\,000$ erhalten werden. Auch vor diesen Hintergründen ist das in Formel 3.10 angegebene Turbulenzkriterium ausreichend genau. Fachverbände wie der Deutsche Verein des Gas- und Wasserfaches (DVGW) oder die Deutsche Vereinigung für Wasserwirtschaft, Abwasser und Abfall (DWA) sehen dies in ihren Regelwerken daher entsprechend so vor.

## 3.4 Kontinuitätsbedingung

Die Kontinuitätsbedingung drückt die Erhaltung der Masse aus. Man betrachtet dazu eine Stromröhre mit der Querschnittsfläche $A$, die von der Flüssigkeit durchströmt wird (Bild 3.3). Das gleiche Flüssigkeitsvolumen $V$, welches während eines Zeitabschnitts $\Delta t$ in den betrachteten Strömungsabschnitt z. B. eines Rohres oder Gerinnes einströmt, muss bei inkompressibler Flüssigkeit den Strömungsabschnitt an anderer Stelle auch wieder verlassen. Mit Formel 3.1 und den Bezeichnungen aus Bild 3.3 ergibt sich

$$Q = \frac{V}{\Delta t} = v_1 \cdot A_1 = v_2 \cdot A_2 \tag{3.13}$$

Nach Formel 3.13 gilt auch: Je kleiner die durchflossene Fläche $A$ ist, desto größer ist bei einem bestimmten Durchfluss $Q$ die Geschwindigkeit $v$ der darin fließenden Flüssigkeit.

**Beispiel 3.2**

Eine im Querschnitt quadratische Rohrleitung der Breite $b$ = 0,2 m und der Höhe $h$ = 0,2 m wird von Wasser der Temperatur 10 °C mit dem Durchfluss $Q$ = 1 l/s durchströmt. Welche Fließart liegt hier vor? Wie ändern sich die Strömungsverhältnisse bei Verdoppelung von Breite und Höhe?

Zunächst sind die Strömungsgeschwindigkeit und der hydraulische Radius dieses nicht kreisförmigen Querschnitts zu ermitteln:

$$v_1 = \frac{Q}{A_1} = \frac{0{,}001}{0{,}2 \cdot 0{,}2} = 0{,}025\,\frac{\text{m}}{\text{s}}$$

$$r_{hy,1} = \frac{A_1}{U_1} = \frac{0{,}2 \cdot 0{,}2}{2 \cdot 0{,}2 + 2 \cdot 0{,}2} = 0{,}05\ \text{m}$$

Mit diesen Größen sowie der kinematischen Zähigkeit aus Tabelle 1.2 kann nun die Reynoldszahl berechnet und damit die Fließart festgestellt werden:

$$Re_1 = \frac{v_1 \cdot 4 \cdot r_{hy,1}}{\nu} = \frac{0{,}025 \cdot 4 \cdot 0{,}05}{1{,}31 \cdot 10^{-6}} = 3817 > 2320$$

Damit ist hier ein turbulenter Fließvorgang gegeben. Wenn nun sowohl Breite als auch Höhe verdoppelt werden, errechnen sich folgende Größen:

$$v_2 = v_1 \cdot \frac{A_1}{A_2} = 0{,}025 \cdot \frac{0{,}2 \cdot 0{,}2}{0{,}4 \cdot 0{,}4} = 0{,}00625\,\frac{\text{m}}{\text{s}} = 6{,}25 \cdot 10^{-3}\,\frac{\text{m}}{\text{s}}$$

$$r_{hy,2} = \frac{A_2}{U_2} = \frac{0{,}4 \cdot 0{,}4}{2 \cdot 0{,}4 + 2 \cdot 0{,}4} = 0{,}1\ \text{m}$$

$$Re_2 = \frac{v_2 \cdot 4 \cdot r_{hy,2}}{\nu} = \frac{6{,}25 \cdot 10^{-3} \cdot 4 \cdot 0{,}1}{1{,}31 \cdot 10^{-6}} = 1908 < 2320$$

In diesem Fall stellt sich also ein laminarer Fließzustand ein.

**Aufgabe 3.2**

In einer Rohrleitung mit Durchmesser $d_1$ = 0,5 m wird eine Geschwindigkeit von $v_1$ = 1 m/s gemessen, die Wassertemperatur beträgt $T$ = 10 °C. Wie groß ist die Geschwindigkeit $v_2$, wenn sich das Rohr bei gleichbleibendem Volumenstrom auf den Durchmesser $d_2$ = 0,3 m verringert? Welche Fließart liegt vor?

## 3.5 Energiegleichung von Bernoulli

Wie in Abschnitt 3.1 eingeführt, ist es in der hydraulischen Praxis der Wasserwirtschaft in der Regel zweckmäßig, Strömungsvorgänge mithilfe der Stromfadentheorie zu betrachten. Dazu wird eine die wesentlichen Größen des Strömungsvorgangs repräsentierende Stromlinie herausgegriffen, die zudem möglichst einfache Berechnungen zur Erfassung der Strömungssituation erlaubt.

### 3.5.1 Bernoulligleichung für ideale Flüssigkeiten

Auf ein bewegtes Flüssigkeitsteilchen einwirkende Kräfte bestehen aus Drücken und Massenkräften (z. B. aus Gewicht und Beschleunigung). Dafür hat EULER nach den Grundgesetzen der Dynamik basierend auf der Stromfadentheorie die Bewegungsgleichungen unter der Voraussetzung einer idealen Flüssigkeit aufgestellt. Löst man die so erhaltenen Differentialgleichungen für eine stationäre Strömung, so erhält man die Energiegleichung nach BERNOULLI, kurz Bernoulligleichung:

$$H = z + \frac{p}{\rho g} + \frac{v^2}{2g} \tag{3.14}$$

Die einzelnen Summanden haben darin folgende Bedeutungen und Bezeichnungen:

- $H$ (in m): gesamte Energiehöhe
- $z$ (in m): Ortshöhe (geodätische Höhe, potenzielle Energie oder Lageenergie)
- $p/\rho g$ (in m): statische Druckhöhe (Druckenergie)
- $v^2/2g$ (in m): Geschwindigkeitshöhe (Bewegungsenergie, kinetische Energie oder dynamische Druckhöhe)

Die Energiehöhe $H$ entspricht dem gesamten Energiegehalt eines Flüssigkeitsteilchens an einem beliebigen Querschnitt. Alle Glieder der Bernoulligleichung haben die Einheit Meter, dies erleichtert die zeichnerische Darstellung.

Die einzelnen Glieder in Formel 3.14 sind mechanische Energieanteile, deren Summe in einem geschlossenen System konstant bleibt. Es gilt also bei Betrachtung einer Stromröhre an zwei beliebigen Stellen:

$$H = z_1 + \frac{p_1}{\rho g} + \frac{v_1^2}{2g} = z_2 + \frac{p_2}{\rho g} + \frac{v_2^2}{2g} \tag{3.15}$$

Formel 3.15 ist die zentrale Gleichung der Hydrodynamik. Mit ihr kann praktisch nahezu jedes Strömungsproblem beschrieben werden. Insbesondere in der Rohrhydraulik (Kapitel 4) kommt sie genau in der dargestellten Form zum Einsatz. Bezugsgröße in der Rohrleitung ist dabei die Rohrachse, bis zu der die Ortshöhe $z$ reicht und die die Basis der Druckhöhe $p/\rho g$ ist (siehe Bild 3.10).

Bei Anwendung von Formel 3.15 im Rahmen der Gerinnehydraulik (Kapitel 6) ist zu beachten, dass die Druckhöhe $p/\rho g$ bei freiem Wasserspiegel einfach mit der Wassertiefe $h$ eingesetzt wird. Die Ortshöhe $z$ reicht hier bis zur Gerinnesohle und die Druckhöhe bzw. der Wasserstand $h$ werden auf die Gerinnesohle bezogen. Die Bernoulligleichung bei Betrachtung an zwei Stellen lautet dann:

$$H = z_1 + h_1 + \frac{v_1^2}{2g} = z_2 + h_2 + \frac{v_2^2}{2g} \tag{3.16}$$

Die Ergebnisse der Bernoulligleichung werden im Energieplan dargestellt. Dieser setzt sich aus Drucklinie und Energielinie zusammen. Die Differenz zwischen beiden Linien ist die Geschwindigkeitshöhe. Die Darstellung der Energieanteile bei Rohrströmung und Gerinneströmung zeigt Bild 3.10.

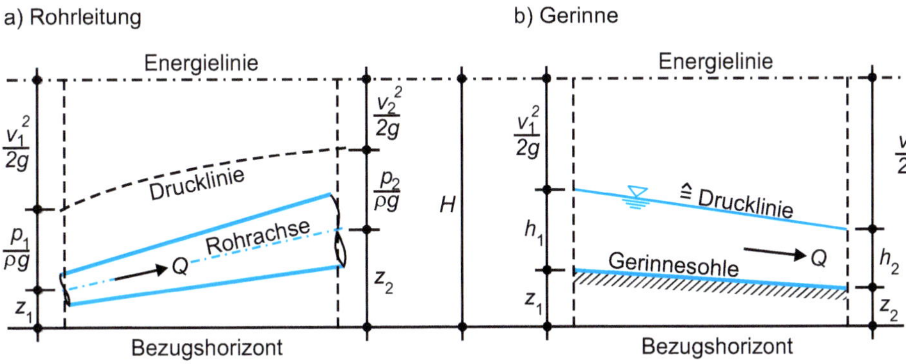


**Bild 3.10** Bernoulligleichung für Rohrleitung (Formel 3.15) und Gerinne (Formel 3.16)

In einer verlustfreien Strömung ist die gesamte Strömungsenergie als Summe aus Ortshöhe, Druckhöhe und Geschwindigkeitshöhe konstant. Der jeweilige Anteil dieser Energieformen an der Gesamtenergiehöhe $H$ kann sich durch verschiedene Faktoren jedoch ändern, wie nachfolgende Beispiele zeigen werden.

**Beispiel 3.3**

Behältervolumina und -oberflächen können in der Hydraulik zumeist als so groß betrachtet werden, dass die darin auftretenden Geschwindigkeiten vernachlässigbar gering sind. Zudem ändert sich durch den laufenden Zufluss zum Becken oder durch das als unendlich groß betrachtete Beckenvolumen der Wasserspiegel bei Flüssigkeitsentnahme nicht.

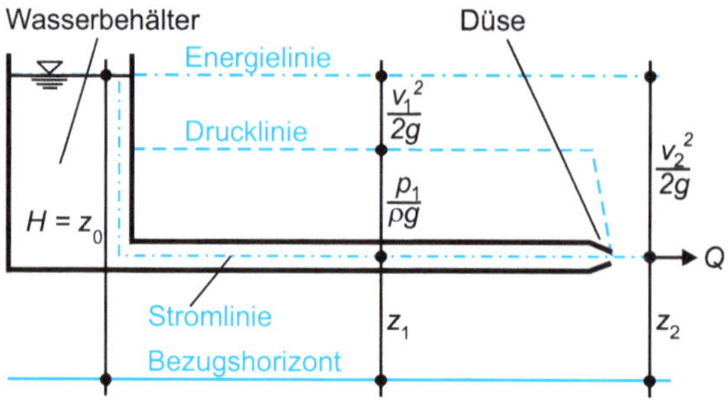


gegeben:

$z_0 = 15$ m
$z_1 = z_2 = 10$ m
$A_1 = 0{,}30$ m$^2$
$A_2 = 0{,}10$ m$^2$

gesucht:

Durchfluss
Geschwindigkeiten
Druckhöhen
Energieplan

**Bild 3.11** Rohrleitungssystem Behälter - Rohrleitung - Düse

Für das dargestellte Rohrleitungssystem mit Behälter, Rohrleitung und Düse sollen der Energieplan und die zugehörigen Größen ermittelt werden. Es wird die Bernoulligleichung (Formel 3.14) auf die eingezeichnete Stromlinie angewendet und die Berechnungen für die verschiedenen Bereiche 0 (Behälter), 1 (Rohrleitung) und 2 (Düse) durchgeführt. Am Wasserspiegel des Behälters in Bereich 0 liegen als oberste Niveaulinie der Druck $p_0 = 0$ sowie - bedingt durch das große Beckenvolumen - die Geschwindigkeit $v_0 = 0$ vor. Als alleiniger Energieanteil im Bereich 0 verbleibt damit die Ortshöhe $z_0$. Im Bereich 2 verlässt das Wasser die Rohrleitung durch die Düse ins Freie. Dort herrscht der umgebende Luftdruck, der allseitig am System angreift. Damit ist die hydraulische Druckhöhe an der Düse $p_2/\rho g = 0$, die Ortshöhe $z_2$ ist vorgegeben. Die am Beginn der Düse vorliegende Druckhöhe $p_1/\rho g$ wird bis zum Ende der Düse komplett in zusätzliche Geschwindigkeitshöhe umgesetzt (siehe Bild 3.11). Die Gesamtenergiehöhe im System kann folglich links- und rechtsseitig angeschrieben werden zu

$$H = z_0 \quad \text{und} \quad H = z_2 + \frac{v_2^2}{2g}$$

Gleichsetzen der beiden gewonnenen Ausdrücke liefert nach Umformung und Einsetzen der Zahlenwerte

$$v_2 = \sqrt{2g \cdot (z_0 - z_2)} = \sqrt{2g \cdot (15 - 10)} = 9{,}90\,\frac{\mathrm{m}}{\mathrm{s}}$$

Damit beträgt der Abfluss nach Formel 3.1

$$Q = v_2 \cdot A_2 = 9{,}90 \cdot 0{,}10 = 0{,}99\,\frac{\mathrm{m}^3}{\mathrm{s}}$$

Die Geschwindigkeit im Bereich 1 errechnet sich mit Formel 3.2 zu

$$v_1 = \frac{0{,}99}{0{,}30} = 3{,}30\ \frac{\text{m}}{\text{s}}$$

Geschwindigkeitshöhe und Druckhöhe im Bereich 1 sind schließlich

$$\frac{v_1^2}{2g} = \frac{3{,}30^2}{2g} = 0{,}56\ \text{m}$$

$$\frac{p_1}{\rho g} = H - z_1 - \frac{v_1^2}{2g} = 15 - 10 - 0{,}56 = 4{,}44\ \text{m}$$

Zusammen mit der Geschwindigkeitshöhe an der Düse von 5,0 m sind alle Größen bekannt, um damit den Energieplan maßstäblich zu erstellen.

Da die Achse der Rohrleitung samt Düse in Beispiel 3.3 horizontal verläuft, könnte der Bezugshorizont auf die Leitungsachse gelegt werden. Die Ortshöhe würde dann zu Null und die Berechnung entsprechend erleichtert werden. Zur Veranschaulichung aller Energiehöhenanteile wird in Beispiel 3.3 aber der etwas aufwendigere Berechnungsweg gewählt.

**Aufgabe 3.3**

In einer horizontalen Rohrleitung wechselt der Durchmesser und damit die durchflossene Fläche von $A_1 = 0{,}5\ \text{m}^2$ auf $A_2 = 0{,}2\ \text{m}^2$. Der Durchfluss $Q$ beträgt $1{,}0\ \text{m}^3/\text{s}$, der Druck in Leitung 1 wird mit $p_1 = 29{,}43\ \text{kN/m}^2$ gemessen. Berechnen Sie $v$, $v^2/2g$ und $p/\rho g$ für die beiden Leitungsabschnitte und zeichnen Sie den Energieplan.

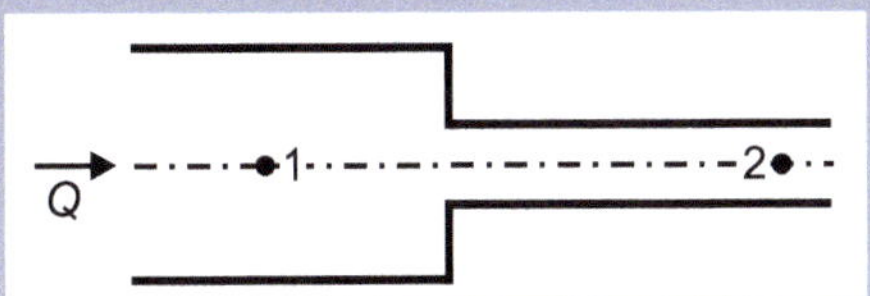


Beispiel 3.3 dient dazu, das Zusammenspiel der Energieanteile und die prinzipiellen Berechnungsabläufe mithilfe der Bernoulligleichung zu zeigen. Eine derartige Aufgabe wird üblicherweise aber mit dem Verhalten realer Flüssigkeiten berechnet werden, um auftretende Energieverluste nicht zu vernachlässigen. Beispiel 3.4 behandelt dagegen eine Anwendung, die auch unter der Voraussetzung idealer Flüssigkeiten mit der bisher vorgestellten Bernoulligleichung ausreichend genau gelöst werden kann.

**Beispiel 3.4**

Zur Messung der Strömungsgeschwindigkeiten von Flüssigkeiten oder Gasen werden in vielen technischen Bereichen spezielle Rohrverengungen, sogenannte Venturirohre, verwendet (siehe Bild 3.12). Dieses wartungsarme, kostengünstige und gut überprüfbare Messprinzip wurde von G. B. VENTURI (1746–1822, Physiker) entwickelt.

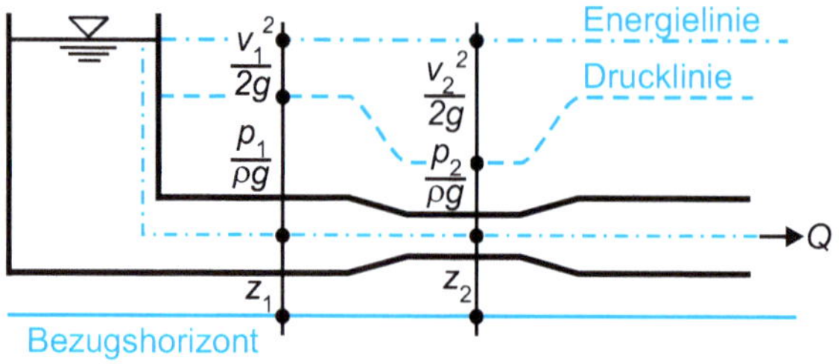


gegeben:

$A_1 = 0{,}20\,\text{m}^2$
$A_1 = 0{,}07\,\text{m}^2$
$p_1 = 5100\ \text{N/m}^2$
$p_2 = 2550\ \text{N/m}^2$

gesucht:

Durchfluss $Q$

**Bild 3.12** Durchflussmessung mittels Venturirohr

Mit Formel 3.15 wird der Energievergleich in den Querschnitten 1 und 2 durchgeführt. Dabei gelten wegen der horizontalen Rohrachse und aufgrund der Kontinuitätsbedingung (Formel 3.13)

$$z_1 = z_2 \quad \text{und} \quad v_1 \cdot A_1 = v_2 \cdot A_2$$

Nach Einsetzen in Formel 3.15, Umformung und Auflösen nach $v_1$ erhält man

$$v_1 = \sqrt{2g \cdot \frac{A_2^2}{A_1^2 - A_2^2} \cdot \left( \frac{p_1}{\rho g} - \frac{p_2}{\rho g} \right)}$$

Mit den Druckhöhen

$$\frac{p_1}{\rho g} = \frac{5100}{9810} = 0{,}52\ \text{m} \quad \text{und} \quad \frac{p_2}{\rho g} = \frac{2550}{9810} = 0{,}26\ \text{m}$$

kann nun $v_1$ berechnet werden:

$$v_1 = \sqrt{19{,}62 \cdot \frac{0{,}07^2}{0{,}20^2 - 0{,}07^2} \cdot (0{,}52 - 0{,}26)} = 0{,}84\ \frac{\text{m}}{\text{s}}$$

Der gesuchte Durchfluss ergibt sich schließlich zu

$$Q = v_1 \cdot A_1 = 0{,}84 \cdot 0{,}20 = 0{,}168\ \frac{\text{m}^3}{\text{s}}$$

Es wurde also vor und in der Engstelle der Druck gemessen, mit den Querschnittsdaten verknüpft und daraus der Durchfluss berechnet. Das zugehörige Messverfahren heißt Venturirohr, Venturimeter oder im Gerinne Venturikanal.

Die Zusammenhänge zwischen den Energieanteilen Ortshöhe, Druckhöhe und Geschwindigkeitshöhe in Beispiel 3.4 zeigen, dass eine Strömungsbeschleunigung wegen der zunehmenden Geschwindigkeitshöhe zu einer Absenkung der Drucklinie führt. Dies gilt auch in Gerinneströmungen. Wegen des variablen Wasserspiegels im Gegensatz zum feststehenden Rohrleitungsquerschnitt ist hier allerdings ein zusätzlicher Freiheitsgrad zu berücksichtigen. Beispiel 3.5 kann dies im Vorgriff auf Kapitel 6 verdeutlichen.

**Beispiel 3.5**

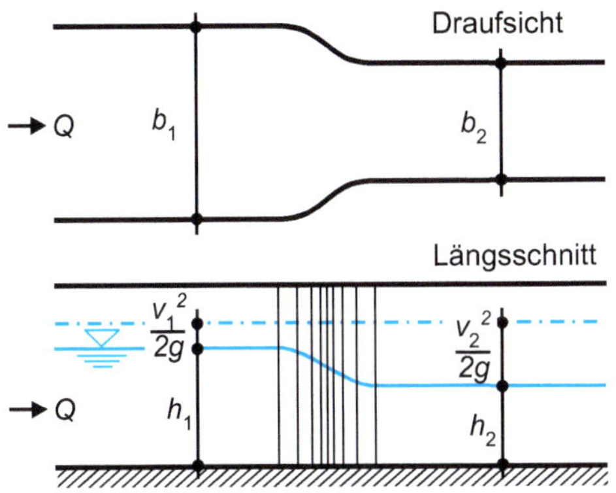


gegeben:

$b_1 = 3{,}0$ m
$b_2 = 2{,}0$ m
$h_1 = 1{,}50$ m
$Q = 5{,}0$ m³/s

gesucht:

Geschwindigkeiten
Wassertiefe $h_2$
Energiehöhen
Energieplan

**Bild 3.13** Verringerung der Gerinnebreite

Die Breite des Rechteckgerinnes wird von $b_1$ auf $b_2$ verringert. Es kann von einer konstanten Energiehöhe ausgegangen werden, da die Querschnittsverengung strömungsgünstig ausgeführt ist. Die Gerinnesohle verläuft näherungsweise horizontal. Wie ändert sich die Wassertiefe durch die Querschnittsänderung? Mit Formel 3.16 wird der Energievergleich in den Querschnitten 1 und 2 durchgeführt. Wegen der horizontalen Gerinnesohle und mit Formel 3.2 gelten:

$$z_1 = z_2 \quad \text{und} \quad v_1 = \frac{Q}{h_1 \cdot b_1} = \frac{5{,}0}{1{,}50 \cdot 3{,}0} = 1{,}11 \frac{\text{m}}{\text{s}}$$

Die Energiehöhe errechnet sich nun zu:

$$H = h_1 + \frac{v_1^2}{2g} = 1{,}50 + \frac{1{,}11^2}{19{,}62} = 1{,}563 \text{ m}$$

Die gleiche Energiehöhe liegt wegen der angenommenen Verlustfreiheit beim Übergang von $b_1$ auf $b_2$ auch im engen Gerinnebereich 2 vor:

$$1{,}563 \text{ m} = h_2 + \frac{v_2^2}{2g} = h_2 + \frac{Q^2}{h_2^2 \cdot b_2^2 \cdot 2g}$$

Durch Umformung und Einsetzen der bekannten Zahlenwerte wird folgende Gleichung dritten Grades erhalten:

$$h_2^3 - 1{,}563 \cdot h_2^2 + 0{,}31855 = 0$$

Eine kubische Gleichung enthält theoretisch drei mögliche Lösungen. Eine davon ist negativ und damit als Wassertiefe unbrauchbar. Die zwei positiven Lösungen stellen zwei in der Gerinnehydraulik rechnerisch mögliche Wassertiefen dar, von denen für die vorliegende Situation allerdings nur die nachstehend genannte hydraulisch sinnvoll ist (genauere Informationen hierzu in Kapitel 6):

$$h_2 = 1{,}40\ \mathrm{m} \quad \text{und damit} \quad v_2 = 1{,}79\ \frac{\mathrm{m}}{\mathrm{s}}$$

■

### 3.5.2 Bernoulligleichung für reale Flüssigkeiten

Der wesentliche Unterschied zwischen einer idealen und einer realen Strömung ist die durch die Viskosität bedingte innere Reibung. Diese führt durch Umsetzung von mechanischer in Wärmeenergie zu thermischen Verlusten. Daher gilt für einen realen Strömungsvorgang

$$H = H_{mech} + H_{therm} \tag{3.17}$$

Die mechanische Energie ist die Summe aus Ortshöhe, Druckhöhe und Geschwindigkeitshöhe. Die Umwandlung der mechanischen Energie in andere Energieformen wie thermische oder chemische ist für die Hydraulik bedeutungslos, da diese Prozesse für hydraulische Belange irreversibel sind und damit die enthaltene Energie hydraulisch nicht mehr genutzt werden kann.

Die thermische Energie wird durch die entstehende Reibungswärme repräsentiert. Die einmal entstandene Reibungswärme kann in einem hydraulischen System nicht mehr in mechanische Energie rückverwandelt werden und ist daher als Energieanteil verloren. Daher wird die thermische Energie im Einklang mit der unter Abschnitt 3.5.1 gezeigten Dimension der Höhe in der Hydraulik als Verlusthöhe $h_v$ bezeichnet:

$$H = H_{mech} + h_v \tag{3.18}$$

Der Bernoulliansatz (Formel 3.14) kann daher als erweiterte Bernoulligleichung angeschrieben werden,

- allgemein und insbesondere für die Rohrhydraulik:

$$H = z + \frac{p}{\rho g} + \frac{v^2}{2g} + h_v \tag{3.19}$$

- bei Verwendung in der Gerinnehydraulik:

$$H = z + h + \frac{v^2}{2g} + h_v \tag{3.20}$$

Die Verluste stellen eigentlich eine Energieform dar. Durch Normierung erhalten sie wie die Energieanteile Ortshöhe, Druckhöhe und Geschwindigkeitshöhe aber ebenfalls die Dimension einer Höhe und werden so zur Verlusthöhe $h_v$.

Die Verlusthöhe $h_v$ in einem hydrodynamischen System mit realen Flüssigkeiten entsteht durch

- die Reibung zwischen Berandung und Flüssigkeit sowie durch die Turbulenz des Fließvorgangs. Dies erzeugt im Strömungsverlauf streckenabhängige, kontinuierlich zunehmende Reibungsverlusthöhen $h_r$.
- Strömungsstörungen in örtlich begrenzten Bereichen wie Rohrein- und ausläufen, Durchmesseränderungen, Armaturen, Richtungsänderungen, usw. Dies erzeugt örtlich konzentrierte Einzelverlusthöhen $\Delta h_e$. Diese werden durch Geschwindigkeitsänderungen und Flüssigkeitsverwirbelungen hervorgerufen.

Die gesamte Verlusthöhe $h_v$ setzt sich somit zusammen aus

$$h_v = h_r + \sum \Delta h_e \tag{3.21}$$

Beide Verlustarten $h_r$ und $\Delta h_e$ werden in Abhängigkeit von der Geschwindigkeitshöhe angegeben, also insgesamt

$$h_v = \mathrm{f}\left(\frac{v^2}{2g}\right) \tag{3.22}$$

In Bild 3.14 sind für Rohrleitungen und Gerinneabschnitte die erläuterten Verlustanteile beispielhaft in Energieplänen dargestellt.

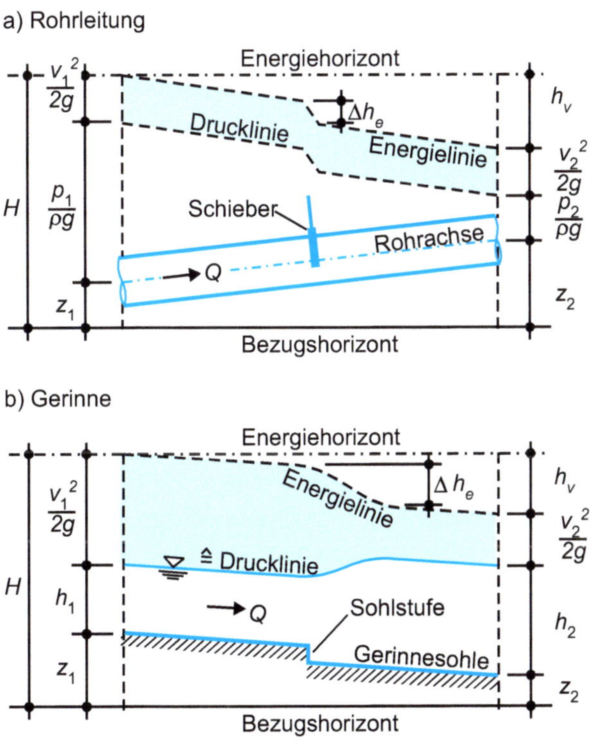


**Bild 3.14** Zur Bernoulligleichung mit Verlusten

### 3.5.3 Messung und Beobachtung der Energieanteile

Die Gesamtenergie, zusammengesetzt aus Ortshöhe, Druckhöhe und Geschwindigkeitshöhe, kann an einem Punkt in der Strömung durch Einsatz verschiedener Messsonden auf anschauliche Weise ermittelt und visualisiert werden (Bild 3.15):

- Die auch Piezometerhöhe genannte Druckhöhe wird mit einem Piezometerrohr oder Standrohr gemessen. Dieses wird an einer Wandbohrung senkrecht zur Strömungsrichtung auf die Stromröhre aufgesetzt und zeigt mit seinem Flüssigkeitsspiegel, der sogenannten Steighöhe, die statische Druckhöhe an. In einer Gerinneströmung ist dies der Gerinnewasserspiegel.
- Die Gesamtenergiehöhe wird mit einem Pitotrohr gemessen, benannt zu Ehren von H. Pitot (1695–1771, Physiker). Die Öffnungsfläche des Pitotrohrs ist gegen die Strömungsrichtung orientiert („Hakenrohr“) und nimmt damit sowohl den statischen als auch den dynamischen Druck auf.
- Die Kombination aus Piezometerrohr und Pitotrohr heißt Prandtlrohr oder Prandtlsonde, benannt nach L. Prandtl (1875–1953, Physiker). Damit werden zugleich die Druckhöhe und die gesamte Energiehöhe gemessen, aus der Differenz ergibt sich der dynamische Druck bzw. die Geschwindigkeitshöhe. Das Prandtlrohr besitzt eine Öffnung an seiner Stirnseite und mindestens eine Öffnung am zylindrischen Umfang seines Mantels, mit der Öffnungsfläche parallel zur Strömungsrichtung.

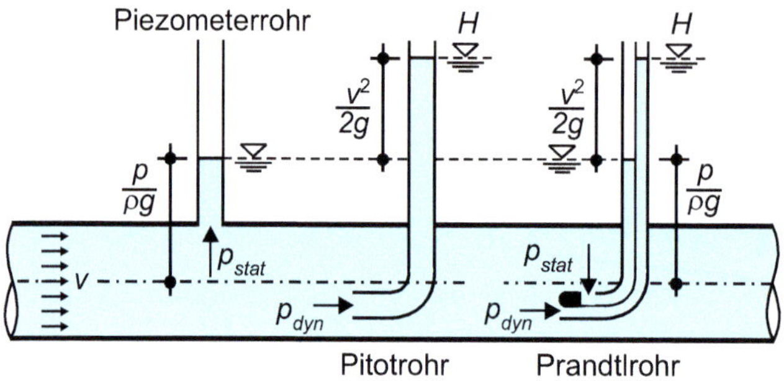


**Bild 3.15** Messungen der Energieanteile

**Praxishinweis**

Die in diesem Abschnitt angedeuteten Messverfahren dienen der Veranschaulichung der Energieanteile in einer Strömung. Tatsächlich ist das Messwesen in der Hydraulik, die sogenannte Hydrometrie, eine vielschichtige Teildisziplin, in der bis heute eine Vielzahl von Verfahren und Instrumente entwickelt werden. Die Palette reicht dabei von einfachen Messpegeln und Driftkörpern bis hin zu komplexen Ultraschall-, Laser- und elektromagnetischen Geräten. Nähere Informationen dazu sind der entsprechenden Fachliteratur zu entnehmen.

# 3.6 Impulssatz

Die Geschwindigkeits- und Druckverhältnisse im Innern eines Strömungsgebietes sowie die damit zusammenhängenden Reibungs- und Wirbelverluste sind vielfach nicht zu überblicken. In diesen Fällen wird mit dem Impulssatz in Form des Stützkraftansatzes gearbeitet, da keine im Inneren der Stromröhre wirkenden Kräfte außer Massenkräften wie der Gewichtskraft berücksichtigt werden.

## 3.6.1 Allgemeine Betrachtungen

Mit dem Impulssatz kann das Kräftegleichgewicht an durch- oder umströmten Körpern aufgestellt werden. In der Hydraulik wird dazu ein zweckmäßig herausgeschnittener Teil einer (undurchlässigen) Stromröhre betrachtet, der von durchflossenen Flächen $A$ begrenzt wird. Da auf die durchflossenen Flächen zusätzlich zu den Impulskräften auch Druckkräfte sowie weitere Kräfte wie vor allem Gewichtskräfte wirken, wird der Impulssatz in der Hydrodynamik als Stützkraftansatz verwendet.

Für die Masse $m$ eines Körpers mit der vektoriellen Größe der Geschwindigkeit $v$ gilt der richtungsorientierte Impuls

$$J = m \cdot v \quad \text{in } \frac{\text{kg}}{\text{s}} \tag{3.23}$$

Bei stationärer Strömung einer inkompressiblen Flüssigkeit kann die Masse $m$ durch $\rho Q$ (also Masse pro Sekunde) ersetzt werden, sodass der Impulsstrom $I$ mit der Einheit einer Kraft erhalten wird:

$$I = \rho \cdot Q \cdot v \quad \text{in N} \tag{3.24}$$

Wirkt eine Kraft $F$ auf einen Stromröhrenabschnitt, so geschieht die dadurch bewirkte Impulsstromänderung $I_{ein}$ - $I_{aus}$ proportional zu dieser Kraft:

$$I_{ein} - I_{aus} + F = 0 \tag{3.25}$$

Diese Kraft $F$ setzt sich zusammen aus den Druckkräften $D$ an den freigeschnittenen Fließflächen der Stromröhre sowie den wirkenden Massenkräften, insbesondere der Gewichtskraft $F_G$. Reibungskräfte als Folge der Wandschubspannung können wegen ihrer schlechten Quantifizierbarkeit und den im Zusammenhang mit dem Impulssatz üblichen geringen Stromröhrenlängen zumeist unberücksichtigt bleiben. Zusammengefasst wirken damit die folgenden vektoriell anzusetzenden Kräfte auf einen Stromröhrenabschnitt:

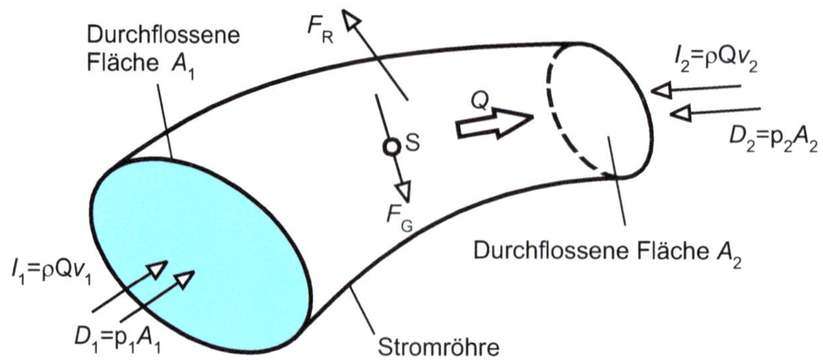


**Bild 3.16** Kräfte an einer Stromröhre

Die Zusammenfassung der erwähnten Kräfte führt mit den Bezeichnungen aus Bild 3.16 auf den in der Hydraulik gebräuchlichen Stützkraftansatz:

$$I_1 - I_2 + D_1 - D_2 + F_G + F_R = 0 \qquad (3.26)$$

Die Impulskräfte $I$ werden auch als innere Kräfte, alle anderen als äußere Kräfte bezeichnet.

Die Vektorgleichung (Formel 3.26) wird in der Praxis im ebenen Fall durch zwei und im räumlichen Fall durch drei Komponentengleichungen ersetzt, da gemäß den Gesetzen der Mechanik die Kräfte vektoriell, also richtungsabhängig zu bilanzieren sind. Mit $F_R$ in Formel 3.26 wird die eventuell benötigte Auflagerkraft oder Reaktionskraft bezeichnet, um den betrachteten Stromröhrenabschnitt zu stützen. Anwendungen sind in den Beispielen und Aufgaben enthalten.

Die Schwierigkeiten in der Anwendung des Stützkraftansatzes (Formel 3.26) bestehen im geeigneten Herausschneiden der zu untersuchenden Stromröhre sowie dem richtigen Ansatz der Vorzeichen der Kräfte. Folgende Hinweise können die Bearbeitung unterstützen:

- Der Kontrollraum ist so zu wählen, dass die interessierenden Kräfte tatsächlich außerhalb des frei geschnittenen Bereiches liegen.
- Es ist ein geeignetes Koordinatensystem festzulegen, sodass möglichst wenig Kräfterichtungen umgerechnet werden müssen.
- Die Stützkräfte $I$ und $D$ sind mit positivem Vorzeichen in den Kontrollraum hineingerichtet. Das bedeutet, dass Druck- und Impulskräfte an den Eintrittsquerschnitten des Kontrollraumes in Strömungsrichtung angetragen werden, an den Austrittsquerschnitten des Kontrollraumes sind sie gegen die Strömungsrichtung anzutragen.
- Zu berechnende unbekannte Kräfte (z. B. Auflager- und Reaktionskräfte) werden zweckmäßigerweise in positiver Koordinatenrichtung angesetzt, die endgültigen Richtungen ergeben sich mit den Vorzeichen aus der Rechnung.

Der Stützkraftansatz bietet gegenüber der Bernoulligleichung die Möglichkeit, Strömungen mit komplizierten und nicht durchschaubaren inneren Vorgängen zu untersuchen.

## 3.6.2 Stützkraft bei Druckrohrleitungen

Bei Rohrleitungen mit konstantem Kreisquerschnitt und geradlinigem Verlauf liegen die Impulskräfte auf einer Wirkungslinie und heben sich gegenseitig auf. Dies gilt auch für Druckkräfte, wenn der Druck in beiden Fließflächen gleich groß ist. Da Reibungskräfte in den betrachteten kurzen Stromröhrenabschnitten zudem fast immer vernachlässigbar klein sind, wirken auf einen derartigen Rohrabschnitt außer dem Eigengewicht aus Rohrleitung und Wasservolumen keine äußeren Kräfte.

Allgemein gilt für die Stützkraft $F_S$ einer Druckrohrströmung mit Kreisquerschnitt und unter der Bedingung $Q = v \cdot A$:

$$F_S = \rho \cdot Q \cdot v + p \cdot A = \rho \cdot A \cdot v^2 + p \cdot A = \left(\rho \cdot v^2 + p\right) \cdot \frac{d^2 \cdot \pi}{4} \tag{3.27}$$

Die Anwendung von Formel 3.27 wird nun an den folgenden zwei Beispielen verdeutlicht. Thematisch gehören die jeweils ersten Berechnungszeilen in den Beispielen 3.6 und 3.7 zu Abschnitt 3.5, da die meisten Anwendungsaufgaben mit dem Impulssatz auch Energiehöhenvergleiche voraussetzen.

**Beispiel 3.6**

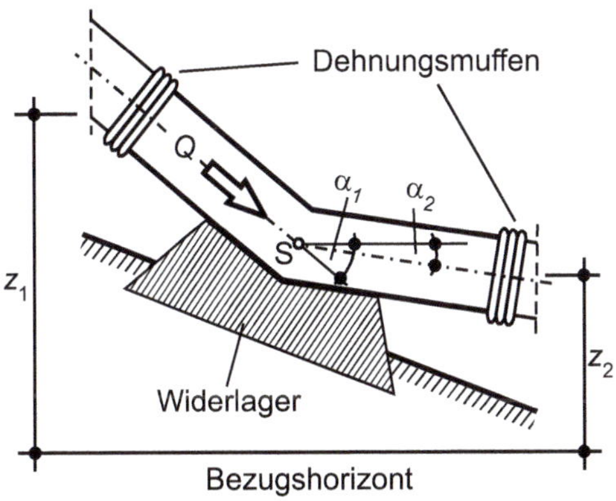


**Bild 3.17**
Aufgelagertes Rohrknie

Eine Druckrohrleitung mit Innendurchmesser $d$ = 2,0 m enthält ein Rohrknie, das zur Aufnahme von Temperaturdehnungen durch kräfte- und momentenfreie Muffen mit der übrigen Rohrleitung verbunden ist (Bild 3.17). Die Kräfte aus der Knickstelle werden durch ein Widerlager aufgenommen. Gesucht ist die auf das Widerlager wirkende Gesamtkraft bei einem Durchfluss $Q$ = 15 m³/s. Die Ortshöhen sind mit $z_1$ = 193 m und $z_2$ = 189 m gegeben, die Druckhöhe an der Stelle 1 liegt bei $p_1/\rho g$ = 100 m. Der Neigungswinkel ändert sich von $\alpha_1$ = 40° auf $\alpha_2$ = 10°. Die Gewichtskraft des im Kniestück befindlichen Wassers ist mit 25 kN und die der aus Stahl gefertigten Rohrleitung mit 137 kN anzusetzen.

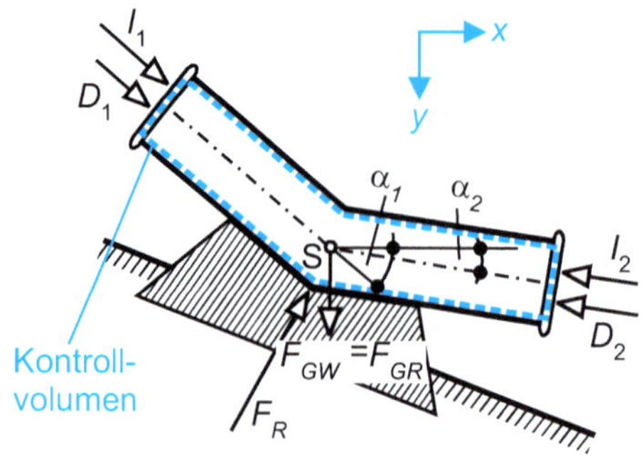


**Bild 3.18**
Kräfte, Koordinaten und Kontrollvolumen

Das Kontrollvolumen in Bild 3.18 zeigt den herausgeschnittenen Bereich, in diesem Fall das gesamte Kniestück. Zur Aufstellung des Stützkraftansatzes wird zunächst die Druckhöhe $p_2/\rho g$ berechnet. Diese kann ohne Berücksichtigung der Reibung über einen Energiehöhenvergleich (Formel 3.15) erhalten werden. Dabei gelten $A_1 = A_2 = A$ und $v_1 = v_2 = v$, wodurch die Geschwindigkeitshöhen nicht berücksichtigt werden müssen:

$$z_1 + \frac{p_1}{\rho g} = z_2 + \frac{p_2}{\rho g} = 193 - 100 = 189 + \frac{p_2}{\rho g} \Rightarrow \frac{p_2}{\rho g} = 193 + 100 - 189 = 104 \text{ m}$$

Damit können jetzt die maßgeblichen Kräfte ermittelt werden:

$$F_{S1} = I_1 + D_1 = \rho \cdot Q \cdot v + p_1 \cdot A = 1000 \cdot 15 \cdot \frac{15 \cdot 4}{2{,}0^2 \cdot \pi} + 100 \cdot 9810 \cdot \frac{2{,}0^2 \cdot \pi}{4}$$

$$= 71.619{,}7 + 3.081.902{,}4 = 3.153.522{,}1 \text{ N} = 3153{,}5 \text{ kN}$$

$$F_{S2} = I_2 + D_2 = \rho \cdot Q \cdot v + p_2 \cdot A = 1000 \cdot 15 \cdot \frac{15 \cdot 4}{2{,}0^2 \cdot \pi} + 104 \cdot 9810 \cdot \frac{2{,}0^2 \cdot \pi}{4}$$

$$= 71.619{,}7 + 3.205.178{,}5 = 3.276.798{,}2 \text{ N} = 3276{,}8 \text{ kN}$$

Mit den angegebenen positiven Koordinatenrichtungen sind jetzt die Komponentenanteile durch Winkelumrechnungen zu bestimmen:

$$\Sigma H: \quad F_{S1} \cdot \cos 40° - F_{S2} \cdot \cos 10° + F_H = 0$$
$$\Rightarrow F_H = 3276{,}8 \cdot \cos 10° - 3153{,}5 \cdot \cos 40° = 811{,}3 \text{ kN}$$

$$\Sigma V: \quad F_{S1} \cdot \sin 40° - F_{S2} \cdot \sin 10° + F_{GW} + F_{GR} + F_V = 0$$
$$\Rightarrow F_V = 3276{,}8 \cdot \sin 10° - 3.153{,}5 \cdot \sin 40° - 25 - 137 = -1620{,}0 \text{ kN}$$

Aus den Vorzeichen von $F_H$ und $F_V$ wird damit im Vergleich zum vorgegebenen Koordinatensystem die Richtung deutlich. Die resultierende Reaktionskraft $F_R$ wird zu

$$F_R = \sqrt{F_H^2 + F_V^2} = \sqrt{811{,}3^2 + (-1620{,}0)^2} = 1811{,}8\ \text{kN}$$

unter dem Winkel $\alpha$ gegen die horizontale Richtung von

$$\alpha = \arctan\left(\frac{|F_V|}{|F_H|}\right) = \arctan\left(\frac{1620{,}0}{811{,}3}\right) = 63{,}4°$$

und stemmt sich von links unten nach rechts oben gegen die Belastungen (siehe Bild 3.18).

**Aufgabe 3.4**

Wie ändert sich die erforderliche Widerlagerkraft $F_R$, wenn das Rohrknie in Bild 3.17 nun umgekehrt von rechts nach links unter sonst gleichen Randbedingungen wie in Beispiel 3.6 durchströmt wird?

In Beispiel 3.6 muss der Stützkraftansatz vollständig mit den Impuls- und Druckkraftanteilen berücksichtigt werden. In Beispiel 3.7 ist der Druckkraftanteil am Ausgang der Düse gleich Null, da die Strömung in die atmosphärische Umgebung austritt.

**Beispiel 3.7**

Eine Düse mit Düsendurchmesser $d_D$ = 30 mm ist an eine Rohrleitung mit Innendurchmesser $d_1$ = 150 mm mit 8 Schrauben angeflanscht. Der Druck des strömenden Öls der Dichte $\rho_{Öl}$ = 900 kg/m³ an der Stelle 1 beträgt $p_1$ = 150,0 kPa. Gesucht werden die Ausströmgeschwindigkeit an der Düse und die erforderliche Haltekraft pro Schraube.

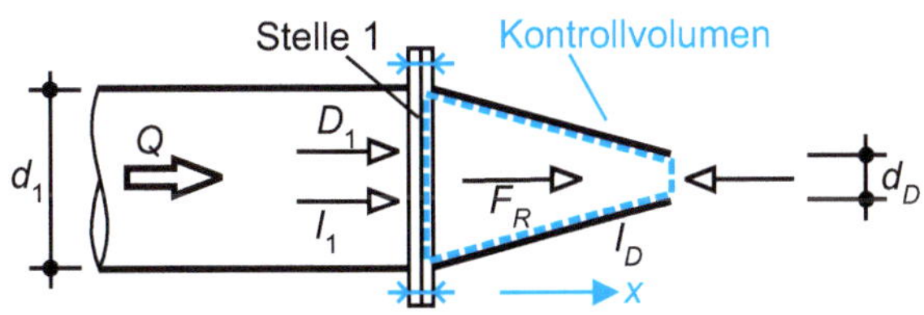


**Bild 3.19** Angeflanschte Düse

- Mittels Energiehöhenvergleich zwischen Stelle 1 und dem Düsenaustritt kann die Austrittsgeschwindigkeit $v_D$ erhalten werden. Die Ortshöhen $z_1$ und $z_D$ sind wegen der horizontalen Rohrachse gleich und können unberücksichtigt bleiben. Der Druck am Düsenaustritt $p_D$ ist gleich dem umgebenden Atmosphärendruck. Gemäß Abschnitt 2.1.2 wird $p_D$ deswegen zu Null gesetzt und aus Formel 3.15 bleibt

$$\frac{p_1}{\rho_{Öl}\cdot g}+\frac{v_1^2}{2g}=\frac{v_D^2}{2g}$$

Mit der Kontinuitätsbedingung ergibt sich

$$v_1\cdot A_1=v_D\cdot A_D \quad\Rightarrow\quad v_1=v_D\cdot\frac{A_D}{A_1}$$

Einsetzen in den Energievergleich und Umformung liefert

$$\frac{p_1}{\rho_{Öl}\cdot g}=\frac{v_D^2}{2g}\cdot\left(1-\frac{A_D^2}{A_1^2}\right)$$

Damit kann die Geschwindigkeit an der Düse ausgerechnet werden:

$$v_D=\sqrt{\frac{\frac{p_1}{\rho_{Öl}\cdot g}\cdot 2g}{1-\frac{A_D^2}{A_1^2}}}=\sqrt{\frac{\frac{2\cdot p_1}{\rho_{Öl}}}{1-\frac{d_D^4}{d_1^4}}}=\sqrt{\frac{\frac{2\cdot 150\cdot 10^3}{900}}{1-\frac{0{,}03^4}{0{,}15^4}}}=18{,}27\,\frac{\text{m}}{\text{s}}$$

- Der Stützkraftansatz erfolgt mit den in Bild 3.19 dargestellten Kräften, die positive Koordinatenrichtung zeigt nach rechts:

$$I_1+D_1+F_R=I_D \quad\Rightarrow\quad F_R=\rho\cdot Q\cdot v_D-\rho\cdot Q\cdot v_1-p_1\cdot A_1$$

- Der Volumenstrom $Q$ muss nicht extra ausgerechnet werden, er ergibt sich aus dem Produkt von Geschwindigkeit $v_D$ und Fließfläche $A_D$ und wird oben eingesetzt. Mit der Geschwindigkeit im Rohrquerschnitt

$$v_1=v_D\cdot\frac{d_D^2}{d_1^2}=18{,}27\cdot\frac{0{,}03^2}{0{,}15^2}=0{,}73\,\frac{\text{m}}{\text{s}}$$

wird die Haltekraft $F_R$ zu

$$F_R=\rho_{Öl}\cdot A_D\cdot v_D^2-\rho_{Öl}\cdot A_D\cdot v_D\cdot v_1-p_1\cdot A_1$$

$$=900\cdot\frac{0{,}03^2\cdot\pi}{4}\cdot 18{,}27\cdot(18{,}27-0{,}73)-150\cdot 10^3\cdot\frac{0{,}15^2\cdot\pi}{4}$$

$$=-2446{,}9\ \text{N}=-2{,}45\ \text{kN}$$

Pro Schraube ist folglich eine Kraft von etwa 0,31 kN aufzunehmen. Wegen des Minuszeichens ist die Kraft $F_R$ – wie zu erwarten – nach links orientiert. ■

**Aufgabe 3.5**

Eine geradlinige Rohrleitung mit dem Durchmesser $d_1$ = 0,2 m erweitert sich plötzlich auf $d_2$ = 0,4 m. Wie groß ist die örtliche Energieverlusthöhe $\Delta h_e$ bei einem Durchfluss von $Q$ = 100 l/s? Ein Hinweis: Beachten Sie, dass sich der Eintrittsimpuls in den Kontrollraum noch aus den Verhältnissen der linken Leitung bestimmt, die Druckkraft dagegen aus dem großen Durchmesser.

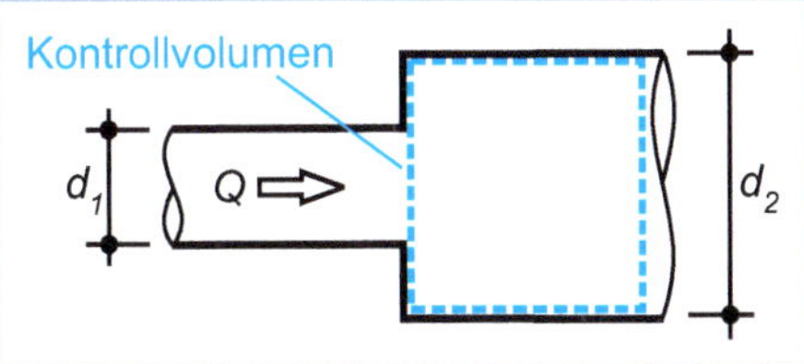


## 3.6.3 Stützkraft bei Gerinneströmungen

Allgemein gilt für die Stützkraft $F_S$ einer Gerinneströmung der Breite $b$ und der Wassertiefe $h$ unter der Bedingung $Q = v \cdot b \cdot h$:

$$F_S = \rho \cdot Q \cdot v + p \cdot A = \rho \cdot b \cdot h \cdot v^2 + \rho \cdot g \cdot b \cdot \frac{h^2}{2} = \rho \cdot b \cdot h \cdot \left( v^2 + g \cdot \frac{h}{2} \right) \tag{3.28}$$

Zu beachten ist die in stationär gleichförmigen Gerinneströmungen - ebenso wie in der Hydrostatik (Kapitel 2) - gültige hydrostatische Druckverteilung, also die lineare Zunahme des Druckes mit der Wassertiefe.

**Beispiel 3.8**

Die Strömung in einem Gerinne kann durch einen Planschütz (siehe auch Abschnitt 7.4) gedrosselt oder gar komplett unterbunden werden. Welche Kraft $F_R$ muss die Schütztafel in Bild 3.20 aufnehmen? Bei stationär gleichförmiger Bewegung in ausreichendem Abstand zur Schütztafel ergeben sich die eingetragenen hydrostatischen Druckverteilungen. Mit einem Abfluss pro Breitenmeter von $q$ = 3 m³/(s·m) stellt sich bei einem Schützenhub $a$ = 0,6 m die Wassertiefe im Unterwasser $h_u$ = 0,36 m ein.

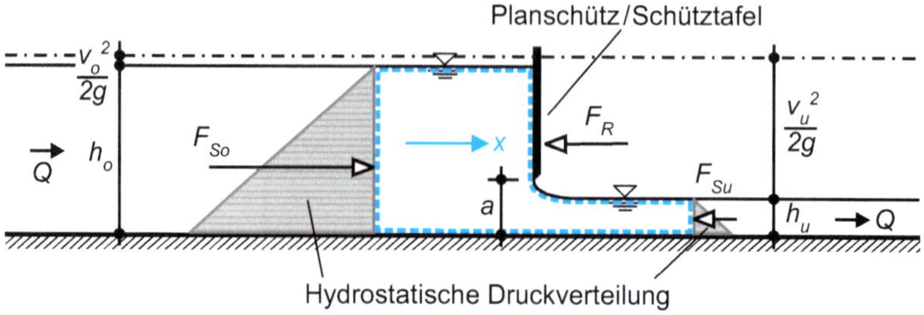


**Bild 3.20** Belastung eines Planschütz

- Zunächst ist unter der Voraussetzung einer verlustfreien Unterströmung der Schütztafel die Oberwassertiefe $h_o$ zu berechnen. Dies geschieht mit der Bernoulligleichung (Formel 3.16):

$$h_o + \frac{v_o^2}{2g} = h_u + \frac{v_u^2}{2g} \Rightarrow h_o + \frac{q^2}{h_o^2 \cdot 2g} = h_u + \frac{q^2}{h_u^2 \cdot 2g} = 3{,}90 \text{ m}$$

- Aufgrund der horizontalen Sohle des Gerinnes werden die Ortshöhen gleichgesetzt und kürzen sich damit heraus, also $z_o = z_u = 0$. Mit den gegebenen Größen und entsprechenden Umformungen erhält man eine kubische Gleichung, die zwei positive Lösungen enthält. Die erste positive Lösung ist die gegebene Unterwassertiefe $h_u$, die zweite positive Lösung stellt die gesuchte Oberwassertiefe $h_o$ dar:

$$h_o^3 - 3{,}90 \cdot h_o^2 + 0{,}459 = 0$$

Die Lösungssuche mittels Nullstelleniteration, z. B. mit dem Verfahren nach NEWTON, führt auf

$$\Rightarrow \quad h_o = 3{,}869 = 3{,}87 \text{ m}$$

- Mit dem Stützkraftansatz aus Formel 3.28 kann nun die gesuchte Kraft auf die Schütztafel ermittelt werden:

$$\rho \cdot q \cdot v_o + \rho \cdot g \cdot \frac{h_o^2}{2} = F_R + \rho \cdot q \cdot v_u + \rho \cdot g \cdot \frac{h_u^2}{2}$$

$$\Rightarrow \quad F_R = \left( q^2 \cdot \left( \frac{1}{h_o} - \frac{1}{h_u} \right) + \frac{g}{2} \cdot \left( h_o^2 - h_u^2 \right) \right) \cdot \rho$$

$$= \left( 3^2 \cdot \left( \frac{1}{3{,}87} - \frac{1}{0{,}36} \right) + \frac{g}{2} \cdot \left( 3{,}87^2 - 0{,}36^2 \right) \right) \cdot 1000$$

$$= 50114{,}2 \ \frac{\text{N}}{\text{m}} = 50{,}1 \ \frac{\text{kN}}{\text{m}}$$

Die Schütztafel wird also mit einer Kraft von etwa 50 kN/m belastet.

### 3.6.4 Stützkraft bei freien Strahlen

In Beispiel 3.7 wird die erforderliche Haltekraft einer Düse berechnet. Im folgenden Beispiel wird nun der aus der Düse austretende Strahl in einer Anwendung im Wasserbau genützt.

**Beispiel 3.9**

Ein Wasserstrahl trifft auf den Becher einer Peltonturbine (siehe auch Tabelle 4.9), wo er durch die Becherform umgelenkt wird (Bild 3.21). Der aus der Düse austretende Volumenstrom ist mit $Q$ = 150 l/s bei einer Geschwindigkeit von $v$ = 60 m/s gegeben. Der Strahl wird am Becher geteilt und unter dem Winkel $\alpha$ = 10° zurückgeworfen.

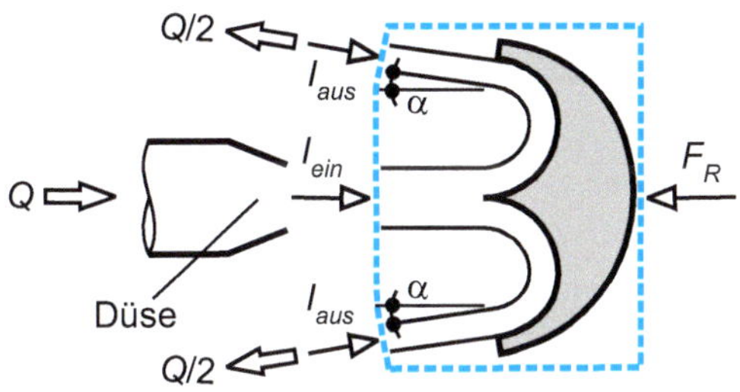


**Bild 3.21** Strahlumlenkung im Becher einer Peltonturbine

Die Kraft $F_R$ auf einen unbewegten Becher erhält man durch die Bilanzierung des Impulsstromes mit den in Bild 3.21 dargestellten Größen:

$$F_R = I_{ein} + 2 \cdot I_{aus} \cdot \cos\alpha$$

Wegen des überschlägig reibungsfreien Fließvorgangs in dem kurzen betrachteten Strömungsbereich bleibt die Geschwindigkeit konstant, also $v_{ein} = v_{aus} = v$. Der Volumenstrom $Q$ teilt sich auf die beiden Abströmhälften auf, daher folgt

$$F_R = \rho \cdot Q \cdot v + 2 \cdot \rho \cdot \frac{Q}{2} \cdot v \cdot \cos\alpha = \rho \cdot Q \cdot v \cdot (1 + \cos\alpha) = 1000 \cdot 0{,}150 \cdot 60 \cdot (1 + \cos 10°)$$

$$= 9000 \cdot (1 + 0{,}985) = 17.865 \text{ N} = 17{,}9 \text{ kN}$$

Auf eine unbewegte Schaufel wirkt damit die Kraft von 17,9 kN. ■

Ohne Umlenkung beträgt die Strahlkraft in Beispiel 3.9 $F = \rho \cdot Q \cdot v \approx 9$ kN, also etwa die Hälfte der gerade errechneten Kraft $F_R$. Durch die Strahlumlenkung verdoppelt sich die Kraft damit in etwa, bei kompletter Umlenkung um 180° ergäbe sich exakt eine Verdoppelung.

# 3.7 Potentialströmungen

## 3.7.1 Überblick

In einer idealen Flüssigkeit treten keine Schubspannungen und damit keine Energieverluste auf. Daher ist die gesamte Energiehöhe nach BERNOULLI im betrachteten Strömungsfeld überall gleich groß. Etliche, vor allem räumlich begrenzte Strömungsvorgänge können unter der Voraussetzung einer idealen, also reibungsfreien Flüssigkeit behandelt werden. Dies ist dann der Fall, wenn die Strömung rotationsfrei verläuft (siehe Bild 3.22a). So kann jeder aus der Ruhe heraus beginnende Fließvorgang für Flüssigkeiten mit vernachlässigbar geringer Zähigkeit als Potentialströmung betrachtet werden. Wenn sich die Flüssigkeitsteilchen dagegen nicht nur entlang ihrer Bahnlinie bewegen, sondern sich auch um ihre eigene oder andere Achse drehen, dann ist eine rotationsbehaftete Strömung gegeben (Bild 3.22b).

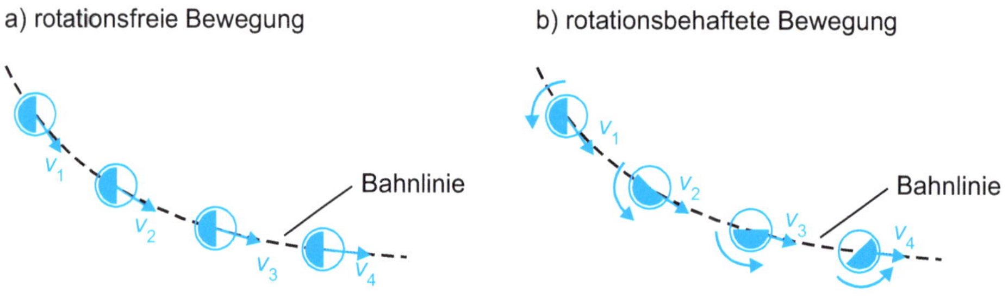


**Bild 3.22** Rotationsfreie und rotationsbehaftete Bewegung

Die beiden Bewegungsformen aus Bild 3.22 vereinen sich im Wirbelmodell (Bild 3.23) von W.J.M. RANKINE (1820 - 1872, Physiker und Ingenieur), zusammengesetzt aus einem rotationsfreien Potentialwirbel im Außenbereich (Bild 3.22b und Bild 3.23 farbig) und einer rotationsbehafteten Kreisbewegung im Inneren (Bild 3.22a und Bild 3.23 grau). Die Flüssigkeitsteilchen im Zentrum drehen sich ohne Verformung um ihre eigene Achse, die Flüssigkeitsteilchen im Potentialwirbel dagegen verformen sich aufgrund der von außen nach innen zunehmenden Scherbelastung. Da die Scherung nicht unbegrenzt bis zum Zentrum zunehmen kann, geht der Vorgang im Inneren nach Durchlaufen eines Übergangsbereiches in die festkörpergleiche Bewegung über.

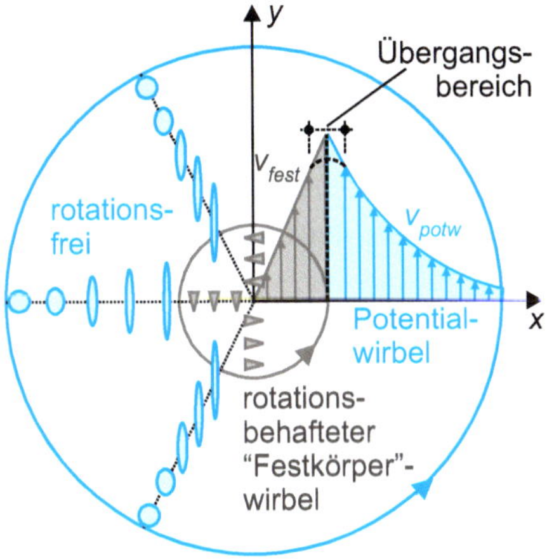


**Bild 3.23**
Rankine-Wirbel

Beispiele für Strömungen, die den Voraussetzungen einer rotationsfreien Potentialströmung entsprechen oder nahekommen:

- Grundwasserbewegungen können zumeist als laminare, also rotationsfreie Vorgänge angesehen und damit wie eine Parallelströmung behandelt werden (Abschnitt 3.3.1, Bild 3.5 und Bild 3.6). Diese Ansicht mutet zunächst widersinnig an, da doch besonders Bewegungen durch einen porösen Untergrund hochgradig reibungs- und damit rotationsbehaftet sind. Erklären lässt sich dies mit der formalen Analogie in der Berechnung von Potentialströmungen und Sickerströmungen, da in beiden Fällen der Geschwindigkeitsansatz linear und proportional zum Druckgefälle ist (siehe Kapitel 8).
- Der Überfall über ein Wehr wird nur an der Gerinnesohle sowie an der vertikalen Wand durch Reibung beeinflusst. Im übrigen Strömungsfeld sind die Schubspannungen vernachlässigbar klein, daher können Details dieser Fließbewegung mit der Bernoulligleichung (Formel 3.16) erarbeitet werden (siehe Abschnitt 7.5).
- Quellen und Senken stellen im Strömungsfeld Punkte dar, an denen eine radiale Bewegung beginnt oder endet. Praktische Bedeutung haben diese Strömungsformen insbesondere in der Grundwasserhydraulik, da die Anströmung eines Vertikalbrunnens einer Senke und die Abströmung vom Schluckbrunnen einer Quelle entspricht (Bild 3.24).

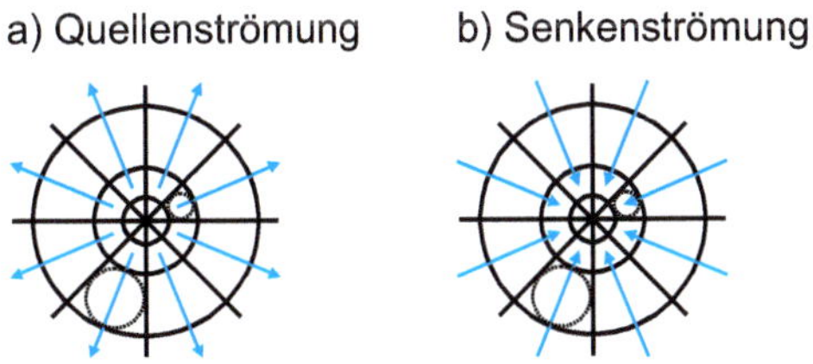


**Bild 3.24**
Sternförmige Strömungen

- Potentialwirbel oder Rankine-Wirbel (Bild 3.23) haben ihre technische Bedeutung beispielsweise im Zusammenhang mit Einlaufströmungen. Sie kommen beim Einströmen in eine Bodenöffnung (z.B. der Ablauf einer Badewanne) oder in eine Pumpensaugleitung zustande, wenn der Anströmbereich unzweckmäßig gestaltet ist und in Folge ein Drehimpuls ausgelöst wird. Durch entsprechende Luftmitnahme im Kern des Wirbels kann dabei die hydraulische Leistungsfähigkeit einer Entnahmevorrichtung oder einer Pumpe beeinträchtigt werden. In der Natur können Windereignisse wie Tornados recht genau mit dem Rankine-Modell beschrieben werden.

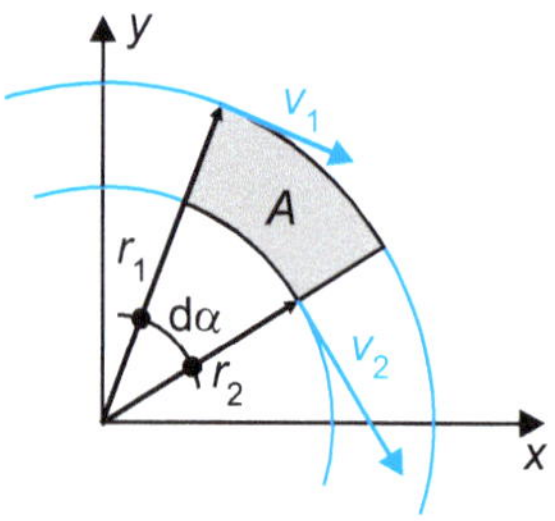


**Bild 3.25**
Zur Zirkulation im Potentialwirbel

- Die Intensität eines Potentialwirbels lässt sich mit der Zirkulation $\Gamma$ ausdrücken, die sich aus dem Linienintegral des Produkts von Geschwindigkeit und Weg längs einer geschlossenen Kurve ergibt. Für den Ausschnitt $d\alpha$ aus einem Potentialwirbel in Bild 3.25 erhält man

$$d\Gamma = v_1 \cdot r_1 \cdot d\alpha = v_2 \cdot r_2 \cdot d\alpha,$$

- und folglich $v \cdot r = \text{const.}$ Damit wird die Zirkulation für den gesamten Umfang des Potentialwirbels (also $\alpha = 2\pi$) zu

$$\Gamma = 2\pi \cdot v \cdot r \tag{3.29}$$

- Die Zirkulation ist also im gesamten Gebiet des Potentialwirbels konstant.

**Praxishinweis**

Als Schwimmer setzt man sich im Bereich von Staustufen, Wehranlagen und Brückenpfeilern der Lebensgefahr aus, da an diesen Wasserbauwerken gefährliche Strudel entstehen können. Unter einem **Wirbel** versteht man näherungsweise eine kreisförmige Bewegung (siehe Bild 3.23 und Bild 3.25) einer Flüssigkeit oder eines Gases (z. B. Wind), bei einem **Strudel** kommt zusätzlich der Aspekt einer Abwärtsbewegung längs der Drehachse dazu. Ein Strudel zeigt sich im Zentrum einer Wirbelbewegung also insgesamt als trichterförmige, abwärts gerichtete Spiraldrehung. Wer nun beim Baden in einen Wasserstrudel z. B. im Bereich des fallenden Wassers hinter einer Wehranlage gerät, muss um sein Leben schwimmen. Aufgrund der Abwärtsbewegung im Strudel ist es aber nahezu aussichtslos, sich nach oben gegen die Strudelrichtung, also Richtung Wasserspiegel, zu bewegen. Stattdessen muss man versuchen, sich mit der abwärts gerichteten Strömung in Richtung Gewässersohle zu bewegen, um die lebensgefährliche Situation zu unterschwimmen und so den Strudelbereich zu verlassen. ■

### 3.7.2 Einfache Potentialströmungen

Die mathematische Beschreibung von Potentialströmungen geht auf Gleichungen der Potentialtheorie nach P.-S. LAPLACE (1749 - 1827, Mathematiker und Physiker) zurück. Eine ebene Potentialströmung wird durch rechtwinklig zueinander ausgerichtete Strom- und Potentiallinien dargestellt (Bild 3.26).

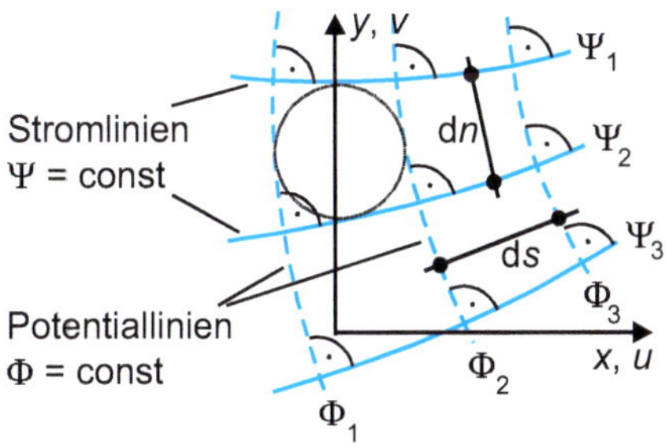


**Bild 3.26**
Potentialliniennetz

Stromlinien, beschrieben durch die Stromfunktion $\Psi$, zeigen durch angelegte Tangenten die Richtung der jeweiligen Strömungsgeschwindigkeit an (Abschnitt 3.1). Potentiallinien, ausgedrückt durch die Potentialfunktion $\Phi$, sind die Linien gleicher Standrohrspiegelhöhen in einer Strömung. In Fließrichtung nehmen diese Standrohrspiegelhöhen ab, da reale Strömungen immer Strömungsverluste mit abnehmenden Druck- und Energiehöhen aufweisen.

Da senkrecht zu den Stromlinien kein Durchfluss auftritt, gilt für den Durchfluss $q$ zwischen zwei Stromlinien

$$q = w \cdot \mathrm{d}n = \frac{\mathrm{d}\Psi}{\mathrm{d}n} \cdot \mathrm{d}n = \mathrm{d}\Psi \tag{3.30}$$

Der Volumenstrom $q$ errechnet sich mit der Geschwindigkeit $w = \mathrm{d}\Psi/\mathrm{d}n$ aus dem Unterschied zweier Potentiale (siehe Bild 3.26), also aus der Differenz aufeinander folgender Standrohrspiegelhöhen. Die Maschen des Potentialliniennetzes haben etwa quadratische Form, bei der Konstruktion des Netzes lässt sich daher ein Kreis einbeschreiben. Auf die Erstellung eines Potentialliniennetzes und entsprechender Folgerungen wird im Rahmen der Sickerströmungen (Kapitel 8) eingegangen.

Wertet man die in vorliegendem Buch nicht aufgeführten Differentialgleichungen für die Beziehungen der Strom- und Potentiallinien aus, so ergeben sich für die drei unter Abschnitt 3.7.1 kurz vorgestellten ebenen Standardfälle die in Tabelle 3.1 aufgeführten Zusammenhänge.

**Tabelle 3.1** Standardfälle ebener Potentialströmungen

| | Parallelströmung | Quelle/Senke | Potentialwirbel |
|---|---|---|---|
| Stromlinien $\Psi$ = const. | 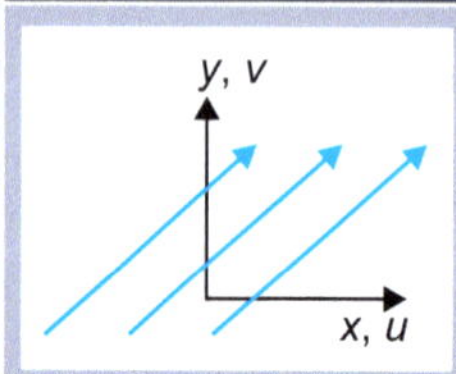  | 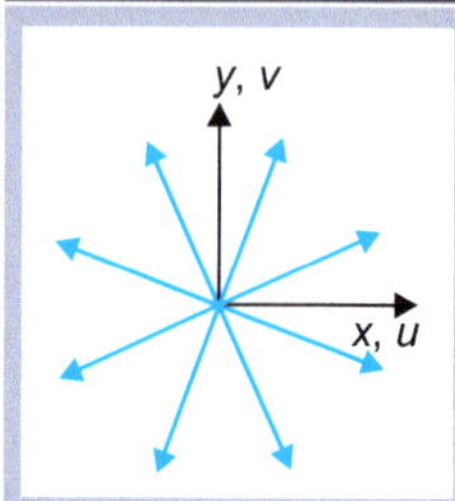  | 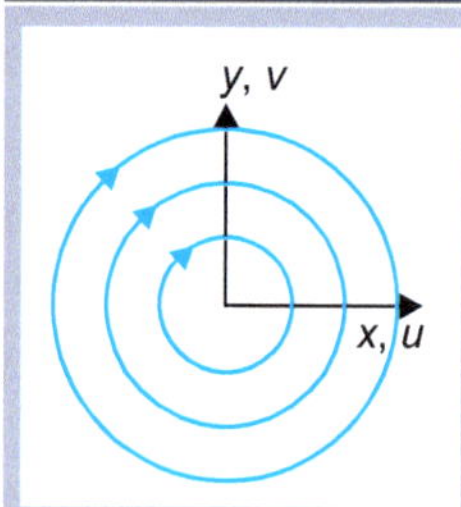  |
| Bemerkungen | | Quelle $q > 0$<br>Senke $q < 0$ | $\Gamma > 0$ rechtsdrehend<br>$\Gamma < 0$ linksdrehend |
| Potentialfunktion $\Phi$, in m²/s | $u_0 \cdot x + v_0 \cdot y$ | $\frac{q}{2\pi} \cdot \ln\sqrt{x^2 + y^2}$ | $-\frac{\Gamma}{2\pi} \cdot \arctan\left(\frac{y}{x}\right)$ |
| Stromfunktion $\Psi$, in m²/s | $u_0 \cdot x - v_0 \cdot y$ | $\frac{q}{2\pi} \cdot \arctan\left(\frac{y}{x}\right)$ | $\frac{\Gamma}{2\pi} \cdot \ln\sqrt{x^2 + y^2}$ |
| Geschwindigkeits-komponente $u$, in m/s | $u_0$ | $\frac{q}{2\pi} \cdot \frac{x}{x^2 + y^2}$ | $\frac{\Gamma}{2\pi} \cdot \frac{y}{x^2 + y^2}$ |
| Geschwindigkeits-komponente $v$, in m/s | $v_0$ | $\frac{q}{2\pi} \cdot \frac{y}{x^2 + y^2}$ | $-\frac{\Gamma}{2\pi} \cdot \frac{x}{x^2 + y^2}$ |
| Resultierende Geschwindigkeit $w$, in m/s | $\sqrt{u_0^2 + v_0^2}$ | $\frac{q}{2\pi \cdot r}$ | $\frac{\Gamma}{2\pi \cdot r}$ |

Die in Tabelle 3.1 angeführten Grundströmungen können überlagert werden. Eine Kombination von Parallelströmung und Senkenströmung stellt der für die Praxis wichtige Fall eines Förderbrunnens in einer Grundwasserströmung dar (Bild 3.27). Mithilfe von Stromfunktion $\Psi$ und Potentialfunktion $\Phi$ lässt sich so der (farbig hervorgehobene) Einflussbereich der Wasserentnahme durch einen Brunnen in einer Grundwasserströmung bestimmen. In homogenen Grundwasserleitern wie in Bild 3.27 ist das aus Strom- und Potentiallinien ermittelte Strömungsbild unabhängig von der Durchlässigkeit des Untergrundes $k_f$ (siehe Kapitel 8).

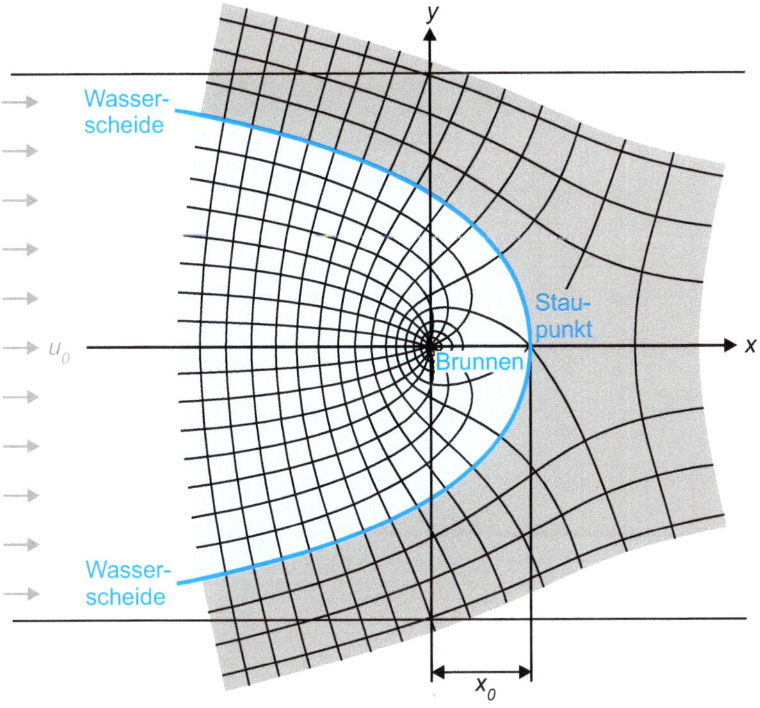


**Bild 3.27** Förderbrunnen in einer Grundwasserströmung

Am Staupunkt beträgt die resultierende Strömungsgeschwindigkeit Null, da sich die Geschwindigkeit des Grundwasserstromes $u_0$ und die Anströmungsgeschwindigkeit des Brunnens $u_B$ gerade aufheben. Die Höhe der Brunnenanströmung ist $h$; damit lässt sich der Abstand $x_0$ des Staupunktes vom Brunnen mit den Gleichungen aus Tabelle 3.1 unter Ansatz von $q = Q/h$ errechnen:

$$u_0 = u_B = \frac{q}{2\pi \cdot x_0} \quad \Rightarrow \quad x_0 = \frac{q}{2\pi \cdot u_0}$$

Die Stromlinie durch $x_0$ bestimmt damit die Grundwasserscheide. Alle davon eingeschlossenen Stromlinien führen zum Brunnen, alle außerhalb liegenden Linien führen um den Einflussbereich des Brunnens herum.

**Aufgabe 3.6**

Aus einem homogenen Grundwasserstrom mit der Geschwindigkeit $u_0$ = 25 m/d werden mit einem Brunnen 50 l/s Wasser entnommen (siehe Bild 3.27). Der Brunnen hat den Durchmesser $d$ = 30 cm, die Höhe der Anströmung beträgt $h$ = 2,5 m. Ermitteln Sie $x_0$ und die Geschwindigkeit $w$ am Brunnenrand. Welche Potentiale $\Phi$ (in $m^2/s$) errechnen sich für $y$ = 0 im Abstand $x$ = −15 m, −25 m, −95 m und −105 m vom Koordinatenursprung (also Oberstrom des Brunnens)?

## 3.8 Englische Fachbegriffe zu Kapitel 3

| Deutsch | Englisch |
|---|---|
| Bahnlinie | pathline |
| benetzter Umfang | wetted perimeter |
| Bernoulligleichung | Bernoulli equation |
| Bezugshorizont | datum |
| diskontinuierliche Strömung | intermittent flow; discontinuous flow |
| Druckhöhe | pressure head |
| Druckkraft | compressive force |
| Drucklinie | hydraulic grade line (HGL) |
| Düse | nozzle |
| durchflossene Fläche | flow area |
| Durchfluss | flow rate |
| Durchflussmessung | discharge/flow rate measurement |
| Einzelverlust | single loss |
| Energielinie | energy grade line (EGL) |
| Energieplan | energy scheme |
| Fließgeschwindigkeit | flow velocity |
| Flüssigkeitswirbel | fluid vortex |
| gesamte Energiehöhe | total head |
| Gerinnesohle | channel bottom |
| Geschwindigkeitshöhe | velocity head |
| gleichförmige Strömung | uniform flow |
| hydraulischer Radius | hydraulic radius |
| Impulskraft | force of momentum |
| Impulssatz | momentum equation |
| instationäre Strömung | unsteady flow |
| kontinuierliche Strömung | continous flow |
| Kontinuitätsbedingung | principle of continuity |
| laminar | laminar |
| lokaler/örtlicher Verlust | local loss |
| Ortshöhe | geometric height; height above datum |
| Piezometerrohr | piezometer |
| Pitotrohr | Pitot tube |
| Potentialströmung | potential flow |
| Potentiallinien | equipotential line |
| Quellenströmung | source flow |
| Prandtlrohr | Prandtl tube |

| Deutsch | Englisch |
|---|---|
| Reibungsverlust | friction loss |
| Reynoldszahl | Reynolds' number |
| Rohrachse | pipe axis |
| Rohrdurchmesser | pipe diameter |
| Schubspannung | shear stress |
| Senkenströmung | sink flow |
| Standrohr | stand pipe; pipe riser |
| stationäre Strömung | steady flow |
| Stromlinie | streamline; flow line |
| turbulent | turbulent |
| ungleichförmige Strömung | non-uniform flow |
| Venturikanal | venturi flume |
| Venturirohr | venturi tube |
| Verlusthöhe | head loss |
| Wirbel | vortex |

# 4 Rohrhydraulik

Rohrleitungen sind Anlagen zum kontinuierlichen Transport von Feststoffen (z.B. Granulate, Zement), Flüssigkeiten (z.B. Wasser, Öl) und Gasen (z.B. Erdgas, Heißdampf). Zu einer Rohrleitungsanlage gehören insbesondere Rohre, Formteile, Dehnungsstücke, Armaturen, Dichtungen und Verbindungselemente. Natürlich zählen auch Pumpen zu dieser Zusammenstellung, deren Charakteristika und Zusammenwirken mit der Rohrleitung werden in Kapitel 5 behandelt.

Die Rohrhydraulik befasst sich im Wesentlichen mit dem Strömungsvorgang von Flüssigkeiten, hier vor allem von Wasser. Zentraler Punkt einer hydraulischen Bearbeitung sind die während des Fließvorganges auftretenden Verluste aufgrund der Viskosität der Flüssigkeit. Dies sowie die Anwendung der Bernoulligleichung bei Rohrströmungen sind die Hauptthemen des vorliegenden Kapitels.

Dabei stehen stationäre Strömungsvorgänge in Druckrohrleitungen im Vordergrund. Als Medium werden inkompressible bzw. annähernd inkompressible Flüssigkeiten behandelt, die sich gemäß dem Newtonschen Reibungsansatz verhalten.

Erdöl und Erdgas werden mitunter über tausende Kilometer in Pipelines transportiert. Wasserleitungen erreichen Längen von mehreren hundert Kilometern, in Deutschland unterhält die Bodenseewasserversorgung das aufwendigste Leitungssystem. Im beruflichen Alltag sind Planerinnen und Planer in der Wasserwirtschaft überwiegend mit Druckleitungen bis zu mehreren Kilometern Länge beschäftigt.

**Praxishinweis**

Kompressible Strömungsvorgänge gehören äußerst selten zu den Aufgabengebieten im umfangreichen Komplex der Wasserwirtschaft. Sollten sich dennoch Problemstellungen mit Gasströmungen ergeben, so können diese unterhalb der sogenannten Machzahl $Ma < 0{,}3$ wie inkompressible Strömungsvorgänge betrachtet werden. Die nach E. Mach (1838 - 1916, Physiker und Philosoph) benannte Machzahl $Ma$ ist definiert als Verhältnis der Strömungsgeschwindigkeit $v$ zur Schallgeschwindigkeit $a$. Damit können beispielsweise Luftströmungen bis zu einer Geschwindigkeit von rund $v \approx 100$ m/s problemlos mit den vorliegenden Gleichungen für inkompressible Strömungen behandelt werden. Bekannt ist vielleicht, dass die Geschwindigkeit eines Flugzeugs mit der Machzahl angegeben werden kann, so fliegt ein Flugzeug bei Mach 1 mit Schallgeschwindigkeit.

## 4.1 Vorbemerkungen

Was ist unter Rohrhydraulik zu verstehen? Gehören die Geschehnisse in einem teilgefüllten Abwasserrohr mit freiem Wasserspiegel zur Rohrhydraulik? Nein, Bild 4.1 grenzt das Thema Rohrhydraulik ein.

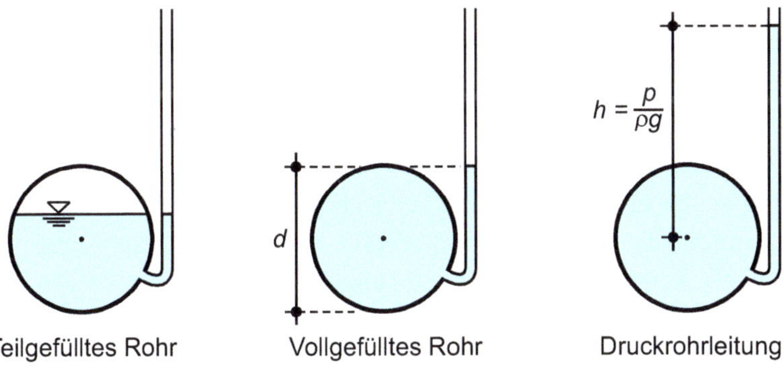


**Bild 4.1** Füll- und Druckzustand einer Rohrleitung

Die Vorgänge im teilgefüllten Rohr werden in der Gerinnehydraulik (Kapitel 6) behandelt, da hier ein freier Wasserspiegel und somit andere Gesetzmäßigkeiten vorliegen. Der Zustand des vollgefüllten Rohres tritt stationär nicht auf, hier erfolgt ein ständiges Auf- und Zuschlagen des gesamten Rohrquerschnitts. Unter Rohrhydraulik wird also ein unter Druck stehendes Rohr verstanden.

Im vorliegenden Kapitel wird die Druckrohrhydraulik (siehe Bild 4.1) somit unter folgenden Randbedingungen dargestellt:

- Die Druckhöhe $p/\rho g$ ist deutlich größer als der Rohrdurchmesser $d$. Unter Druckabfluss wird der vollständige Ein- und deutliche Überstau einer Rohrleitung verstanden.
- Die Druckhöhe $p/\rho g$ wird auf die Rohrachse bezogen.
- Die Druckhöhe $p/\rho g$ wird relativ zum Atmosphärendruck dargestellt.
- Die Strömungsbewegungen erfolgen unter stationären, also zeitunabhängigen Bedingungen $dv/dt$ gleich Null.

## 4.2 Reibungsverluste

In Abschnitt 3.5 wurde die Energiegleichung nach BERNOULLI für inkompressible, stationäre und reibungsfreie Strömungen (Formel 3.14) sowie reale Flüssigkeiten (Formel 3.19) hergeleitet. Dabei wurde die Gesamtverlusthöhe $h_v$ in der Addition aus streckenabhängigen Reibungsverlusten $h_r$ und den lokal wirksamen Einzelverlusten $\Delta h_e$ eingeführt (Formel 3.21) und deren Abhängigkeit von der Geschwindigkeitshöhe erwähnt (Formel 3.22).

### 4.2.1 Ermittlungskonzept

Für die detaillierte Herleitung der H. P. G. DARCY (1803 - 1858, Wasserbauingenieur) und J. L. WEISBACH (1806 - 1871, Ingenieur) zugeschriebenen Formel 4.1 sei auf tiefer gehende Fachliteratur verwiesen. (Tatsächlich soll nach neuesten Erkenntnissen statt DARCY der französische Ingenieur und Geologe J. F. D'AUBUISSON DE VOISINS (1769 - 1841) an der Entwicklung der DARCY-WEISBACH-Gleichung beteiligt gewesen sein.)

Durch die Reibung an der Rohrwandung sowie durch innere Verluste in der turbulenten Strömung nimmt die Reibungsverlusthöhe $h_r$ entlang der Stromröhre mit der Abschnittslänge $L$ kontinuierlich zu. Erfahrungsgemäß ist dieser Verlust zudem proportional zum Quadrat der Fließgeschwindigkeit $v$ und umgekehrt proportional zum Rohrdurchmesser $d$. Für die Berechnung der Reibungsverlusthöhe $h_r$ wird damit die nach DARCY-WEISBACH abgeleitete Gleichung erhalten:

$$h_r = \lambda \cdot \frac{L}{d} \cdot \frac{v^2}{2g} \qquad (4.1)$$

Mit Formel 4.1 werden allgemein die Reibungsverluste für das gerade Kreisrohr berechnet, unabhängig von der Fließart (laminar oder turbulent). Der dimensionslose Reibungsbeiwert $\lambda$ ist dagegen eine Größe, die sich in Abhängigkeit vom Fließzustand - ausgedrückt durch die Reynoldszahl $Re$ - und von der Rohrrauheit ergibt.

Bezieht man die Reibungsverlusthöhe $h_r$ auf die Leitungslänge $L$, so ergibt sich das Energieliniengefälle $I_E$:

$$\frac{h_r}{L} = \lambda \cdot \frac{1}{d} \cdot \frac{v^2}{2g} = I_E \qquad (4.2)$$

### 4.2.2 Laminare Strömung

Für $Re < 2320$ liegt eine laminare Strömung vor. Aus der parabolischen Geschwindigkeitsverteilung bei laminarer Strömung (Abschnitt 3.3.1) erhält man durch Integration über den Kreisrohrquerschnitt die mittlere Geschwindigkeit in Abhängigkeit vom Energieliniengefälle $I_E$

$$v = \frac{g \cdot I_E}{8\nu} \cdot r^2 = \frac{v_{max}}{2} \tag{4.3}$$

Die Auflösung von Formel 4.3 nach $I_E$ und Gleichsetzen mit Formel 4.2 liefert bei Einführung der Reynoldszahl $Re = (v \cdot d)/\nu$ (Formel 3.9) den Reibungsbeiwert $\lambda$ für die laminare Strömung

$$\lambda = \frac{64}{Re} \tag{4.4}$$

Diese einfache Gleichung macht deutlich, dass die Wandrauheit bei laminarer Strömung keine Rolle spielt. In der Praxis der Wasserwirtschaft kommen laminare Strömungen allerdings kaum vor; Ausnahme hiervon sind Sickerströmungen (Kapitel 8) und einige spezielle Anwendungen.

Der Reibungsbeiwert $\lambda$ ist im laminaren Bereich durch umfangreiche Messungen hervorragend bestätigt worden.

**Aufgabe 4.1**

Berechnen Sie für eine gerade Rohrleitung $d$ = 50 mm sowie $Q$ = 0,05 l/s den Reibungsbeiwert $\lambda$ und das Energieliniengefälle $I_E$ bei einer Wassertemperatur $T$ = 20 °C.

### 4.2.3 Turbulente Strömung

Für $Re > 2320$ liegen turbulente Strömungen vor. Neben den durch die Wandung ausgelösten Schubspannungen (Abschnitt 3.3.2) treten zusätzliche turbulente Scheinschubspannungen durch die Scherbewegungen auf, deren Größen auf theoretischem Wege nicht vorhersagbar sind. Daher werden zur Quantifizierung des Reibungswiderstands bei turbulenter Strömung Laborversuche und Messungen an Originalrohren herangezogen.

Im Unterschied zur laminaren Strömung gewinnt durch die hohen Geschwindigkeiten in der Nähe der Rohrwandung deren Rauheit einen bedeutenden Einfluss auf den Reibungsbeiwert $\lambda$. Das Ausmaß der Rauheitserhebungen $k$ bestimmt schließlich das Reibungsverhalten des Rohres. In Wandnähe bildet sich ein Bereich

$\delta_l$ aus, die viskose Unterschicht (Bild 4.2). Je mehr die Rauheitserhebungen $k$ in die viskose Unterschicht $\delta_l$ hineinragen oder diese sogar durchstoßen, desto „rauer" ist das Rohr:

- Werden die Rauheitserhebungen $k$ durch die viskose Unterschicht $\delta_l$ vollständig überdeckt, dann wirkt letztere wie eine Schmierschicht für die turbulente Strömung. Das Rauheitsverhalten wird als **hydraulisch glatt** bezeichnet.
- Sind die Rauheitserhebungen $k$ und die viskose Unterschicht $\delta_l$ etwa gleich stark, dann kommt die turbulente Strömung in leichten Kontakt mit den Rauheitserhebungen $k$. Das Rauheitsverhalten wird dem **Übergangsbereich** zugeordnet.
- Durchstoßen die Rauheitserhebungen $k$ die viskose Unterschicht $\delta_l$ deutlich, dann wird die turbulente Strömung durch die Rauheitserhebungen $k$ gestört. Das Rauheitsverhalten wird dann als **hydraulisch rau** bezeichnet.

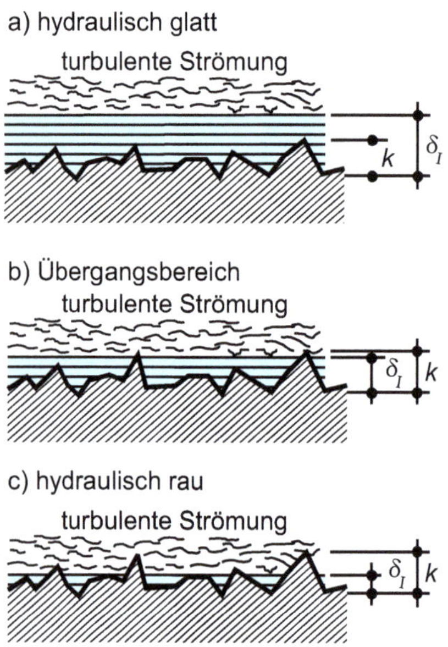


**Bild 4.2**
Rauheitseinfluss der Rohrwand

In Richtlinien und Vorschriften zur Dimensionierung von Rohrleitungsanlagen der Trinkwasserversorgung und der Abwasserentsorgung werden Vorgaben für den Ansatz der Rauheit $k$ gemacht. Diese orientieren sich an der jeweiligen Nutzung einer Leitung. Genaueres dazu folgt in Abschnitt 4.6.

Untersuchungen zur Bestimmung der Energieverlusthöhe aufgrund von Wandrauheiten wurden sowohl an technisch rauen Rohren mit zufälligen unregelmäßigen Rauheitsverteilungen wie auch an „normierten" Rauheiten durchgeführt. Für Letztere wurden Rohrleitungen mit Sandkörnern gleicher Abmessungen beschichtet.

Zum Zwecke der Vergleichbarkeit der „natürlichen“ Rauheit werden Rohrrauheiten mit der äquivalenten Sandrauheit $k_s$ angegeben. Diese wird mit dem Rohrdurchmesser $d$ zur dimensionslosen relativen Rauheit $k_s/d$ zusammengefasst:

$$r_s = \frac{k_s}{d} \tag{4.5}$$

Zusätzlich zur relativen Rauheit $r_s$ bestimmt wie im laminaren Fall die Reynoldszahl $Re$ den Reibungsbeiwert. Damit ergibt sich der Reibungsbeiwert für Kreisquerschnitte als Funktion von

$$\lambda = \mathrm{f}\left(Re = \frac{v \cdot d}{\nu}; \frac{k_s}{d}\right) \tag{4.6}$$

Für die drei in Bild 4.2 dargestellten unterschiedlichen Rauheitsbereiche wird der Reibungsbeiwert $\lambda$ wie folgt berechnet:

- **hydraulisch glatter Bereich,** nach PRANDTL und v. KÁRMÁN, gültig für $Re \cdot r_s \cdot \sqrt{\lambda} < 10$

$$\frac{1}{\sqrt{\lambda}} = -2{,}0 \cdot \lg\left(\frac{2{,}51}{Re \cdot \sqrt{\lambda}}\right) \tag{4.7}$$

- **Übergangsbereich,** nach COLEBROOK und WHITE, gültig für $10 < Re \cdot r_s \cdot \sqrt{\lambda} < 200$

$$\frac{1}{\sqrt{\lambda}} = -2{,}0 \cdot \lg\left(\frac{2{,}51}{Re \cdot \sqrt{\lambda}} + \frac{r_s}{3{,}71}\right) \tag{4.8}$$

- **hydraulisch rauer Bereich,** nach NIKURADSE, gültig für $Re \cdot r_s \cdot \sqrt{\lambda} > 200$

$$\frac{1}{\sqrt{\lambda}} = -2{,}0 \cdot \lg\left(\frac{r_s}{3{,}71}\right) \tag{4.9}$$

Formel 4.8 schließt die Lücke zwischen hydraulisch glattem und rauem Bereich durch logarithmische Superposition.

Da die Formeln 4.7 und 4.8 auf iterativem Weg gelöst werden müssen, existieren verschiedene Gebrauchsformeln und Näherungslösungen zur direkten Berechnung des Reibungsbeiwertes $\lambda$. Durch die heutzutage überall und jederzeit mögliche digitale Berechnung können die genauen iterativen Gleichungen jedoch ohne großen Aufwand gelöst werden. In seltenen Fällen ist für überschlägige $\lambda$-Abschätzungen noch das MOODY-Diagramm (Bild 4.3) in Gebrauch (L. F. MOODY, 1880 - 1953, Maschinenbauingenieur). Unabhängig davon bietet das MOODY -Diagramm einen sehr guten Überblick über den gesamten Zusammenhang zwischen Reynoldszahl $Re$, relativer Rauheit $r_s$, der laminaren und turbulenten Fließbewegung, den hydraulischen Rauheitsbereichen und dem gesuchten Reibungsbeiwert $\lambda$.

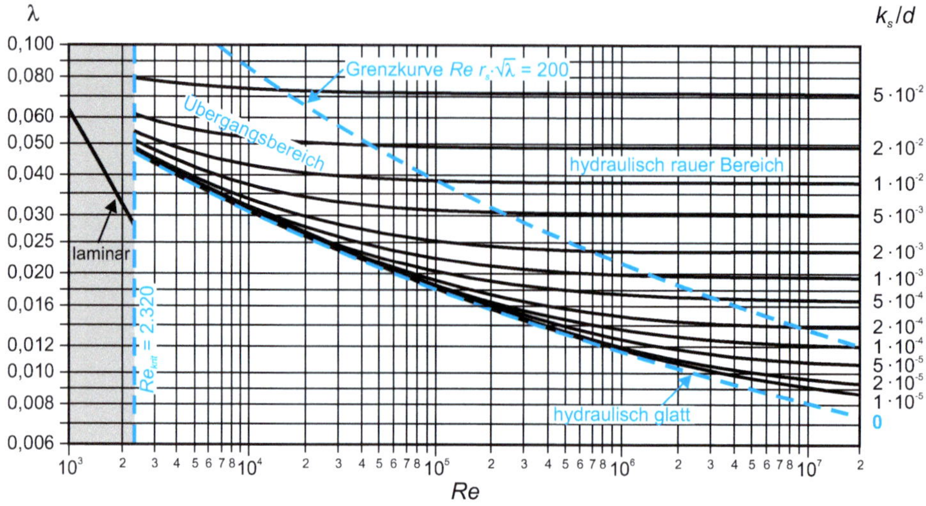


**Bild 4.3** Moody-Diagramm zur Ermittlung des Reibungsbeiwertes $\lambda$

**Beispiel 4.1**

Durch eine Rohrleitung mit Durchmesser $d$ = 3,0 m erfolgt ein Wasserdurchfluss von $Q$ = 1100 l/s. Gesucht sind der Reibungsbeiwert $\lambda$ und das Energieliniengefälle $I_E$ bei einer Wassertemperatur von 10 °C. Die äquivalente Sandrauheit für die Rohrleitung ist mit $k_s$ = 0,5 mm anzusetzen.

Aus den vorliegenden Daten lassen sich die Geschwindigkeit $v$ und die Reynoldszahl $Re$ (mit der kinematischen Zähigkeit für Wasser bei 10 °C aus Tabelle 1.2) berechnen:

$$v = \frac{Q}{A} = \frac{1{,}1 \cdot 4}{3{,}0^2 \cdot \pi} = 0{,}156\,\frac{\text{m}}{\text{s}} \qquad \text{und} \qquad Re = \frac{v \cdot d}{\nu} = \frac{0{,}156 \cdot 3{,}0}{1{,}31 \cdot 10^{-6}} = 357.252$$

Zusammen mit der relativen Rauheit $r_s = k_s/d = 0{,}0005/3{,}0 = 1{,}67 \cdot 10^{-4}$ kann $\lambda$ mit den Formeln 4.7 bis 4.9 berechnet werden. Zur Abschätzung des Rauheitsbereiches wird zunächst als Startgröße $\lambda$ = 0,02 angesetzt. Dies ist eine mittlere Größenordnung für den Reibungsbeiwert (siehe Bild 4.3).

Mit $Re \cdot r_s \cdot \sqrt{\lambda} = 8{,}4 < 10$ wird festgestellt, dass der hydraulisch glatte Bereich vorliegt. Mit dieser Information wird nun mit Formel 4.7 die $\lambda$-Iteration durchgeführt. Dazu wird mit dem bereits bekannten Startwert $\lambda$ = 0,02 begonnen. Dieser wird in die rechte Seite von Formel 4.7 eingesetzt, ebenso die feststehende Reynoldszahl $Re$. Mit diesen Größen erhält man aus der linken Seite von Formel 4.7 einen neuen Wert für $\lambda$, der dann wieder rechts eingesetzt wird und damit wiederum eine verbesserte $\lambda$-Zahl links ergibt. Dieser iterative Vorgang wird solange wiederholt, bis sich der Wert von $\lambda$ nur mehr sehr geringfügig ändert:

$\lambda_0$ = 0,02 → rechte Seite von Formel 4.7 liefert 8,608 → $\lambda_1$ = 0,0135

$\lambda_1$ = 0,02 → rechte Seite von Formel 4.7 liefert 8,437 → $\lambda_2$ = 0,0140

$\lambda_2$ = 0,02 → rechte Seite von Formel 4.7 liefert 8,454 → $\lambda_3$ = 0,0140

Mit den neuen $\lambda$-Werten muss der hydraulische Bereich nochmals geprüft werden. Da die Werte jedoch geringer als der Startwert $\lambda = 0{,}02$ sind, wird auch der Wert des Kriteriums kleiner und liegt unterhalb des Grenzwertes von 10 für den glatten Bereich.

Damit stimmen $\lambda_2$ und $\lambda_3$ auf vier Stellen nach dem Komma überein, dies ist dann ausreichend genau für weitere Berechnungen.

Mit Formel 4.2 kann jetzt noch das Energieliniengefälle $I_E$ der Rohrleitung ausgerechnet werden:

$$I_E = \lambda \cdot \frac{1}{d} \cdot \frac{v^2}{2g} = 0{,}0140 \cdot \frac{1}{3{,}0} \cdot \frac{0{,}156^2}{2g} = 5{,}8 \cdot 10^{-6} = 0{,}0058\ ‰$$

Auf 1000 m Leitungslänge ergibt sich damit aufgrund der geringen Strömungsgeschwindigkeit ein Energiehöhenunterschied von nur 6 mm. ■

**Aufgabe 4.2**

Überprüfen Sie den in Beispiel 4.1 ermittelten Reibungsbeiwert $\lambda$ durch Anwendung des MOODY-Diagramms (siehe Bild 4.3). ■

**Aufgabe 4.3**

Durch eine Rohrleitung der Länge $L = 2000$ m mit Durchmesser $d = 1{,}50$ m erfolgt ein Durchfluss von $Q = 1{,}0\ m^3/s$. Berechnen Sie den Reibungsbeiwert $\lambda$ und die Reibungsverlusthöhe $h_r$ bei einer Wassertemperatur von $T = 20\ °C$. Die äquivalente Sandrauheit für die Rohrleitung ist mit $k_s = 2{,}0$ mm anzusetzen. ■

Das Problem der genauen Berechnung von Rohrreibungszahlen liegt in der relativ großen Streuung der äquivalenten Sandrauheit (siehe Tabelle 4.1). Die Genauigkeit der Berechnungen hängt folglich von einer geeigneten Einschätzung der Oberflächenbeschaffenheit der Rohrinnenwand ab. Zudem verändert sich die Wandoberfläche im Laufe längerer Nutzung durch Verkrustungen, Rostansatz, Verschleimung usw. Deshalb sind in der Praxis Reserven einzuberechnen, denen allerdings eine genaue Berechnung vorausgehen muss.

Zahlenangaben zur Wandrauheit erhält man von Rohrleitungsherstellern oder aus der einschlägigen Literatur. Diese basieren allerdings in der Regel auf Versuchen unter idealen Laborbedingungen, die realen Rauheitswerte liegen daher häufig höher. Dies ist in der Praxis zu berücksichtigen. In Abhängigkeit vom Werkstoff und vom Zustand einer Rohrleitung sind in Tabelle 4.1 praxisrelevante äquivalente Sandrauheiten zusammengestellt.

**Tabelle 4.1** Auswahl äquivalenter Sandrauheiten $k_s$

| Rohrwerkstoff | Zustand der Rohrwand | $k_s$ in mm |
|---|---|---|
| **Nahtlose Stahlrohre** | mit Walzhaut | 0,02 bis 0,06 |
| | gebeizt | 0,03 bis 0,04 |
| | verzinkt | 0,07 bis 0,16 |
| | leicht verrostet und verkrustet | 0,1 bis 0,4 |
| **Geschweißte Stahlrohre** | handelsüblich | 0,05 bis 0,2 |
| | leicht verrostet | 0,15 bis 0,4 |
| | stark verkrustet | 1,5 bis 4,0 |
| | mit Zementmörtelauskleidung | 0,03 bis 0,4 |
| **Genietete Stahlrohre** | ohne Verkrustung | 0,6 bis 1,3 |
| | stark verrostet | 2,0 |
| **Gusseiserne Rohre** | neu, bituminiert | 0,10 bis 0,15 |
| | neu, ohne Bitumen | 0,15 bis 0,25 |
| | gebraucht, angerostet und verkrustet | 1,0 bis 3,0 |
| | gebraucht, starke Ablagerungen und Verkrustungen | 1,5 bis 4,5 |
| **Betonrohre** | neu, mit Glattstrich | 0,3 bis 0,8 |
| | Stahlbeton, Schleuderbeton, glatter Putz | 0,10 bis 0,15 |
| | neu, Schleuderbeton, ohne Putz | 0,2 bis 0,8 |
| | unbearbeitet | 1,0 bis 3,0 |
| **Steinzeugrohre** | glasiert | 1,4 |
| | gebrannt | 0,7 |
| **Tonrohre** | Dränagerohre | 0,7 |
| **Kunststoffrohre** | neu, glatt | 0,002 bis 0,01 |
| **Gummidruckschlauch** | glatt, nicht versprödet | 0,0016 |
| **Holzrohre** | gehobelt | 0,2 bis 1,0 |
| | ungehobelt | 1,5 |
| | alt, verquollen | 3,0 |

Auch für gewellte Rohre existieren je nach Rohrmaterial, Abmessung und Form der Wellen umfangreiche Untersuchungen zur Rauheit; hierzu sei auf entsprechende Fachliteratur verwiesen.

**Praxishinweis**

Wesentliches Kriterium für die Dimensionierung von Druckrohrleitungen ist die Strömungsgeschwindigkeit, sie sollte weder zu gering noch zu hoch sein. Mit höheren Strömungsgeschwindigkeiten und damit geringeren Leitungsdimensionen für einen bestimmten Durchfluss *Q* steigen die Investitionskosten für Pumpen sowie die laufenden Energie- und Wartungskosten, bei geringeren Auslegungsgeschwindigkeiten und demzufolge größeren Leitungsdimensionen nehmen die Investitionskosten für die Rohrleitungen zu. Aus entsprechenden Wirtschaftlichkeitsbetrachtungen ergeben sich folgende Anhaltspunkte für typische Strömungsgeschwindigkeiten:

| Fluid | Leitungsart | *v* in m/s | Leitungsart | *v* in m/s |
|---|---|---|---|---|
| **Wasser** | Versorgungsleitung | 0,5 bis 0,8 | Hauptleitung | 1,0 bis 2,0 |
| | Kühlwasserleitung | 1,5 bis 2,5 | Pumpendruckleitung | 1,5 bis 3,0 |
| | Fernleitung | 2,0 bis 5,0 | Kraftwerksleitung | 2,0 bis 6,0 |
| **Dampf** | Sattdampf/ Trockendampf | 20 bis 40 | Frischdampf/ Heißdampf | 40 bis 60 |
| **Luft** | Warmluftleitung | 0,8 bis 1,0 | Druckluftleitung | 10 bis 20 |
| **Gas** | Haushaltsleitung | 0,5 bis 1,0 | Fernleitung | 10 bis 40 |
| **Öl** | Schmierölleitung | 0,5 bis 1,0 | Fernleitung | 1,5 bis 2,0 |

**Beispiel 4.2**

An einen Behälter ist eine 1500 m lange horizontale Rohrleitung mit Durchmesser $d = 1{,}1$ m angeschlossen, aus der ein freier Ausfluss erfolgt (Bild 4.4). Gesucht ist der erforderliche Wasserstand *h*, so dass $Q = 2{,}5\ m^3/s$ bei einer Wassertemperatur von $T = 20\ °C$ fließen. Die Leitung besteht aus stark verrosteten, genieteten Stahlrohren.

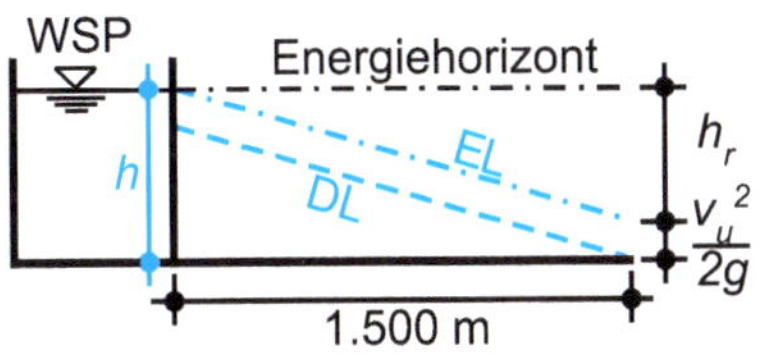


**Bild 4.4**
Behälter mit Rohrleitung

Die Geschwindigkeit und die Reynoldszahl errechnen sich auf die gleiche Weise wie in Beispiel 4.1 zu

$v = 2{,}631$ m/s und $Re = 2\,865\,446$

Zusammen mit der relativen Rauheit $r_s = k_s/d = 0{,}002/1{,}1 = 1{,}82 \cdot 10^{-3}$ muss $\lambda$ mit einer der Gleichungen 4.7 bis 4.9 berechnet werden. Zur Abschätzung des Rauheitsbereiches wird $\lambda = 0{,}02$ als Startgröße angesetzt, damit kann der Rauheitsbereich festgestellt werden:

$Re \cdot r_s \cdot \sqrt{\lambda} \cong 738 > 200$ → hydraulisch rauer Bereich

Der Reibungsbeiwert $\lambda$ wird nun mit Formel 4.9 direkt berechnet:

$$\frac{1}{\sqrt{\lambda}} = -2{,}0 \cdot \lg\left(\frac{1{,}82 \cdot 10^{-3}}{3{,}71}\right) \quad \Rightarrow \quad \lambda = 0{,}0228$$

Der Energiehöhenvergleich zwischen dem Zustand im Behälter und dem Auslauf ins Freie liefert den Behälterwasserstand $h$:

$$h = h_r + \frac{v^2}{2g} = \lambda \cdot \frac{L}{d} \cdot \frac{v^2}{2g} + \frac{v^2}{2g} = \left(\lambda \cdot \frac{L}{d} + 1\right) \cdot \frac{v^2}{2g} = \left(0{,}0228 \cdot \frac{1500}{1{,}1} + 1\right) \cdot \frac{2{,}631^2}{2g} = 11{,}32\ \text{m}$$

Bei diesem Wasserstand über der Rohrleitungsachse stellt sich der gewünschte Durchfluss von $Q = 2{,}5\ \text{m}^3/\text{s}$ ein.

**Praxishinweis**

Gelegentlich wird in Hydraulik-Lehrbüchern angeführt, über alle hydraulischen Rauheitsbereiche hinweg den Reibungsbeiwert $\lambda$ mit der Gleichung nach Colebrook-White (Formel 4.8, Übergangsbereich) zu berechnen. Für die Beispiele 4.1 und 4.2 würden sich damit folgende Ergebnisse und Abweichungen vom tatsächlichen Wert ergeben:

**Beispiel 4.1:** $\lambda = 0{,}0157$ → $I_E = 0{,}0065\,\%$ → Abweichung 12 %

**Beispiel 4.2:** $\lambda = 0{,}0229$ → $h = 11{,}37\ \text{m}$ → Abweichung 0,4 %

Während sich im hydraulisch rauen Bereich (Beispiel 4.2) nur eine geringe Abweichung errechnet, zeigt sich im hydraulisch glatten Bereich (Beispiel 4.1) ein sehr deutlicher Unterschied bei Verwendung von Formel 4.8 außerhalb des Anwendungsbereiches.

## 4.2.4 Nichtkreisförmige Querschnitte

Die meisten Rohrleitungen haben einen Kreisquerschnitt. Bei nichtkreisförmigen, also beliebigen durchflossenen Flächen erhält man mit dem Konzept des hydraulischen Radius $r_{hy}$ nach Formel 3.11, der entsprechend gebildeten Reynoldszahl $Re$ (Formel 3.12) und der relativen Rauheit $r_s = k_s/(4 \cdot r_{hy})$ folgende Abhängigkeit des Reibungsbeiwertes $\lambda$ bei turbulenter Strömung:

$$\lambda = \mathrm{f}\left(Re = \frac{v \cdot 4 \cdot r_{hy}}{\nu}; r_s = \frac{k_s}{4 \cdot r_{hy}}\right) \tag{4.10}$$

Diese Vorgehensweise ist für die Praxis ausreichend genau. Das Konzept des hydraulischen Radius ist vor allem für Gerinneströmungen, die generell einen nichtkreisförmigen Querschnitt haben, wesentlich (siehe Kapitel 6). Je mehr eine Querschnittsform allerdings vom Kreis abweicht, umso ungenauer werden die Ergebnisse. Dies erfordert die Anpassung der sogenannten Formbeiwerte, gegeben durch die Zahlenwerte 2,51 und 3,71 in den Formel 4.7 bis Formel 4.9 (siehe Abschnitt 6.3.1, Tabelle 6.1).

Bei laminarer Bewegung durch nichtkreisförmige Querschnitte muss Formel 4.4 mit einem formabhängigen Korrekturwert multipliziert werden. Auf entsprechende Fachliteratur sei hierzu verwiesen.

## ■ 4.3 Einzelverluste

### 4.3.1 Grundlagen

Einzelverluste entstehen, wenn die Geschwindigkeitsverteilung in einer stationär gleichförmigen Strömung durch lokal begrenzte Einflüsse gestört wird und sich nach der Störung die gleichförmige Geschwindigkeitsverteilung über den Fließquerschnitt wieder entwickelt. Beispiele für derartige Störungen sind in den Bildern 3.2a und c sowie Bild 4.5 zu sehen. Es bilden sich Strömungswirbel, die eine Energieumwandlung in Schall und Wärme zur Folge haben. Für die hydraulische Bewegung ist dieser Energieanteil damit verloren und muss als örtliche Verlusthöhe berücksichtigt werden.

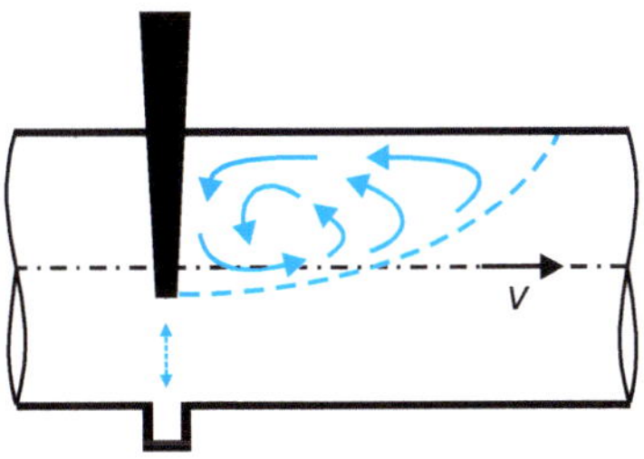


**Bild 4.5**
Strömungswirbel durch Schieber

Wie die Reibungsverluste sind auch die Einzelverluste in Abhängigkeit der Geschwindigkeitshöhe darstellbar (Formel 3.22). Daher ergibt sich die Einzelverlusthöhe $\Delta h_e$ mit dem Verlustbeiwert $\zeta$ zu

$$\Delta h_e = \zeta \cdot \frac{v^2}{2g} \qquad (4.11)$$

Als Bezugsgeschwindigkeit $v$ ist dabei generell die ungestörte Geschwindigkeit **nach der Störstelle** anzusetzen. Dementsprechend gelten die Verlustbeiwerte $\zeta$ nur für diese Bezugsgröße. Wenn in einigen Fällen von diesem Grundsatz abgewichen wird, dann ist die zugehörige Bezugsgröße bzw. Bezugsstelle auch angegeben. Bei der Entnahme von Verlustbeiwerten aus technischen Zahlentafeln, Formelsammlungen oder sonstiger Fachliteratur muss daher immer auf die Angabe der Bezugsgröße geachtet werden.

Aufgrund der Komplexität von örtlich konzentrierten Verlusten müssen die Verlustbeiwerte $\zeta$ empirisch bestimmt werden. Lediglich für einige Spezialfälle sind theoretische Herleitungen möglich, beispielsweise für den sogenannten Borda-Carnotschen Stoßverlust bei plötzlicher Rohrerweiterung, siehe Aufgabe 3.5. Allerdings müssen auch solche Fälle durch Versuche bestätigt oder korrigiert werden. Die wichtigsten Einzelverluste können folgenden Gruppen von Rohrleitungselementen zugeordnet werden:

- Rohreinläufe (Beginn der Rohrleitung),
- Rohrausläufe (Ende der Rohrleitung),
- Rohrerweiterungen,
- Rohrverengungen,
- Richtungsänderungen,
- Rohrtrennungen,
- Rohrvereinigungen,
- Armaturen.

Aus der Vielzahl der möglichen Rohrleitungselemente und -kombinationen werden im Rahmen dieses Buches nur einige wesentliche Beispiele präsentiert. Neben hydraulischen Fachbüchern bietet zum Beispiel das Handbuch von Idelčik [17] eine sehr gute Zusammenstellung umfangreicher Strömungskonfigurationen.

## 4.3.2 Rohreinlauf

Wird Flüssigkeit aus einem Behälter mit einer Rohrleitung entnommen, so entstehen aufgrund der Richtungsänderung Einlaufverluste. Sind am Rohreinlauf Rechen zum Feststoffrückhalt vorgeschaltet, dann werden zusätzliche Rechenverluste angesetzt (siehe Fachliteratur). Dabei muss auch eine teilweise Verlegung des Rechens durch feste Schwimm- und Schwemmstoffe überschlägig berücksichtigt werden:

- bei seltener Rechenreinigung: 0,10 m,
- bei häufiger Rechenreinigung: 0,05 m.

**Tabelle 4.2** Verluste von Rohreinläufen (nach [3])

| | | |
|---|---|---|
| Senkrecht zur Wand, bündig angeschlossen | 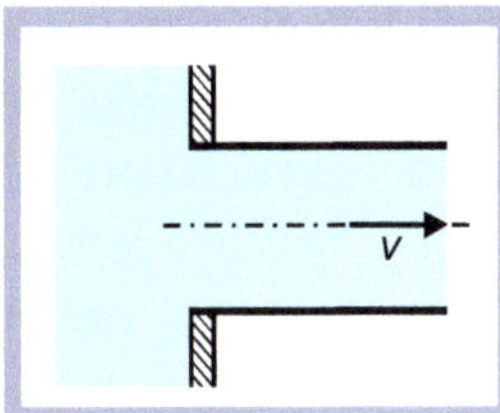 | $\zeta_{ein} = 0{,}5$ |
| Senkrecht zur Wand, in das Becken hineinragend | 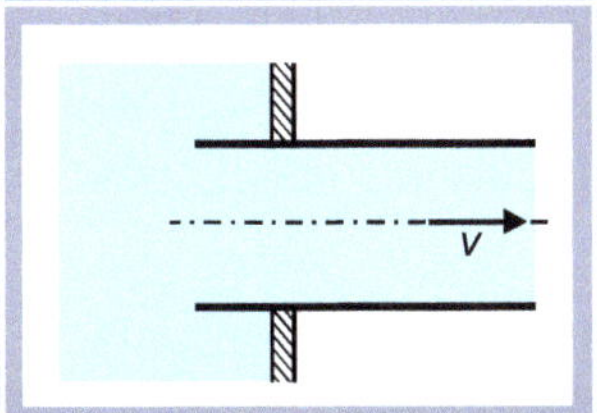 | $\zeta_{ein} = 1{,}0 \text{ bis} 3{,}0$ |
| Schräg zur Wand, bündig angeschlossen | 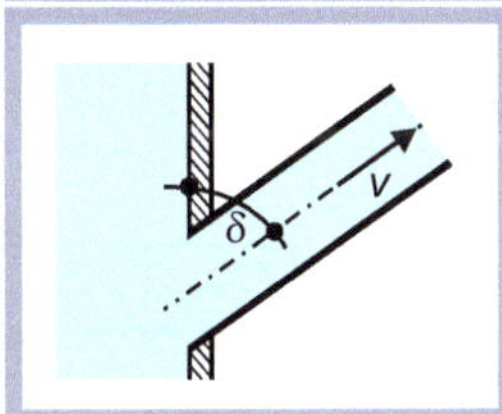 | $\zeta_{ein} = 0{,}5 + 0{,}3 \cdot \cos\delta + 0{,}2 \cdot \cos^2\delta$ |
| Senkrecht zur Wand, mit Ausrundung | 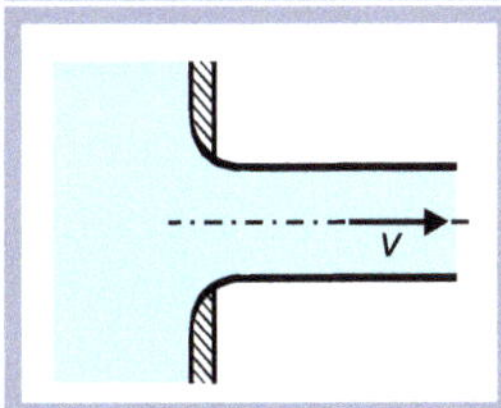 | je nach Ausrundung<br>$\zeta_{ein} = 0{,}05 \text{ bis} 0{,}2$ |

## 4.3.3 Querschnittsänderung

Wegen der langen Strecke bis zur Vergleichmäßigung des Geschwindigkeitsprofils liefern vor allem verzögerte Bewegungen große örtliche Verluste. Allgemein errechnet sich der Verlustbeiwert von Querschnittsänderungen mit der Bezugsgeschwindigkeit $v_2$ in Formel 4.11 zu

$$\zeta_q = c \cdot \left(1 - \frac{A_2}{A_1}\right)^2 \tag{4.12}$$

Mit $c$ wird ein formabhängiger Beiwert bezeichnet (siehe Tabellen 4.3 und 4.4). Dabei wird nach plötzlichen und allmählichen Querschnittsänderungen sowohl bei Erweiterung als auch bei Verengung unterschieden. Wie der Vergleich von Tabelle 4.3 mit Tabelle 4.4 zeigt, liegen die Verlustbeiwerte beschleunigter Strömungen, also von Querschnittsverengungen, deutlich geringer als von Querschnittserweiterungen. Zudem treten bei allmählichen Änderungen geringere lokale Verluste auf als bei plötzlichen, da die Wirbelbereiche geringere Ausmaße einnehmen. Die Verluste der allmählichen Querschnittsänderungen sind außerdem vom jeweiligen Übergangswinkel der Konfusoren und Diffusoren abhängig. Für $\alpha \geq 30°$ wirkt sich eine allmähliche Rohrerweiterung auf den hydraulischen Verlust wie eine plötzliche Querschnittsvergrößerung aus (Borda-Carnotscher Stoßverlust).

**Tabelle 4.3** Verluste bei Querschnittserweiterungen (nach [2])

| Plötzliche Erweiterung | Allmähliche Erweiterung (Diffusor) |
|---|---|
| 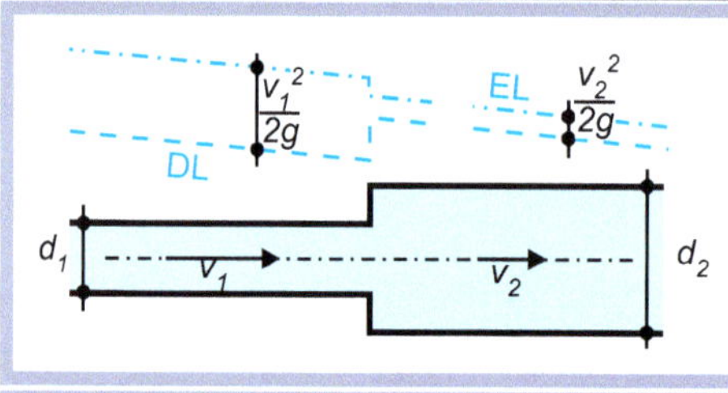 | 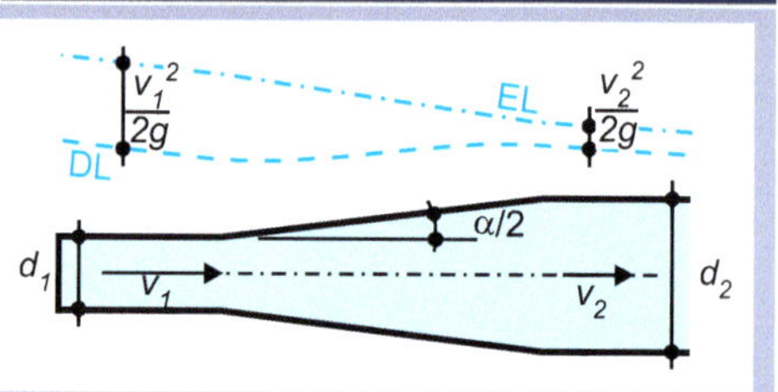 |
| $c$ = 1,0 bis 1,2 | Optimum bei $\alpha$ = 8°: $c$ = 0,15 bis 0,20<br>für $\alpha \geq$ 30°: $c$ = 1,0 bis 1,2 |

Querschnittsverengungen werden oftmals vor Messstellen vorgesehen, um durch höhere Fließgeschwindigkeiten eine stabilere Strömung und damit eine genauere Messung zu erreichen. Für Verengungswinkel $\alpha < 60°$ ergeben sich sehr geringe lokale Verluste durch den Verlustbeiwert $\zeta < 0{,}1$.

**Tabelle 4.4** Verluste bei Querschnittsverengungen (nach [2])

| Plötzliche Verengung | Allmähliche Verengung (Konfusor) |
|---|---|
| 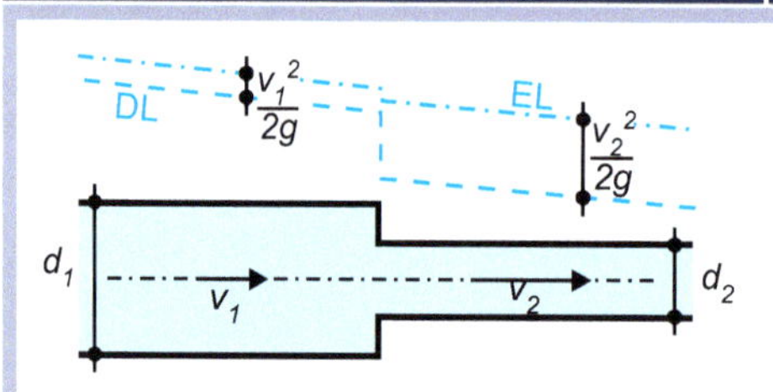 | 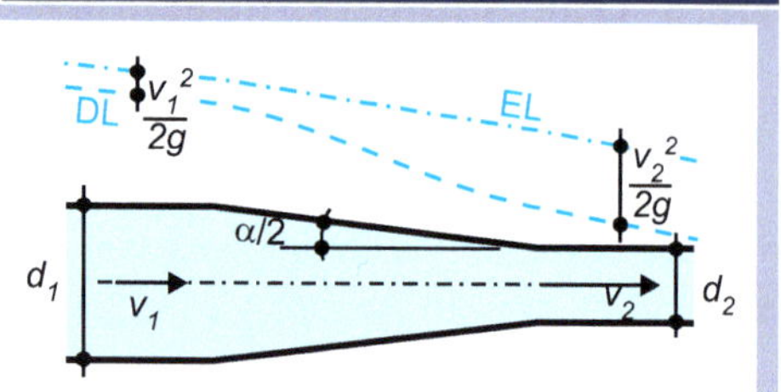 |
| $c$ = 0,4 bis 0,5 | für $\alpha <$ 60°: $c$ = 0,0 bis 0,1 |

## 4.3.4 Richtungsänderungen

Richtungsänderungen von Rohrleitungen sind mit theoretischen Überlegungen nur sehr schwer zu erfassen. Beim Durchströmen einer Richtungsänderung kommen Zentrifugalkräfte ins Spiel, die neben ihrem Einfluss auf die Druck- und Geschwindigkeitsverteilung insbesondere zu Doppelwirbeln im Bereich der Krümmung führen (Bild 4.6). Bei stärkeren Krümmungen treten außerdem Ablösungen und somit weitere Wirbelbildungen auf.

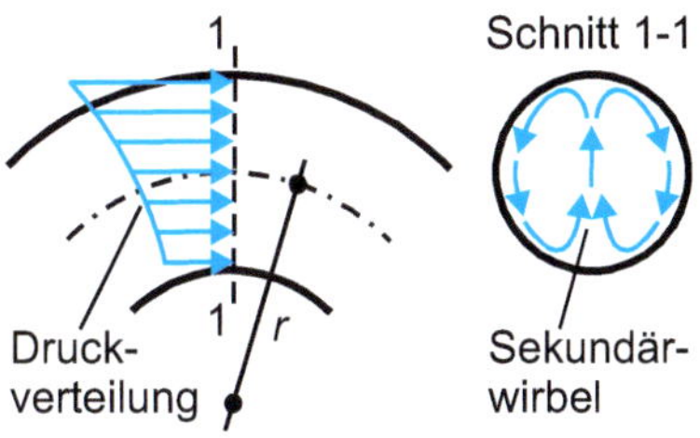


**Bild 4.6**
Strömungssituation im Krümmer

Die gesamte Verlusthöhe setzt sich aus den genannten Größen zusammen und kann nur durch Experimente erfasst werden. Aus der großen Zahl der möglichen Konfigurationen der Richtungsänderung durch Krümmer, Segmentkrümmer und Kniestücke können hier nur wenige wiedergegeben werden. Weitere Fälle können der entsprechenden Fachliteratur entnommen werden.

**Tabelle 4.5** Verluste bei Richtungsänderungen

<table>
<tr><td>Krümmer/<br>Rohrbogen<br>(nach [13])</td><td>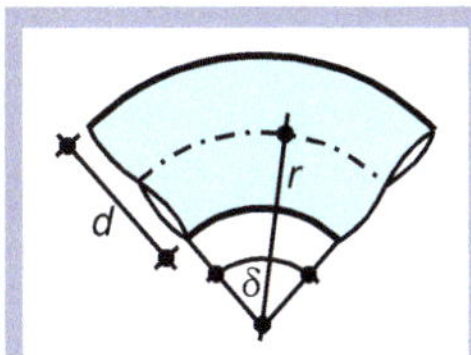</td><td>Für $Re > 3 \cdot 10^5$ und $15° < \delta < 180°$ und $1 < r/d < 10$ gilt für $\zeta_r$:<br>$$\zeta_r = \left(0{,}051 + 0{,}12 \cdot \frac{d}{r}\right) \cdot \left(\frac{\delta}{60°}\right)^{0{,}7}$$</td></tr>
<tr><td>Segment-<br>krümmer<br>(nach [13])</td><td>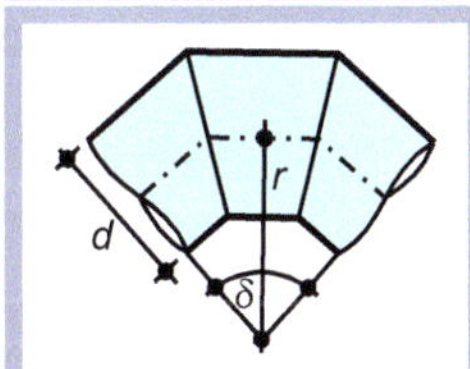</td><td>Für 90°-Segmentkrümmer ($k_s/d \geq 10^{-3}$) gilt für $\zeta_r$:<br><table><tr><th>$r/d$ =</th><th>1,0</th><th>2,0</th><th>3,0</th><th>4,0</th><th>5,0</th></tr><tr><td>3-teilig</td><td>0,45</td><td>0,38</td><td>0,36</td><td>0,36</td><td>0,37</td></tr><tr><td>4-teilig</td><td>0,44</td><td>0,34</td><td>0,30</td><td>0,29</td><td>0,28</td></tr></table></td></tr>
<tr><td>Kniestück<br>(nach [10])</td><td>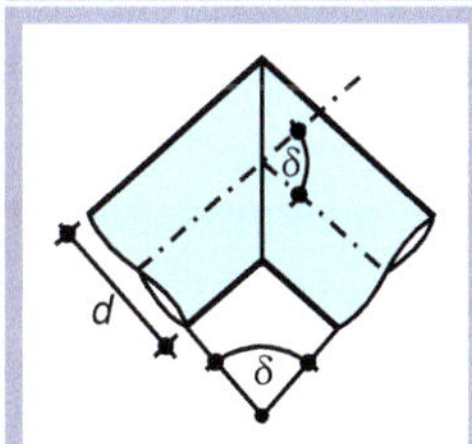</td><td>Für $Re > 1{,}5 \cdot 10^5$ gilt für $\zeta_r$:<br><table><tr><th>$\delta$ =</th><th>30°</th><th>45°</th><th>60°</th><th>90°</th></tr><tr><td>$k_s/d = 0$</td><td>0,120</td><td>0,245</td><td>0,470</td><td>1,15</td></tr><tr><td>$k_s/d = 2{,}5 \cdot 10^{-3}$</td><td>0,165</td><td>0,325</td><td>0,600</td><td>1,30</td></tr></table></td></tr>
</table>

Stellt man die drei in Tabelle 4.5 gezeigten Elemente zur Richtungsänderung für $\delta = 90°$ gegenüber, so ergibt sich eine deutliche Zunahme der Verlustbeiwerte $\zeta_r$ vom Krümmer über den Segmentkrümmer bis zum Kniestück. Der Grund dafür liegt in intensiveren Ablösungs- und Wirbelbereichen in Segmentkrümmern und vor allem Kniestücken, hervorgerufen durch die Knickstellen.

Bei hintereinander geschalteten Elementen der Richtungsänderung entstehen durch verstärkte dreidimensionale Strömungseffekte erhöhte Beiwerte der Einzelverluste. Beispielsweise vervierfacht sich der $\zeta_r$-Wert bei einem Doppelkrümmer.

### 4.3.5 Rohrtrennungen und -vereinigungen

Die hydraulischen Verluste von verzweigten Rohrleitungen unterscheiden sich nach Vereinigung und Trennung von Teilströmen. Sie sind vor allem von fünf verschiedenen Einflussgrößen abhängig:

- Abflussverhältnis $Q_a/Q_d$ zwischen den Teilströmen,
- Abzweigungswinkel $\alpha$,
- Verhältnis der Durchmesser $d_a/d_d$,
- Ausrundung der Durchdringungskanten $r/d$,
- Reynoldszahlen $Re$ in den Teilströmen.

Von diesen Faktoren sind die ersten drei maßgeblich und praxisrelevant, daher werden diese in einigen Konfigurationen hier berücksichtigt. Die Verlusthöhen $\Delta h_d$ für den durchgehenden und $\Delta h_a$ für den ankommenden bzw. abzweigenden Strang berechnen sich mit den Bezeichnungen in Bild 4.7 zu

$$\Delta h_d = \zeta_d \cdot \frac{v^2}{2g} \tag{4.13}$$

$$\Delta h_a = \zeta_a \cdot \frac{v^2}{2g} \tag{4.14}$$

Im Falle der Trennung von Teilströmen (siehe Bild 4.7) bezieht sich im Unterschied zur gängigen Vorgehensweise (Abschnitt 4.3.1) die Berechnung von $\Delta h_d$ und $\Delta h_a$ auf die Geschwindigkeitshöhe des ankommenden Rohres.

Aus der Vielzahl der möglichen Konfigurationen für die Vereinigung und Trennung von Teilströmen sind in Tabelle 4.6 für verschiedene Abzweigwinkel, Durchmesserverhältnisse und Durchflussverhältnisse die Verlustbeiwerte aufgeführt. Die Werte gelten für nicht ausgerundete Durchdringungskanten des abzweigenden Rohrstrangs in die durchgehende Hauptrohrleitung. Die Gültigkeit ist mit Reynoldszahlen $Re > 10^3$ für alle praktisch maßgeblichen Strömungsfälle gegeben.

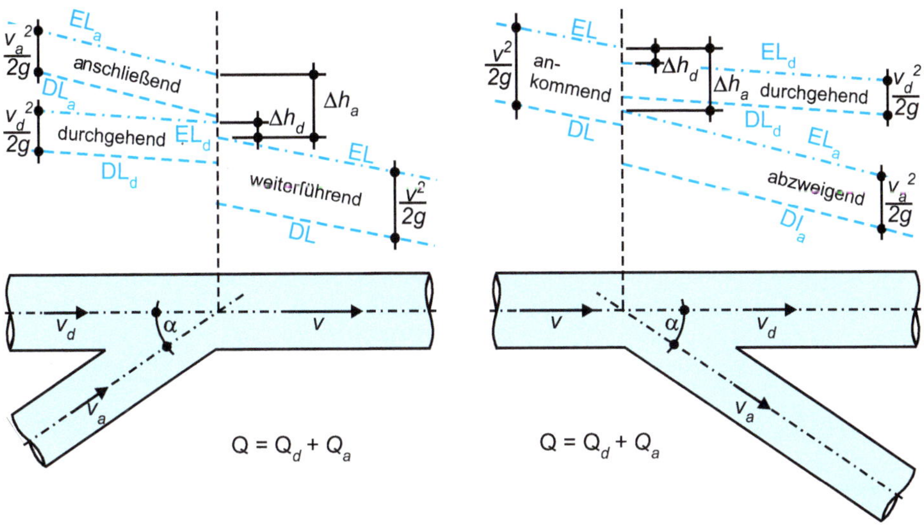


**Bild 4.7** Skizzen zu den Verlusten bei Rohrverzweigungen

**Tabelle 4.6** Verluste bei Rohrverzweigungen – Verlustbeiwerte $\zeta$ (nach [11])

| Durchflussverhältnis $Q_a/Q$ | Abzweig- und Anschlusswinkel $\alpha$ gemäß Bild 4.7 | | | | | | | | |
|---|---|---|---|---|---|---|---|---|---|
| | 45° | | | 60° | | | 90° | | |
| | Durchmesserverhältnis $d_a/d$ | | | | | | | | |
| | 1,0 | 0,8 | 0,6 | 1,0 | 0,8 | 0,6 | 1,0 | 0,8 | 0,6 |
| | Stromtrennung, Verlustbeiwert für Abzweig $\zeta_a$ | | | | | | | | |
| 0,2 | 0,71 | 0,75 | 0,88 | 0,68 | 0,72 | 0,83 | 0,79 | 0,85 | 1,00 |
| 0,4 | 0,57 | 0,69 | 1,07 | 0,51 | 0,61 | 0,98 | 0,74 | 0,88 | 1,31 |
| 0,6 | 0,53 | 0,75 | 1,54 | 0,43 | 0,64 | 1,40 | 0,81 | 1,05 | 1,89 |
| 0,8 | 0,59 | 0,95 | 2,26 | 0,44 | 0,78 | 2,09 | 1,00 | 1,37 | 2,72 |
| 1,0 | 0,75 | 1,27 | 3,26 | 0,54 | 1,06 | 3,05 | 1,30 | 1,82 | 3,81 |
| | Stromtrennung, Verlustbeiwert für Durchgang $\zeta_d$ | | | | | | | | |
| 0,2 | 0,00 | 0,00 | 0,00 | 0,00 | 0,00 | 0,00 | 0,00 | 0,00 | 0,00 |
| 0,4 | 0,02 | 0,02 | 0,02 | 0,02 | 0,02 | 0,02 | 0,02 | 0,02 | 0,02 |
| 0,6 | 0,08 | 0,08 | 0,08 | 0,08 | 0,08 | 0,08 | 0,08 | 0,08 | 0,08 |
| 0,8 | 0,19 | 0,19 | 0,19 | 0,19 | 0,19 | 0,19 | 0,19 | 0,19 | 0,19 |
| 1,0 | 0,35 | 0,35 | 0,35 | 0,35 | 0,35 | 0,35 | 0,35 | 0,35 | 0,35 |
| | Stromvereinigung, Verlustbeiwert für Anschluss $\zeta_a$ | | | | | | | | |
| 0,2 | -0,42 | -0,31 | -0,11 | -0,41 | -0,30 | -0,10 | -0,38 | -0,28 | -0,06 |
| 0,4 | -0,04 | 0,22 | 0,94 | 0,01 | 0,27 | 0,99 | 0,10 | 0,37 | 1,11 |
| 0,6 | 0,22 | 0,69 | 2,22 | 0,31 | 0,79 | 2,33 | 0,53 | 1,03 | 2,61 |

**Tabelle 4.6** Verluste bei Rohrverzweigungen - Verlustbeiwerte $\zeta$ (nach [11]) *(Fortsetzung)*

| Durchflussverhältnis $Q_a/Q$ | Abzweig- und Anschlusswinkel $\alpha$ gemäß Bild 4.7 | | | | | | | | |
|---|---|---|---|---|---|---|---|---|---|
| | 45° | | | 60° | | | 90° | | |
| | Durchmesserverhältnis $d_a/d$ | | | | | | | | |
| | 1,0 | 0,8 | 0,6 | 1,0 | 0,8 | 0,6 | 1,0 | 0,8 | 0,6 |
| 0,8 | 0,35 | 1,09 | 3,73 | 0,51 | 1,27 | 3,93 | 0,89 | 1,69 | 4,43 |
| 1,0 | 0,35 | 1,43 | 5,47 | 0,60 | 1,70 | 5,80 | 1,20 | 2,35 | 6,57 |
| | Stromvereinigung, Verlustbeiwert für Durchgang $\zeta_d$ | | | | | | | | |
| 0,2 | 0,16 | 0,20 | 0,19 | 0,17 | 0,22 | 0,23 | 0,20 | 0,27 | 0,32 |
| 0,4 | 0,17 | 0,17 | 0,03 | 0,22 | 0,26 | 0,18 | 0,35 | 0,46 | 0,54 |
| 0,6 | 0,06 | -0,04 | -0,44 | 0,18 | 0,15 | -0,10 | 0,47 | 0,60 | 0,71 |
| 0,8 | -0,18 | -0,44 | -1,22 | 0,04 | -0,11 | -0,62 | 0,56 | 0,70 | 0,82 |
| 1,0 | -0,53 | -1,03 | -2,32 | -0,19 | -0,51 | -1,39 | 0,62 | 0,76 | 0,86 |

Die negativen Werte bei Stromvereinigung in Tabelle 4.6 zeigen einen Energieeintrag für eine hinzukommende Strömung - bewirkt durch die jeweils andere hinzukommende Strömung - an. Bezogen auf die weiterführende Strömung $Q$ ergibt sich in Summe aber ein Energiehöhenverlust. Bei Stromtrennung ist der Verlustbeiwert für den durchgehenden Strang $\zeta_d$ lediglich abhängig vom Durchflussverhältnis $Q_d/Q_d$ und nicht von den geometrischen Verhältnissen.

Darüber hinaus existieren Y-förmige symmetrische Rohrverzweigungen mit geraden oder gekrümmten Rohrsträngen, sogenannte Hosenrohre. Verschiedene Untersuchungen zu Verlustbeiwerten zeigen für gleiche Konfigurationen große Spannweiten von Werten, insbesondere bei der Trennung in Teilströme. Neben dem Aufteilungswinkel spielen hier die Kantenausrundungen eine wichtige Rolle. Im Bedarfsfall müssen die exakten Randbedingungen während der Bestimmung der Verlustbeiwerte berücksichtigt werden.

## 4.3.6 Armaturen

Die örtlichen Verlusthöhen von Armaturen ergeben sich in Abhängigkeit von Bauart und Öffnungsgrad. Daher ermitteln die Hersteller genaue Kurven bzw. Daten der Verlustbeiwerte je nach Strömungszustand. Ein Beispiel für eine Schieberkennlinie kann Kapitel 10 mit Bild 10.14 entnommen werden.

In vollkommener Offenstellung zeigen sich für eine Auswahl von verschiedenen Armaturen die Verlustbeiwerte in Tabelle 4.7.

**Tabelle 4.7** Verluste von Armaturen bei Vollöffnung (in Pfeilrichtung schließend)

| Kugelhahn | Plattenschieber | Drosselklappe | Ringkolbenventil |
|---|---|---|---|
| 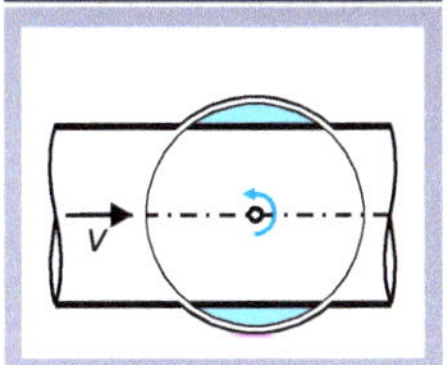 | 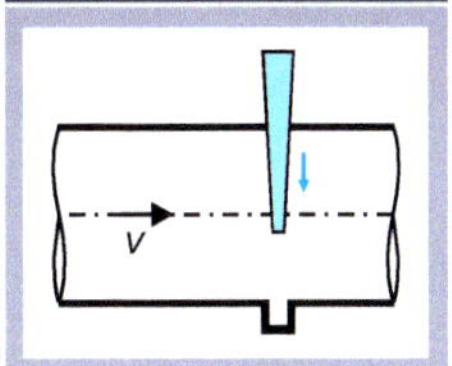 | 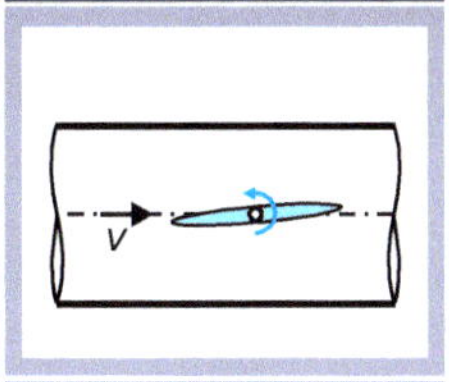 | 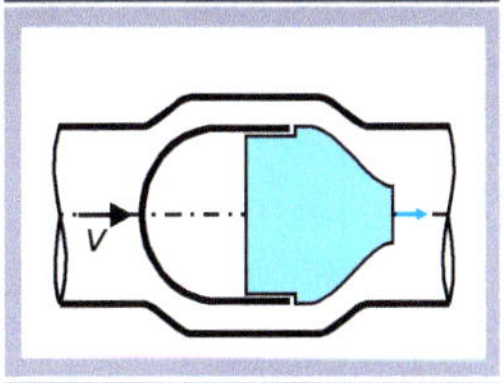 |
| $\zeta_{arm} = 0{,}0$ | $\zeta_{arm} = 0{,}1$ bis $0{,}3$ | $\zeta_{arm} = 0{,}2$ bis $0{,}7$ | $\zeta_{arm} = 0{,}9$ bis $2{,}5$ |

## 4.3.7 Rohrauslauf

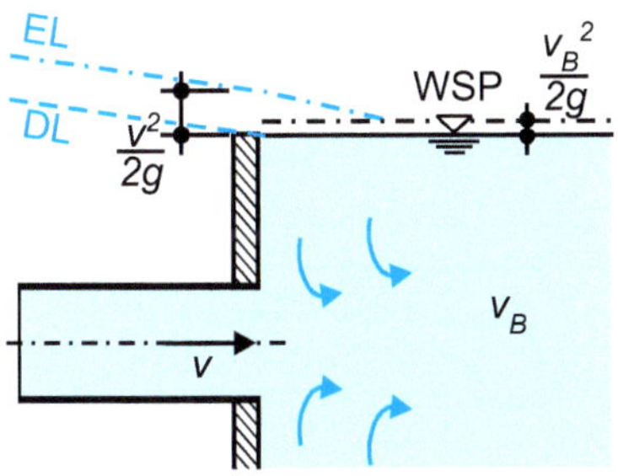


**Bild 4.8**
Rohrauslauf in ein Becken oder Gerinne

Bei Austritt einer Flüssigkeit aus einer Rohrleitung unterhalb des Wasserspiegels eines Behälters oder eines Gerinnes wird die am Ende der Rohrleitung vorhandene Geschwindigkeitshöhe $v^2/2g$ durch Einmischvorgänge bis auf die Geschwindigkeitshöhe im Behälter oder Gerinne $v_B^2/2g$ abgebaut. Die Auslaufverlusthöhe $\Delta h_{aus}$ beträgt somit

$$\Delta h_{aus} = \zeta_{aus} \cdot \left( \frac{(v - v_B)^2}{2g} \right) \tag{4.15}$$

Der Verlustbeiwert $\Delta h_{aus}$ wird auf die Geschwindigkeit $v$ der ankommenden Rohrströmung bezogen, da die Beckengeschwindigkeit $v_B$ in den meisten Fällen nahe Null liegt (Bild 4.8). Folgende Größen können in den meisten Fällen angesetzt werden:

- Bei konstantem Durchmesser der ankommenden Leitung gilt der Verlustbeiwert $\Delta h_{aus} = 1{,}0$.
- Bei trompetenförmiger Aufweitung ergibt sich durch die Verringerung der Geschwindigkeitshöhe am Rohrleitungsende ein Druckhöhenrückgewinn gemäß Bernoulligleichung. Der verringerte Verlustbeiwert beträgt überschlägig $\Delta h_{aus} \approx 0{,}2$.

**Beispiel 4.3**

Gesucht wird der stationäre Durchfluss $Q$ von Wasser bei $T$ = 20 °C von Behälter A nach Behälter B durch eine 3530 m lange Rohrleitung (Bild 4.9) mit konstantem Durchmesser $d$ = 300 mm. Die Rohrleitung besteht aus gebrannten Steinzeugrohren und schließt an Behälter A bündig und senkrecht mit der Wand ab. Entlang der Rohrstrecke befinden sich zwei 30°-Kniestücke sowie eine Drosselklappe zur Reduzierung des Durchflusses. In Behälter B mündet der Rohrauslauf mit konstantem Durchmesser ein.

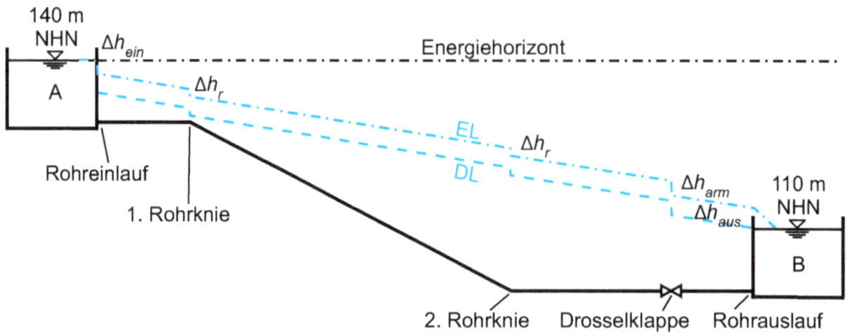


**Bild 4.9** Rohrleitung mit verlusterzeugenden Elementen

Unter Zuhilfenahme eines qualitativen Energieplans (Bild 4.9) kann der Energiehöhenvergleich durchgeführt werden. Mit den bis zu den Wasserspiegeln reichenden Ortshöhen und der gesamten Verlusthöhe entlang der Leitung erhält man den folgenden Zusammenhang und schließlich die unbekannte Geschwindigkeit $v$:

$$z_A - h_v = z_B \;\Rightarrow\; z_A - \left(\lambda \cdot \frac{L}{d} + \Sigma\zeta\right) \cdot \frac{v^2}{2g} = z_B$$

$$\Rightarrow \quad v = \sqrt{\frac{(z_A - z_B)\cdot 2g}{\left(\lambda \cdot \frac{L}{d} + \Sigma\zeta\right)}}$$

In obigem Ausdruck für die Geschwindigkeit $v$ sind bis auf den Reibungsbeiwert $\lambda$ alle Größen bekannt bzw. können aus Abschnitt 4.3 herausgesucht werden:

Rohrrauheit: $k_s$ = 0,7 mm (Tabelle 4.1) Rohreinlauf: $\zeta_{ein}$ = 0,5 (Tabelle 4.2)

Rohrknie: $\zeta_r$ = 0,165 (Tabelle 4.5) Drosselklappe: $\zeta_{arm} \approx$ 0,5 (Tabelle 4.7)

Rohrauslauf: $\zeta_{aus}$ = 1,0 (Abschnitt 4.3.7)

Mit dem bekannten Startwert für $\lambda$ (= 0,02) errechnet sich ein erster Wert für $v$, damit kann eine Näherung für die Reynoldszahl $Re$ bestimmt und zusammen mit der relativen Rauheit $r_s$ und dem jeweiligen Rauheitsbereich der $\lambda$-Wert iterativ verbessert werden. Zudem ist der hydraulische Bereich zur Festlegung der geeigneten $\lambda$-Gleichung jeweils zu kontrollieren:

**Tabelle 4.8** $\lambda$-Iteration in Beispiel 4.3

| Parameter | Schritt 1 | Schritt 2 | Schritt 3 | Schritt 4 |
|---|---|---|---|---|
| $\lambda$ | 0,02 | 0,0248 | 0,0248 | 0,0248 |
| $v$ in m/s | 1,574 | 1,415 | 1,415 | **1,415** |
| *Re* | 467 443 | 420 298 | 420 301 | 420 301 |
| $r_s$ | $2{,}33 \cdot 10^{-3}$ | $2{,}33 \cdot 10^{-3}$ | $2{,}33 \cdot 10^{-3}$ | $2{,}33 \cdot 10^{-3}$ |
| $Re \cdot r_s \cdot \sqrt{\lambda}$ | 154 | 154 | 154 | 154 |

Es sind hier 4 Schritte aufgeführt, um alle Parameter bis zur Konstanz zu berechnen. In der Praxis wäre das Ergebnis mit ausreichender Genauigkeit spätestens nach dem 3. Schritt erreicht.

Bereits nach dem 2. Iterationsschritt stellen sich konstante Werte ein, lediglich die Reynoldszahl *Re* ändert sich noch. Mit der so ermittelten Geschwindigkeit *v* kann nun durch Anwendung der Kontinuitätsbedingung (Formel 3.2) der gesuchte Durchfluss *Q* berechnet werden:

$$Q = v \cdot A = 1{,}415 \cdot \frac{0{,}300^2 \cdot \pi}{4} = 0{,}100 \frac{\text{m}^3}{\text{s}}$$

Während in Beispiel 4.2 mit den gegebenen Daten $Q$ und $d$ die Geschwindigkeit $v$ vorab berechnet und damit letztlich eine gesuchte Höhe $h$ ermittelt werden kann, sind in Beispiel 4.3 der Durchmesser $d$ und die Gesamthöhe $h$ zwischen den Wasserspiegeln vorhanden. Daraus wird schließlich der gesuchte Durchfluss $Q$ erhalten. In einer dritten praxisrelevanten Aufgabenvariante der Rohrhydraulik sind $Q$ und $h$ als Randbedingungen gegeben, die unbekannte Größe ist dann der Rohrleitungsdurchmesser $d$ (siehe erster Teil von Beispiel 4.4).

## 4.4 Pumpen- und Turbinenleistung

Damit eine Flüssigkeit mit einem geplanten Durchfluss $Q$ durch eine Rohrleitung strömen kann, ist eine ausreichende Energiehöhe zur Überwindung der Verluste $h_v$ notwendig:

- Wäre die Differenz der Wasserspiegel A und B in Beispiel 4.3 geringer als die angegebenen 30 m, dann könnte der Durchfluss $Q$ = 100 l/s nicht erreicht werden.
- Vergleichbares gilt bei einer Druckleitung mit Ausfluss ins Freie, hier ist die Höhendifferenz zwischen Wasserspiegel und Auslaufachse maßgeblich (siehe Beispiel 4.2, Bild 4.4).

Bei nicht ausreichender Energiehöhe muss der Anlage zur Erreichung eines geplanten Durchflusses $Q$ zusätzliche Energie mithilfe von Pumpen zugeführt werden. Dies gilt selbstverständlich vor allem dann, wenn Wasser aus einem tiefer gelegenen Reservoir in einen höher gelegenen Behälter gefördert werden soll. Dabei sind zusätzlich zu den hydraulischen Verlusthöhen der Unterschied der Behälterwasserspiegel, als geodätische Höhe $h_{geo}$ bezeichnet, sowie die Differenz der Geschwindigkeitshöhen (Bild 4.10a) zu überwinden. Auch bei Anlagen, in denen Wasser von einem höheren zu einem niedrigeren Wasserspiegel fließt, das hydraulische Gefälle aber einen zu geringen Durchfluss $Q$ ermöglicht, kann durch Einsatz einer Pumpe der Volumenstrom gesteigert werden.

Steht im umgekehrten Fall mehr Energiehöhe zur Verfügung als zur Bewegung eines geplanten Durchflusses $Q$ notwendig ist, dann kann die überschüssige hydraulische Energie in andere nutzbare Energieformen überführt werden. Zu diesem Zweck werden Turbinen in eine Anlage, insbesondere in eine Wasserkraftanlage (Bild 4.10b), integriert.

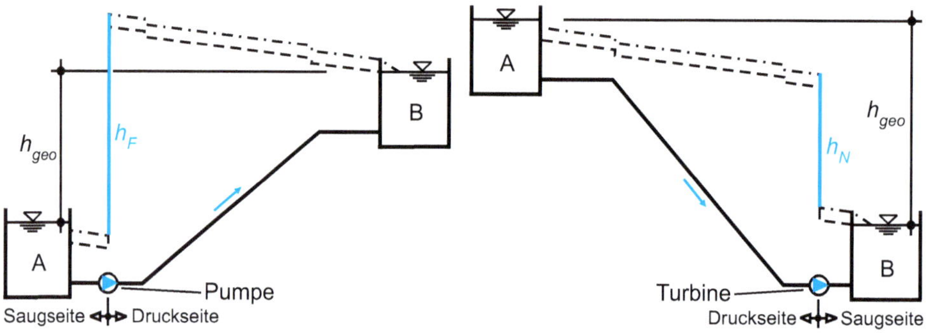


**Bild 4.10** Energieplan bei integrierten Pumpen und Turbinen

Die erforderliche Leistung $P_P$ einer Pumpe zur Förderung des Volumenstromes $Q$ bei einer notwendigen Förderhöhe $h_F$ und dem dimensionslosen Gesamtwirkungsgrad der Pumpe $\eta_P$ errechnet sich mit

$$P_P = \frac{\rho g \cdot Q \cdot h_F}{\eta_P} \qquad \text{in} \frac{\text{Nm}}{\text{s}} = \text{W} \tag{4.16}$$

Die in einer Turbine erzeugte Leistung $P_T$ durch Umsetzen der hydraulischen Energie in mechanische Arbeit errechnet sich dagegen mit dem Turbinenwirkungsgrad $\eta_T$ und der Nutzfallhöhe $h_N$ mit

$$P_T = \rho g \cdot Q \cdot h_N \cdot \eta_T \qquad \text{in} \frac{\text{Nm}}{\text{s}} = \text{W} \tag{4.17}$$

Die maximalen Wirkungsgrade liegen je nach Bauart heutzutage für Pumpen bei $\eta_P \approx 0{,}7$ bis 0,9 und für Turbinen bei $\eta_T \approx 0{,}8$ bis 0,95.

In Kapitel 5 wird detaillierter auf die hydraulischen Aspekte in Pumpenanlagen eingegangen. Zum Thema „Turbinen“ sei als Überblick auf Tabelle 4.9 sowie auf Fachliteratur im Bereich „Wasserbau“ verwiesen.

**Tabelle 4.9** Turbinen für Wasserkraftanlagen

| Turbinenart | Beschreibung | Kennzahlen |
|---|---|---|
| Peltonturbine<br>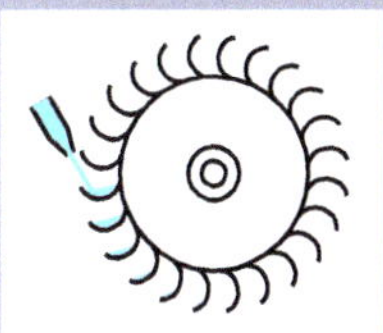 | ▪ das mit Bechern bestückte Laufrad wird durch Wasserstrahlen aus Düsen angetrieben<br>▪ optimaler Wirkungsgrad, wenn Strahlgeschwindigkeit ca. 50 % der Umfangsgeschwindigkeit des Rades<br>▪ Gleichdruck- oder Freistrahlturbine<br>▪ geringe Durchflüsse, mittlere bis große Fallhöhen | $Q \approx 0{,}1$ bis 50 m³/s<br>$h_N \approx 50$ bis 2000 m<br>$P_P$ bis 400 MW<br>$\eta$ bis 90 % |
| Durchströmturbine<br>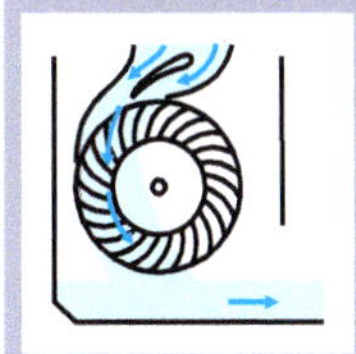 | ▪ das walzenförmige Laufrad wird quer durchströmt, vergleichbar einem oberschlächtigen Wasserrad<br>▪ Gleichdruckturbine<br>▪ geringe Durchflüsse, geringe bis mittlere Fallhöhen | $Q \approx 0{,}1$ bis 10 m³/s<br>$h_N \approx 2$ bis 200 m<br>$P_P$ bis 5 MW<br>$\eta$ bis 85 % |
| Kaplanturbine<br>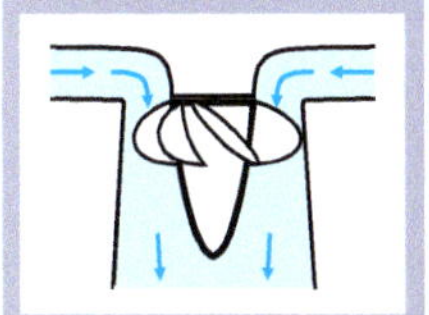 | ▪ das schiffspropellerartige Laufrad wird axial durchströmt<br>▪ Optimierung durch verstellbare Leit- und Laufradschaufeln<br>▪ bei nahezu horizontaler Wellenlage als Rohrturbine bezeichnet<br>▪ Überdruckturbine<br>▪ mittlere bis hohe Durchflüsse, geringe Fallhöhen | $Q \approx 2$ bis 1000 m³/s<br>$h_N \approx 2$ bis 80 m<br>$P_P$ bis 150 MW<br>$\eta$ bis 95 % |
| Francisturbine<br>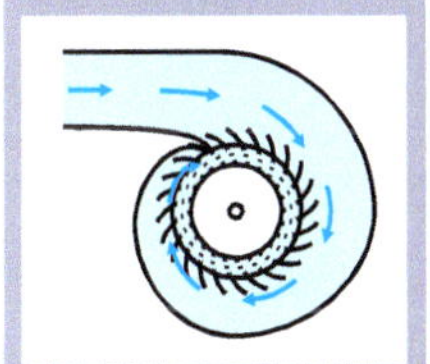 | ▪ Überdruckturbine<br>▪ Laufrad wird spiralförmig durchströmt<br>▪ durch die Verstellung der Leitschaufeln am Eintritt wird die Leistung eingestellt<br>▪ mittlere bis hohe Durchflüsse, mittlere bis hohe Fallhöhen | $Q \approx 0{,}2$ bis 1000 m³/s<br>$h_N \approx 10$ bis 700 m<br>$P_P$ bis 1000 MW<br>$\eta$ bis 90 % |

In Beispiel 3.9 wurde die Kraft auf den Becher einer Peltonturbine (Bild 3.21) berechnet. Die hohe Strömungsgeschwindigkeit beim Austritt aus der Düse ermöglicht eine hohe Leistungsausbeute der Peltonturbine bei zugleich geringem Volumenstrom $Q$.

**Beispiel 4.4**

Für eine Trinkwasserüberleitung sind für die weitere Planung folgende Berechnungen bei einer Wassertemperatur von $T$ = 10 °C durchzuführen:

a) Dimensionierung der Leitung für $Q_b$ = 640 l/s (Bemessungsdurchfluss).

b) Am Ende der Leitung befindet sich eine Turbine. Zu bestimmen ist deren Leistung für $Q_m$ = 250 l/s (mittlerer Durchfluss).

c) Bei Ausfall der Turbine muss die vorhandene Fallhöhe (bei mittlerem Durchfluss) durch einen Schieber abgebaut werden. Hierzu ist der erforderliche Verlustbeiwert gesucht.

Die Leitungslänge beträgt $L$ = 3200 m und die äquivalente Sandrauheit $k_s$ = 0,25 mm. Für die Summe der Einzelverlustbeiwerte werden $\Sigma\zeta$ = 4,1 angesetzt. Der Turbinenwirkungsgrad liegt bei $\eta_T$ = 0,80.

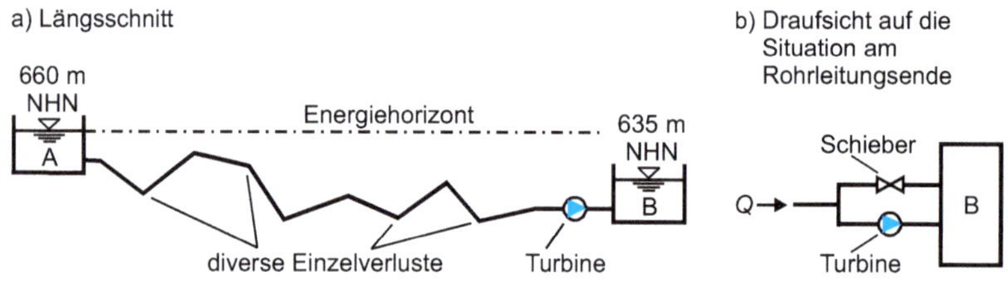


**Bild 4.11** Schema der Trinkwasserüberleitung in Beispiel 4.4

Zu Punkt a)

Der Energiehöhenvergleich zur Bestimmung des Rohrleitungsdurchmessers mit dem Bemessungsdurchfluss $Q_b$ liefert mit $v = Q/A$

$$z_A - h_v = z_B \Rightarrow z_A - \left(\lambda \cdot \frac{L}{d} + \sum\zeta\right) \cdot \frac{Q^2 \cdot 16}{d^4 \cdot \pi^2 \cdot 2g} = z_B$$

Darin sind der Reibungsbeiwert $\lambda$ und der Durchmesser $d$ unbekannt. Eine erste Abschätzung für $d$ erhält man, indem zunächst die Summe der Einzelverluste vernachlässigt wird. Nach $d$ aufgelöst und der bekannte Startwert $\lambda$ = 0,02 eingesetzt ergibt:

$$d = \left(\lambda \cdot L \cdot \frac{Q^2 \cdot 16}{\pi^2 \cdot 2g \cdot (z_A - z_B)}\right)^{1/5} = 0{,}613 \text{ m}$$

Dieser Wert sowie $\lambda$ = 0,02 werden als Eingangswert in die rechte Seite folgender Gleichung eingesetzt und die erste Verbesserung für $d$ errechnet:

$$d = \left[\left(\lambda \cdot \frac{L}{d} + \sum\zeta\right) \cdot \frac{Q^2 \cdot 16}{\pi^2 \cdot 2g \cdot (z_A - z_B)}\right]^{1/4}$$

Mit dieser Gleichung kann mit dem verbesserten Durchmesser *d* auch der $\lambda$-Wert verbessert werden. Das geschilderte Verfahren wird wiederholt, bis sich die Werte in Tabelle 4.10 stabilisiert haben.

**Tabelle 4.10** Iterative Bestimmung des Durchmessers *d* in Beispiel 4.4

| Parameter | Schritt 1 | Schritt 2 | Schritt 3 | Schritt 4 | Schritt 5 |
|---|---|---|---|---|---|
| $\lambda$ | 0,02 | 0,0165 | 0,0166 | 0,0166 | 0,0166 |
| *d* in m | 0,619 | 0,590 | 0,597 | 0,596 | **0,596** |
| *v* in m/s | 2,127 | 2,341 | 2,286 | 2,294 | 2,294 |
| *Re* | 1005048 | 1054344 | 1041788 | 1043682 | 1043682 |
| $r_s$ | $4{,}04 \cdot 10^{-4}$ | $4{,}24 \cdot 10^{-4}$ | $4{,}19 \cdot 10^{-4}$ | $4{,}19 \cdot 10^{-4}$ | $4{,}19 \cdot 10^{-4}$ |
| $Re \cdot r_s \cdot \sqrt{\lambda}$ | 57 | 57 | 56 | 56 | 56 |

Mit diesen Ergebnissen kann der Rohrdurchmesser zu $d$ = 0,60 m aufgerundet werden, da in der Praxis aus Kostengründen zumeist Standardgrößen der Rohrdimensionen verwendet werden.

Bereits nach dem 3. Iterationsschritt stellen sich nahezu konstante Verhältnisse ein. Mit dem so ermittelten und zur Praxisgröße aufgerundeten Durchmesser $d$ = 0,60 m kann nun die Turbinenleistung bei mittlerem Durchfluss $Q_m$ berechnet werden.

Zu Punkt b)

Der Energiehöhenvergleich unter Berücksichtigung der gesuchten Nutzfallhöhe $h_N$ für die Turbine liefert folgenden Zusammenhang:

$$z_A - h_v - h_N = z_B \quad \Rightarrow \quad z_A - \left(\lambda \cdot \frac{L}{d} + \Sigma\zeta\right) \cdot \frac{v^2}{2g} - h_N = z_B$$

$$\Rightarrow \quad h_N = z_A - z_B - \left(\lambda \cdot \frac{L}{d} + \Sigma\zeta\right) \cdot \frac{v^2}{2g}$$

Die einzige unbekannte Größe auf der rechten Seite ist der Reibungsbeiwert $\lambda$, der auf dem bekannten iterativen Weg zu ermitteln ist. Die Eingangsgrößen zur Berechnung lauten:

$z_A$ = 660 m  $z_B$ = 635 m  $L$ = 3200 m  $d$ = 0,60 m

$\Sigma\zeta$ = 4,1  $v$ = 0,844 m/s  $r_s = 4{,}17 \cdot 10^{-4}$  $Re$ = 404 974

**Tabelle 4.11** Iterative Bestimmung des Reibungsbeiwertes $\lambda$ in Beispiel 4.4

| Parameter | Schritt 1 | Schritt 2 | Schritt 3 |
|---|---|---|---|
| $\lambda$ | 0,02 | 0,0173 | **0,0173** |
| $Re \cdot r_s \cdot \sqrt{\lambda}$ | 24 | 22 | 22 |

Die gesuchte Nutzfallhöhe errechnet sich nun mit obiger Gleichung zu $h_N = 21,15$ m. Nach Formel 4.17 ergibt sich damit die Turbinenleistung zu

$$P_T = \rho g \cdot Q \cdot h_N \cdot \eta_T = 9810 \cdot 0{,}25 \cdot 21{,}15 \cdot 0{,}8 = 41.496{,}3 \text{ W} = 41{,}5 \text{ kW}$$

Zu Punkt c)

Die Nutzfallhöhe $h_N$ soll im Versagensfall der Turbine durch einen Schieber abgebaut werden. Dieser Teil von Beispiel 4.4 soll in Aufgabe 4.4 gelöst werden.

**Aufgabe 4.4**

Bei Ausfall der Turbine in Beispiel 4.4 muss die vorhandene Fallhöhe bei mittlerem Durchfluss $Q_m$ durch einen Schieber abgebaut werden. Hierzu ist der erforderliche Verlustbeiwert gesucht.

## 4.5 Zusammenfassung Energieplan

**Praxishinweis**

Es wird empfohlen, vor hydraulischen Berechnungen einen qualitativen Energieplan zu skizzieren. Die Überlegungen dazu und die Energieplanskizze erleichtern in vielen Fällen den Zugang zur Aufgabenstellung und zu den weiteren Berechnungen.

Die Berechnung von Rohrströmungen erfolgt mithilfe der Bernoulligleichung unter Berücksichtigung der Verlustanteile (Formel 3.19). Innerhalb der Bernoulligleichung stehen die Energieformen Ortshöhe, Druckhöhe, Geschwindigkeitshöhe und Verlusthöhe zueinander im Verhältnis und charakterisieren damit die jeweilige Strömungssituation. Für alle wesentlichen Punkte des betrachteten Strömungsabschnittes müssen dazu die jeweiligen Energie- sowie Verlustanteile berechnet werden. Um einen Überblick über eine Strömungssituation zu erhalten, ist vor den Berechnungen das Erstellen einer qualitativen Skizze des Energieplans zu empfehlen. Dies geschieht nach folgenden Gesichtspunkten, die in den bisherigen Ausführungen und Beispielen bereits verbal oder zeichnerisch dargestellt wurden:

- Die Betrachtungen erfolgen in Fließrichtung. Aus Gründen der Gewohnheit ist es zumeist vorteilhaft, das System in Leserichtung, also mit Fließrichtung von links nach rechts, zu skizzieren.
- Basis der Betrachtungen ist ein Bezugsniveau, das bei geeigneter Wahl den Berechnungsaufwand - teilweise deutlich - minimieren kann.

- Die Ortshöhe $z$ gibt in der Rohrhydraulik die Lage der Rohrachse über dem Bezugsniveau an.
- Die Energiehöhe $H$ kann in Fließrichtung immer nur abnehmen, niemals zunehmen und wegen des Reibungseinflusses auch nicht horizontal verlaufen.
- Die Drucklinie liegt um die Geschwindigkeitshöhe $v^2/2g$ unterhalb der Energielinie. In Behältern ohne nennenswerte Strömungsgeschwindigkeiten sind Druck- und Energielinie identisch auf Höhe des Behälterwasserspiegels (Bild 4.8, Bild 4.9 und Bild 4.10).
- Bei Rohrleitungen mit freiem Auslauf liegt die Drucklinie am Auslauf auf Höhe der Rohrachse (Bild 4.4)
- Bei konstantem Leitungsdurchmesser verlaufen Druck- und Energielinie parallel (Bild 4.4, Bild 4.7, Bild 4.9, Bild 4.10 und Bild 4.12).
- Die Drucklinie hat zur Rohrachse den Abstand der Druckhöhe $p/\rho g$. Bei Unterdruck liegt die Drucklinie unterhalb der Rohrachse (Bild 4.12).
- Die streckenabhängigen Reibungsverluste verursachen immer eine Abnahme von Druck- und Energielinie in Fließrichtung. Die Neigung ist allein von der Strömungsgeschwindigkeit abhängig und nicht von der Neigung der Rohrachse (Bild 4.4, Bild 4.7, Bild 4.9, Bild 4.10 und Bild 4.12).
- An Stellen lokaler Einzelverluste macht die Energielinie einen Sprung nach unten (Bild 4.9 und Bild 4.10).
- Querschnittserweiterungen rufen eine Verringerung des Abstands zwischen Drucklinie und Energielinie hervor. Querschnittsverengungen verursachen dagegen eine Vergrößerung des Abstands der Drucklinie zur Energielinie (Tabelle 4.3 und Tabelle 4.4).
- Bei Pumpenförderung springt die Energielinie an der Pumpe um die Förderhöhe $h_F$ senkrecht nach oben. Die Drucklinie liegt jeweils um die Geschwindigkeitshöhe unterhalb der Energielinie, bei gleichen Geschwindigkeiten in Saug- und Druckleitung sind die Sprünge von Druck- und Energielinie gleich groß (Bild 4.10).
- An Turbinen fällt die Energielinie um die Nutzfallhöhe $h_N$ senkrecht nach unten. Die Drucklinie liegt jeweils um die Geschwindigkeitshöhe unterhalb der Energielinie, bei gleichen Geschwindigkeiten in Saug- und Druckleitung sind die Sprünge beider Linien gleich groß (Bild 4.10).

**Aufgabe 4.5**

In der Rohrleitungsanlage aus Beispiel 4.4 muss der Durchfluss $Q$ = 200 l/s vom tiefer gelegenen Behälter B zum höheren Behälter A gefördert werden. Die Pumpe befindet sich an der Stelle der Turbine. Welche Pumpenleistung muss dazu installiert werden? Die Leitungsdaten ($d$ = 0,60 m) können aus Beispiel 4.4 übernommen werden, der Pumpenwirkungsgrad liegt bei $\eta_P$ = 0,60.

## Kavitation

In der üblichen praktischen Umsetzung ist es technisch nicht möglich, dass die Drucklinie mehr als ca. 10 m unterhalb einer Rohrleitung liegt. Dies ergibt sich aus den in Abschnitt 2.1.2 dargestellten Zusammenhängen. Auf der sicheren Seite liegend wird der maximale Unterdruck auf ca. 7 m WS begrenzt, um Schädigungen an Leitung und Armaturen durch Kavitation zu vermeiden (Bild 4.12).

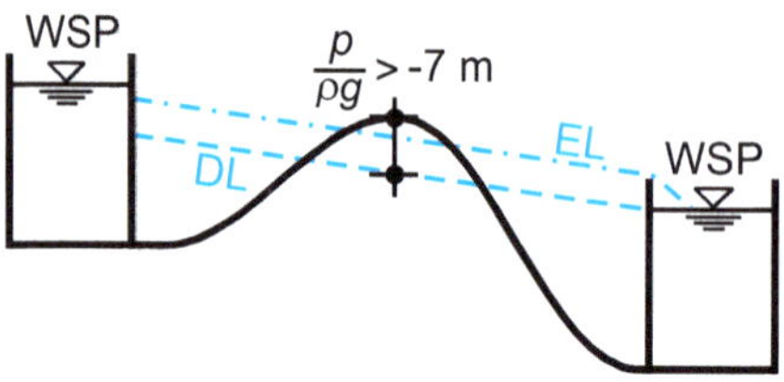


**Bild 4.12**
Maximaler Unterdruck

Fällt der Druck in einer Strömung bis zum Dampfdruck ab, dann entstehen mit Dampf und Luft gefüllte Blasen. Erreichen diese Blasen mit der Strömung Bereiche höherer Drücke, dann fallen sie implosionsartig zusammen. Dabei entwickeln sich extreme Druckspitzen, die in Wandnähe zu Schädigungen führen. Dieser gesamte Vorgang wird als Kavitation bezeichnet.

**Beispiel 4.5**

Für das System einer Trinkwasserversorgungsanlage ist der Energieplan zu erstellen. Mit den auf den vorhergehenden Absätzen aufbereiteten Grundsätzen ergibt sich folgende Darstellung:

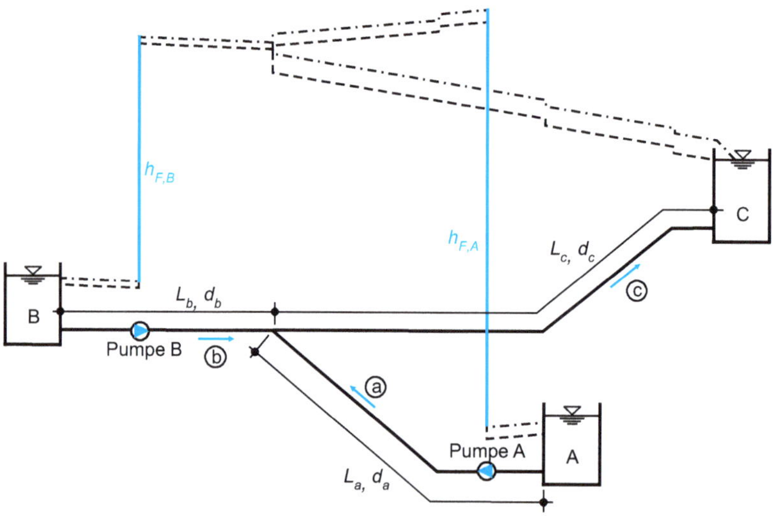


**Bild 4.13** Energieplan für das System einer Trinkwasserversorgungsanlage mit zwei Pumpen A und B

Am Vereinigungspunkt treffen die Leitungen a und b zusammen, um als gemeinsame Leitung c zum Behälter C weiterzuführen. Die entsprechenden Einzelverluste, die Pumpenförderhöhen sowie die Reibungseinflüsse sind qualitativ eingetragen. Daraus können nun mit gegebenen Daten die Bilanzierung der Energiehöhen durchgeführt und gesuchte Größen daraus ermittelt werden.

Bilanzierung von Behälter A nach Behälter C:

$$z_A - \left(\lambda_a \cdot \frac{L_a}{d_a} + \zeta_{ein,a} + \zeta_{r,a}\right) \cdot \frac{v_a^2}{2g} + h_{F,A} - \left(\lambda_c \cdot \frac{L_c}{d_c} + \zeta_{a,a} + 2 \cdot \zeta_{r,c} + \zeta_{aus,C}\right) \cdot \frac{v_c^2}{2g} = z_C$$

Bilanzierung von Behälter B nach Behälter C:

$$z_B - \left(\lambda_b \cdot \frac{L_b}{d_b} + \zeta_{ein,b}\right) \cdot \frac{v_b^2}{2g} + h_{F,B} - \left(\lambda_c \cdot \frac{L_c}{d_c} + \zeta_{d,b} + 2 \cdot \zeta_{r,c} + \zeta_{aus,C}\right) \cdot \frac{v_c^2}{2g} = z_C$$

Die Festlegungen der $\zeta$-Beiwerte beziehen sich auf die in Abschnitt 4.3 definierten Zusammenhänge. ■

**Aufgabe 4.6**

Betrachten Sie den Energieplan der drei Leitungen a, b und c in Beispiel 4.5. In welcher Leitung liegt die geringste und in welcher die größte Strömungsgeschwindigkeit vor? Begründen Sie Ihre Entscheidung. ■

## ■ 4.6 Betriebliche bzw. integrale Rauheit

In den bisherigen Ausführungen werden die lokal wirksamen Einzelverluste individuell betrachtet. Jeder Einfluss auf das Strömungsgeschehen wird einzeln bewertet und mit einem passenden Verlustbeiwert $\zeta$ berücksichtigt. Zusammen mit dem Reibungsverlust erhält man dann die gesamte Verlusthöhe $h_v$ (Formel 3.21).

Diese individuelle Vorgehensweise ist bei langen Rohrleitungen mit vielen Einzelverlusten sehr aufwendig. Zudem sind bei neu zu erstellenden Leitungen etliche Detailinformationen wie z.B. Anzahl und Art der Rohrverbindungen noch nicht oder noch nicht genau bekannt. Aus diesen Gründen werden für die überschlägige hydraulische Dimensionierung von Rohrleitungen keine individuellen lokalen Einzelverluste in die Berechnung aufgenommen, sondern es wird mit pauschalen oder integralen Konzepten gearbeitet. Diese basieren auf der vereinfachten Vorgehensweise, Verluste aus lokalen Strömungssituationen gemeinsam mit den Verlusten der werkstoffspezifischen Wandreibung des Rohres in einem erhöhten Rauheitsmaß, der sogenannten

- integralen Rauheit $k_i$ für Trinkwasserleitungen,
- betrieblichen Rauheit $k_b$ für Abwasserleitungen

zu berücksichtigen. Im Zusammenhang mit Abwasseranlagen spricht man vom **Pauschalkonzept**, bei Trinkwasseranlagen ist es das sogenannte **Integralkonzept**. Hierzu werden je nach Nutzungsart und Leitungsführung folgende integrale bzw. betriebliche Rauheiten vorgegeben:

**Tabelle 4.12** Integrale Rauheit $k_i$ nach DVGW-GW 303-1 für Wasserleitungen

| Leitungsart | $k_i$ (in mm) |
|---|---|
| Fern- und Zubringerleitungen aus Stahl, Guss, Spannbeton oder Kunststoff | 0,1 |
| Haupt- und Versorgungsleitungen mit weitgehend gestreckter Leitungsführung aus allen Materialien | 0,4 |
| Neue Leitungsnetze, hier wird der Einfluss starker Vermaschung berücksichtigt (siehe Abschnitt 9.1) | 1,0 |

In der Anwendung der integralen Rauheit $k_i$ können Einschränkungen aus Tabelle 4.12 herausgelesen werden, da die ersten beiden Werte vor allem bei gestreckter Linienführung gelten. Geringe Richtungsänderungen bis zu 15° sind dabei enthalten. Größere Winkel, Querschnittsänderungen, Abzweige und Armaturen werden mit den jeweiligen Einzelverlusten berücksichtigt.

**Tabelle 4.13** Pauschalwerte für die betrieblichen Rauheit $k_b$ nach DWA-A 110 für Abwasserleitungen

| Leitungsart | Regelschächte[4] | Angeformte Schächte[4] | Sonderschächte[4] |
|---|---|---|---|
| Transportkanäle | 0,50 | 0,50 | 0,75 |
| Sammelkanäle mit (Innen-)Durchmesser DN ≤ 1000 | 0,75 | 0,75 | 1,50 |
| Sammelkanäle mit (Innen-)Durchmesser DN > 1000 | - | 0,75 | 1,50 |
| aus Mauerwerk, Ortbeton und nicht genormten Rohren ohne besonderen Nachweis der Wandrauheit | 1,50 | 1,50 | 1,50 |
| Drosselstrecken[1], Druckrohrleitungen[1,2,3], Düker[1] und Reliningstrecken ohne Schächte | 0,25 | | |

[1] ohne Einlauf-, Auslauf- und Umlenkverluste
[2] ohne Drucknetze
[3] Auswirkungen auf Pumpwerke
[4] Regelschacht: Berme auf Scheitelhöhe/Angeformter Schacht: keine Berme/Sonderschacht: Berme auf Kämpferhöhe

Die Daten in Tabelle 4.13 gelten vor allem für teilgefüllte Kanäle. In der letzten Zeile ist die in der Rohrhydraulik wichtige betriebliche Rauheit $k_b$ = 0,25 mm enthalten.

Die weiteren Berechnungen mit der integralen ($k_i$) oder betrieblichen ($k_b$) Rauheit nach Tabelle 4.12 oder Tabelle 4.13 werden mit Formel 4.8 nach COLEBROOK-WHITE durchgeführt. Wie aus den Fußnoten in Tabelle 4.13 hervorgeht, werden nicht alle

Einflüsse in der betrieblichen Rauheit berücksichtigt. In $k_b$ enthalten sind die Einflüsse von

- Wandrauheit des Rohrwerkstoffes,
- Lageungenauigkeiten und -änderungen,
- Art der Rohrverbindungen,
- Zulauf-Formstücke,
- Schachtbauwerken.

In diesem Pauschalansatz sind für Rohrleitungen folgende Einflüsse nicht enthalten:

- Nennweiten-Unterschreitungen,
- Vereinigungsbauwerke,
- Ein- und Auslaufbauwerke,
- Richtungsänderungen durch Umlenkrohrstücke.

**Beispiel 4.6**

Für eine Wasserversorgungsanlage sind zwei hydraulische Betriebszustände durch entsprechende Berechnungen zu untersuchen:

a) Während der verbrauchsarmen Nachtstunden wird Wasser vom Gewinnungsgebiet (Behälter A) zum Hochbehälter B gepumpt. Die Abnahmemenge im Versorgungsgebiet C ist vernachlässigbar gering.

b) Zu Zeiten des Spitzenverbrauchs tagsüber wird das Versorgungsgebiet C von zwei Seiten aus, also vom Pumpwerk A und vom Speicher B, versorgt.

Zu Punkt a)

Der qualitative Energieplan für den ersten Betriebsfall ergibt sich dabei gemäß Bild 4.14. Zu ermitteln ist für eine Wassertemperatur von $T$ = 10 °C die nachts erforderliche Förderhöhe $h_{F,N}$ an der Pumpe. Der Einlaufverlustbeiwert an Behälter A in den Rohrleitungsabschnitt a beträgt $\zeta_{ein,a}$ = 0,5 und der Beiwert für den Rohrauslauf an Behälter B $\zeta_{aus,B}$ = 1,0. Der Durchfluss zum Hochbehälter B soll $Q_{AB}$ = 100 l/s sein, die Versorgungsmenge $Q_C$ wird vernachlässigt.

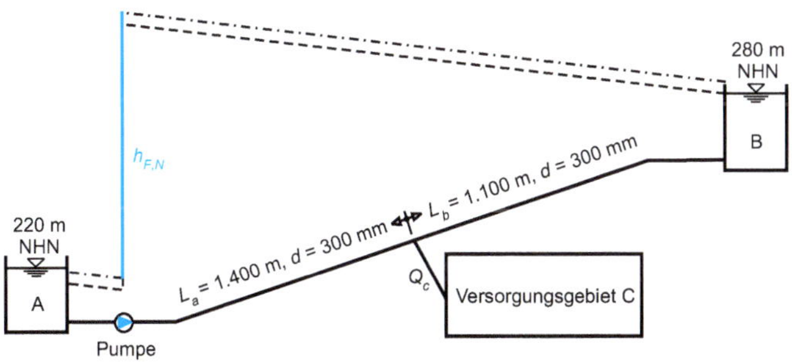


**Bild 4.14** Energieplan einer Trinkwasserversorgungsanlage bei vernachlässigbarem Durchfluss $Q_c$

Die Energiebilanzierung vom Gewinnungsgebiet A zum Hochbehälter B wird mit diesen Eingangsgrößen durchgeführt:

$z_A$ = 220 m $z_B$ = 280 m $L$ = 2500 m $d$ = 0,30 m

$\Sigma\zeta$ = 1,5 $v$ = 1,415 m/s $r_s = 3{,}33 \cdot 10^{-4}$ $Re$ = 324 046

Dies führt auf folgenden Zusammenhang:

$$z_A - \left(\lambda \cdot \frac{L_a + L_b}{d} + \zeta_{ein,a} + \zeta_{aus,B}\right) \cdot \frac{v^2}{2g} + h_{F,N} = z_B$$

$$\Rightarrow h_{F,N} = z_B - z_A + \left(\lambda \cdot \frac{L_a + L_b}{d} + \zeta_{ein,a} + \zeta_{aus,B}\right) \cdot \frac{v^2}{2g}$$

$$= 60 + \left(\lambda \cdot \frac{2500}{0{,}3} + 1{,}5\right) \cdot \frac{1{,}415^2}{2g} = 850{,}418 \cdot \lambda + 60{,}153$$

Der unbekannte Reibungsbeiwert $\lambda$ errechnet sich gemäß Tabelle 4.14 mit $k_i$ = 0,1 mm für Zubringerleitungen mit der Iterationsgleichung nach COLEBROOK-WHITE (Formel 4.8) wie folgt:

**Tabelle 4.14** Iterative Bestimmung des Reibungsbeiwertes $\lambda$ in Beispiel 4.6 (Teil a)

| Parameter | Schritt 1 | Schritt 2 | Schritt 3 | Schritt 4 |
|---|---|---|---|---|
| $\lambda$ | 0,02 | 0,0170 | 0,0171 | **0,0171** |
| $Re \cdot r_s \cdot \sqrt{\lambda}$ | 15 | 14 | 14 | 14 |

Die gesuchte Förderhöhe für den nächtlichen Betrieb errechnet sich schließlich zu $h_{F,N}$ = 74,70 m.

Zu Punkt b)

Im zweiten Betriebsfall wird das Gebiet C gleichzeitig vom Pumpwerk A und vom Speicher B aus versorgt, der Entnahmedurchfluss im Versorgungsgebiet soll $Q_C$ = 80 l/s betragen. Wie groß muss die Förderhöhe $h_{F,T}$ bei $Q_A = Q_B$ = 40 l/s sein? Der Energieplan hat folgende qualitative Gestalt:

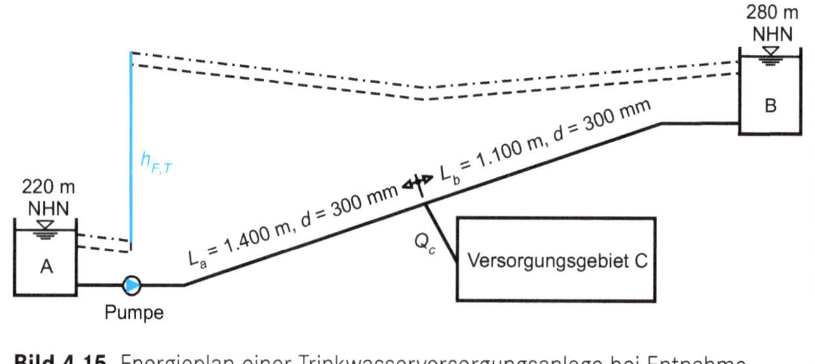


**Bild 4.15** Energieplan einer Trinkwasserversorgungsanlage bei Entnahmedurchfluss $Q_c$

Die Energiebilanzierung von A nach B ergibt mit dem Auslaufverlustbeiwert aus der Rohrleitung in Behälter B, $\zeta_{aus,B} = 0{,}5$

$$z_A - \left(\lambda_a \cdot \frac{L_a}{d} + \zeta_{ein,a}\right) \cdot \frac{v_a^2}{2g} + h_{F,T} + \left(\lambda_b \cdot \frac{L_b}{d} + \zeta_{ein,b}\right) \cdot \frac{v_b^2}{2g} = z_B$$

Wegen der gleichen Geschwindigkeiten $v_a = v_b = v$ und damit auch gleichen Reibungsbeiwerten $\lambda_a = \lambda_b = \lambda$ vereinfacht sich der Ansatz zu

$$z_A - \left(\lambda \cdot \frac{L_a - L_b}{d} + \zeta_{ein,a} - \zeta_{ein,b}\right) \cdot \frac{v^2}{2g} + h_{F,T} = z_B$$

$$\Rightarrow h_{F,T} = z_B - z_A + \left(\lambda \cdot \frac{L_a - L_b}{d} + \zeta_{ein,a} - \zeta_{ein,b}\right) \cdot \frac{v^2}{2g}$$

$$= 60 + \left(\lambda \cdot \frac{300}{0{,}3}\right) \cdot \frac{0{,}566^2}{2g} = 60 + 16{,}328 \cdot \lambda$$

Die Berechnung wird mit folgenden Eingangsgrößen durchgeführt:

$z_A = 220$ m   $z_B = 280$ m   $L_a = 1400$ m   $L_b = 1100$ m   $d = 0{,}30$ m

$\zeta_{ein,a} = 0{,}5$   $\zeta_{ein,b} = 0{,}5$   $v = 0{,}566$ m/s   $r_s = 3{,}33 \cdot 10^{-4}$   $Re = 129\,618$

Der unbekannte Reibungsbeiwert $\lambda$ errechnet sich gemäß Tabelle 4.15 mit der integralen Rauheit $k_i = 0{,}1$ mm für Zubringerleitungen mit der Iterationsgleichung nach Colebrook-White (Formel 4.8) wie folgt:

**Tabelle 4.15** Iterative Bestimmung des Reibungsbeiwertes $\lambda$ in Beispiel 4.6 (Teil b)

| Parameter | Schritt 1 | Schritt 2 | Schritt 3 | Schritt 4 |
|---|---|---|---|---|
| $\lambda$ | 0,02 | 0,0188 | 0,0189 | **0,0189** |
| $Re \cdot r_s \cdot \sqrt{\lambda}$ | 6 | 6 | 6 | 6 |

Die gesuchte Förderhöhe für den Spitzenbetrieb tagsüber errechnet sich schließlich zu $h_{F,T} = 60{,}31$ m.

Obwohl das Kriterium $Re \cdot r_s \cdot \sqrt{\lambda}$ in Tabelle 4.15 einen hydraulisch glatten Bereich andeutet, wird die Berechnung für den Übergangsbereich (Formel 4.8) durchgeführt. Mit Formel 4.7 (glatter Bereich) würde sich der Reibungsbeiwert zu $\lambda = 0{,}0171$ und demzufolge die Förderhöhe zu $h_{F,T} = 60{,}28$ m errechnen. Der Unterschied ist also relativ gering.

Von praktischem Interesse ist das an der Abzweigung zum Versorgungsgebiet C anstehende Druckniveau $h_C$ im Falle des tagsüber auftretenden Spitzenbetriebs. Diese Größe kann entweder ausgehend von Pumpwerk A oder von Hochbehälter B berechnet werden:

$$z_A - \left(\lambda \cdot \frac{L_a}{d} + \zeta_{ein,a}\right) \cdot \frac{v^2}{2g} + h_{F,T} - \frac{v^2}{2g} = h_C$$

$$\Rightarrow h_C = z_A - \left(\lambda \cdot \frac{L_a}{d} + \zeta_{ein,a} + 1\right) \cdot \frac{v^2}{2g} + h_{F,T}$$

Alternativ ergibt sich:

$$z_B - \left(\lambda \cdot \frac{L_b}{d} + \zeta_{ein,b}\right) \cdot \frac{v^2}{2g} - \frac{v^2}{2g} = h_C$$

$$\Rightarrow h_C = z_B - \left(\lambda \cdot \frac{L_b}{d} + \zeta_{ein,b} + 1\right) \cdot \frac{v^2}{2g}$$

Auf beiden Wegen erhält man mit den gegebenen und ermittelten Zahlenwerten für das gesuchte Druckniveau schließlich $h_C$ = 278,86 m NHN.

Dabei hängen die Druckgrößen in Punkt C (Druckniveau $h_C$, Ortshöhe $z_C$, Druck $p_C$) gemäß Formel 3.14 wie folgt zusammen:

$$h_C = z_C + \frac{p_C}{\rho g}$$

An Punkt C wirkt somit eine Druckhöhe von $p_C/\rho g$ = 48,86 m WS auf die Rohrleitung ein, also ein Druck von knapp 5 bar.

**Aufgabe 4.7**

Ermitteln Sie für Beispiel 4.6 die an der Abzweigung zum Versorgungsgebiet C anstehende Druckhöhe $p_C/\rho g$ im Falle des nächtlichen Pumpbetriebs zum Hochbehälter B. Der Abzweigpunkt befindet sich auf $z_C$ = 230 m NHN.

**Aufgabe 4.8**

Welche Druckhöhe $p_C/\rho g$ steht in Beispiel 4.6 an der Abzweigung zum Versorgungsgebiet C an, wenn in der gesamten Anlage mit den gegebenen Behälterwasserständen der Ruhedruck vorliegt, also keinerlei Durchfluss $Q$ gegeben ist? Der Abzweigpunkt liegt auf $z_C$ = 230 m NHN.

# 4.7 Englische Fachbegriffe zu Kapitel 4

| Deutsch | Englisch |
|---|---|
| äquivalente Sandrauheit | equivalent uniform grain roughness |
| Armaturen | fittings |
| Bemessungsdurchfluss | design flow |
| beschleunigte Strömung | accelerated flow |
| betriebliche Rauheit | operating roughness |
| Drosselklappe | butterfly valve |
| Druckhöhe | pressure head |
| Druckrohrleitung | pressure pipe; pressure main |
| Einzelverlust | single loss |
| Energieliniengefälle | energy gradient |
| Fließrichtung | flow direction |
| Förderhöhe | delivery head |
| geodätische Höhe | static lift |
| gewellte Rohre | corrugated pipes |
| Hosenrohr | symmetrical „Y" junction |
| hydraulisch glatt | hydraulically smooth |
| hydraulisch rau | hydraulically rough |
| Kavitation | cavitation |
| Kniestück | elbow |
| Krümmer | bend |
| kreisförmiger Querschnitt | circular cross-section |
| Kugelhahn | ball calve |
| nichtkreisförmiger Querschnitt | noncircular cross-section |
| Nutzfallhöhe | effective/net head |
| örtlicher Verlust | local loss |
| Plattenschieber | gate valve |
| Pumpe | pump |
| Pumpenleistung | pump capacity |
| Querschnittsänderung | change in cross-section |
| Reibungsbeiwert | friction coefficient |
| Reibungsverlust | friction loss; frictional drag |
| Reibungsverlusthöhe | friction loss head |
| relative Rauheit | relative roughness |
| Ringkolbenventil | annular control valve |
| Rohrauslauf | tube outlet |

| Deutsch | Englisch |
|---|---|
| Rohreinlauf | tube inlet |
| Rohrerweiterung | pipe expansion |
| Rohrhydraulik | pipe hydraulics |
| Rohrtrennung | dividing junction |
| Rohrvereinigung | combining junction |
| Rohrverengung | pipe contraction |
| Schacht | shaft; manhole |
| Segmentkrümmer | segmented elbow |
| teilgefülltes Rohr | partially filled pipe |
| Turbine | turbine |
| Turbinenleistung | turbine capacity |
| Übergangsbereich | transition regime |
| verzögerte Strömung | delayed flow |
| verzweigte Rohrleitung | branched pipe |
| vollgefülltes Rohr | filled pipe |
| Wasserkraftanlage | hydroelectric plant |
| Wirkungsgrad | efficiency |

# 5 Pumpenhydraulik

Pumpen dienen der Förderung von Flüssigkeiten auf größere Höhen sowie zur Überwindung von hydraulischen Verlusten durch Erhöhung der Strömungsenergie. In früheren Zeiten hatte man dazu teilweise in Wasser getauchte Schöpfräder mit an deren Rand angebrachten Tongefäßen. Durch die Drehung eines Schöpfrades laufen die unteren Gefäße voll und entleeren sich bei weiterer Umdrehung auf einer größeren Höhe.

Pumpen finden ihre Anwendung in sehr vielen Bereichen der Wasserwirtschaft, des Maschinenbaus und der Verfahrenstechnik. Die Hauptthemen des vorliegenden Kapitels befassen sich mit den in der „Wasser-Hydraulik“ wichtigen Kreiselpumpen und deren Einsatzbedingungen in einer Rohrleitungsanlage.

Auch nicht in erster Linie in der Wasserwirtschaft tätige Planerinnen und Planer, Ingenieurinnen und Ingenieure haben mit Hydraulik sowie mit Pumpen zu tun, wenn es beispielsweise darum geht, eine Baugrube von Grundwasser frei zu halten. Noch mehr betrifft dies die im Wasserbau oder der Siedlungswasserwirtschaft beschäftigten Fachleute.

## 5.1 Pumpenarten

### 5.1.1 Unterscheidung nach Arbeitsprinzip

Nach ihrem Arbeitsprinzip und ihrer Wirkungsweise unterscheidet man vor allem folgende Pumpenarten:

- Die in der Wasserwirtschaft überwiegend eingesetzten **Kreiselpumpen** können als Umkehrung der in Abschnitt 4.4 dargestellten Wasserturbinen betrachtet werden: Die Flüssigkeit strömt durch eine Saugleitung dem angetriebenen und ständig rotierenden Laufrad zu, welches die Strömungsenergie der Flüssigkeit erhöht. Ein nachgeschaltetes Leitrad mit feststehenden Schaufeln oder ein Diffusor verringert die Geschwindigkeitshöhe fast vollständig und wandelt die Strömungsenergie in Druckhöhe um (siehe Bernoulligleichung). Mit dieser so erhöhten Druckenergie gelangt die Flüssigkeit schließlich in die Druckleitung.

- Durch Eindringen geometrisch festgelegter Körper wird die Flüssigkeit in einer **Verdrängerpumpe** aus einem feststehenden Arbeitsraum verdrängt. Dabei kommen vor allem oszillierende, also abwechselnd drückende und saugende Kolben sowie rotierende, zwischen einem feststehenden und einem exzentrisch versetzten, umlaufenden Flügel zum Einsatz. Die hierbei aufgewendete Kraft überwindet gerade die auf der Druckseite anstehende Druckhöhe. Bekannt sind diese Pumpen in einer einfachen handbetriebenen Form als Schwengelpumpen.
- In **Strahlpumpen** wird die zu fördernde Flüssigkeit durch Unterdruck angesaugt, erzeugt durch einen in Fließrichtung beschleunigten Treibstrahl. Flüssigkeit und Treibmedium vermischen sich und bewegen sich gemeinsam fort.
- **Mammutpumpen** nutzen die Auftriebswirkung eines Flüssigkeits-Gas-Gemisches aus.
- Beim **hydraulischen Widder** wird eine strömende Flüssigkeit plötzlich abgebremst, wodurch ein kurzzeitiger Druckaufbau entsteht.

Die weiteren Ausführungen beziehen sich nur auf Kreiselpumpen, da sie die gebräuchlichsten Pumpen in der Wasserwirtschaft sind. In vielfältigen Varianten und Ausführungen werden sie unter verschiedensten Randbedingungen eingesetzt.

### 5.1.2 Bauformen von Kreiselpumpen

Nach der Form der Laufräder und damit der Austrittsrichtung der Flüssigkeit unterscheidet man

- **Radialpumpen**, bei denen die zu fördernde Flüssigkeit die Pumpe hauptsächlich senkrecht zur Achse des Laufrads verlässt. Im Gegensatz zu Axialpumpen werden durch die Strömungsumlenkung im Laufrad höhere Zentrifugalkräfte realisiert, die zu höheren Förderdrücken bei allerdings geringeren Volumenströmen führen.
- **Diagonalpumpen**, bei denen die Flüssigkeit diagonal, also schräg zur Pumpenwelle, aus dem Laufrad austritt. Der Förderwinkel des Laufrades kann je nach Anforderung gestaltet werden, sodass die Pumpe im gesamten Spektrum von radial bis axial konstruiert und damit auf die jeweilige Anwendung zugeschnitten werden kann.

- **Axialpumpen**, die die Flüssigkeit in Richtung der Achse des Laufrads bewegen. Im Gegensatz zur Radialpumpe erfordert das Wirkprinzip einer Axialpumpe keine Umlenkung des Förderstroms, wodurch die Flüssigkeitsförderung schonender verläuft.

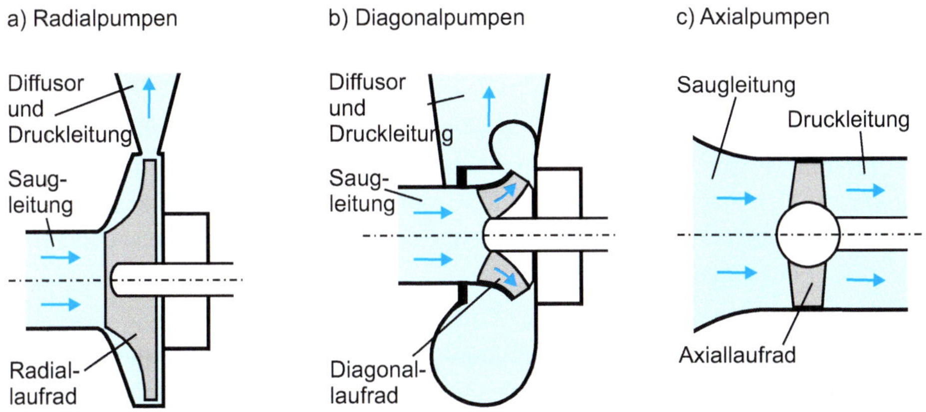


**Bild 5.1** Kreiselpumpen- bzw. Laufradformen

Nach der Aufstellungsart unterscheidet man zudem

- Horizontalpumpen: Kreiselpumpen mit horizontaler Wellenachse stellen die verbreitetste Aufstellungsart dar.
- Schrägpumpen: Bei Kreiselpumpen mit schräger Wellenachse wird die Pumpe häufig in die Rohrleitung integriert (Inline-Installation).
- Vertikalpumpen: Kreiselpumpen mit vertikaler Wellenachse gibt es in Trockenaufstellung sowie Nassaufstellung (als sogenannte Tauchpumpen).

## 5.2 Charakteristik von Kreiselpumpen

### 5.2.1 Pumpenkennlinie

Wie in Abschnitt 4.4, Bild 4.10 dargestellt, ergibt sich die Förderhöhe $h_F$ einer Pumpe aus der Differenz der Energiehöhen an Saug- und Druckseite. Förderhöhe $h_F$ und Förderstrom $Q$ sind die zentralen Kenngrößen einer Pumpe (siehe Formel 4.16). Diese Größen hängen in Form der Pumpenkennlinie voneinander ab und bestimmen das Betriebsverhalten einer Pumpe. Der Verlauf dieser Kurve ist für jede Pumpe charakteristisch. Allgemein sinkt mit zunehmender Förderhöhe der mögliche Förderstrom (Bild 5.2).

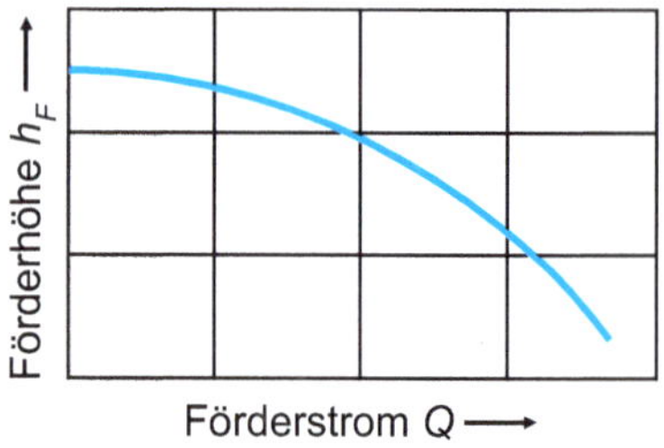


**Bild 5.2**
Pumpenkennlinie

Die Ermittlung der Pumpenkennlinie geschieht auf einem Pumpenprüfstand. Dabei durchfährt eine Pumpe bei konstanten Drehzahlen verschiedene Betriebspunkte, die sich aus Förderstrom $Q$ und Förderhöhe $h_F$ zusammensetzen. Um verschiedene Pumpen vergleichen zu können, werden die Messungen ausschließlich mit Wasser durchgeführt.

Weitere Pumpenkenngrößen sind der Wirkungsgrad $\eta$, die sich aus den zugehörigen Werten ergebende Leistungsaufnahme $P_P$ (Formel 4.16) sowie die erforderliche Haltedruckhöhe, auch Nettodruckhöhe genannt (siehe Abschnitt 5.4). Die entsprechenden Daten bzw. Kurven können den Pumpenkatalogen der Hersteller entnommen werden.

## 5.2.2 Anlagenkennlinie

Die Wirkungsweise einer Pumpe kann in ihrem Einsatz nicht isoliert betrachtet werden, sondern muss immer in Kombination mit der gesamten Rohrleitungsanlage gesehen werden. Für verschiedene Volumenströme $Q$ durch eine Anlage ergeben sich unterschiedliche streckenabhängige Reibungsverluste $h_r$ und lokal begrenzte Einzelverluste $\Delta h_e$. Zusammen erhält man die gesamte Verlusthöhe $h_v$ (Formel 3.21) bei einem Durchfluss $Q$. Die so entstehende Kurve wird Rohrleitungskennlinie genannt und hat das in Bild 5.3 zu sehende typische Aussehen. Wird von einem Behälter mit geringerem Wasserspiegel zu einem mit höherem Wasserspiegel gefördert, dann ist zusätzlich zu den Verlusthöhen auch der geodätische Höhenunterschied $h_{geo}$ zu überwinden (Bild 5.3, siehe auch Bild 4.10 a sowie Bild 4.14 und 4.15). Die Förderhöhe einer Anlage setzt sich also aus einem statischen und einem dynamischen Anteil zusammen. Die Berechnung einer Rohrleitungs- oder Anlagenkennlinie erfolgt für verschiedene Durchflüsse $Q$ nach den in Kapitel 4 dargestellten Grundsätzen.

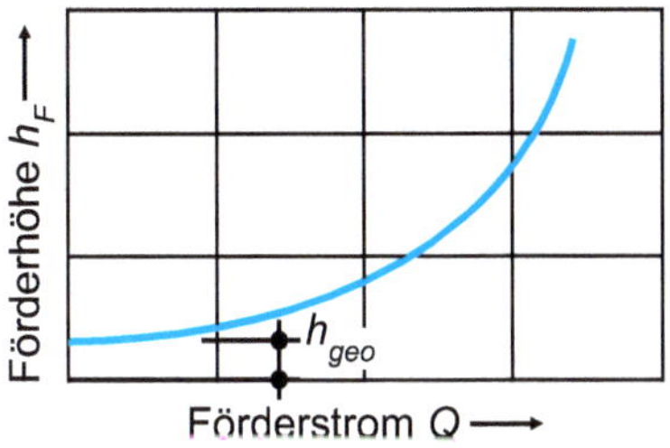


**Bild 5.3**
Rohrleitungs-/Anlagenkennlinie

## 5.2.3 Betriebspunkt

Die Überlagerung von Pumpenkennlinie und Anlagenkennlinie ergibt schließlich den Punkt, an dem beide Komponenten gemeinsam gültig sind. Durch Berechnung und Festlegung von Förderstrom $Q$ und Förderhöhe $h_F$ für eine bestimmte Aufgabenstellung erhält man den notwendigen Betriebspunkt einer Anlage (Bild 5.4).

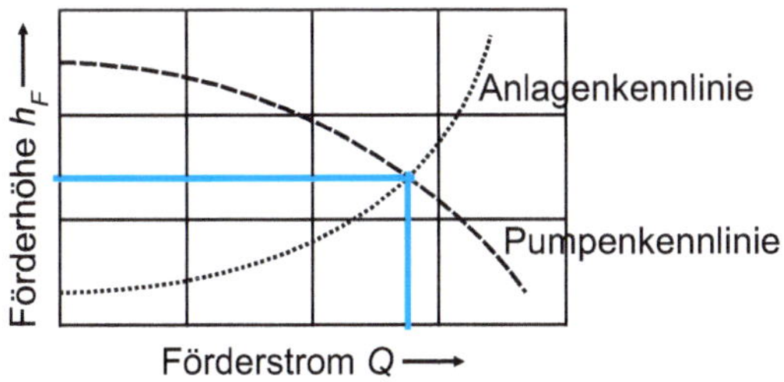


**Bild 5.4**
Betriebspunkt einer Anlage

Dieser Punkt liegt meist nicht genau auf einer aus Pumpenkatalogen erhältlichen Pumpenkennlinie. Ohne weitere Maßnahmen „sucht“ sich die Pumpe dann in Abhängigkeit von der erforderlichen Förderhöhe $h_F$ ihren exakten Betriebspunkt selbst im Schnittpunkt von Anlagen- und Pumpenkennlinie. Dadurch ändert sich der Förderstrom $Q$ gegenüber der Projektierung ein wenig. Der exakte Betriebspunkt bei etwas zu hohen Förderleistungen kann durch eine der folgenden Maßnahmen erreicht werden:

- Eine Korrektur des Laufraddurchmessers wird dann vorteilhaft angewendet, wenn eine dauerhafte Verringerung des Förderstroms bzw. der Förderhöhe machbar ist. Die Förderleistung der Pumpe wird bei gleichbleibender Pumpendrehzahl durch Verringerung des Laufraddurchmessers an den gewünschten Betriebspunkt angepasst.
- Durch Veränderung der Pumpendrehzahl mit einem regelbaren Getriebe oder durch Frequenzumformer können stufenlos eine Vielzahl unterschiedlicher Betriebspunkte angefahren werden. Bezogen auf den Gesamtwirkungsgrad ist dies die günstigste Regelung des Förderstroms.

- Durch teilweises Schließen eines Drosselventils oder den Einbau einer Drosselblende in die Druckleitung der Pumpe vergrößern sich die Rohrleitungsverluste. Dadurch verschiebt sich die Anlagenkennlinie in den gewünschten Bereich. Allerdings verschlechtert sich dadurch der Gesamtwirkungsgrad der Anlage.

Folgende Zusammenhänge liegen zwischen der Pumpendrehzahl und Fördermenge, Förderhöhe oder Antriebsleistung vor:

- Die Fördermenge ändert sich linear zur Drehzahl.
- Die Förderhöhe und das Quadrat der Drehzahl sind zueinander proportional.
- Die Antriebsleistung ändert sich mit der dritten Potenz der Drehzahl.

**Beispiel 5.1**

Für die Förderung von Wasser ($Q$ = 100 l/s bei $h_F$ = 74,7 m) aus dem Gewinnungsgebiet A zum Hochbehälter B in Beispiel 4.6 sollen die Anlagenkennlinie, die Pumpenkennlinie sowie der Betriebspunkt ermittelt werden. Die Pumpenkennlinie wird mit der Beziehung $h_{F,P} = 83 - 7500 \cdot Q^3$ zwischen Förderstrom $Q$ und Förderhöhe $h_{F,P}$ vom Hersteller angegeben.

Aus der vorliegenden Energiebilanzierung (siehe Beispiel 4.6)

$$h_{F,N} = z_B - z_A + \left(\lambda \cdot \frac{L_a + L_b}{d} + \zeta_{ein,a} + \zeta_{aus,B}\right) \cdot \frac{v^2}{2g}$$

erhält man mit den gegebenen Zahlenwerten

$$h_{F,N} = 60 + \left(\lambda \cdot \frac{2500}{0,3} + 1,5\right) \cdot \frac{Q^2 \cdot 16}{0,3^4 \cdot \pi^2 \cdot 2g}$$

folgende Bestimmungsgleichung für die Förderhöhe:

$$h_{F,N} = 60 + Q^2 \cdot (85.007,055 \cdot \lambda + 15,301)$$

Durch Gleichsetzen der Höhen $h_{F,P}$ und $h_{F,N}$ ergibt sich eine Gleichung in Abhängigkeit der Größen $Q$ und $\lambda$:

$$Q^2 \cdot (85.007,055 \cdot \lambda + 15,301) + 7500 \cdot Q^3 = 23$$

Durch Umformung erhält man

$$Q = \sqrt{\frac{23 - 7500 \cdot Q^3}{85.007,055 \cdot \lambda + 15,301}}$$

Daraus können nun durch Vorgabe von $Q$ in der Größenordnung des gesuchten Bereichs erste Werte für $v$, $Re$ und damit $\lambda$ berechnet werden. Eingesetzt in die rechte Seite errechnet sich auf der linken Seite der Gleichung ein neues $Q$. Mit diesem neuen Durchfluss und den sich ergebenden Größen wird das Verfahren wiederholt, bis sich obige Gleichung schließlich nicht mehr ändert (Tabelle 5.1).

In Abhängigkeit vom Durchfluss $Q$ errechnen sich nun folgende Reibungsbeiwerte $\lambda$ bei Ansatz der integralen Rauheit $k_i = 0,1$ mm mit der Gleichung nach COLEBROOK-WHITE:

**Tabelle 5.1** Iterative Bestimmung der Reibungsbeiwerte $\lambda$ in Beispiel 5.1

| $Q$ in l/s | Schritt 1 | Schritt 2 | Schritt 3 | Schritt 4 |
|---|---|---|---|---|
| 10 | 0,02 | 0,0245 | 0,0239 | 0,0240 |
| 30 | 0,02 | 0,0197 | 0,0197 | 0,0197 |
| 50 | 0,02 | 0,0183 | 0,0184 | 0,0184 |
| 70 | 0,02 | 0,0176 | 0,0177 | 0,0177 |
| 90 | 0,02 | 0,0171 | 0,0172 | 0,0172 |
| 110 | 0,02 | 0,0168 | 0,0169 | 0,0169 |
| 130 | 0,02 | 0,0166 | 0,0167 | 0,0167 |
| 150 | 0,02 | 0,0165 | 0,0166 | 0,0166 |

Mit den so errechneten $\lambda$-Werten kann nun $h_{F,N}$ ausgewertet und als Anlagenkennlinie dargestellt werden. Die vom Hersteller gegebene Pumpenkennlinie mit $h_{F,P} = 83 - 7500 \cdot Q^3$ wird ebenfalls in das Diagramm in Bild 5.5 eingetragen. Weitere Details können Tabelle 5.1 entnommen werden.

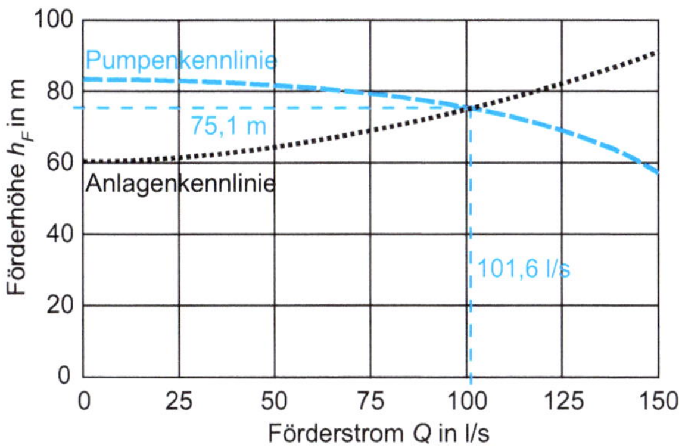


**Bild 5.5** Lösung zu Beispiel 5.1

Als Betriebspunkt stellt sich damit $h_F = 75,1$ m bei $Q = 101,6$ l/s ein.

**Aufgabe 5.1**

Ein anderer Hersteller bietet für die Rohrleitungsanlage aus Beispiel 4.6 beziehungsweise 5.1 eine Pumpe mit der Kennlinie $h_{F,P} = 90 - 16\,500 \cdot Q^3$ an. Untersuchen Sie, ob sich mit dieser Pumpe ebenfalls der erforderliche Betriebspunkt ($Q = 100$ l/s, $h_F = 74,7$ m) ergibt.

# 5.3 Kombination von Kreiselpumpen

Reicht eine Pumpe nicht aus, um eine benötigte Förderhöhe $h_F$ oder einen erforderlichen Förderstrom $Q$ in einer Anlage zu erhalten, können Pumpen miteinander kombiniert werden. Die Art der Kombination entscheidet über das erreichbare Ziel Förderhöhe oder Förderstrom.

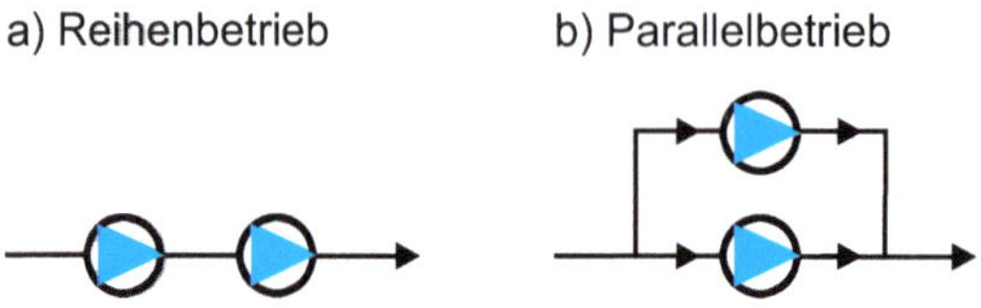


**Bild 5.6** Reihen- und Parallelschaltung von Pumpen

Werden zwei Pumpen hintereinander in Reihe geschaltet (siehe Bild 5.6a), dann erhält man die neue, kombinierte Pumpenkennlinie durch Addition der jeweiligen Förderhöhen bei bestimmten Förderströmen. Dadurch verschiebt sich die Pumpenkennlinie im $h_F/Q$-Diagramm auf der linken Seite nach oben, fällt aber im weiteren Verlauf steiler ab (Bild 5.7).

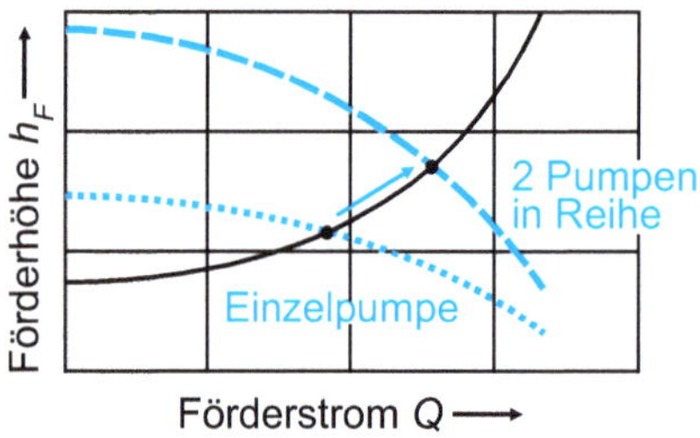


**Bild 5.7** Pumpenkennlinie bei Reihenschaltung zweier gleichartiger Pumpen

Werden zwei Pumpen hingegen parallel geschaltet (siehe Bild 5.6b), dann erhält man die neue, kombinierte Pumpenkennlinie durch Addition der jeweiligen Förderströme bei bestimmten Förderhöhen. Dadurch verlängert sich die Pumpenkennlinie im $h_F/Q$-Diagramm nach rechts, wird also insgesamt flacher (Bild 5.8).

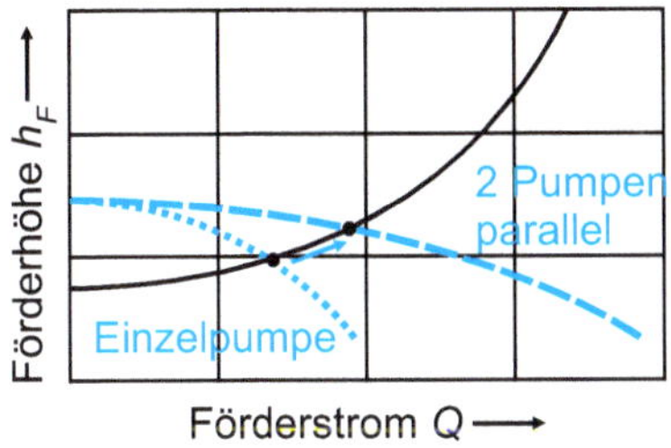


**Bild 5.8**
Pumpenkennlinie bei Parallelschaltung zweier gleichartiger Pumpen

Durch beide Maßnahmen - Reihenschaltung und Parallelschaltung - ergeben sich für den Betrieb allerdings keine Verdoppelungen der Parameter Förderhöhe oder Förderstrom bei Kombination gleichartiger Pumpen, da sich ja der Betriebspunkt einer Anlage in der Kombination von quadratisch ansteigender Anlagenkennlinie und Pumpenkennlinie einstellt. Der tatsächliche „Gewinn" aus den Maßnahmen liegt also unterhalb der verdoppelten Werte. In beiden Fällen liefert der neue Betriebspunkt sowohl einen höheren Förderstrom als auch eine größere Förderhöhe (siehe Bild 5.7 und Bild 5.8), bei Reihenschaltung mit Betonung der Förderhöhenzunahme und bei Parallelschaltung mit Übergewicht der Förderstromzunahme.

Parallelschaltung: $Q_1 + Q_2 = Q_{12}$ sowie $h_{F1} = h_{F2} = h_{F12}$

Reihenschaltung: $Q_1 = Q_2 = Q_{12}$ sowie $h_{F1} + h_{F2} = h_{F12}$

**Beispiel 5.2**

Die Trinkwasserversorgungsanlage in Beispiel 5.1 wird um eine baugleiche Pumpe im Parallelbetrieb zur bisherigen erweitert. Beide Pumpen folgen der Charakteristik $h_{F,P} = 83 - 7500 \cdot Q^3$. Gesucht ist der für die Gesamtanlage resultierende neue Betriebspunkt.

Bei Parallelbetrieb von Pumpen addieren sich deren Förderströme bei bestimmten Förderhöhen. Bei bau- und betriebsgleichen Pumpen mit übereinstimmender Charakteristik bedeutet dies in der Pumpenkennlinie bei gegebenem $h_F$ eine Verdoppelung von $Q$ gegenüber der Einzelpumpe. Damit lässt sich eine Tabelle mit den „neuen" Pumpendaten anlegen (Tabelle 5.2). Aus diesen Daten kann schließlich die Gleichung für die neue Kurve abgeleitet werden. Im vorliegenden Fall wird erhalten

$$h_{F,2P} = 83 - 937 \cdot Q^3$$

In Tabelle 5.2 sind die Daten für Einzel- und Parallelbetrieb sowie die zugehörige Rohrleitungskennlinie zusammengefasst. Darin wurde der Förderstrom $Q$ bei gleicher Pumpenförderhöhe im Parallelbetrieb gegenüber dem Einzelbetrieb verdoppelt. Vergleichen Sie hierzu beispielsweise $h_{F,P}$ bei 60 l/s mit $h_{F,2P}$ bei 120 l/s usw.

**Tabelle 5.2** Ermittlung der charakteristischen Werte für Beispiel 5.2

| $Q$ in l/s | Anlagenkennwerte | | Pumpenförderhöhen in m | |
|---|---|---|---|---|
| | $\lambda$ | $h_{F,N}$ in m | $h_{F,P}$ (einzeln) | $h_{F,2P}$ (parallel) |
| 20 | 0,0210 | 60,7 | 82,9 | 83,0 |
| 40 | 0,0189 | 62,6 | 82,5 | 82,9 |
| **60** | 0,0180 | 65,6 | **81,4** | 82,8 |
| 80 | 0,0174 | 69,6 | 79,2 | 82,5 |
| 100 | 0,0171 | 74,7 | 75,5 | 82,1 |
| **120** | 0,0168 | 80,8 | 70,0 | **81,4** |
| 140 | 0,0166 | 88,0 | 62,4 | 80,4 |
| 160 | 0,0165 | 96,3 | 52,3 | 79,2 |
| 180 | 0,0164 | 105,6 | 39,3 | 77,5 |
| 200 | 0,0163 | 115,9 | 23,0 | 75,5 |

Bild 5.9 zeigt mit den verschiedenen Kennlinien die Verschiebung des Betriebspunktes vom Einzelbetrieb einer Pumpe zum Parallelbetrieb. Deutlich geht daraus die lediglich etwa 20-prozentige Erhöhung des Förderstroms $Q$ mit der gegebenen Konstellation hervor. In diesem Fall wäre es sinnvoll, statt des Parallelbetriebs eine leistungsfähigere Einzelpumpe einzusetzen.

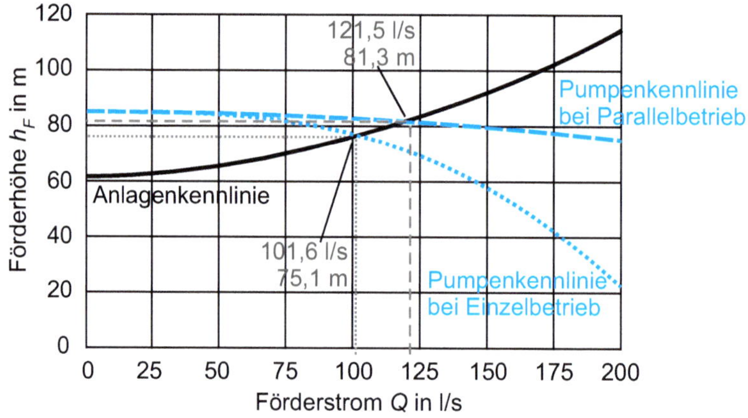


**Bild 5.9** Lösung zu Beispiel 5.2

**Aufgabe 5.2**

Ermitteln Sie für den Reihenbetrieb der zwei Pumpen aus Beispiel 5.2 die Pumpenkennlinie.

# 5.4 NPSH-Berechnung

Kreiselpumpen benötigen für einen einwandfreien Betrieb einen bestimmten absoluten Vordruck. Dieser Vordruck entsteht im Allgemeinen dadurch, dass die Flüssigkeit von einem Speicher oder Behälter kommend über die Saugleitung der Kreiselpumpe zuströmt. Da es sich um den absoluten Vordruck handelt, müssen neben den üblichen Energieanteilen auch der atmosphärische Luftdruck $p_a$ sowie der Dampfdruck $p_d$ (siehe Abschnitte 1.2.6 und 2.1.2) berücksichtigt werden. Die Strömungsverluste bis zum Saugstutzen der Pumpe lassen sich nach den in Kapitel 4 aufgezeigten Grundsätzen berechnen, die Strömungsverlusthöhe innerhalb der Pumpe vom Eingang des Saugstutzens bis zum Laufrad muss dagegen vom Hersteller versuchstechnisch bestimmt werden.

Erreicht der tatsächliche Vordruck an einer Pumpe das vom Hersteller vorgegebene Maß nicht, dann kann Flüssigkeit verdampfen. Die entstehenden kleinen Blasen werden von der Strömung mitgerissen und implodieren in Bereichen höheren Drucks. Wird eine Pumpe längere Zeit unter derartigen Bedingungen betrieben, entsteht an Pumpenlaufrad, -deckel und -gehäuse starker Verschleiß bis hin zur Zerstörung der Pumpe. Der gesamte geschilderte Vorgang wird als Kavitation bezeichnet. Bei Kavitation entsteht an der Materialoberfläche im Laufe der Zeit eine löchrige, narbenartige Struktur.

- Die Verluste an der Pumpe vom Saugstutzeneingang bis zum Laufradeintritt gibt der Hersteller mit dem Wert *NPSHR* (required) oder *NPSHerf* (erforderlich) an. Diese Größe der Pumpe ist unabhängig von der Flüssigkeitstemperatur. Sie ändert sich jedoch mit dem Förderstrom $Q$ und der Drehzahl. *NPSHR* wird vom Pumpenhersteller entweder für einen bestimmten Betriebspunkt als Zahlenwert genannt oder als Kurve in Abhängigkeit von $Q$ dargestellt.
- Der in der Rohrleitungsanlage vorhandene Wert *NPSHA* (available) oder *NPSHvorh* (vorhanden) fasst alle den Druck am Pumpensaugstutzen beeinflussende Einzeldaten wie Dichte, Temperatur und Dampfdruck der Flüssigkeit, Strömungsverluste in der Saugleitung und Ortshöhe des Zulaufwasserspiegels für einen bestimmten Förderstrom $Q$ in einem einzigen Zahlenwert zusammen.

Ausgehend vom oben offenen Vorlagebehälter wird die anlagenseitige Kenngröße *NPSHA* wie folgt berechnet (siehe Bild 5.10):

$$NPSHA = z_{WSP} + \frac{p_a}{\rho g} - h_v - \frac{p_d}{\rho g} \qquad (5.1)$$

Dieser Wert wird mit dem erforderlichen (*NPSHR* oder *NPSHerf*) verglichen und muss dabei zuzüglich eines Sicherheitszuschlags folgende Bedingung erfüllen:

$$NPSHA > NPSHR + 0{,}5\ \text{m} \qquad (5.2)$$

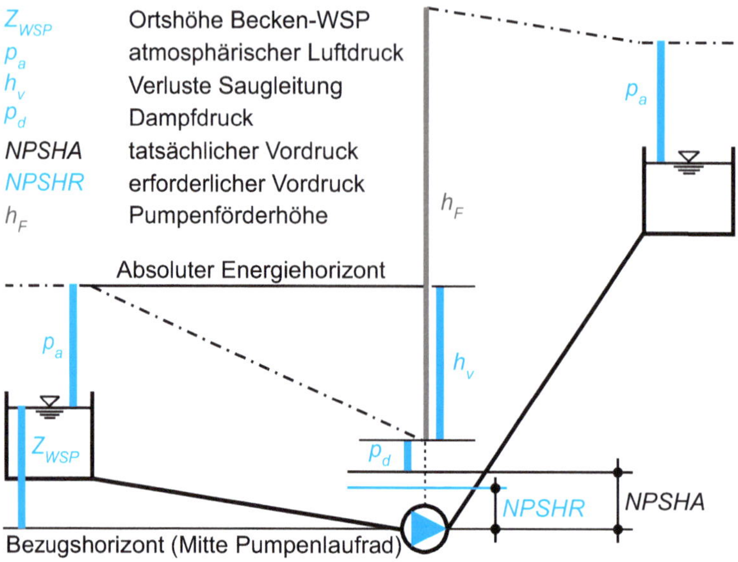


**Bild 5.10** Energieverhältnisse auf der Saugseite einer Pumpenanlage

**Praxishinweis**

Der in den USA geprägte Begriff *NPSH* (Net Positive Suction Head) steht sinngemäß für „Mindestzulaufhöhe über Sättigungsdruck“ oder „Nettodruckhöhe“. Der deutsche Ausdruck ist nach DIN EN 12723 mit „Haltedruckhöhe“ definiert. Allerdings bedeuten Haltedruckhöhe und *NPSH* tatsächlich nicht das Gleiche, da verschiedene Bezugspunkte vorliegen:

- *NPSH*: Unterschied zwischen dem Dampfdruck und dem Druck am Eingang des Saugstutzens der Pumpe.
- Haltedruckhöhe: Differenz zwischen dem Dampfdruck und dem Druck am Laufradeingang.

Beide Größen werden synonym für den gleichen Sachverhalt verwendet, sind aber unterschiedlich definiert. Es ist allerdings üblich, das Kürzel *NPSH* für beide Fälle zu verwenden.

**Aufgabe 5.3**

Überlegen Sie sich auch anhand von Formel 5.1 und Bild 5.10, mit welchen theoretischen Maßnahmen sich ein zu geringer *NPSHA*-Wert anlagenseitig vergrößern lässt.

Im folgenden Beispiel wird die Vorgehensweise zur Berechnung des *NPSHA*-Wertes dargestellt. In Bild 5.11 sind zu Beispiel 5.3 typische Kennlinien für eine verwendete Pumpe zu sehen, wie sie von Herstellern zu erhalten sind.

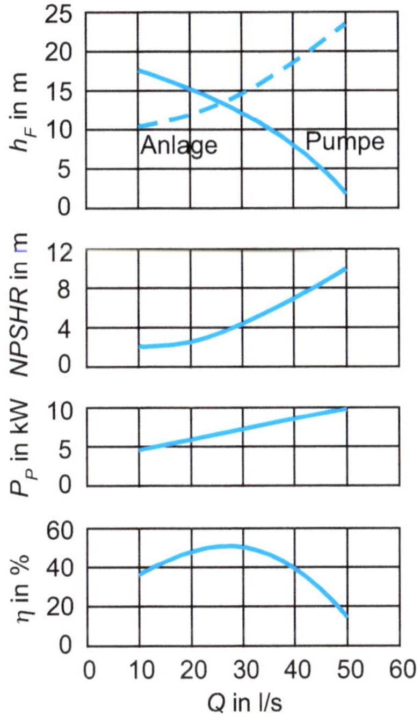


**Bild 5.11**
Pumpen- und Anlagenkennlinien zu Beispiel 5.3

**Beispiel 5.3**

In eine Rohrleitungsanlage auf Meeresspiegelhöhe soll eine Pumpe gemäß den Charakteristiken aus Bild 5.11 installiert werden. Die Saugleitung mit dem Durchmesser 80 mm hat eine Länge von 2,4 m und eine betriebliche Rauheit von 0,1 mm. Der Rohreinlauf ist so strömungsgünstig geformt, dass praktisch kein örtlicher Verlust auftritt. Die geodätische Höhe des Beckenwasserstandes beträgt $z_{WSP}$ = 0,27 m. Der Betriebspunkt liegt bei $Q$ = 26 l/s und $h_F$ = 13,5 m. Es ist zu untersuchen, ob für das Pumpwerk über den in Bild 5.11 dargestellten Einsatzbereich Kavitationssicherheit gemäß *NPSH*-Berechnung gegeben ist.

Die einzige über den Förderstrom $Q$ variierende Größe in Formel 5.1 ist die Verlusthöhe $h_v$, die anderen Werte sind jeweils konstant und müssen zum Teil noch in eine Druckhöhe umgerechnet werden:

- Die geodätische Höhe des Wasserspiegels im Vorlagebehälter ist mit $z_{WSP}$ = 0,27 m gegeben.
- Der atmosphärische Luftdruck hat auf Meeresspiegelhöhe und bei einer Temperatur von 15 °C den Wert $p_a$ = 101,3 kN/m² (siehe Abschnitt 1.2.6). Die Umrechnung in die zur Berechnung benötigte Druckhöhe (siehe auch Tabelle 2.1) ergibt

$$\frac{p_a}{\rho g} = \frac{101{,}3 \cdot 10^3}{9810} = 10{,}33 \text{ m WS}$$

Für eine beliebige Ortshöhe $z$ (in m) über dem Meeresspiegel errechnet sich die Atmosphärendruckhöhe $p_a/\rho g$ (in m WS) nach der barometrischen Höhenformel zu

$$\frac{p_a}{\rho g} = 10{,}33 \cdot e^{-z/8431} \tag{5.3}$$

- Der Dampfdruck ist temperaturabhängig. Für die in der hydraulischen Anwendung wichtigsten Wassertemperaturen ist er in Tabelle 5.3 aufgeführt und in die benötigte Druckhöhe umgerechnet. Auf der sicheren Seite liegend wird in Formel 5.1 der Dampfdruck bei 20 °C berücksichtigt, also $p_d/\rho g$ = 0,24 m.

**Tabelle 5.3** Dampfdruck von Wasser

| $T$ in°C | $p_d$ in kN/m$^2$ | $p_d/\rho g$ in m WS |
|---|---|---|
| 0 | 0,61 | 0,06 |
| 10 | 1,23 | 0,13 |
| 20 | 2,34 | 0,24 |

Die Berechnung der Verlusthöhe $h_v$ bei verschiedenen Förderströmen $Q$ und die zugehörigen ermittelten *NPSHA*-Werte zeigt Tabelle 5.4.

**Tabelle 5.4** Ermittlung der *NPSHA*-Werte für Beispiel 5.3

| $Q$ in l/s | *Re* | $\lambda$ | $h_v$ in m | *NPSHA* in m | *NPSHR* in m |
|---|---|---|---|---|---|
| 10 | 122,4 · 10$^3$ | 0,0229 | 0,14 | 10,22 | 2,01 |
| 15 | 183,6 · 10$^3$ | 0,0223 | 0,30 | 10,06 | 2,03 |
| 20 | 244,9 · 10$^3$ | 0,0220 | 0,53 | 9,83 | 2,25 |
| 25 | 306,1 · 10$^3$ | 0,0218 | 0,82 | 9,54 | 3,05 |
| 30 | 367,3 · 10$^3$ | 0,0216 | 1,18 | 9,18 | 4,09 |
| 35 | 428,5 · 10$^3$ | 0,0215 | 1,59 | 8,77 | 5,52 |
| 40 | 489,7 · 10$^3$ | 0,0214 | 2,07 | 8,29 | 7,01 |
| **42** | **514,2 · 10$^3$** | **0,0214** | **2,28** | **8,08** | **7,59** |
| 45 | 550,9 · 10$^3$ | 0,0214 | 2,62 | 7,74 | 8,48 |
| 50 | 612,1 · 10$^3$ | 0,0213 | 3,22 | 7,14 | 10,01 |

Ab $Q \approx$ 42 l/s besteht Kavitationsgefahr, da die Sicherheitshöhe von 0,5 m gerade unterschritten wird (8,08 m – 7,59 m = 0,49 m). Für den Bereich des geplanten Betriebspunktes ($Q$ = 26 l/s) wird die *NPSH*-Bedingung dagegen mit großem Abstand eingehalten. Wird die Pumpe mit Frequenzumformer und damit variablen Drehzahlen betrieben, ist eine Begrenzung ab $Q \approx$ 40 l/s einzurichten.

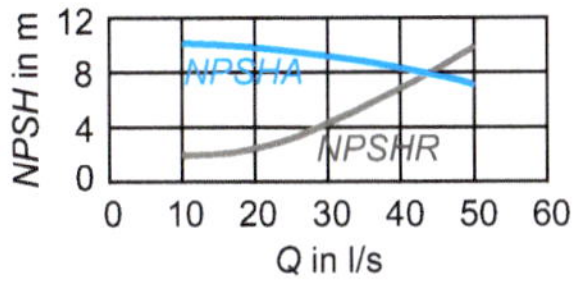


**Bild 5.12**
*NPSH*-Linien zu Beispiel 5.3

Die erforderliche Nettodruckhöhe *NPSHR* nimmt also mit steigendem Förderstrom $Q$ und damit fallender Förderhöhe $h_F$ einer Pumpe zu. ■

**Aufgabe 5.4**

Das Pumpwerk aus Beispiel 5.3, bestehend aus Behälter, Saugleitung und Pumpe, wird nicht auf Meeresspiegelhöhe, sondern 2500 m über dem Meeresspiegel gebaut. Überprüfen Sie die Kavitationsgefahr der Pumpe. ■

Ergibt sich für den Beckenspiegel eine Höhenlage unterhalb des Bezugshorizonts der Laufradmitte, dann ist die Saugleitung nicht ständig eingestaut. In diesem Fall gibt es zwei Möglichkeiten, um den Pumpbetrieb trotzdem zu ermöglichen. Voraussetzung ist allerdings, dass die (negative) Höhendifferenz eine Größe von etwa 7 m nicht überschreitet.

- Das Pumpwerk kann mit einer selbstansaugenden Pumpe ausgerüstet werden. Derartige Maschinen sind in der Lage, das Vakuum zwischen Flüssigkeitsspiegel und Laufrad mithilfe spezieller Vorrichtungen zu überwinden.
- Nach einer ersten Inbetriebnahme einer normalsaugenden Pumpe wird das Leerlaufen der Saugleitung unterbunden. Dies geschieht durch einen Rückflussverhinderer, beispielsweise einem Fußventil am Rohreinlauf.

Der absolute Druck an der Pumpe, also inklusive des Luftdrucks, muss positiv sein (Net Positive Suction Head). Dann kann die Flüssigkeit in die Pumpe „hineingedrückt“ und von dieser gefördert werden.

**Praxishinweis**

Kreiselpumpen in Standardausführung sind normalsaugend, d. h. Pumpe und Saugleitung müssen stets mit Flüssigkeit gefüllt sein. Gerät während des Betriebs mehr Luft als die kritische Menge (bei Radialpumpen etwa 8 – 10 Vol-%) in die Saugleitung, bricht die Förderung in der Regel zusammen. ■

**Beispiel 5.4**

In eine Rohrleitungsanlage soll ein Pumpwerk gemäß den Charakteristiken aus Beispiel 5.3 installiert werden. Einziger Unterschied ist die Lage des Beckenwasserspiegels, der mit $z_{WSP} = -5{,}77$ m allerdings geodätisch unterhalb der Laufradmitte liegt. In diesem Fall ergeben sich für *NPSHA* im Vergleich zu Beispiel 5.3 entsprechend geringere Werte (Differenz $\Delta = 0{,}27 - (-5{,}77) = 6{,}04$ m):

**Tabelle 5.5** Ermittlung der *NPSHA*-Werte für Beispiel 5.4

| $Q$ in l/s | *Re* | $\lambda$ | $h_v$ in m | *NPSHA* in m | *NPSHR* in m |
|---|---|---|---|---|---|
| 10 | $122{,}4 \cdot 10^3$ | 0,0229 | 0,14 | 4,18 | 2,01 |
| 20 | $244{,}9 \cdot 10^3$ | 0,0220 | 0,53 | 3,79 | 2,25 |
| **25** | **306,1·103** | **0,0218** | **0,82** | **3,50** | **3,00** |
| 30 | $367{,}3 \cdot 10^3$ | 0,0216 | 1,18 | 3,14 | 4,09 |
| 40 | $489{,}7 \cdot 10^3$ | 0,0214 | 2,07 | 2,25 | 7,01 |
| 50 | $612{,}1 \cdot 10^3$ | 0,0213 | 3,22 | 1,10 | 10,01 |

Ab $Q \approx 25$ l/s besteht also Kavitationsgefahr, da der Sicherheitszuschlag von 0,5 m gerade erreicht wird. Für den Bereich des Betriebspunktes wird die *NPSH*-Bedingung in diesem Fall nicht eingehalten.

## 5.5 Englische Fachbegriffe zu Kapitel 5

| Deutsch | Englisch |
|---|---|
| Anlagenkennlinie | system characteristic |
| Axialpumpe | axial pump |
| Betriebspunkt | operating point |
| Diagonalpumpe | diagonal pump |
| Diffusor | diffuser |
| Druckleitung | pressure pipe |
| Kreiselpumpe | centrifugal pump |
| Nettodruckhöhe | net positive suction head |
| Pumpendrehzahl | engine speed |
| Pumpendruckleitung | rising main |
| Pumpen im Parallelbetrieb | pumps operating in parallel |
| Pumpen im Reihenbetrieb | pumps operating in row |
| Pumpenkennlinie | pump characteristic |
| Pumpenlaufrad | pump impeller |
| Pumpwerk; Pumpstation | pump/pumping station |
| Radialpumpe | radial pump |
| Saugleitung | suction pipe |
| Tauchpumpe | submerged pump |

# 6 Gerinnehydraulik

In der Gerinnehydraulik geht es um Strömungsvorgänge mit freiem Wasserspiegel. In natürlichen Systemen kann das Wasser bei zu hohen Abflüssen das Flussbett verlassen und sucht sich Abkürzungen oder Ausweichflächen. In nachfolgend dargestellter Situation müssen durch hydraulische Untersuchungen Retentionsräume (Speicherräume) ermittelt werden, die Durchströmung von Brücken oder in Rohrdurchlässen ist zu bestimmen und die natürliche Erweiterung des Flussquerschnitts in Form eines Vorlandabflusses muss berechnet werden. Die Basis der gesamten Betrachtungen ist der Wasserspiegelverlauf im Fluss. Dieser wird mittels entsprechender hydraulischer Berechnungen erhalten. In diesem Kapitel werden dazu die hydraulischen Grundlagen vorgestellt.

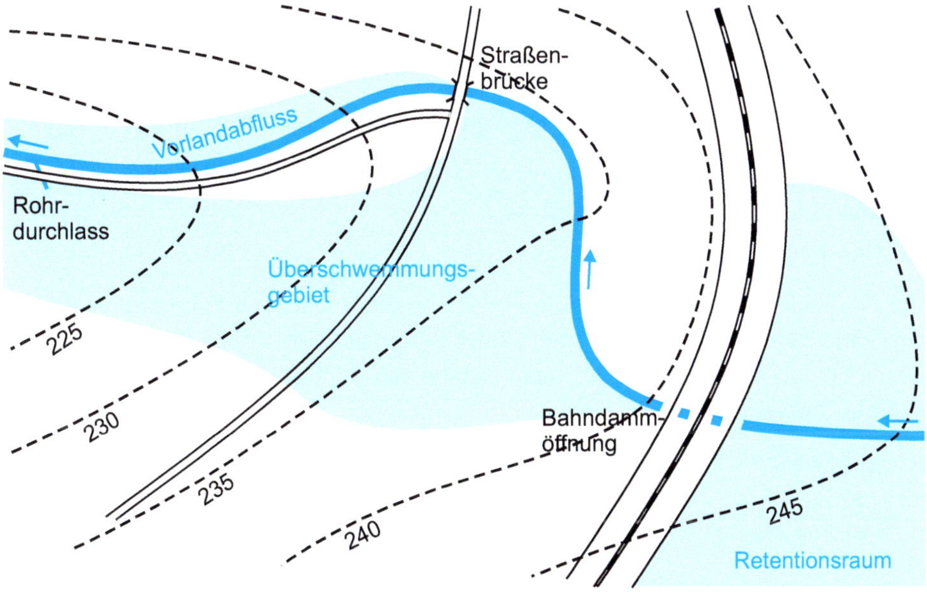


**Bild 6.1** Flusslauf mit angrenzenden Überschwemmungs- und Ausweichflächen

Im Übersichtsplan (Bild 6.1) sind der Verlauf eines Flusses, infrastrukturelle Bauwerke wie Straßen, Brücken und Bahndamm sowie die angrenzenden Flächen bei Überschwemmungen - eingebettet in einen Höhenlinienplan - zu erkennen.

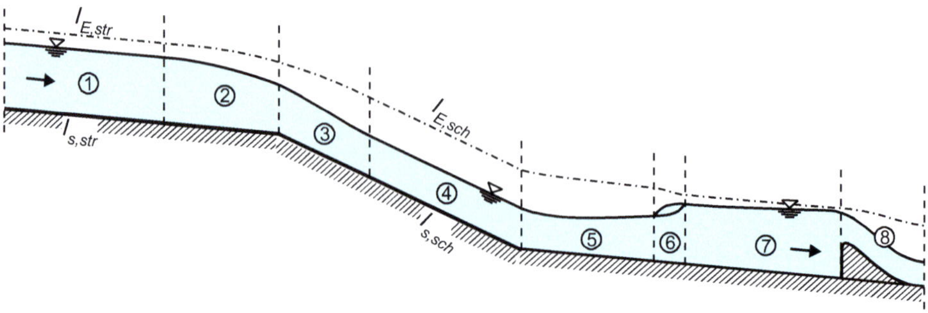


**Bild 6.2** Verschiedene Fließzustände in einem Gerinne

In Bild 6.2 sind mit überhöhtem Gefälle die wesentlichen Formen von Gerinneströmungen zusammengefügt. Darin werden wichtige Aspekte der Gerinnehydraulik in ihrem Zusammenwirken gezeigt. Im Einzelnen sind dies folgende Bereiche, die im vorliegenden Kapitel behandelt werden:

1. gleichförmige Gerinneströmung bei strömendem Abfluss (STR),
2. Senkungslinie bei strömendem Abfluss bei Beschleunigung,
3. beschleunigte Bewegung im Schießen,
4. gleichförmige Strömung bei schießendem Abfluss (SCH),
5. Reibungsstau bei verzögerter Bewegung bei schießendem Abfluss,
6. Übergang vom Schießen zum Strömen durch einen Wechselsprung,
7. Staulinie bei strömendem Abfluss,
8. Überfallströmung.

Die Fließtiefe $h$ in einem Gerinne wird nicht senkrecht zum Wasserspiegel bzw. zur Sohle gemessen, sondern in vertikaler Richtung (siehe Bild 6.8). Der so entstehende Fehler ist wegen der geringen Gefälle von Sohle, Wasserspiegel und Energielinie vernachlässigbar gering.

## 6.1 Allgemeine Beziehungen

Unter Gerinneströmung oder auch Freispiegelströmung ist die Wasserbewegung in einem künstlichen Kanal, einer teilweise gefüllten Rohrleitung oder einem natürlichen Bach- oder Flussbett zu verstehen. Die Strömung im Gerinne hat im Gegensatz zu einer Druckleitung einen freien Wasserspiegel (siehe Bild 4.1). An dieser Trennfläche zwischen Wasser und Luft herrscht überall atmosphärischer Druck. Da die Dichte der Luft wesentlich kleiner als die des Wassers ist (siehe Tabelle 1.2) und zudem der Atmosphärendruck allseitig angreift, kann der Lufteinfluss nahezu immer vernachlässigt werden.

**Praxishinweis**

Kanäle oder teilgefüllte Leitungen werden meistens mit regelmäßigem, über größere Längen konstant bleibendem Fließquerschnitt angelegt. Natürliche Fließgewässer bestehen dagegen aus einem unregelmäßigen und mit der Zeit veränderlichen Querschnittsverlauf und sind häufig mit Pflanzen bewachsen, wodurch die Ermittlung der Strömungskenngrößen wie Geschwindigkeit und Wassertiefe aufwendig wird. Zudem führen Flüsse oftmals Geschiebe aus Kies und Sand mit sich, was die Berechnung der Strömung zusätzlich erschwert. Näheres dazu muss der speziellen Fachliteratur entnommen werden.

Die Geschwindigkeitsverteilung in einer Gerinneströmung ist im Unterschied zum vollgefüllten Kreisrohrquerschnitt asymmetrisch (Bild 6.3). An der Gerinneberandung wird die Strömungsgeschwindigkeit aufgrund der Haftbedingung gleich Null, im Längsschnitt zeigt sich das Geschwindigkeitsprofil in guter Näherung in Form einer logarithmischen Kurve. Die genaue Lage der Maximalgeschwindigkeit $v_{max}$ ist von der Querschnittsgeometrie abhängig. Sie befindet sich überschlägig etwa auf Höhe von 80 % der Wassertiefe $h$. Gemäß Stromfadentheorie wird die Geschwindigkeit als mittlere Größe $v = Q/A$ angesetzt (siehe Formel 3.2).

Während bei Rohrströmungen der Strömungsquerschnitt vorgegeben ist und sich je nach Strömungsverhältnissen und Randbedingungen ein bestimmter Druck einstellt (Kapitel 4), haben Gerinneströmungen als Hauptmerkmal einen variablen Strömungsquerschnitt. Dem variablen Druck entspricht dabei die veränderliche Wasseroberfläche, da Wasserspiegel und Drucklinie identisch sind (siehe Abschnitt 3.5). Damit haben Gerinneströmungen einen zusätzlichen Freiheitsgrad, der die Berechnungen erschwert bzw. aufwendiger gestaltet.

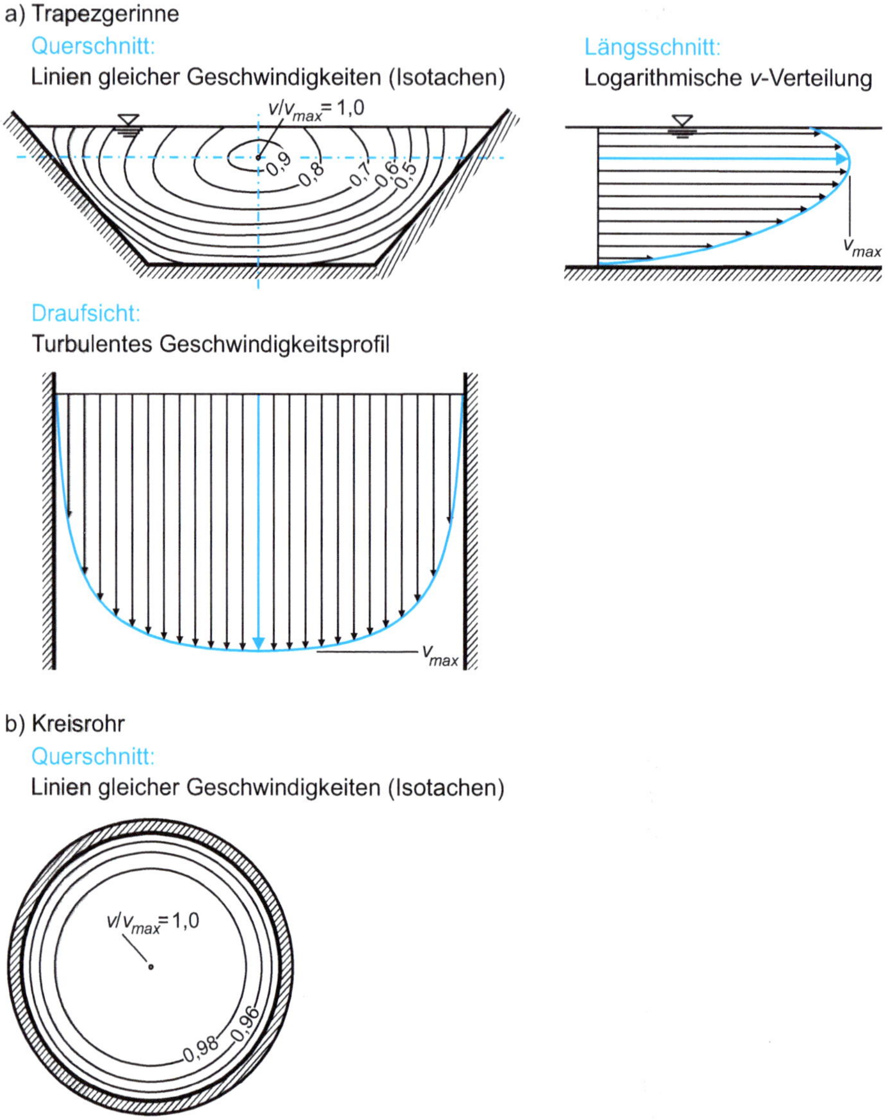


**Bild 6.3** Geschwindigkeitsverteilungen in einem Gerinne mit Trapezquerschnitt im Vergleich zum Kreisrohr

Die Querschnittskenngrößen zur Beschreibung von Gerinneströmungen sind vom Wasserstand $h$ abhängig. Es sind dies die durchflossene Fläche $A$, der benetzte Umfang $U$ sowie die Wasserspiegelbreite $b$. Damit kann der Fließvorgang in einem Gerinneabschnitt mithilfe der in Abschnitt 3.3.3 eingeführten Beziehungen beschrieben werden:

- hydraulischer Radius: $r_{hy} = \frac{A}{U}$ 3.11

- Reynoldszahl: $Re = \frac{v \cdot 4 \cdot r_{hy}}{\nu}$ 3.12

In Bild 6.4 sind beispielhaft verschiedene Gerinnequerschnitte mit den wichtigsten Bezeichnungen dargestellt:

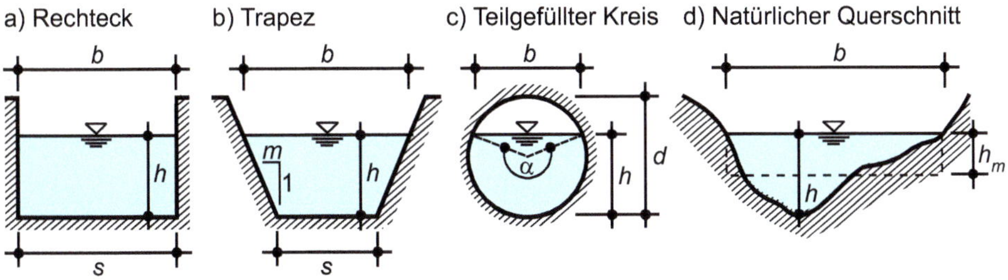


**Bild 6.4** Querschnittsgrößen verschiedener Gerinneprofile

- Für einen Rechteckquerschnitt erhält man mit Bild 6.4a:

$$A = s \cdot h \tag{6.1}$$

$$U = s + 2 \cdot h \tag{6.2}$$

$$r_{hy} = \frac{sh}{s + 2h} = \frac{h}{1 + 2h / s} = \frac{h}{1 + 2h / b} \tag{6.3}$$

- Ein symmetrischer Trapezquerschnitt wird gemäß Bild 6.4b durch folgende Gleichungen beschrieben:

$$A = s \cdot h + m \cdot h^2 \tag{6.4}$$

$$U = s + 2h \cdot \sqrt{1 + m^2} \tag{6.5}$$

$$r_{hy} = \frac{sh + mh^2}{s + 2h \cdot \sqrt{1 + m^2}} \tag{6.6}$$

Wird die Sohlbreite $s$ zu Null, so beschreiben Formel 6.4 bis Formel 6.6 einen gleichseitigen dreieckigen Querschnitt. Für $m$ = 0 gehen sie in Formel 6.1 bis Formel 6.3 über.

- Etwas komplexer sind die geometrischen Verhältnisse beim teilgefüllten Kreisquerschnitt gemäß Formel 6.4c. Die Größe $\alpha$ ist der im Bogenmaß einzusetzende Zentriwinkel zur Erfassung der Wassertiefe:

$$A = \frac{d^2}{8} \cdot (\alpha - \sin \alpha) \tag{6.7}$$

$$U = \frac{d}{2} \cdot \alpha \tag{6.8}$$

$$r_{hy} = \frac{d}{4} \cdot \frac{\alpha - \sin\alpha}{\alpha} \tag{6.9}$$

Der Zentriwinkel $\alpha$ steht in Beziehung mit der bezogenen Wasserspiegelbreite

$$\frac{b}{d} = \sin\frac{\alpha}{2}$$

sowie mit der bezogenen Fließtiefe

$$\frac{h}{d} = \sin^2\left(\frac{\alpha}{4}\right)$$

- Für manche Berechnungen werden sehr breite Gerinne als breites Rechteck angenähert. Mit dieser Annäherung wird ein erster Überblick über die hydraulischen Geschehnisse gewonnen. Mit der mittleren Fließtiefe $h_m$ gemäß Bild 6.4d

$$h_m = \frac{A}{b} \tag{6.10}$$

kann für sehr große Breiten $b$ und damit $h_m/b \rightarrow 0$ in Formel 6.3 eingesetzt der hydraulische Radius erhalten werden zu

$$r_{hy} = \frac{h_m}{1 + 2 \cdot 0} = h_m \tag{6.11}$$

Viele „große" natürliche Gerinnequerschnitte können in guter Näherung als breites Rechteck betrachtet werden.

**Beispiel 6.1**

In einer durchströmten Kreisrohrleitung mit $d$ = 2,0 m liegt die Wassertiefe $h$ = 1,5 m vor. Zu ermitteln ist der hydraulische Radius $r_{hy}$.

Mit der bezogenen Fließtiefe $h/d$ = 0,75 errechnet sich der Zentriwinkel zu

$$\alpha = \left[\arcsin\left(\sqrt{h/d}\right)\right] \cdot 4 = 240°$$

Eingesetzt im Bogenmaß kann mit Formel 6.9 schließlich der hydraulische Radius berechnet werden:

$$r_{hy} = \frac{2{,}0}{4} \cdot \frac{4{,}189 - \sin(4{,}189)}{4{,}189} = 0{,}603 \text{ m}$$

## 6.2 Strömen und Schießen

Stellen Sie sich vor, Sie stehen auf einer Brücke über einem Fluss, werfen einen Stein ins Gewässer und beobachten die weiteren Geschehnisse in der Strömung. Was passiert?

Ausgehend vom Einschlagspunkt eines Steines in ein Gewässer breiten sich kreisförmige Oberflächenwellen aus. In einem stehenden Gewässer sind diese Wellen als konzentrisch sich ausbreitende Kreise zu beobachten (Bild 6.5a). In einem langsam fließenden Fluss „schwimmen" die Wellen mit der Strömung mit, wobei sich ein Teil der exzentrischen Wellenkreise gegen die Fließrichtung bewegt (Bild 6.5b). Bei schnell fließenden Flüssen werden die wiederum exzentrischen Wellenkreise vollständig in Fließrichtung mittransportiert (Bild 6.5d) und „schwimmen" von der Einschlagstelle des Steines davon. Dazwischen gibt es einen Strömungszustand, der durch eine oberwasserseitig stehende Wellenfront auf Höhe der Einschlagstelle des Steins gekennzeichnet ist (Bild 6.5c).

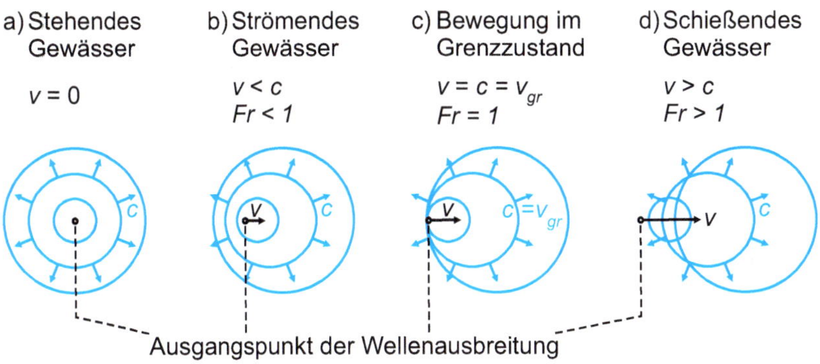


**Bild 6.5** Ausbreitung von Oberflächenwellen

Die Ausbreitungsgeschwindigkeit $c$ der zu beobachtenden Oberflächenwellen, im Fall von Bild 6.5 ausgelöst durch das Werfen des Steines, errechnet sich mit der Wassertiefe $h$ zu

$$c = \sqrt{g \cdot h} \tag{6.12}$$

Durch das Verhältnis der Hauptströmungsgeschwindigkeit $v$ zur Störungsausbreitungsgeschwindigkeit $c$ können die in Bild 6.5 dargestellten Situationen mithilfe der dimensionslosen Kennzahl nach W. FROUDE (1810 - 1879, Schiffsbauer) beurteilt werden:

$$Fr = \frac{v}{c} \tag{6.13}$$

- *Fr* < 1, **strömender Abfluss** (STR): Im Strömen breiten sich Störungswellen sowohl stromaufwärts als auch stromabwärts aus, also mit und gegen die Hauptfließrichtung.
- *Fr* = 1, **Grenzzustand**: Bei Grenzverhältnissen bildet sich eine stationäre Wellenfront aus, die kreisförmigen Wellen schwimmen nicht nach unterstrom ab, sondern werden Richtung stromabwärts größer.
- *Fr* > 1, **schießender Abfluss** (SCH): Im Schießen schwimmen die Störungswellen mit der Hauptströmung vollständig stromabwärts ab, es entsteht eine kegelförmige Wellenfront.

Wie kommt es zu Strömen, Grenzzustand und Schießen? Neben lokal begrenzten Querschnittsänderungen durch Bodenwellen, Wehre oder Pfeiler hängt der Strömungszustand in langgestreckten, also gleichförmigen Gerinneströmungen vom Sohlgefälle $I_S$ ab. Bild 6.6 soll dies verdeutlichen:

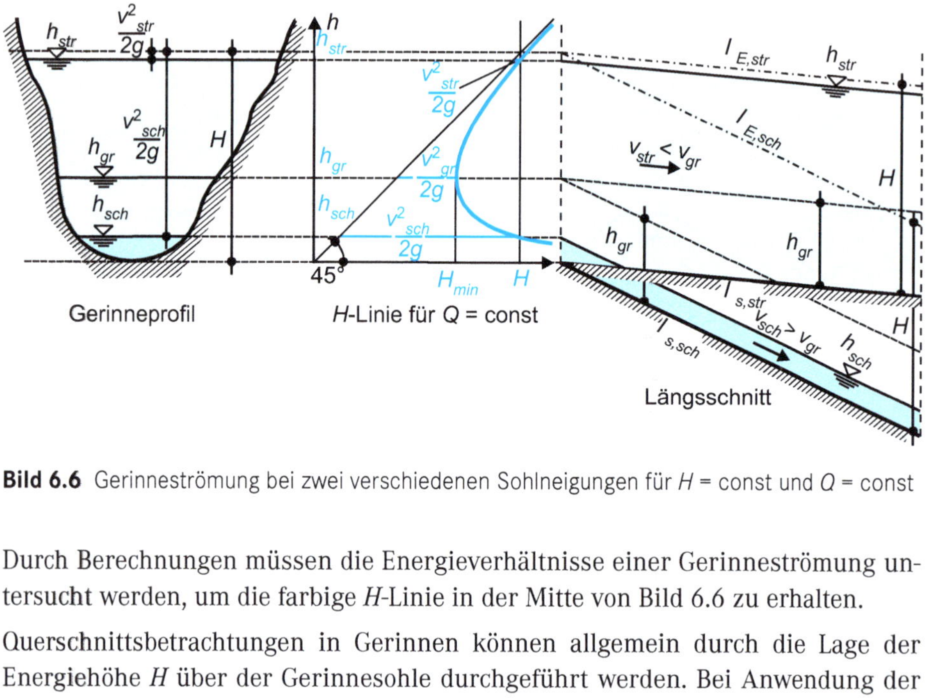


**Bild 6.6** Gerinneströmung bei zwei verschiedenen Sohlneigungen für $H$ = const und $Q$ = const

Durch Berechnungen müssen die Energieverhältnisse einer Gerinneströmung untersucht werden, um die farbige *H*-Linie in der Mitte von Bild 6.6 zu erhalten.

Querschnittsbetrachtungen in Gerinnen können allgemein durch die Lage der Energiehöhe *H* über der Gerinnesohle durchgeführt werden. Bei Anwendung der Bernoulligleichung (Formel 3.14) entfällt damit die Ortshöhe *z* und man erhält die sohlenbezogene Energiehöhe

$$H = h + \frac{v^2}{2g} \tag{6.14}$$

Angewandt auf einen Rechteckquerschnitt wird durch Umformung aus Formel 6.14

$$H = h + \frac{Q^2}{b^2 \cdot h^2 \cdot 2g} \tag{6.15}$$

eine Gleichung 3. Ordnung für die Wassertiefe $h$. Dies führt zu drei Lösungen für $h$ bei gleichbleibenden Werten für $H$ und $Q$. Eine der Lösungen hat einen negativen Wert und ist daher irrelevant. Es bleiben die zwei möglichen Wassertiefen $h_{str}$ und $h_{sch}$ (siehe Bild 6.6) für einen Gewässerquerschnitt bei gleichem Abfluss $Q$ und gleicher sohlenbezogener Energiehöhe $H$. Für $H > H_{min}$ wird $Q$ also mit zwei Wassertiefen abgeführt, bei gleichbleibendem $H$ für $Q < Q_{max}$ gilt dies ebenso.

Mittels $v = Q/A(h)$ und Kurvendiskussion für Formel 6.15 lassen sich die Extremwerte des Gerinneabflusses bestimmen:

$$\frac{\mathrm{d}H}{\mathrm{d}h} = 0 \quad \text{sowie} \quad \frac{\mathrm{d}Q}{\mathrm{d}h} = 0$$

Beide Ansätze liefern unabhängig voneinander für eine minimale Energiehöhe $H_{min}$ und einen maximalen Abfluss $Q_{max}$ die Geschwindigkeit

$$v_{gr} = \sqrt{\frac{g \cdot A}{b}} \tag{6.16}$$

Beim Rechteckquerschnitt entspricht die Grenzgeschwindigkeit $v_{gr}$ der Ausbreitungsgeschwindigkeit $c$ kleiner Störungen (siehe Bild 6.5 sowie Formel 6.12 und Formel 6.13). Unabhängig vom Querschnitt wird die Froudezahl zur Kennzeichnung strömender oder schießender Abflüsse zu

$$Fr = \frac{v}{\sqrt{g \cdot A / b}} \tag{6.17}$$

Bei Grenzverhältnissen ist $v = v_{gr}$ und deshalb $Fr = 1$. Die Wassertiefe, bei der die Extremwerte $H_{min}$ und $Q_{max}$ auftreten, wird als Grenztiefe $h_{gr}$ bezeichnet.

Für jede beliebige Querschnittsform eines Gerinnes sind für vorgegebene Werte von $H$ und $Q$ zwei charakteristische Diagramme darstellbar (Bild 6.7):

a) Für einen gegebenen konstanten Abfluss $Q$ in einem Gerinnequerschnitt ist eine minimale Energiehöhe $H_{min}$ erforderlich (diese $H$-Linie wird auch als spezifische Energielinie bezeichnet).

b) Bei gegebener konstanter Energiehöhe $H$ kann ein maximaler Abfluss $Q_{max}$ erfolgen.

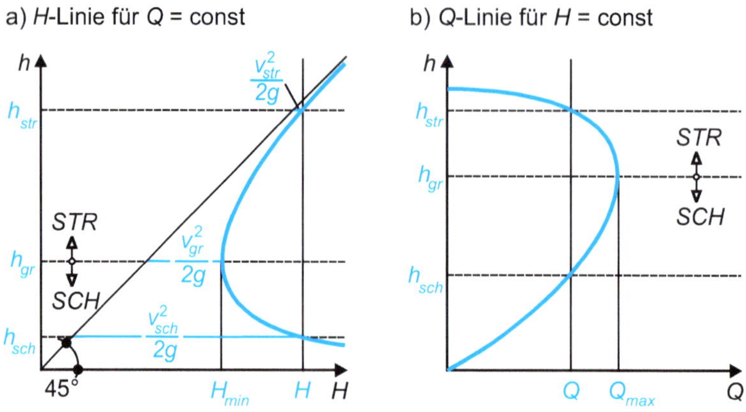


**Bild 6.7** a) *H*-Linie für *Q* = const (spezifische Energielinie) und b) *Q*-Linie für *H* = const

Außerhalb der Grenzverhältnisse kann damit jeder Durchfluss $Q$ unter zwei verschiedenen Wassertiefen $h$ abgeführt werden, eine davon bei strömendem Abfluss (STR) und eine im Schießen (SCH).

**Praxishinweis**

Wird wie in Formel 6.14 die Druckhöhe durch die Wassertiefe $h$ ausgedrückt, dann geschieht dies unter der Voraussetzung paralleler Strombahnen und damit hydrostatischer Druckverteilung. Daher gelten die Zusammenhänge der Formel 6.14 bis Formel 6.16 genau genommen nur für gleichförmige Strömungen (siehe Abschnitt 3.2.2). Für praktische Betrachtungen - wie beispielsweise in manchen Situationen aus Kapitel 7 - ist es aber häufig ausreichend genau, trotz Abweichung von der Gleichförmigkeit von einer hydrostatischen Druckverteilung auszugehen.

## ■ 6.3 Gleichförmige Strömung

Gemäß Formel 3.5 ändert sich bei gleichförmiger Strömung die Geschwindigkeit $v$ entlang einer Fließstrecke $x$ nicht. Für eine Gerinneströmung mit gleichbleibendem Querschnitt und Gefälle liegt damit eine konstante Fließtiefe $h$ vor. Die Energieanteile Druckhöhe und Geschwindigkeitshöhe sind folglich ebenfalls konstant, für den betrachteten Gerinneabschnitt ergibt sich ein einfacher Energieplan. Darin sind die jeweiligen Neigungen gleich groß, also

$$I_S = I_W = I_E \tag{6.18}$$

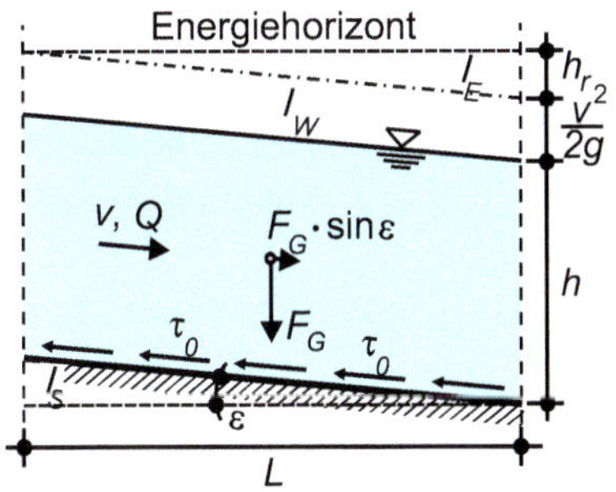


**Bild 6.8**
Gleichförmige Gerinneströmung

In Bild 6.8 sind unter anderem die angreifenden Kräfte eingetragen. Das Kräftegleichgewicht setzt sich aus der Gewichtskraftkomponente in Strömungsrichtung $F_G \cdot \sin\varepsilon$ und der Reibungskraft $F_W$ der Wandschubspannungen $\tau_0$ zusammen:

$$F_G \cdot \sin\varepsilon = \rho g \cdot A \cdot L \cdot \sin\varepsilon \quad \text{und} \quad F_W = \tau_0 \cdot U \cdot L \tag{6.19}$$

Bei gleichmäßig verteilter Wandschubspannung gilt wegen den in Gerinnen sehr geringen Sohlneigungen $I_S \approx \sin\varepsilon$:

$$\tau_0 = \rho g \cdot r_{hy} \cdot I_S \tag{6.20}$$

Wandschubspannung und Sohlgefälle stehen also wegen Formel 4.1, Formel 6.19 und Formel 6.20 in folgender Beziehung zueinander:

$$\tau_0 = \frac{\lambda}{8} \cdot \rho \cdot v^2 \tag{6.21}$$

Formel 6.20 kommt in der Flusshydraulik eine besondere Bedeutung zu, da damit die auf das Sohlmaterial ausgeübte Schleppspannung berechnet wird. Näheres kann der entsprechenden Wasserbauliteratur entnommen werden.

## 6.3.1 Fließformel nach Darcy-Weisbach

In der klassischen Fließformel der Hydraulik von Brahms und De Chezy

$$v = C \cdot \sqrt{r_{hy} \cdot I_E} \tag{6.22}$$

wird mit dem Geschwindigkeitsbeiwert $C$ lediglich der Einfluss der Wandrauheit, nicht jedoch der Fließzustand mit seiner inneren Reibung, beschrieben. Dies gelingt durch Gleichsetzen von Formel 6.20 und Formel 6.21 in Formel 6.23

$$v = \sqrt{\frac{8g}{\lambda}} \cdot \sqrt{r_{hy} \cdot I_E} \tag{6.23}$$

mit $\lambda$ als Reibungszahl der Gerinneströmung und $I_E = I_S$ bei gleichförmiger Strömung. Diese Gleichung wird wegen ihrer Herleitung als Fließformel nach DARCY-WEISBACH oder wegen ihrer Anwendbarkeit in Rohr- und Gerinnehydraulik als universelles Fließgesetz bezeichnet. Die Berechnung von $\lambda$ in der Gerinnehydraulik erfolgt vergleichbar der Rohrhydraulik durch Ansatz von

$$\lambda = \mathrm{f}\left( Re = \frac{v \cdot 4r_{hy}}{\nu}, \frac{k}{4r_{hy}} \right)$$

mit den Formeln 4.8 und 4.9 bzw. mithilfe des MOODY-Diagramms (Bild 4.3). Der hydraulisch glatte Bereich ist in der Gerinnehydraulik nicht relevant. Durch Kombination der Formeln 4.8 und 4.9 mit den allgemeinen Formbeiwerten $f_g$ und $f_r$ (siehe Tabelle 6.1) sowie Formel 6.23 und Einsetzen der Reynoldszahl $Re = v \cdot 4 \cdot r_{hy}/\nu$ kann die Fließformel für offene Gerinne erhalten werden zu

$$v = -4{,}0 \cdot \lg\left( \frac{f_g \cdot \nu}{8r_{hy} \cdot \sqrt{2g \cdot r_{hy} \cdot I_E}} + \frac{k}{f_r \cdot 4r_{hy}} \right) \cdot \sqrt{2g \cdot r_{hy} \cdot I_E} \tag{6.24}$$

In Formel 6.24 ist der Reibungsbeiwert $\lambda$ implizit enthalten und die Berechnung kann ohne Iteration durchgeführt werden. Orientierungsgrößen für die Rauheit $k$ für einige typische künstliche und natürliche offene Gerinne sind in Tabelle 6.2 aufgelistet.

Formbeiwerte $f_g$ und $f_r$ für unterschiedliche Gerinneformen und für das Kreisrohr wurden von LESKE [19] zusammengestellt.

**Tabelle 6.1** Formbeiwerte (nach [19])

| Gerinneform | $f_g$ | $f_r$ |
|---|---|---|
| Breites Rechteck | 3,05 | 3,05 |
| Rechteck, Mittelwert | 2,90 | 3,20 |
| Trapez, Mittelwert | 2,90 | 3,16 |
| Halbkreis, $h = d/2$ | 2,60 | 3,60 |
| Kreisrohr | 2,51 | 3,71 |

## 6.3.2 Fließformel nach Gauckler-Manning-Strickler

Die wegen ihrer einfachen Handhabung weit verbreitete empirische Gleichung zur Gerinnebemessung ist die Fließformel nach GAUCKLER-MANNING-STRICKLER (A. STRICKLER, 1887 - 1963, Wasserbauingenieur):

$$v = k_{St} \cdot r_{hy}^{2/3} \cdot I_E^{1/2} \tag{6.25}$$

Darin ist die Größe $k_{St}$ (in $m^{1/3}/s$) der STRICKLER-Beiwert für die Gerinnerauheit. Dessen „krumme“ Dimension zeigt die Empirie deutlich an.

Typische STRICKLER-Beiwerte $k_{St}$ für offene Gerinne sind in Tabelle 6.2 zusammengefasst. Der Vorteil für die Berechnungspraxis liegt darin, dass die $k_{St}$ -Werte das Gerinne mehr oder weniger unabhängig von der variablen Wassertiefe $h$ beschreiben. Dies gilt insbesondere für den hydraulisch rauen Bereich, der in Gerinneströmungen meistens gegeben ist. Einige Richtwerte für den $k_{St}$-Beiwert sind:

- glatte Gerinne, z.B. sehr glatter Beton: $k_{St} \approx 100$
- Erdgerinne, Flussbetten: $k_{St} \approx 30$ bis 40
- sehr raue Gerinne, z.B. Wildbäche: $k_{St} \approx 20$

**Tabelle 6.2** Rauheiten und Rauheitsbeiwerte für Gerinne

| Art | Material, Form, Zustand | $k$ in mm | $k_{St}$ in $m^{1/3}/s$ |
|---|---|---|---|
| Natürliches Gewässer | sehr grober Felsausbruch | 800 bis 1500 | 15 bis 20 |
| | mittelgrober Felsausbruch | 500 bis 800 | 25 bis 30 |
| | gut nachgearbeiteter Felsausbruch | bis 500 | 30 bis 35 |
| | Steinschüttung | 200 bis 300 | 30 |
| | mittlerer bis grober Kies | 90 | 35 |
| | regelmäßiger Erdkanal, mittlerer Kies | 35 bis 40 | 40 |
| Beton | Betonplatten, alter Beton mit offenen Fugen | 20 | 45 bis 50 |
| | unverputzter Beton, alte Holzschalung | 6 | 60 |
| | Beton aus fugenloser Holzschalung | 1,5 bis 2,0 | 70 bis 75 |
| | gut geschalter Beton, hoher Zementgehalt | 0,8 | 80 |
| | geglätteter Beton | 0,4 | 90 |
| | Zementglattstrich, Stahlschalung | 0,1 bis 0,3 | 100 |
| Gemauerter Kanal | grobes Bruchsteinmauerwerk | 20 | 50 |
| | Haustein- und Quadermauerwerk | 1,5 bis 6,0 | 60 bis 80 |
| | Ziegel, Klinker | 1,5 bis 2,0 | 80 |
| Holz | ungehobelt | 1,5 | 75 |
| | gehobelt | 0,4 bis 0,6 | 85 bis 90 |
| | gehobelt, neu | 0,1 bis 0,3 | 90 bis 100 |
| Stahl | neu | 0,03 bis 0,06 | 100 |

Zwischen den beiden Rauheitskenngrößen $k$ und $k_{St}$ besteht der folgende aus Versuchen ermittelte Zusammenhang, wobei $k$ hier in Meter einzusetzen ist.

$$k_{St} = \frac{26}{k^{1/6}} \tag{6.26}$$

**Praxishinweis**

Formel 6.25 nach GAUCKLER-MANNING-STRICKLER (GMS) hat sich auf der Basis einer Vielzahl von Feldmessungen seit mehr als 100 Jahren in der Gerinnehydraulik bewährt. Geprägt durch einen immensen Erfahrungsschatz und vielfache pragmatische Anwendungen hat sich diese Gleichung in der Gerinnehydraulik durchgesetzt gegenüber der theoretisch basierten Formel 6.23. Beachtenswert ist die unterschiedliche Abhängigkeit vom hydraulischen Radius $r_{hy}{}^{2/3}$, im Gegensatz zur Gleichung nach DARCY-WEISBACH mit $r_{hy}{}^{1/2}$.

In der internationalen Literatur wird als Rauheitsgröße häufig der MANNING-Beiwert mit $n = 1/k_{St}$, also die Inverse zum STRICKLER-Beiwert, eingesetzt (R. MANNING, 1816 - 1897, Ingenieur).

## 6.3.3 Normalabfluss

Der Abflusszustand einer gleichförmigen Gerinneströmung wird als Normalabfluss bezeichnet, die zugehörige Wassertiefe ist die Normalwassertiefe $h_n$ oder ungestörte Wassertiefe. Diese stellt sich bei gleichbleibenden Querschnitts- und Rauheitsbedingungen in einem genügend langen Gerinne ein. In diesem Fall entspricht die Neigung der Energielinie dem Sohlgefälle (Formel 6.18), und $I_S$ wird direkt in die Fließformeln der Formeln 6.24 und 6.25 eingesetzt. Da auch die Kontinuitätsbedingung nach Formel 3.13 eingehalten werden muss, ergeben sich zwei Ausdrücke für $v$, aus denen die gesuchten Größen iterativ errechnet werden. Nach DARCY-WEISBACH (Formel 6.24) erhält man zur Berechnung des Normalabflusses

$$v = -4{,}0 \cdot \lg\left(\frac{f_g \cdot \nu}{8 r_{hy} \cdot \sqrt{2g \cdot r_{hy} \cdot I_S}} + \frac{k}{f_r \cdot 4 r_{hy}}\right) \cdot \sqrt{2g \cdot r_{hy} \cdot I_S} = \frac{Q}{A} \tag{6.27}$$

Der deutlich gebräuchlichere Ansatz mit der Fließformel nach GAUCKLER-MANNING-STRICKLER liefert den Normalabfluss mit

$$v = k_{St} \cdot r_{hy}^{2/3} \cdot I_S^{1/2} = \frac{Q}{A} \tag{6.28}$$

**Beispiel 6.2**

In einem Kanal mit symmetrischem Trapezquerschnitt (Böschungsneigung 1:$m$ = 1:1, Sohlbreite $s$ = 3,0 m) und dem Sohlgefälle von $I_S$ = 0,1 % sollen gemäß Wassermengenermittlung $Q$ = 10 m³/s bei einer Temperatur von $T$ = 10 °C (und damit $\nu = 1{,}31 \cdot 10^{-6}$ m²/s) abfließen. Gesucht sind die Normalwassertiefe und die Fließart. Für die Wandung aus Beton, geschalt mit altem und grobem Holz, wird die Rauheit mit $k$ = 10 mm angesetzt.

Die Berechnung mit Formel 6.27 gelingt ausgehend von einem beliebigen Startwert für die Wassertiefe, z. B. $h$ = 1 m. Daraus ergeben sich mit Formel 6.4, Formel 6.5 und Formel 6.6 die Querschnittsgrößen und folglich die Geschwindigkeiten mit der Fließformel nach DARCY-WEISBACH sowie gemäß Kontinuitätsbedingung. Da die beiden Geschwindigkeiten nur dann gleich sind, wenn die richtige Wassertiefe vorliegt, muss $h$ iterativ angepasst werden. Dies gelingt durch Ausprobieren oder „automatisiert“:

$$A = \frac{Q}{v_{mittel}} \Rightarrow h_{neu} = \frac{Q \cdot 2}{\left(v(k) + v(Q/A) \cdot (s + m \cdot h_{alt})\right)}$$

Daraus ergibt sich der iterative Berechnungsablauf nach Tabelle 6.3.

**Tabelle 6.3** Iterative Berechnung der Normalwassertiefe $h_n$ mit $v(k)$ (Formel 6.27)

| | Iterationsschritt Nr. | | | | | |
|---|---|---|---|---|---|---|
| Parameter | 1 | 2 | 3 | 4 | 5 | 6 |
| $h$ in m | 1 | 1,294 | 1,392 | 1,407 | 1,408 | **1,408** |
| $A$ in m² | 4 | 5,559 | 6,115 | 6,199 | 6,208 | 6,209 |
| $U$ in m | 5,828 | 6,661 | 6,938 | 6,979 | 6,983 | 6,984 |
| $r_{hy}$ in m | 0,686 | 0,834 | 0,881 | 0,888 | 0,889 | 0,889 |
| $v(Q/A)$ in m/s | 2,5 | 1,799 | 1,635 | 1,613 | 1,611 | **1,611** |
| $v(k)$ in m/s | 1,363 | 1,546 | 1,602 | 1,610 | 1,611 | **1,611** |

Die gesuchte Normalwassertiefe beträgt somit unter den gegebenen Randbedingungen mit Formel 6.27 $h_n$ = 1,408 m.

Auf vergleichbarem Weg verläuft die Berechnung gemäß Formel 6.28. Der STRICKLER-Beiwert errechnet sich mit Formel 6.26 zu

$$k_{St} = \frac{26}{k^{1/6}} = \frac{26}{0{,}01^{1/6}} = 56$$

Wiederum händisch bzw. „automatisiert“ mit dem untenstehenden Verbesserungsansatz für $h$ ergibt sich der folgende iterative Berechnungsablauf:

$$A = \frac{Q}{v_{mittel}} \Rightarrow h_{neu} = \frac{Q \cdot 2}{\left(v(k_{St}) + v(Q/A) \cdot (s + m \cdot h_{alt})\right)}$$

**Tabelle 6.4** Iterative Berechnung der Normalwassertiefe $h_n$ mit $v(k_{St})$ (Formel 6.28)

| | Iterationsschritt Nr. | | | | | |
|---|---|---|---|---|---|---|
| Parameter | 1 | 2 | 3 | 4 | 5 | 6 |
| $h$ in m | 1 | 1,289 | 1,381 | 1,394 | 1,395 | **1,395** |
| $A$ in m² | 4 | 5,530 | 6,053 | 6,126 | 6,133 | 6,134 |
| $U$ in m | 5,828 | 6,647 | 6,907 | 6,943 | 6,947 | 6,947 |
| $r_{hy}$ in m | 0,686 | 0,832 | 0,876 | 0,882 | 0,883 | 0,883 |
| $v(Q/A)$ in m/s | 2,5 | 1,808 | 1,652 | 1,632 | 1,630 | **1,630** |
| $v(k)$ in m/s | 1,378 | 1,567 | 1,622 | 1,629 | 1,630 | **1,630** |

Die gesuchte Normalwassertiefe beträgt somit unter den gegebenen Randbedingungen mit Formel 6.28 $h_n$ = 1,395 m.

Die Fließart erhält man mit der Froudezahl $Fr$ (Formel 6.17). Die Wasserspiegelbreite errechnet sich zu $b = s + 2 \cdot m \cdot h = 3{,}0 + 2 \cdot 1 \cdot 1{,}395 = 5{,}79$ m.

$$Fr = \frac{v}{\sqrt{g \cdot A/b}} = \frac{1{,}63}{\sqrt{g \cdot 6{,}13/5{,}79}} = 0{,}51$$

Damit ist $Fr < 1$ und es liegt strömender Abfluss im gegebenen Trapezgerinne unter den genannten Randbedingungen vor.

**Praxishinweis**

Ein Gerinneprofil ist hydraulisch günstig, wenn bei gegebenem Querschnitt $A$ der benetzte Umfang $U$ minimal, der hydraulische Radius $r_{hy}$ also möglichst groß wird und damit die Verluste möglichst klein werden. Dies ist optimal bei einem Halbkreisprofil. Sollten andere Querschnitte hydraulisch optimiert werden, dann muss ein Halbkreis möglichst gut einbeschrieben werden können.

**Aufgabe 6.1**

Der Wasserdurchlass unter einer Straße hat einen rechteckigen Querschnitt der Gesamthöhe 1,5 m. Berechnen Sie unter stationär gleichförmigen Bedingungen bei $Q$ = 1200 l/s, $I_S$ = 2‰, $k_{St}$ = 40 m$^{1/3}$/s und einem Freibord $f$ = 0,5 m die erforderliche Breite $b$ des Gerinnes.

## 6.4 Grenzverhältnisse

Bei in Strömungsrichtung veränderlichen Gerinneverhältnissen kann die Fließart (STR oder SCH) wechseln und dabei der Grenzzustand durchlaufen werden (siehe Bild 6.7). Dieser kann berechnet werden. Bei unregelmäßigen Gerinnequerschnitten müssen die Grenzgrößen $h_{gr}$, $v_{gr}$ sowie $H_{min}$ iterativ ermittelt werden. Bei Fließquerschnitten mit gegebener Funktion $A(h)$ lassen sich diese Größen analytisch bestimmen. Am einfachsten zu erfassen sind die Grenzverhältnisse am Rechteckquerschnitt der Breite $b$. Hier ist die Wassertiefe $h$ über den Querschnitt konstant. Das Energieminimum $H_{min}$ für den Rechteckquerschnitt erhält man mit der Bedingung:

$$\frac{\mathrm{d}H}{\mathrm{d}h} = 1 - \frac{2 \cdot Q^2}{b^2 \cdot 2g} \cdot h^{-3} = 0 \qquad (6.29)$$

Daraus ergibt sich die Grenztiefe $h_{gr}$ für den Rechteckquerschnitt zu

$$h_{gr} = \sqrt[3]{\frac{Q^2}{b^2 \cdot g}} \qquad (6.30)$$

Die zugehörige Grenzgeschwindigkeit $v_{gr}$ lässt sich mit der Kontinuitätsbedingung ermitteln:

$$v_{gr} = \sqrt{g \cdot h_{gr}} \qquad (6.31)$$

Das Minimum der sohlenbezogenen Energiehöhe $H_{min}$ ergibt sich aus den vorstehenden Ergebnissen für Rechteckquerschnitte zu

$$H_{min} = \frac{3}{2} \cdot h_{gr} \qquad (6.32)$$

Für andere in der Wasserwirtschaft wichtige Querschnittsformen sind die Ansätze für die Grenztiefe $h_{gr}$, die Grenzgeschwindigkeit $v_{gr}$ sowie die minimale Energiehöhe $H_{min}$ in Tabelle 6.5 zusammengestellt.

Die Größen für Rechteck- und Dreieckquerschnitte können direkt ausgerechnet werden, im Falle des Trapezquerschnitts muss Formel 6.36 iterativ berechnet werden. Für den teilgefüllten Kreisquerschnitt ist zunächst der Zentriwinkel $\alpha_{gr}$ (im Bogenmaß) mit Formel 6.42 zu ermitteln, danach können die Formeln 6.39 bis 6.41 gelöst werden.

Der Grenzzustand in einem Gerinne ist also nur von der Belastung $Q$ und der Querschnittsform und -geometrie abhängig, nicht jedoch von der Sohlneigung $I_S$ des Gerinneabschnitts.

**Tabelle 6.5** Grenzverhältnisse für verschiedene Querschnittsformen

| Querschnittsform | Grenztiefe $h_{gr}$ in m | Grenzgeschwindigkeit $v_{gr}$ in m/s | Minimale Energiehöhe $H_{min}$ in m |
|---|---|---|---|
| Rechteck | Formel 6.30 | Formel 6.31 | Formel 6.32 |
| Dreieck | $\sqrt[5]{\frac{Q^2}{m^2 \cdot g}}$ (6.33) | $\sqrt{\frac{1}{2} \cdot g \cdot h_{gr}}$ (6.34) | $\frac{5}{4} \cdot h_{gr}$ (6.35) |
| Trapez | $\frac{\sqrt[3]{\frac{Q^2}{g} \cdot (s+2 \cdot m \cdot h_{gr})}}{s+m \cdot h_{gr}}$ (6.36) | $\sqrt{\frac{g \cdot h_{gr} \cdot \left(1+m \cdot \frac{h_{gr}}{s}\right)}{1+2 \cdot m \cdot \frac{h_{gr}}{s}}}$ (6.37) | $\frac{3+5 \cdot m \cdot \frac{h_{gr}}{s}}{2 \cdot \left(1+2 \cdot m \cdot \frac{h_{gr}}{s}\right)}$ (6.38) |
| Teilgefüllter Kreisquerschnitt | $d \cdot \sin^2\left(\frac{\alpha_{gr}}{4}\right)$ (6.39) | $\sqrt{\frac{g \cdot d \cdot (\alpha_{gr} - \sin \alpha_{gr})}{8 \cdot \sin \frac{\alpha_{gr}}{2}}}$ (6.40) | $d \cdot \left(\frac{1}{2} - \frac{5 \cdot \cos \frac{\alpha_{gr}}{2}}{8} + \frac{\alpha_{gr}}{16 \cdot \sin \frac{\alpha_{gr}}{2}}\right)$ (6.41) |
| | wobei $\alpha_{gr}$ mit Formel 6.42 implizit zu bestimmen ist: $\frac{(\alpha_{gr} - \sin \alpha_{gr})^3}{\sin \frac{\alpha_{gr}}{2}} = \frac{512 \cdot Q^2}{g \cdot d^5}$ (6.42) | | |

**Beispiel 6.3**

Eine kreisförmige Abwasserleitung der Neigung $I_S$ = 7 ‰ und mit Durchmesser $d$ = 1,0 m wird mit dem Durchfluss $Q$ = 0,85 m³/s durchströmt. Die Rauheit des verwendeten Betonrohrs ist durch den STRICKLER-Beiwert mit $k_{St}$ = 75 $m^{1/3}/s$ anzusetzen. Gesucht sind die Normalwassertiefe, die Strömungsgeschwindigkeit, die spezifische Energiehöhe und die Fließart. Ferner sollen die Grenztiefe, die Grenzgeschwindigkeit, die minimale Energiehöhe sowie das Gefälle, bei dem sich Grenzverhältnisse einstellen würden, berechnet werden.

Mit dem Ansatz für den Normalabfluss (Formel 6.28) können mit den Formeln 6.7 bis 6.9 die Querschnittsgrößen und Strömungsverhältnisse der gleichförmigen Bewegung im teilgefüllten Kreisrohr ermittelt werden. Dies geschieht tabellarisch (Tabelle 6.6) durch Einsetzen und händisches Anpassen der Wassertiefe $h$:

**Tabelle 6.6** Iterative Berechnung der Normalwassertiefe mit $v(k_{St})$

| | Iterationsschritt Nr. | | | | |
|---|---|---|---|---|---|
| Parameter | 1 | 2 | 3 | 4 | 5 |
| $h$ in m | 0,6 | 0,5 | 0,45 | 0,46 | **0,461** |
| $\alpha$ in ° | 203,1 | 180 | 168,5 | 170,8 | 171,05 |
| A in m² | 0,492 | 0,393 | 0,343 | 0,353 | 0,354 |
| $r_{hy}$ in m | 0,278 | 0,250 | 0,233 | 0,237 | 0,237 |
| $v(Q/A)$ in m/s | 1,728 | 2,165 | 2,480 | 2,410 | **2,403** |
| $v(k_{St})$ in m/s | 2,671 | 2,490 | 2,377 | 2,401 | **2,403** |

Bei einer Normalwassertiefe von $h$ = 0,461 m ergibt sich somit die Geschwindigkeit $v$ = 2,403 m/s. Die spezifische, sohlenbezogene Energiehöhe beträgt daher $H$ = 0,755 m. Da sich die Froudezahl zu $Fr$ = 1,3 (und damit > 1,0) errechnet, liegt ein schießender Strömungszustand vor.

Die Grenzverhältnisse erhält man, indem zunächst der Grenzzentriwinkel $\alpha_{gr}$ ermittelt wird. Auf der rechten Seite von Formel 6.42 errechnet sich

$$\frac{512 \cdot Q^2}{g \cdot d^5} = 37{,}708$$

und auf der linken Seite (z. B. durch Probieren)

$$\alpha_{gr} = 186{,}03°$$

Formel 6.39 bis Formel 6.41 liefern schließlich $h_{gr}$ = 0,526 m, $v_{gr}$ = 2,029 m/s und $H_{min}$ = 0,736 m. Das gesuchte Grenzgefälle ist damit unter Berücksichtigung des hydraulischen Radius von $r_{hy}$ = 0,258 m

$$I_{S,gr} = \left( \frac{v_{gr}}{k_{St} \cdot r_{hy}^{2/3}} \right)^2 = 0{,}00446 = 4{,}46\ ‰$$

■

Zur Beurteilung des Fließzustandes einer Strömung existieren neben der Froudezahl $Fr$ verschiedene weitere Kriterien, wie auch die Ergebnisse in Beispiel 6.3 zeigen:

- Strömen: Tiefe $h > h_{gr}$; Geschwindigkeit $v < v_{gr}$; Gefälle $I_S < I_{S,gr}$
- Grenzzustand: Tiefe $h = h_{gr}$; Geschwindigkeit $v = v_{gr}$; Gefälle $I_S = I_{S,gr}$
- Schießen: Tiefe $h < h_{gr}$; Geschwindigkeit $v > v_{gr}$; Gefälle $I_S > I_{S,gr}$

**Aufgabe 6.2**

Für den Trapezquerschnitt aus Beispiel 6.2 sollen die Grenzverhältnisse bestimmt werden.

■

# ■ 6.5 Fließwechsel

Die Fließzustände Strömen und Schießen bleiben nur bei gleichförmiger Strömung, also bei Normalabfluss, unverändert. Ändert sich dagegen

- die Gerinneneigung $I_S$,
- die Gerinnerauheit $k$ oder $k_{St}$,
- die Querschnittsgeometrie $A$,
- der Gerinneabfluss $Q$,

dann passen sich das Strömungsgeschehen und damit der Normalabflusszustand an. Werden dabei die Grenzverhältnisse durchlaufen, dann liegt ein Fließwechsel vor. Beim Übergang

- vom Strömen zum Schießen geschieht dies kontinuierlich durch allmähliche Anpassung an die veränderte Situation (siehe Bild 6.2, Bereich 2 - 3),
- vom Schießen zum Strömen ergibt sich aufgrund der physikalischen Zusammenhänge eine sprunghafte Änderung des Fließzustandes (siehe Bild 6.2, Bereich 6).

Bei Änderung der Strömungsverhältnisse ohne Fließwechsel vollzieht sich der Übergang sowohl im Strömen als auch im Schießen allmählich. Der Wasserspiegel passt sich also entlang einer Übergangsstrecke „langsam“ an die Situation an.

## 6.5.1 Vom strömenden zum schießenden Abfluss

Der Übergang vom strömenden zum schießenden Abfluss verläuft unkompliziert und hydraulisch unproblematisch durch allmähliche Anpassung des Wasserspiegelverlaufs (Bild 6.9). Dabei wird der Grenzzustand näherungsweise an der Änderungsstelle (Knickstelle) durchlaufen.

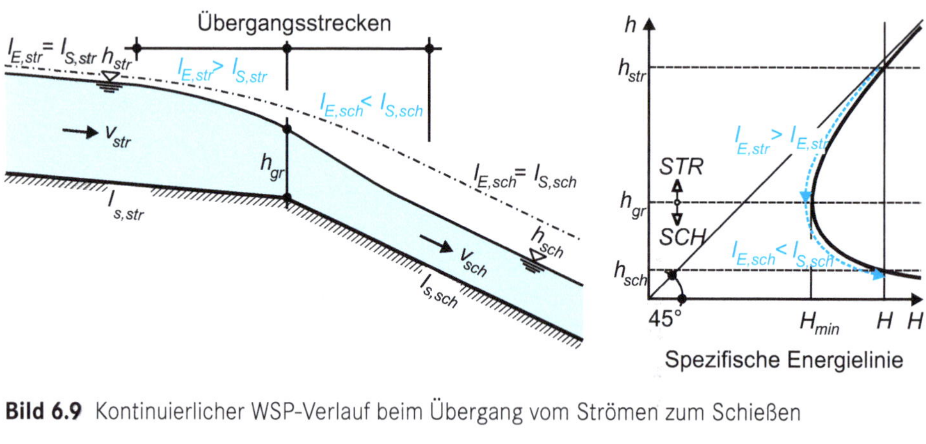


**Bild 6.9** Kontinuierlicher WSP-Verlauf beim Übergang vom Strömen zum Schießen

Mithilfe der spezifischen Energielinie lässt sich der Wasserspiegelverlauf vom Strömen zum Schießen nachvollziehen. Ausgehend von der Wassertiefe bei strömendem Abfluss $h_{str}$ senkt sich der Wasserspiegel relativ zur Sohle bei Annäherung an die Knickstelle. Bei konstantem Abfluss $Q$ nimmt dadurch die Geschwindigkeit $v$ zu, dadurch steigt der Reibungsverlust pro Fließmeter und die Energielinie sinkt relativ zur Sohle, $I_{E,str} > I_{S,str}$. Nach der Änderungsstelle beschleunigt die Strömung im Schießen, bis sich konstante Verhältnisse, also Normalabfluss, eingestellt haben. Das Energieliniengefälle ist in diesem Übergangsbereich geringer als die Sohlneigung, also $I_{E,sch} < I_{S,sch}$, da die sohlenbezogene Energiehöhe $H$ seit $H_{min}$ wieder zunimmt.

**Aufgabe 6.3**

In einem Gerinne mit gleich bleibender Sohlneigung $I_S$ ändert sich die Rauheit an einer Stelle von $k_{St1}$ auf $k_{St2}$. Muss die Rauheit $k_{St2} < k_{St1}$ oder $k_{St2} > k_{St1}$ werden, damit sich ein Übergang vom Strömen zum Schießen mit kontinuierlichem WSP-Verlauf einstellt?

## 6.5.2 Vom schießenden zum strömenden Abfluss

Der Übergang vom schießenden zum strömenden Abfluss ist wesentlich komplexer und erfordert wegen seiner Auswirkungen und Ausprägungen eine entsprechend detaillierte Bearbeitung. Dies wird durch die nachfolgende Betrachtung deutlich:

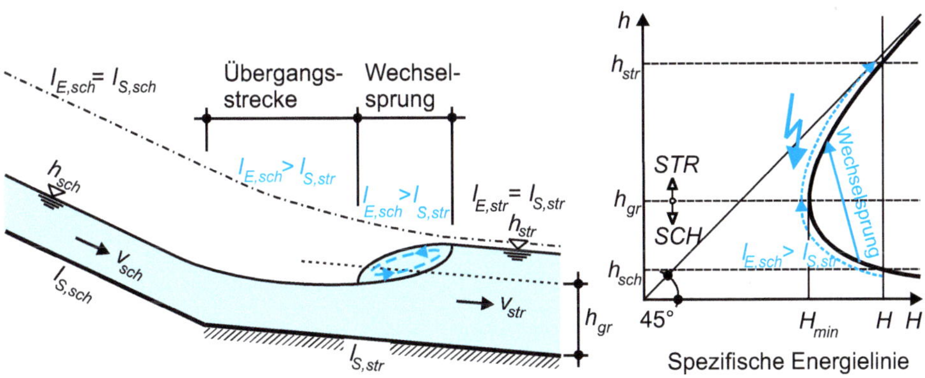


**Bild 6.10** WSP-Verlauf mit Wechselsprung beim Übergang vom Schießen zum Strömen

Die Strömung gelangt im schießenden Abfluss zur Knickstelle und tritt in diesem Fließzustand in den flacheren, eigentlich einen strömenden Abfluss bedingenden Bereich ein. Die Übergangsstrecke ist durch eine relativ zur Sohle sinkende Energiehöhe gekennzeichnet, also $I_{E,sch} > I_{S,str}$. Der Grund dafür ist der sogenannte Reibungsstau im erzwungenen schießenden Fließzustand (siehe Bild 6.2, Bereich 5). Stiege der Wasserstand bis zur Grenztiefe $h_{gr}$ an, dann wäre hier die minimale Energiehöhe $H_{min}$ erreicht. Ab hier müsste die Energiehöhe $H$ bei weiter zunehmender Wassertiefe wieder ansteigen, wie aus der spezifischen Energielinie in Bild 6.10 entnommen werden kann. Dies würde allerdings eine kleinere Energiehöhe als $H_{min}$ erfordern. Da dieser kontinuierliche Wassertiefenanstieg nicht möglich ist, muss der Bereich der Grenztiefe „übersprungen" werden.

## 6.5.3 Wechselsprung

Die in Abschnitt 6.5.2 beschriebene nahezu sprunghafte Änderung der Wassertiefen heißt Wechselsprung. Der Wechselsprung besteht aus einer Deckwalze, in der starke Verwirbelungen des Wasser-Luft-Gemisches auftreten. Die genaue Lage und Ausprägung des Wechselsprungs sind von den Unterwasserverhältnissen im Vergleich zur ankommenden Strömung abhängig. Beim Hineinschießen des Wassers in die größere und damit langsamer fließende Unterwassertiefe im flacher geneigten Bereich treten zusätzliche Stoß- und Mischverluste auf.

Der in Bild 6.10 und Bild 6.11 gezeigte Wechselsprung ist mit einer freien Deckwalze dargestellt. Diese Erscheinungsform des Wechselsprungs setzt allerdings eine Froudezahl am Beginn des Wechselsprungs von $Fr_1 > 1{,}7$ voraus, also eine stark schießende Strömung. Für schwach schießende Vorgänge mit $1{,}0 < Fr_1 < 1{,}7$ entsteht statt der freien Deckwalze ein gewellter Abfluss als Übergang vom Schießen zum Strömen. Bei Froudezahlen $4{,}5 < Fr_1 < 9$ treten die stabilsten Wechselsprünge auf, bei $2{,}5 < Fr_1 < 4{,}5$ kommt es zu einer zusätzlichen Wellenbildung im Unterwasser, bei $Fr_1 > 9$ ergibt sich eine sehr raue Wasseroberfläche. Weitere differenzierende Betrachtungen der Deckwalzenausprägungen sind der einschlägigen Wasserbauliteratur zu entnehmen.

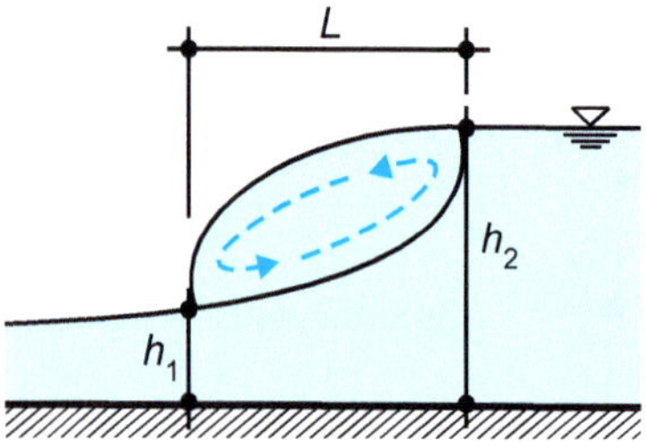


**Bild 6.11**
Wechselsprung mit freier Deckwalze bei strömendem Normalabfluss

Wegen der auftretenden Energiehöhenverluste muss der Wechselsprung mithilfe des Stützkraftansatzes berechnet werden. Für einen Wechselsprung im Rechteckgerinne bei horizontaler Sohle und konstanter Breite $b$ (Bild 6.11) erhält man mit der Kontinuitätsbedingung

$$v_1 \cdot h_1 = v_2 \cdot h_2$$

und dem Stützkraftansatz bei Abfluss pro Breitenmeter $q = Q/b$

$$q \cdot (v_2 - v_1) = g \cdot \frac{h_1^2 - h_2^2}{2}$$

sowie durch Einführung der beiden Froudezahlen $Fr_1$ und $Fr_2$ die beiden Gleichungen zur Berechnung der unterstromigen und oberstromigen Wassertiefen $h_1$ und $h_2$:

$$h_1 = \frac{h_2}{2} \cdot \left(\sqrt{1 + 8 \cdot Fr_2^2} - 1\right) \tag{6.43}$$

$$h_2 = \frac{h_1}{2} \cdot \left(\sqrt{1 + 8 \cdot Fr_1^2} - 1\right) \tag{6.44}$$

Diese Gleichungen gelten zwar streng genommen nur für Rechteckgerinne, werden aber allgemein als Wechselsprungformeln bezeichnet. Für andere Querschnittsformen muss der Stützkraftansatz entsprechend angesetzt und bilanziert werden. Da die beiden Größen $h_1$ und $h_2$ voneinander abhängig sind, werden sie auch konjugierte Wassertiefen genannt.

Zur Dimensionierung von sogenannten Tosbecken (siehe Abschnitt 6.5.4) benötigt man die Länge $L$ des Wechselsprungs. Wegen der komplexen inneren Vorgänge mit der freien Deckwalze oder dem gewellten Abfluss konnte bisher jedoch keine sinnvolle physikalische Beschreibung des Geschehens erfolgen. Aus vielen Versuchen hat CHOW [5] folgende Gleichung zur Längenberechnung für einen Wechselsprung im Rechteckkanal ermittelt:

$$L = 220 \cdot h_1 \cdot \tanh\left(\frac{Fr_1 - 1}{22}\right) \tag{6.45}$$

Die Energieverlusthöhe $\Delta h_{e,W}$ im Wechselsprung kann durch Energiehöhenvergleich mittels Wassertiefe und Geschwindigkeitshöhe am Beginn und Ende des Wechselsprungs erhalten werden. Drückt man die Geschwindigkeitshöhen mithilfe des Stützkraftansatzes durch die Wassertiefen aus, so wird daraus

$$\Delta h_{e,W} = \frac{(h_2 - h_1)^3}{4 \cdot h_1 \cdot h_2} \tag{6.46}$$

### 6.5.4 Tosbecken

Ein Tosbecken hat die Aufgabe, eine gezielte Energiehöhenverringerung am Ende eines schießenden Abflusses an einer vorbestimmten Stelle zu ermöglichen. Das Becken soll einen problemlosen Energieabbau ermöglichen und den Wechselsprung darin „festhalten“. Das Tosbecken wird dazu oftmals etwas eingetieft, um ein „Ausblasen“ des Wechselsprungs zu verhindern.

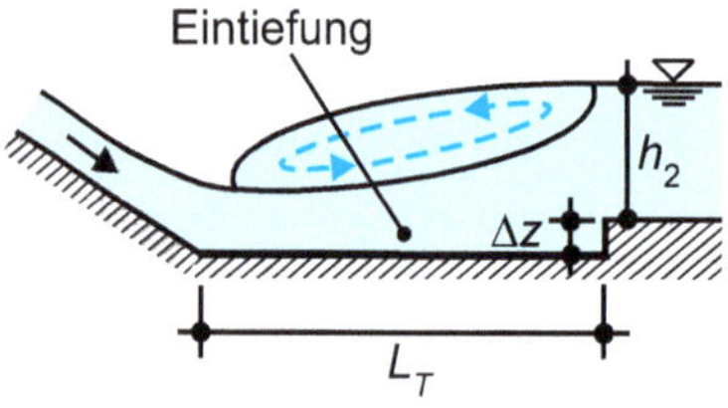


**Bild 6.12**
Tosbecken mit Eintiefung

Die Eintiefung $\Delta z$ (Bild 6.12) soll abhängig von der Wassertiefe $h_2$ am Ende des Wechselsprungs (Formel 6.47) in folgender Größenordnung liegen:

$$0{,}05 \cdot h_2 \leq \Delta z \leq 0{,}025 \cdot h_2 \tag{6.47}$$

Anstelle einer Eintiefung kann auch eine Endschwelle den erforderlichen Rückhalt des Wechselsprungs bewirken.

Da die Wechselsprunglänge nur überschlägig nach Formel 6.45 ermittelt werden kann und zudem unterschiedliche Auffassungen über das Ende des Wechselsprungs existieren, erfolgt die Festlegung der Tosbeckenlänge mit empirischen Formeln. Eine einfache ist durch

$$L_T = 6 \cdot (h_2 - h_1) \tag{6.48}$$

gegeben. Nicht eingetiefte oder mit einer Endschwelle versehene Tosbecken können mit Widerstandskörpern aus Blöcken, Zähnen oder Schwellen bestückt werden. In diesem Fall kann das Becken u. U. deutlich kürzer ausgeführt werden. Dies ist ebenfalls möglich, wenn das Tosbecken breiter ist als das ankommende Gerinne.

## ■ 6.6 Ungleichförmige Strömung

Unter Normalabflussverhältnissen sind die Neigungen von Gerinnesohle, Wasserspiegel und Energielinie gleich groß (Formel 6.18). Allerdings ist ein derartiger Strömungszustand in der Praxis nicht der „Normalfall“. Vielmehr sind die üblichen Abflüsse stationär ungleichförmig, die Wasserspiegellinie und damit die Energielinie ändern sich also (siehe Bild 6.2). Trotzdem stellen Normalabflüsse einen wichtigen Vergleichsfall zur Beurteilung und Beschreibung eines Spiegellinienverlaufs dar. So sind vor allem die gerinnespezifischen Parameter Normalwassertiefe $h_n$ und Grenztiefe $h_{gr}$ für die Berechnung des Spiegellinienverlaufs wichtig.

In diesem Abschnitt werden lediglich ungleichförmige Strömungen aufgrund von Rauheits- oder Gefälleänderungen betrachtet. Änderungen der Querschnittsgeometrie sind Inhalt von Abschnitt 6.7.

Wenn die Strömung verzögert oder beschleunigt wird, verändern sich die Wassertiefe und in Folge die Geschwindigkeit durch Änderungen von Gefälle, Rauheit oder Querschnittsgeometrie. Da dabei über die Grenzverhältnisse nicht hinweggerechnet werden kann, muss in der Wasserspiegellinienermittlung (Abschnitt 6.8) die Unterscheidung in Bereiche ohne und mit Fließwechsel vorgenommen werden.

## 6.6.1 Ohne Fließwechsel

Basierend auf der spezifischen Energiehöhe (Formel 6.14) und der GMS-Fließformel (Formel 6.25) können für den strömenden und schießenden ungleichförmigen Abfluss Zusammenhänge für den sohlenbezogenen Energiezuwachs und die sohlenbezogene Energieabnahme gefunden werden. Wasserspiegelverläufe wie in Bild 6.13 sind möglich.

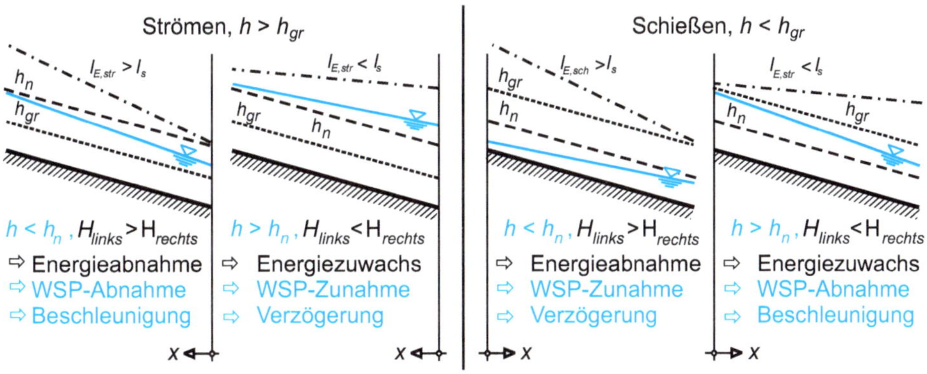


**Bild 6.13** Spiegellinienverläufe ungleichförmiger Strömungen

Mit $x$ wird in Bild 6.13 die Berechnungsrichtung gezeigt, die im Strömen gegen die Bewegungsrichtung und im Schießen mit der Fließrichtung erfolgen muss. Eine strömende Bewegung unterhalb der Normalwassertiefe kann nach Formel 6.14 und Formel 6.25 nur mit einer Beschleunigung und daher einer Wasserspiegelabnahme einhergehen, oberhalb der Normalwassertiefe mit einer Verzögerung durch Wasserspiegelzunahme. Bei schießendem Abfluss unterhalb der Normalwassertiefe ist nur eine verzögerte Bewegung durch Wasserspiegelzunahme möglich, oberhalb der Normalwassertiefe eine Beschleunigung durch Wasserspiegelabnahme.

**Hinweis:** Eine verzögerte Bewegung im Strömen unterhalb der Normalwassertiefe $h_n$ bzw. im Schießen oberhalb von $h_n$ sind energetisch nicht möglich. Gleiches gilt für die Beschleunigung im Strömen oberhalb von $h_n$ bzw. im Schießen unterhalb von $h_n$.

Mit folgender Vorgangsweise kann die ungleichförmige Strömung und der Übergangsbereich der Wassertiefen näher untersucht werden:

- Berechnung der Normalwassertiefen gemäß Formel 6.27 bzw. Formel 6.28,
- Bestimmung der Fließarten Strömen (STR) und Schießen (SCH) mit Formel 6.17,
- Feststellung einer erforderlichen Energiezunahme oder -abnahme durch Formel 6.14 bzw. Bild 6.7 a oder Bild 6.13,
- Festlegung des Übergangsbereichs bzw. der Art der ungleichförmigen Strömung mit Formel 6.25 bzw. Bild 6.13.

Diese Zusammenhänge sollen an Beispiel 6.4 gezeigt werden:

**Beispiel 6.4**

In einem Rechteckgerinne der Breite $b$ = 2 m und mit dem konstanten Abfluss $Q = 4\ m^3/s$ ändert sich die Rauheit von $k_{St1} = 40\ m^{1/3}/s$ („rau") nach $k_{St2} = 60\ m^{1/3}/s$ („glatt"), siehe Bild 6.14.

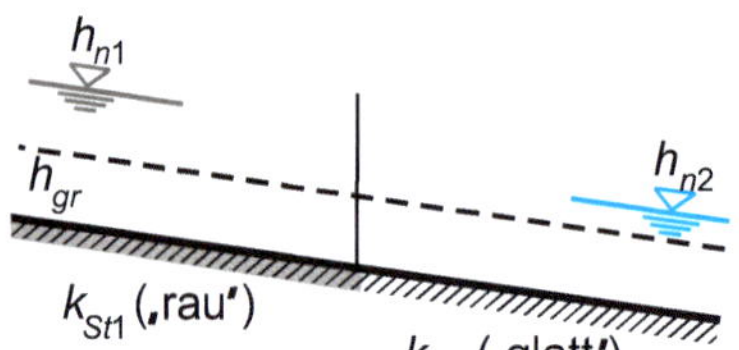


**Bild 6.14**
Wasserspiegelübergang bei Rauheitsänderung

In beiden genügend langen Bereichen liegt wegen der Sohlneigung $I_S$ = 0,5 % ein strömender Fließvorgang vor. Es soll untersucht werden, ob sich der Wasserspiegelübergang im „rauen" oder im „glatten" Bereich vollzieht. Für beide Bereiche erhält man folgende Größen:

**Tabelle 6.7** Berechnungsergebnisse der beiden Normalwasserverhältnisse

| Parameter | $h_n$ in m | $v$ in m/s | $Fr$ | Fließart | $H$ in m |
|---|---|---|---|---|---|
| Bereich 1 „rau" | 1,091 | 1,833 | 0,56 | STR | 1,262 |
| Bereich 2 „glatt" | 0,807 | 2,479 | 0,88 | STR | 1,120 |

Zum Transport des Abflusses $Q$ ergibt sich im „glatten“ Bereich 2 eine höhere Strömungsgeschwindigkeit als im „rauen“. Daher ist die Normalwassertiefe in Bereich 2 geringer als in Bereich 1. Da in beiden Bereichen eine strömende Bewegung vorliegt, erfolgt gemäß Bernoulligleichung bzw. spezifischer Energiekurve eine Energieabnahme von $H_1$ = 1,262 m auf $H_2$ = 1,120 m. Durch Umformung erhält man aus der GMS-Gleichung die Energielinienneigung $I_E$ = f($h$), grafisch dargestellt in Bild 6.15:

$$\sqrt{I_E} = \left( \frac{Q \cdot (b + 2 \cdot h)^{2/3}}{k_{St} \cdot (b \cdot h)^{5/3}} \right)$$

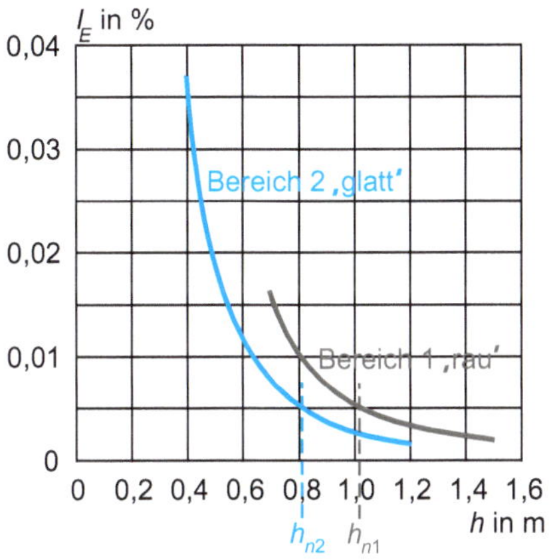


**Bild 6.15**
Zusammenhang $I_E$ = f($h$)

Läge der Wasserspiegelübergang im „glatten“ Bereich 2, so hätte dies im Vergleich zur Sohlneigung eine geringere Energielinienneigung zur Folge (Bild 6.15). Das Ergebnis wäre eine Energiezunahme im „glatten“ Bereich, was aber zusammen mit der Bernoulligleichung zur Unverträglichkeit führt. Daher muss der Wasserspiegelübergang im „rauen“ Bereich 1 liegen (Bild 6.16). Sinkt der Wasserspiegel hier unter die Normalwassertiefe, dann wird die Energielinienneigung $I_E$ größer als die Sohlneigung $I_S$ und die Energiehöhe $H$ wird in Übereinstimmung mit der Bernoulligleichung abgebaut.

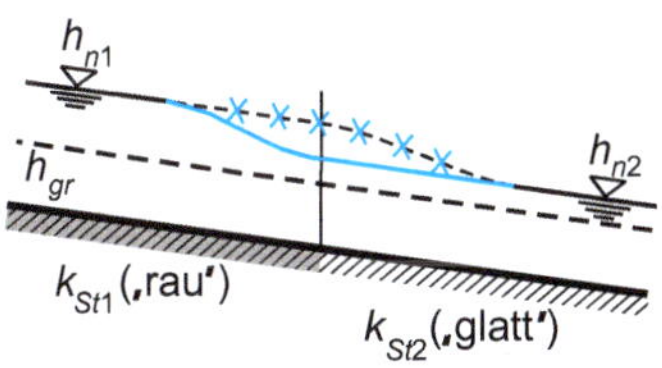


**Bild 6.16**
Ermittelter Wasserspiegelübergang für Beispiel 6.4

Die Konsequenz dieses geschilderten und dargestellten Zusammenhangs kann auch einfach Bild 6.13 entnommen werden. Für $h > h_{gr}$ (strömender Abfluss) und $H_{links} > H_{rechts}$ (Energieabnahme) wird $h < h_n$ (Beschleunigung) festgestellt, folglich muss der Wasserspiegelübergang im „rauen“ Bereich 1 vorliegen.

Der genaue Wasserspiegelverlauf kann schließlich mit einer Wasserspiegellinienberechnung ermittelt werden (Abschnitt 6.8, Beispiel 6.9).

## 6.6.2 Mit Fließwechsel

Der Wasserspiegelverlauf beim Übergang vom Strömen zum Schießen ist hydraulisch und rechnerisch unproblematisch und in Bild 6.9 zu sehen. Dabei wird die Grenztiefe $h_{gr}$ an der Änderungsstelle durchlaufen.

Anders sieht die Situation im Fall des Übergangs vom schießenden zum strömenden Abfluss aus. In Bild 6.17 tritt wegen einer Rauheitszunahme von $k_{St1}$ nach $k_{St2}$ ein Wechselsprung auf, über dessen Lage entlang des Gerinnes eine Entscheidung getroffen werden muss. Dies geschieht wiederum mittels Energiehöhenbetrachtung. Dabei sind zwei Fälle möglich:

Im linken Fall muss durch Energieabnahme mittels Reibungsstau im „rauen" Gerinnebereich 2 die konjugierte Fließtiefe des Wechselsprungs erreicht werden, um am Ende des Wechselsprungs in die Normalwassertiefe $h_{n2}$ überzugehen. Hintergrund ist eine im Schießen größere Energiehöhe im Vergleich zum strömenden Bereich 2. Umgekehrt schließt im rechten Fall in Bild 6.17 am Ende des Wechselsprungs im „glatten" Bereich 1 eine Staulinie an, um die geringe Energiehöhe der ankommenden schießenden Normalwasserströmung mit $h_{n1}$ zu erhöhen und letztlich die strömende Normalwassertiefe $h_{n2}$ zu erreichen.

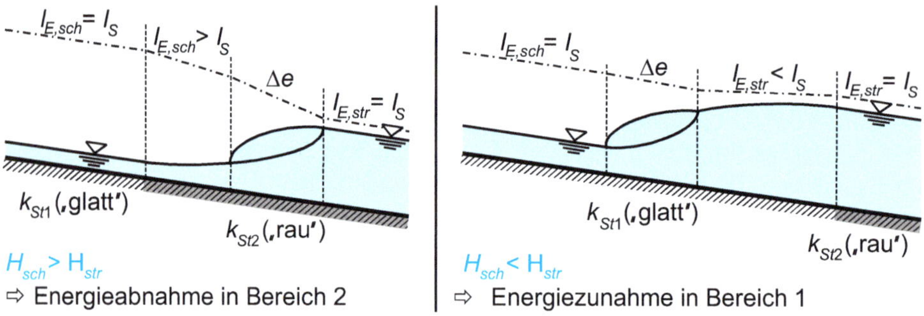


**Bild 6.17** Spiegellinienverlauf im Bereich des Wechselsprungs

**Bitte beachten Sie:** Die Begriffe „Energiezunahme" und „Energieabnahme" sind immer relativ zur Sohlhöhe zu sehen. Absolut gesehen stellt sich in Fließrichtung ausnahmslos eine Energieabnahme ein, auch wenn von Energiezunahme die Rede ist.

**Aufgabe 6.4**

In einem Rechteckgerinne mit $b$ = 3 m und $Q$ = 5 m³/s ändert sich die Rauheit von $k_{St1}$ = 75 $m^{1/3}/s$ nach $k_{St2}$ = 25 $m^{1/3}/s$. Die Sohlneigung beträgt in beiden genügend langen Bereichen durchgehend $I_S$ = 0,8 %. Stellt sich ein Wechselsprung ein, und wenn ja, wo?

# 6.7 Querschnittsänderungen

Änderungen des Strömungsquerschnitts treten in natürlichen Gerinnen im Prinzip laufend auf, auch wenn über bestimmte Berechnungsabschnitte von näherungsweise konstanten Profilen ausgegangen werden kann. Aber auch in künstlichen Kanälen ergeben sich Querschnittsänderungen, siehe Bild 6.12 mit der Eintiefung des Tosbeckens. Im weiteren Verlauf wird z. B. auf Brückenpfeiler im Fließquerschnitt, umspundete Baugruben im Bereich eines Fluss- oder Kanallaufs oder Sohlschwellen bei Gerinnequerungen eingegangen.

Im Unterschied zu den in Abschnitt 6.6 vorgestellten ungleichförmigen Strömungen mit allmählicher Anpassung des Wasserspiegelverlaufs an die veränderte Situation reagiert die Strömung bei Querschnittsänderungen auf mittleren Distanzen mit einem deutlichen, auch lokal beobachtbaren Übergang des Wasserspiegels.

In manchen Lehrbüchern wird in diesem Zusammenhang nach leicht ungleichförmiger (Abschnitt 6.6) und stark ungleichförmiger (Abschnitt 6.7) Gerinneströmung unterschieden.

## 6.7.1 Querschnittserweiterung

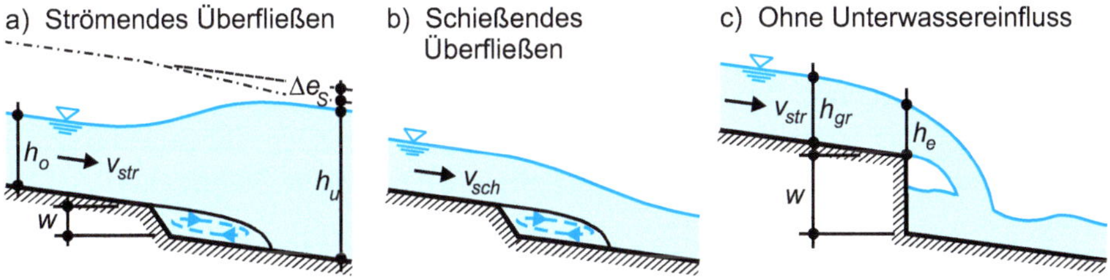


**Bild 6.18** Abfluss über einen Sohlabsturz

Wie in Rohrströmungen ist auch die Vergrößerung des Fließquerschnitts in Gerinneströmungen mit größeren Verlusthöhen behaftet als eine Querschnittsverringerung. Dies liegt an den Wirbelbildungen und Mischvorgängen aufgrund der auftretenden Geschwindigkeitsunterschiede. Die Vergrößerung eines Querschnitts kann über die Tiefe oder die Breite des Gerinnes geschehen. Im ersten Fall ist ein Sohlabsturz gegeben, nach dessen Überströmungsform unterschieden werden muss:

- Bei strömendem Überfließen eines Sohlabsturzes (Bild 6.18a) treten wegen der Wasserwalze am Absturz und der Strömungsaufweitung deutliche lokale Verluste auf. Die Wasserspiegelerhöhung nach dem Absturz kommt aufgrund der sich zwangsläufig vergrößernden Energiehöhe zustande, siehe auch die sohlenbezogene, spezifische Energielinie in Bild 6.7. Die Energiehöhenbilanzierung lautet ohne Berücksichtigung der vernachlässigbaren Sohlneigung

$$h_o + \frac{v_o^2}{2g} + w = h_u + \frac{v_u^2}{2g} + \Delta e_s \qquad (6.49)$$

  Mithilfe eines Stützkraftansatzes und der Annahme einer geeigneten Druckverteilung an der Absturzstelle lässt sich mit Formel 6.49 auf iterativem Weg eine Lösung für die Verlusthöhe $\Delta e_s$ annähern. Zur überschlägigen Berechnung der lokalen Verlusthöhe $\Delta e_s$ in einem Rechteckgerinne bei gegebenen geometrischen und strömenden Verhältnissen kann auf der sicheren Seite liegend allgemein für eine Querschnittserweiterung folgender Zusammenhang verwendet werden:

$$\Delta e_s = \frac{(v_o - v_u)^2}{2g} \qquad (6.50)$$

  Der Energiehöhenverlust einer Vergrößerung der Breite des Querschnitts kann bei strömendem Fließvorgang ebenfalls mit Formel 6.50 angenähert werden.

- Erfolgt der Strömungsvorgang über einen Sohlabsturz im Schießen (Bild 6.18b), so wird die durchflossene Fläche wegen der in Bezug auf die Sohlhöhe zunehmenden Energiehöhe gemäß spezifischer Energiekurve (Bild 6.7) geringer. Der Energiehöhenverlust bei schießender Überströmung ist insgesamt geringer als bei strömendem Abfluss.

- Ist der Sohlabsturz frei von Unterwassereinfluss (Bild 6.18c), dann fällt der Abfluss Q bei strömendem Zufluss in den tiefer gelegenen Gerinneabschnitt. Voraussetzung für den freien Absturzvorgang ist folgende Bedingung:

$$w \geq 0{,}6 \cdot h_{gr} \qquad (6.51)$$

  Bei strömendem Zufluss wird die Strömung durch den freien Rand beschleunigt, so dass an der Absturzstelle in etwa die minimale Energiehöhe $H_{min}$ vorhanden ist. Aus etlichen Untersuchungen hat man bei Rechteckkanälen die Endtiefe erhalten zu

$$h_{end} \approx 0{,}7 \cdot h_{gr} \tag{6.52}$$

Die Grenztiefe $h_{gr}$ wird dabei etwas oberstrom der Absturzkante durchlaufen (siehe Praxishinweis).

**Praxishinweis**

An der Absturzkante in Bild 6.18c sollte eigentlich die Grenztiefe $h_{gr}$ erwartet werden. Dies ist in dieser Situation jedoch nicht der Fall, da in der Anströmung zur Absturzkante keine parallelen Stromlinien vorliegen und der Abflussstrahl unterseitig belüftet wird. Eine theoretische Herleitung der Endtiefe $h_{end}$ mithilfe des Impulssatzes (siehe z. B. [26]) ergibt den Faktor 2/3, in verschiedenen Labor- und Felduntersuchungen wurden Größen bis zu 3/4 und höher ermittelt. In der Praxis kann mit der in Formel 6.52 genannten Größenordnung von 0,7 bei Rechteckgerinnen ausreichend genau gearbeitet werden.

**Beispiel 6.5**

Ein Sohlabsturz der Höhe $w$ = 0,40 m in einem $b$ = 2,5 m breiten Rechteckkanal wird mit dem Abfluss $Q$ = 8,5 m³/s bei einer Wassertiefe $h_o$ = 1,5 m angeströmt. Um die Verlusthöhe $\Delta e_s$ der Überströmung zu ermitteln, muss erst die Fließart festgestellt werden. Da die Grenztiefe mit Formel 6.30

$$h_{gr} = \sqrt[3]{\frac{Q^2}{b^2 \cdot g}} = \sqrt[3]{\frac{8{,}5^2}{2{,}5^2 \cdot g}} = 1{,}056\ \text{m}$$

geringer ist als die Tiefe $h_o$, liegt ein strömender Zulauf vor. Wegen $w = 0{,}40\ \text{m} < 0{,}6 \cdot h_{gr} = 0{,}63\ \text{m}$ ist der Sohlabsturz nicht frei von Unterwassereinfluss. Mit Formel 6.49 ergeben sich die Energiehöhenverhältnisse der Anströmung zu

$$h_o + \frac{v_o^2}{2g} + w = 1{,}50 + \frac{8{,}5^2}{2{,}5^2 \cdot 1{,}50^2 \cdot 2g} + 0{,}40 = 2{,}162\ \text{m}$$

Dieser Wert ist die Randbedingung für die Überströmung des Absturzes. In Kombination mit Formel 6.50 erhält man

$$h_u + \frac{v_u^2}{2g} + \frac{(v_o - v_u)^2}{2g} = 2{,}162\ \text{m}$$

sowie durch Umformung schließlich eine kubische Gleichung für die gesuchte Wassertiefe $h_u$:

$$h_u^3 - 2{,}162 \cdot h_u^2 + \frac{Q^2}{b^2 \cdot 2g} + \frac{\left(v_o \cdot h_u - \frac{Q}{b}\right)^2}{2g} = 0$$

Mit Zahlenwerten entsteht durch Zusammenfassung folgendes Polynom 3. Grades:

$$h_u^3 - 1{,}9 \cdot h_u^2 - 0{,}786 \cdot h_u + 1{,}178 = 0$$

Daraus ergeben sich - z. B. durch Anwendung der NEWTON-Iteration - drei mathematische Lösungen für $h_u$, von denen nur die dritte im gegebenen Zusammenhang sinnvoll ist:

- $h_{u1} = -0{,}819$ m → physikalisch nicht sinnvoll, da negative Wassertiefe
- $h_{u2} = 0{,}720$ m → schießende Fließtiefe, da $h_{u2} < h_{gr}$
- $h_{u3} = 1{,}998$ m → physikalisch sinnvolle, strömende Fließtiefe

Die Wassertiefe steigt also durch den gegebenen Sohlabsturz von 1,5 m auf 1,998 m. Daraus kann nun die Verlusthöhe gemäß Formel 6.50 berechnet werden:

$$\Delta e_s = \frac{(v_o - v_u)^2}{2g} = \frac{(2{,}267 - 1{,}702)^2}{2g} = 0{,}016\ \text{m}$$

Bei verlustfreier Betrachtung einer Querschnittserweiterung entfällt in Formel 6.49 der Anteil $\Delta e_s$. Im Allgemeinen werden Querschnittsänderungen auch so ausgeführt, dass nur geringfügige oder möglichst keine Wirbel und Strömungsablösungen entstehen, die zu lokalen Verlusten führen würden.

**Aufgabe 6.5**

Berechnen Sie Beispiel 6.5 mit einem Sohlabsturz mit $w = 0{,}60$ m.

**Aufgabe 6.6**

Ein als Rechteckgerinne anzunähernder Flussabschnitt mit $b = 45$ m und $Q = 250\ \text{m}^3/\text{s}$ wird lokal auf die Breite $b_1 = 70$ m aufgeweitet. Oberhalb und unterhalb der Aufweitung liegt Normalabfluss vor. Mit den durchgängigen Größen von Rauheit $k_{St} = 40\ \text{m}^{1/3}/\text{s}$ und Sohlneigung $I_S = 0{,}35\,‰$ ist für die verlustfreie Aufweitung die Fließtiefe zu ermitteln. Gehen Sie von einem sehr breiten Gerinne aus.

## 6.7.2 Querschnittsverringerung

Bei einer Einengung des Fließquerschnitts stellt sich immer die Frage, ob die Energiehöhenverhältnisse ausreichen, damit die Engstelle unter gegebenen Randbedingungen durchströmt werden kann. Daher müssen die Energiehöhen bei „ungestörtem“ Querschnitt sowie in der Verengung untersucht und miteinander verglichen werden.

Die in diesem Abschnitt betrachteten Verengungsstellen sind so kurz, dass sich darin keine Normalwasserverhältnisse ausbilden können. Die folgenden Betrachtungen werden unter der Annahme einer verlustfreien Querschnittsänderung und eines rückstaufreien Unterwassers durchgeführt.

- Unabhängig von der Fließart STR und SCH wird eine Verengungsstelle immer dann **ohne Fließwechsel** durchflossen, wenn eine ausreichende Energiehöhe des ungestörten Gerinneabschnitts vorliegt, also für

$$H_n \geq H_{Engstelle} \tag{6.53}$$

- Unabhängig von der Fließart STR und SCH wird eine Verengungsstelle immer dann **mit Fließwechsel** durchflossen, wenn keine ausreichende Energiehöhe des ungestörten Gerinneabschnitts vorliegt, also für

$$H_n < H_{Engstelle} \tag{6.54}$$

Da in der Verengungsstelle minimal die Energiehöhe $H_{min}$ vorliegen kann, die zugleich den maximalen Abfluss $Q$ bedingt, muss die ungestörte Energiehöhe $H_n$ mit dem Grenzzustand in der Verengung verglichen werden. Die Art der Querschnittsverengung spielt bei Anwendung der Formeln 6.53 und 6.54 keine wesentliche Rolle. Die kurze Länge der Querschnittsverringerung lässt darin keine Normalwasserbedingungen zu.

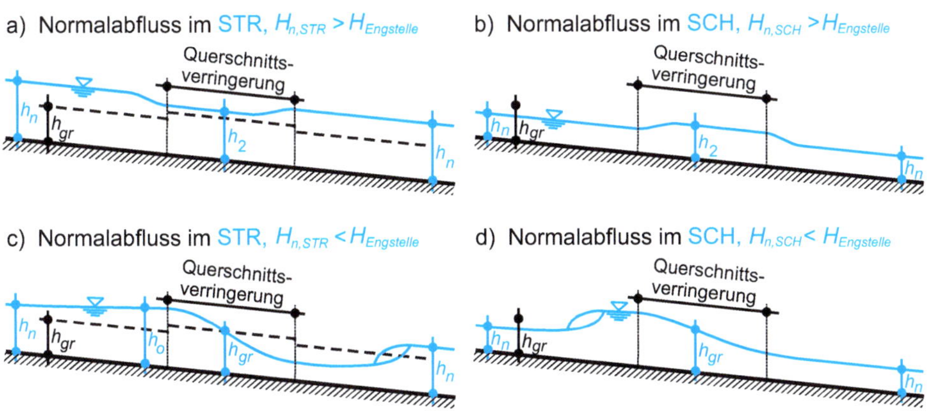


**Bild 6.19** Abfluss durch einen eingeengten Querschnitt mittlerer Länge

Die Abstände und Längen in Bild 6.19 sind komprimiert dargestellt; in der Realität entstehen große Entwicklungslängen vor und hinter einer Querschnittsverringerung.

Querschnittsverringerungen werden vor allem als Sohlschwellen (Bild 6.20a) und als seitliche Einengungen (Bild 6.20b) ausgeführt. Letztere können auch nicht symmetrisch in Form einer einseitigen Einengung vorliegen. Die minimale Energiehöhe in der Engstelle wird sohlgleich zum Gerinneabschnitt ermittelt, also

- bei Sohlschwellen: $H_{Engstelle} = H_{min} + w\,.$ (6.55a)
- bei seitlichen Einengungen: $H_{Engstelle} = H_{min}$ (6.55b)

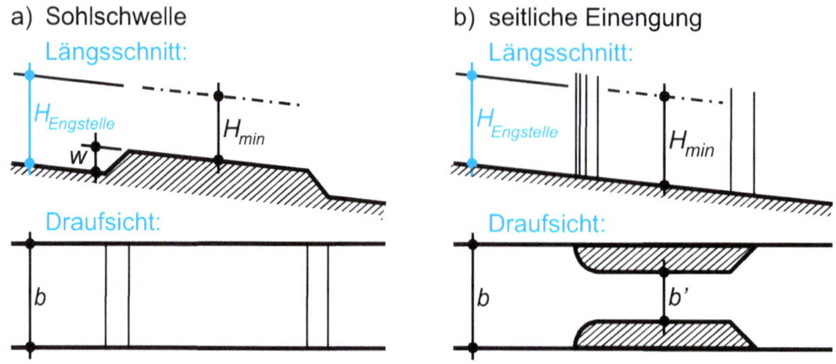


**Bild 6.20** Querschnittsverringerungen

**Beispiel 6.6**

An der Sohle eines rechteckförmigen Werkkanals ($b$ = 20 m) ist eine strömungsgünstig geformte Sohlschwelle der Höhe $w$ = 0,5 m zur Querung von drei Rohrleitungen geplant. Der Abfluss beträgt $Q$ = 25 m³/s, die Rauheit ist mit $k_{St}$ = 40 m$^{1/3}$/s gegeben, die Sohlneigung wurde zu $I_S$ = 0,3 ‰ ermittelt. Es ist der Wasserspiegelverlauf bei der Überströmung der Sohlschwelle zu berechnen.

Zunächst müssen die Normalwasserverhältnisse gemäß Abschnitt 6.3.3 bestimmt werden. Die weit vor und weit nach der Sohlschwelle mögliche Normalwassertiefe errechnet sich unter Ansatz von Formel 6.28

$$\frac{Q}{b \cdot h_n} = k_{St} \cdot \left( \frac{b \cdot h_n}{b + 2 \cdot h_n} \right)^{2/3} \cdot \sqrt{I_S}$$

zu $h_n$ = 1,507 m. Die sohlenbezogene Energiehöhe beträgt $H_n$ = 1,542 m. Gemäß Formel 6.53 und Formel 6.54 ist ein Vergleich mit der minimalen Energiehöhe in der Engstelle durchzuführen, dazu werden die Grenzverhältnisse benötigt, siehe Formel 6.30 und Formel 6.33:

$$h_{gr} = \sqrt[3]{\frac{Q^2}{b^2 \cdot g}} = \sqrt[3]{\frac{25^2}{20^2 \cdot g}} = 0{,}542 \text{ m}$$

$$H_{min} = 1{,}5 \cdot h_{gr} = 0{,}813 \text{ m}$$

Die Normalwassertiefe ist größer als die Grenztiefe und liegt folglich als strömende Fließart vor. Die Energiehöhe im Bereich der Schwelle berechnet sich mit Formel 6.55a zu

$$H_{Engstelle} = H_{min} + w = 0{,}813 + 0{,}5 = 1{,}313 \text{ m}$$

Damit ist die Energiehöhe der Anströmung höher als die minimal erforderliche Energiehöhe an der Schwelle und die Überströmung erfolgt, wie in Bild 6.19a dargestellt, ohne Fließwechsel. Die Fließtiefe $h_2$ über der Schwelle wird wegen der Verlustfreiheit mit dem folgenden Ansatz erhalten:

$$H_n = w + h_2 + \frac{v_2^2}{2g} = w + h_2 + \frac{Q^2}{b^2 \cdot h_2^2 \cdot 2g} = 1{,}542 \text{ m}$$

Die nach Umformung entstehende kubische Gleichung liefert schließlich drei Ergebnisse:

$h_{21}$ = −0,248 m physikalisch nicht sinnvoll, da negative Wassertiefe
$h_{22}$ = 0,336 m schießende Fließtiefe, da $h_{22} < h_{gr}$
$h_{23}$ = 0,955 m physikalisch sinnvolle, strömende Fließtiefe

Die Wassertiefe über der Schwelle beträgt folglich $h_2$ = 0,955 m und geht am Ende der Schwelle wieder in die Normalwassertiefe $h_n$ über.

Ein gezielter Fließwechsel gemäß Bild 6.19c wird mit einem Venturikanal (Bild 6.20b) erzeugt. Durch den bei gegebener Geometrie eindeutigen Zusammenhang zwischen der Oberwassertiefe $h_o$ vor der Venturieinengung und dem Durchfluss $Q$ wird eine Durchflussmessung auf eine Wasserstandsmessung reduziert (siehe auch Beispiel 3.4, Bild 3.12). Aus dem Energiehöhenvergleich erhält man eine Abflusskurve oder sogenannte Schlüsselkurve (siehe Aufgabe 6.7).

**Aufgabe 6.7**

Ermitteln und skizzieren Sie die Schlüsselkurve $h$-$Q$ bei Durchströmung eines $b'$ = 1,0 m breiten Venturikanals. Der Rechteckkanal ist $b$ = 2 m breit. Der Strömungsverlust von $b$ nach $b'$ errechnet sich mit $\Delta h_e = 0{,}1 \cdot (v \cdot b'^2 - v \cdot b^2)/2g$.

**Beispiel 6.7**

In einer zweiten Planungsvariante zu Beispiel 6.6 soll nun eine höhere Sohlschwelle untersucht werden, um größere Leitungsdimensionen zur Querung des Werkkanals aufnehmen zu können. Wie hoch darf die Sohlschwelle sein, damit gerade kein Aufstau in der Anströmung mit anschließendem Fließwechsel über der Schwelle erzeugt wird?

Zur Vermeidung des Falles aus Bild 6.19c muss die Energiehöhe $H_2$ genau der minimalen Energiehöhe $H_{min}$ entsprechen. Bei verlustfreier Strömung gilt somit

$$H_n = w_{max} + h_2 + \frac{v_2^2}{2g} = w_{max} + h_{gr} + \frac{v_{gr}^2}{2g} = 1{,}542 \text{ m}$$

Damit errechnet sich die maximal mögliche Schwellenhöhe $w_{max}$, die gerade keinen Aufstau verursacht, zu

$$w_{max} = 1{,}542 - h_{gr} - \frac{v_{gr}^2}{2g} = 1{,}542 - 0{,}542 - \frac{2{,}306^2}{2g} = 0{,}729 \text{ m}$$

Mit dieser Schwellenhöhe wird ein Fließwechsel gerade noch vermieden.

**Aufgabe 6.8**

Ein Rechteckkanal mit $b$ = 10 m und $Q$ = 30 m³/s wird mit einer Normalabflusstiefe $h_n$ = 2,0 m durchströmt. Für Bauarbeiten an einer Brücke muss die Kanalbreite mittels einer strömungsgünstig (und damit praktisch verlustfrei!) geformten Spundwand vorübergehend eingeengt werden. Auf welche Breite darf der Fließquerschnitt höchstens verringert werden, damit ein Wechselsprung vermieden wird?

## 6.7.3 Lokale Verluste bei Querschnittsverringerung

Wie schon in der Rohrhydraulik (Kapitel 4) werden auch die Einzelverluste oder lokalen Verluste in einer Gerinneströmung in Abhängigkeit der Geschwindigkeitshöhe dargestellt; mit dem Verlustbeiwert $\zeta$ erhält man den bekannten Ansatz

$$\Delta h_e = \zeta \cdot \frac{v^2}{2g} \qquad (4.11)$$

Als Bezugsgröße ist dabei die ungestörte Geschwindigkeit $v$ anzusetzen.

**Praxishinweis**

Bei strömenden Verhältnissen bewirkt ein örtlicher Verlust einen Aufstau. Erkennbar ist ein lokaler Verlust oftmals an Wasserturbulenzen, Verwirbelungen und in deren Folge auch an Luftanreicherungen des Wassers.

Für Gerinne- oder Kanaleinläufe können die den Rohreinläufen entsprechenden Größen verwendet werden (siehe Tabelle 4.2), also für

- strömungsgünstige Ausführung: $\zeta$ = 0,05 bis 0,10
- scharfkantige Ausführung: $\zeta$ = 0,5 bis 0,6

Der Verlustbeiwert für einen Rechen kann gemäß folgendem empirischen Ansatz nach KIRSCHMER ermittelt werden:

$$\zeta = \beta \cdot \sin\alpha \cdot \left(\frac{s}{a}\right)^{4/3} \qquad (6.56)$$

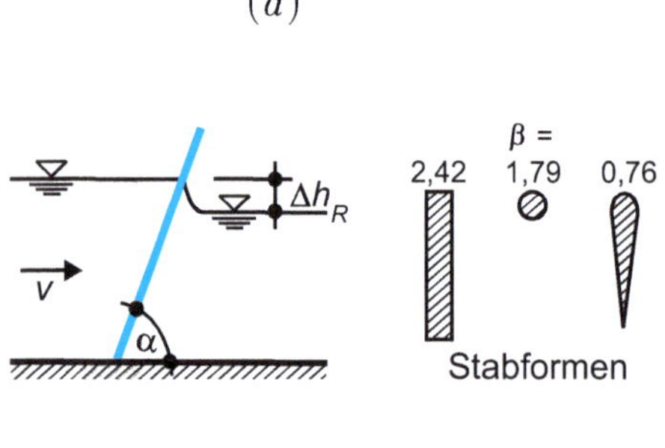


**Bild 6.21** Rechenverlust

In Bild 6.21 und Formel 6.56 bedeuten $s$ die Dicke eines Rechenstabes, $a$ den Stababstand und $\alpha$ die Neigung der Rechenstäbe gegenüber der Horizontalen. Der Beiwert $\beta$ ist ein Formbeiwert für die Rechenstäbe.

Die Rechenverlusthöhe $\Delta h_R$ gemäß Formel 6.56 in Verbindung mit Formel 4.11 gilt für Wasser ohne darin enthaltene Feststoffanteile. Bei Verlegung des Rechens mit Feststoffen sollte ein zusätzlicher Verlusthöhenzuschlag bei selten gereinigten Rechen von 0,10 m und bei häufig gereinigten Rechen von 0,05 m angesetzt werden.

Den Aufstau $z$ durch Pfeiler in einer Gerinneströmung hat Rehbock aufgrund von Versuchen bei vollständig strömendem Durchfluss gemäß folgendem Ansatz festgestellt:

$$z=\left[\delta\cdot(1-\alpha)+\alpha\right]\cdot\left[0{,}4\cdot\alpha+\alpha^2+9\cdot\alpha^4\right]\cdot\left[1+Fr_u^2\right]\cdot\frac{v_u^2}{2g} \tag{6.57}$$

Die Größe $\alpha$ ist in diesem Fall das Verbauungsverhältnis der Querschnittsbreite, für einen Rechteckquerschnitt also $\alpha = 1 - b'/b$ mit $b'$ als eingeengte Fließbreite (siehe Bild 6.22). Die Pfeilerform geht über den Beiwert $\delta$ in die Berechnung ein. Dieser beträgt bei strömungsgünstigster Gestaltung eines Pfeilers $\delta = 1{,}0$ und bei langgestreckter Rechteckform $\delta = 3{,}9$.

Der strömende Durchfluss in der Engstelle bleibt erhalten, wenn gemäß Formel 6.53 und Bild 6.19a die Energiehöhe des ungestörten Unterwassers $H_u$ größer oder höchstens gleich der minimalen Energiehöhe $H_{min}$ zwischen den Pfeilern ist.

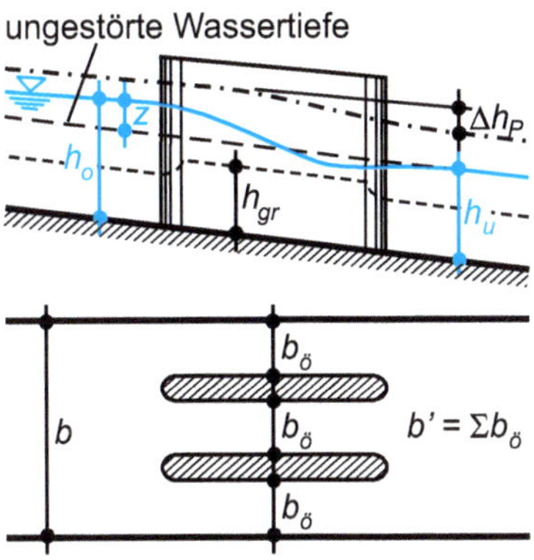


**Bild 6.22**
Pfeilerstau bei strömendem Durchfluss

Im Falle einer geringeren Unterwasserenergiehöhe $H_u$ als die minimale Energiehöhe $H_{min}$ findet ein Fließwechsel im Pfeilerbereich statt (siehe Formel 6.54 und Bild 6.19c). In diesem Fall muss die Verlusthöhe $\Delta h_P$ entsprechend Formel 4.11 angesetzt werden.

Eine Querschnittsverringerung als Kombination aus seitlicher Einengung und Sohlschwelle wird im folgenden Beispiel 6.8 betrachtet.

**Beispiel 6.8**

In einem Rechteckgerinne der Breite $b$ = 40 m fließen $Q$ = 400 m$^3$/s bei einer Normalwassertiefe von $h_n$ = 4,5 m im strömenden Zustand. Im Rahmen einer Baumaßnahme ergibt sich eine Querschnittsverengung durch einen Pfeiler auf $b'$ = 37 m sowie eine Schwelle der Höhe $w$ = 1 m (Bild 6.23). Der Pfeilerformbeiwert kann mit $\delta$ = 1,80 angesetzt werden. Welcher Aufstau stellt sich aufgrund dieser „zweifachen" Gerinneeinengung ein?

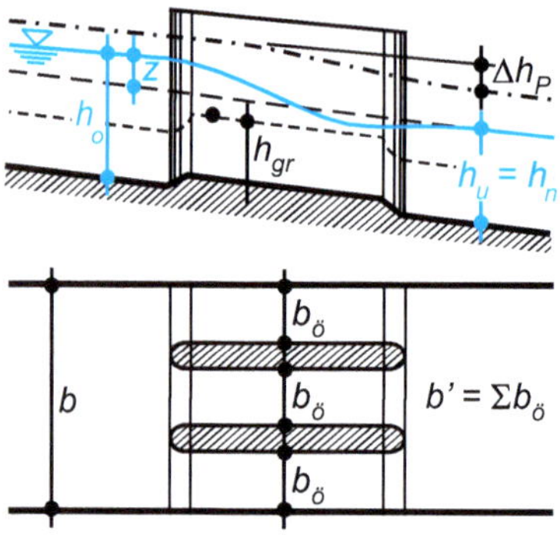


**Bild 6.23**
Einengung durch Pfeiler und Schwelle

Die Energiehöhe des unverbauten Gerinnes $H_n$ ist im Vergleich zur minimalen Energiehöhe in der Verengung, also $H_{min}$ + $w$, größer:

$$H_n = h_n + \frac{v_n^2}{2g} = 4{,}5 + \frac{400^2}{h_n^2 \cdot b^2 \cdot 2g} = 4{,}752 \text{ m}$$

$$H_{min} + w = 1{,}5 \cdot \sqrt[3]{\frac{Q^2}{b'^2 \cdot g}} + w = 1{,}5 \cdot \sqrt[3]{\frac{400^2}{37^2 \cdot g}} + 1{,}0 = 4{,}426 \text{ m}$$

Daher ergibt sich kein Fließwechsel, der Aufstau ist allein eine Folge der erhöhten Fließverluste. Der Aufstau $z$ errechnet sich mit Formel 6.57 und dem Parameter $\alpha$ = 1 - $b'/b$ = 1 - 37/40 = 0,075 zu

$$z = [1{,}8 \cdot 0{,}925 + 0{,}075] \cdot [0{,}030 + 0{,}006 + 0] \cdot [1{,}112] \cdot 0{,}252 = 0{,}018 \text{ m}$$

Bei vollständig strömendem Durchfließen der Engstelle stellt sich also ein Aufstau von 1,8 cm ein. Alternativ soll nun für eine Querschnittsverengung mit vier Pfeilern auf $b'$ = 28 m und einem Verlustbeiwert $\zeta$ = 0,8 untersucht werden, welcher Aufstau $z$ sich unter Beibehaltung der Schwellenhöhe $w$ ergeben kann. Die minimale Energiehöhe in der Verengung, also $H_{min}$ + $w$, beträgt nun

$$H_{min} + w = 1{,}5 \cdot \sqrt[3]{\frac{Q^2}{b'^2 \cdot g}} + w = 1{,}5 \cdot \sqrt[3]{\frac{400^2}{28^2 \cdot g}} + 1{,}0 = 5{,}125 \text{ m}$$

und ist damit größer als die Energiehöhe des unverbauten Gerinnes $H_n$.

Daher ändert sich die Fließart im Gerinne und der Aufstau vor der Querschnittsverringerung muss mit $H_o = H_{min} + w + \Delta h_e$ berechnet werden. Mit Formel 4.11 ergibt sich die kubische Gleichung

$$h_o^3 - \left( w + 1{,}5 \cdot \sqrt[3]{\frac{Q^2}{b'^2 \cdot g}} \right) \cdot h_o^2 + (1-\zeta) \cdot \frac{Q^2}{b^2 \cdot 2g} = 0$$

Durch Einsetzen der gegebenen Werte sowie durch Ausprobieren oder Anwenden eines Iterationsverfahrens, z. B. nach NEWTON, erhält man die strömende Oberwassertiefe zu $h_o$ = 5,086 m. Verglichen mit der ungestörten Unterwassertiefe $h_u = h_n$ errechnet sich nun der Aufstau im Anströmbereich der Baumaßnahme zu

$$z = 5{,}09 - 4{,}5 = 0{,}59 \text{ m}$$

Damit ist der Pfeilerstau $z$ mit dem durch die starke Verengung auftretenden Fließwechsel mehr als einen halben Meter höher als ohne Fließwechsel bei schwächerer Verengung. ■

# ■ 6.8 Wasserspiegellinienberechnung

Die Kenntnis des genauen Verlaufs eines Wasserspiegels ist für die Festlegung oder Überprüfung der Gerinnehöhe wichtig. Beispiele für veränderliche Wasserspiegellinien in Form von Stau- und Senkungslinien sind durch die Bereiche 2, 3, 5 und 7 in Bild 6.2 gegeben, auch Bild 6.9, Bild 6.10, Bild 6.16 und Bild 6.17 zeigen ungleichförmige Strömungsvorgänge. Im praktischen Wasserbau sind die Stau- und Senkungslinien bei strömendem Abfluss am bedeutendsten.

## 6.8.1 Allgemeine Zusammenhänge

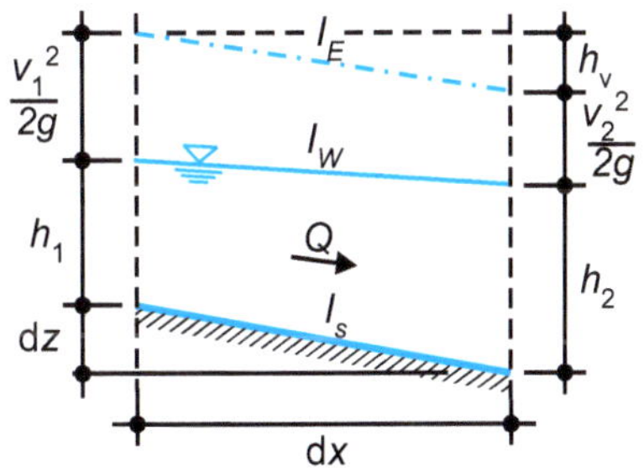


**Bild 6.24**
Energiehöhenvergleich zur DGL der Wasserspiegellinie

Mit den Bezeichnungen aus Bild 6.24 kann unter der bekannten Voraussetzung eines geringen Sohlgefälles die sogenannte Differentialgleichung (DGL) der Spiegellinie abgeleitet werden. Mit der im Gerinneabschnitt auftretenden Wasserspiegeländerung

$$\mathrm{d}h = h_2 - h_1$$

und den im Gerinneabschnitt d$x$ mittleren Größen

$$b_m = \frac{b_1 + b_2}{2} \qquad A_m = \frac{A_1 + A_2}{2} \qquad v_m = \frac{v_1 + v_2}{2}$$

sowie der mittleren Froudezahl

$$Fr = \frac{v_m}{\sqrt{g \cdot A_m / b_m}} \tag{6.58}$$

kann für eine stationäre Strömung im Gerinneabschnitt der Länge d$x$ der Wasserspiegelverlauf wie folgt dargestellt werden:

$$\frac{\mathrm{d}h}{\mathrm{d}x} = \frac{I_S - I_E}{1 - Fr^2} \tag{6.59}$$

Die Energielinienneigung $I_E$ kann nach dem Ansatz von DARCY-WEISBACH (Formel 6.23) oder GAUCKLER-MANNING-STRICKLER (Formel 6.25) ermittelt werden. Bei im Gerinneabschnitt gleichbleibender Rauheit ergibt sich also

$$I_{Em} = \frac{\lambda \cdot v_m^2}{8g \cdot r_{hy}} = \frac{\lambda \cdot Q^2}{8g \cdot A_m^2 \cdot r_{hy}} \tag{6.60}$$

beziehungsweise

$$I_{Em} = \left( \frac{v_m}{k_{St} \cdot r_{hy}^{2/3}} \right)^2 = \left( \frac{Q}{k_{St} \cdot A_m \cdot r_{hy}^{2/3}} \right)^2 \tag{6.61}$$

In den Formeln 6.58 bis 6.61 kommen über die mittleren Größen immer beide Ränder 1 und 2 eines betrachteten Gerinneabschnitts (siehe Bild 6.24) vor. Davon ist entweder

- in einem Querschnitt der hydraulische Zustand bekannt und der jeweils andere muss auf iterativem Weg berechnet werden, oder
- es sind in beiden Querschnitten die hydraulischen Zustände bekannt und es muss die Abschnittslänge d$x$ errechnet werden.

Komfortabler und auch anschaulicher als mit Formel 6.59 wird die Situation einer stationär ungleichförmigen Strömung, wenn anhand von Bild 6.24 eine Energiehöhenbilanzierung vorgenommen wird. Die differentiellen Größen d$h$ und d$x$ werden nun durch die Differenzen $\Delta h$ und $\Delta x$ ersetzt, um mit diskreten Werten arbeiten zu können:

$$\Delta z + h_1 + \frac{v_1^2}{2g} = h_2 + \frac{v_2^2}{2g} + h_v \qquad (6.62)$$

Mit den Ausdrücken für die Sohlhöhenänderung $\Delta z = I_S \cdot \Delta x$ und die Energiehöhenänderung $h_v = I_{Em} \cdot \Delta x$ wird aus Formel 6.62

$$\Delta x \cdot \left(I_S - I_{Em}\right) = h_2 - h_1 + \frac{v_2^2}{2g} - \frac{v_1^2}{2g} \qquad (6.63)$$

## 6.8.2 Hydraulische Kontrollquerschnitte

Berechnungen des Wasserspiegelverlaufs in einem Gerinne beginnen immer in Bereichen mit bekanntem Wasserspiegel. Diesen erhält man beispielsweise an Stellen, in denen sich die Gerinneverhältnisse signifikant ändern. Da der Strömungs- und Abflussvorgang unter bestimmten Voraussetzungen dabei lokal genau nachvollzogen werden kann, spricht man von sogenannten hydraulischen Kontrollquerschnitten. Es liegt also eine eindeutige Beziehung zwischen Wasserstand $h$ und Abfluss $Q$ vor. Voraussetzung für die Funktion als Kontrollquerschnitt ist dabei allerdings, dass kein Rückstau aus dem Unterwasser auftreten kann. Andernfalls würde sich kein eindeutiger Zusammenhang zwischen $Q$ und $h$ ergeben. Die Berechnung der Strömungsverhältnisse im Kontrollquerschnitt basiert auf der Bernoulligleichung, nach der sich in einem rückstaufreien Kontrollquerschnitt die minimale Energiehöhe einstellt. Hydraulische Kontrollquerschnitte können gebildet werden durch

- Veränderungen des Sohlverlaufs: Absturz, siehe Bild 6.18<br>Gefällewechsel, siehe Bilder 6.9 und 6.10
- Querschnittsänderungen: Sohlschwelle, siehe Bild 6.20a<br>Venturikanal, siehe Bild 6.20b
- Stauvorrichtungen: Wehr, siehe Bilder 7.12 und 7.13<br>Planschütz, siehe Bild 7.8

Von einem Kontrollquerschnitt oder einem anderen hydraulisch bekannten Querschnitt aus wird bei strömendem Abfluss nach oberstrom, also gegen die Fließrichtung gerechnet. Im Schießen erfolgt die WSP-Ermittlung nach unterstrom, also in Fließrichtung.

Je nach Fragestellung (siehe Abschnitt 6.8.1) existieren nun zwei Möglichkeiten, den Wasserspiegelverlauf zu ermitteln:

- Durch Vorgabe einer Abschnittslänge $\Delta x$ kann die Wasserspiegeldifferenz $\Delta h$ mit den zugehörigen Querschnittsdaten ermittelt werden.
- Durch Vorgabe einer Wasserspiegeldifferenz $\Delta h$ und daraus folgender Bestimmung der Querschnittsdaten kann die zugehörige Abschnittslänge $\Delta x$ bestimmt werden.

In beiden Fällen ist es Voraussetzung, dass die hydraulischen Daten eines Querschnitts bekannt sind, z. B. in einem Kontrollquerschnitt.

### 6.8.3 Vorgabe einer Abschnittslänge $\Delta x$

Die Spiegellinienberechnung beginnt am Querschnitt mit bekannten berechneten oder gemessenen Strömungsverhältnissen. Der zweite Querschnitt des betrachteten Gerinneabschnitts ist in einem vorzugebenden Abstand $\Delta x$ zu ermitteln. Dazu wird eine Wasserspiegeldifferenz $\Delta h$ geschätzt, die übrigen Größen daraus berechnet und anschließend mit der vorgegebenen Abschnittslänge $\Delta x$ mit Formel 6.62 oder Formel 6.63 überprüft und falls erforderlich angepasst. Im strömenden Fall wird gegen die Fließrichtung gerechnet und man erhält

$$h_1 = h_2 + \frac{v_2^2}{2g} - \frac{v_1^2}{2g} + \Delta x \cdot \left(I_{Em} - I_S\right) \tag{6.64}$$

Da in Formel 6.64 die gesuchte Größe $h_1$ auch in $I_{Em}$ enthalten ist, muss $h_1$ durch Iteration ermittelt werden.

Wurde der erste Abschnitt mit ausreichender Genauigkeit ermittelt, so ist das erhaltene Ergebnis die Startgröße für den zweiten Abschnitt. Dieses Verfahren wird solange durchgeführt, bis die Aufgabenstellung über alle Abschnitte gelöst ist.

**Beispiel 6.9**

Der Wasserspiegelverlauf im verengungsbedingten Aufstaubereich aus Beispiel 6.8 ($Q$ = 400 m³/s, $b$ = 40 m) soll berechnet werden. Startgröße ist die Aufstauhöhe $h_o$ = 5,086 m. Von hier aus wird wegen des strömenden Fließzustandes gegen die Fließrichtung bis zur Normalwassertiefe $h_n$ = 4,5 m gerechnet. Die Rauheit ist durch den Beiwert $k_{St}$ = 33 $m^{1/3}$/s und die Sohlneigung mit $I_S$ = 0,08 % gegeben.

Mit Formel 6.61 und Formel 6.64 ergibt sich der Berechnungsgang durch Vorgabe einer Gerinneabschnittslänge $\Delta x$ = 600 m tabellarisch wie in Tabelle 6.8.

In Tabelle 6.8 ist das in jedem Gerinneabschnitt endgültige Ergebnis der jeweils zu ermittelnden Wassertiefe $h_1$ eingetragen. Zustande gekommen ist es durch ein relativ aufwendiges Annahme-Korrektur-Verfahren, bis $h_1$ und $h_{1neu}$ für jeden Abschnitt übereingestimmt haben.

**Tabelle 6.8** Berechnung der Staulänge in Beispiel 6.9 mit Formel 6.64

| $\Delta x$ | $h_2$ | $A_2$ | $U_2$ | $r_{hy2}$ | $v_2$ | $h_1$ | $A_1$ | $U_1$ | $r_{hy1}$ | $v_1$ | $h_m$ | $r_{hym}$ | $v_m$ | $I_E$ | $h_{1neu}$ |
|---|---|---|---|---|---|---|---|---|---|---|---|---|---|---|---|
| m | m | $m^2$ | m | m | m/s | m | $m^2$ | m | m | m/s | m | m | m/s | % | m |
| 600 | 5,086 | 203,44 | 50,17 | 4,055 | 1,966 | 4,939 | 197,54 | 49,88 | 3,961 | 2,025 | 5,012 | 4,008 | 1,995 | 0,057 | 4,939 |
| 600 | 4,939 | 197,54 | 49,88 | 3,961 | 2,025 | 4,822 | 192,89 | 49,65 | 3,885 | 2,074 | 4,880 | 3,923 | 2,049 | 0,062 | 4,822 |
| 600 | 4,822 | 192,89 | 49,65 | 3,885 | 2,074 | 4,733 | 189,32 | 49,47 | 3,827 | 2,113 | 4,778 | 3,856 | 2,093 | 0,067 | 4,733 |
| 600 | 4,733 | 189,32 | 49,47 | 3,827 | 2,113 | 4,666 | 186,65 | 49,33 | 3,784 | 2,143 | 4,700 | 3,805 | 2,128 | 0,070 | 4,666 |
| 600 | 4,666 | 186,65 | 49,33 | 3,784 | 2,143 | 4,618 | 184,70 | 49,24 | 3,751 | 2,166 | 4,642 | 3,768 | 2,154 | 0,073 | 4,618 |
| 600 | 4,618 | 184,70 | 49,24 | 3,751 | 2,166 | 4,582 | 183,30 | 49,17 | 3,728 | 2,182 | 4,600 | 3,740 | 2,174 | 0,075 | 4,582 |
| 600 | 4,582 | 183,30 | 49,17 | 3,728 | 2,182 | 4,557 | 182,30 | 49,12 | 3,712 | 2,194 | 4,570 | 3,720 | 2,188 | 0,076 | 4,557 |
| 600 | 4,557 | 182,30 | 49,12 | 3,712 | 2,194 | 4,540 | 181,60 | 49,08 | 3,700 | 2,203 | 4,549 | 3,706 | 2,198 | 0,077 | 4,540 |
| 600 | 4,540 | 181,60 | 49,08 | 3,700 | 2,203 | 4,528 | 181,11 | 49,06 | 3,692 | 2,209 | 4,534 | 3,696 | 2,206 | 0,078 | 4,528 |
| 600 | 4,528 | 181,11 | 49,06 | 3,692 | 2,209 | 4,519 | 180,76 | 49,04 | 3,686 | 2,213 | 4,523 | 3,689 | 2,211 | 0,079 | 4,519 |
| 600 | 4,519 | 180,76 | 49,04 | 3,686 | 2,213 | 4,513 | 180,53 | 49,03 | 3,682 | 2,216 | 4,516 | 3,684 | 2,214 | 0,079 | 4,513 |
| 600 | 4,513 | 180,53 | 49,03 | 3,682 | 2,216 | 4,509 | 180,36 | 49,02 | 3,680 | 2,218 | 4,511 | 3,681 | 2,217 | 0,079 | 4,509 |
| 600 | 4,509 | 180,36 | 49,02 | 3,680 | 2,218 | 4,506 | 180,25 | 49,01 | 3,678 | 2,219 | 4,508 | 3,679 | 2,218 | 0,080 | 4,506 |
| 600 | 4,506 | 180,25 | 49,01 | 3,678 | 2,219 | 4,504 | 180,17 | 49,01 | 3,676 | 2,220 | 4,505 | 3,677 | 2,220 | 0,080 | 4,504 |
| 600 | 4,504 | 180,17 | 49,01 | 3,676 | 2,220 | 4,503 | 180,12 | 49,01 | 3,675 | 2,221 | 4,504 | 3,676 | 2,220 | 0,080 | 4,503 |

Gemäß Tabelle 6.8 ist der Beginn des Aufstaus, die sogenannte Stauwurzel, etwa 9000 m (= 15 · 600 m) vor der Querschnittsverengung zu erwarten. Das Abbruchkriterium der Iteration ist beispielsweise erreicht, wenn $h_m$ = 4,50 m auf zwei Stellen nach dem Komma erhalten wird. Die abschnittsweise Berechnung wird dabei umso genauer, je kürzer die Abschnittslängen $\Delta x$ gewählt werden. Mit einer Abschnittslänge $\Delta x$ = 100 m würde sich die Stauwurzel etwa 8400 m stromauf der Querschnittsverengung ermitteln lassen.

## 6.8.4 Vorgabe einer Wasserspiegeldifferenz Δ*h*

Eine andere Möglichkeit der Wasserspiegellinienermittlung besteht in der Vorgabe einer Wasserspiegeldifferenz $\Delta h$. In diesem Fall erhält man mit Formel 6.62 oder Formel 6.63 ohne Iteration die zugehörige Abschnittslänge

$$\Delta x = \frac{h_2 + \frac{v_2^2}{2g} - h_1 - \frac{v_1^2}{2g}}{I_S - I_{Em}} \tag{6.65}$$

Je geringer die gewählten Wasserspiegeldifferenzen sind, umso genauer wird das Ergebnis.

**Beispiel 6.10**

Die Staulinie aus Beispiel 6.9 wird nun durch Vorgabe von Wasserspiegeldifferenzen $\Delta h$ erarbeitet.

Gemäß Tabelle 6.9 liegt der Beginn des Aufstaus, die sogenannte Stauwurzel, etwa 7700 m vor der Querschnittsverengung. Die abschnittsweise Berechnung wird dabei umso genauer, je geringer die Differenzen $\Delta h$ gewählt werden.

**Tabelle 6.9** Berechnung der Wassertiefe in Beispiel 6.10 mit Formel 6.65

| $\Delta h$ | $h_2$ | $A_2$ | $U_2$ | $r_{hy2}$ | $v_2$ | $h_1$ | $A_1$ | $U_1$ | $r_{hy1}$ | $v_1$ | $h_m$ | $r_{hym}$ | $v_m$ | $I_E$ | $\Delta x$ |
|---|---|---|---|---|---|---|---|---|---|---|---|---|---|---|---|
| m | m | m² | m | m | m/s | m | m² | m | m | m/s | m | m | m/s | % | m |
| 0,036 | 5,086 | 203,44 | 50,17 | 4,055 | 1,966 | 5,05 | 202,0 | 50,1 | 4,032 | 1,980 | 5,068 | 4,043 | 1,973 | 0,056 | 135 |
| 0,05 | 5,05 | 202,0 | 50,1 | 4,032 | 1,980 | 5,00 | 200,0 | 50,0 | 4,000 | 2,000 | 5,025 | 4,016 | 1,990 | 0,057 | 200 |
| 0,05 | 5,00 | 200,0 | 50,0 | 4,000 | 2,000 | 4,95 | 198,0 | 49,9 | 3,968 | 2,020 | 4,975 | 3,984 | 2,010 | 0,059 | 216 |
| 0,05 | 4,95 | 198,0 | 49,9 | 3,968 | 2,020 | 4,90 | 196,0 | 49,8 | 3,936 | 2,041 | 4,925 | 3,952 | 2,030 | 0,061 | 236 |
| 0,05 | 4,90 | 196,0 | 49,8 | 3,936 | 2,041 | 4,85 | 194,0 | 49,7 | 3,903 | 2,062 | 4,875 | 3,920 | 2,051 | 0,063 | 261 |
| 0,05 | 4,85 | 194,0 | 49,7 | 3,903 | 2,062 | 4,80 | 192,0 | 49,6 | 3,871 | 2,083 | 4,825 | 3,887 | 2,073 | 0,065 | 294 |
| 0,05 | 4,80 | 192,0 | 49,6 | 3,871 | 2,083 | 4,75 | 190,0 | 49,5 | 3,838 | 2,105 | 4,775 | 3,855 | 2,094 | 0,067 | 339 |
| 0,05 | 4,75 | 190,0 | 49,5 | 3,838 | 2,105 | 4,70 | 188,0 | 49,4 | 3,806 | 2,128 | 4,725 | 3,822 | 2,116 | 0,069 | 404 |
| 0,05 | 4,70 | 188,0 | 49,4 | 3,806 | 2,128 | 4,65 | 186,0 | 49,3 | 3,773 | 2,151 | 4,675 | 3,789 | 2,139 | 0,071 | 507 |
| 0,05 | 4,65 | 186,0 | 49,3 | 3,773 | 2,151 | 4,60 | 184,0 | 49,2 | 3,740 | 2,174 | 4,625 | 3,756 | 2,162 | 0,074 | 692 |
| 0,05 | 4,60 | 184,0 | 49,2 | 3,740 | 2,174 | 4,55 | 182,0 | 49,1 | 3,707 | 2,198 | 4,575 | 3,723 | 2,186 | 0,076 | 1.123 |
| 0,05 | 4,55 | 182,0 | 49,1 | 3,707 | 2,198 | 4,50 | 180,0 | 49,0 | 3,673 | 2,222 | 4,525 | 3,690 | 2,210 | 0,079 | 3.290 |

Der in Fließrichtung stattfindende Anstieg des Wasserspiegels in den Beispielen 6.9 und 6.10 findet relativ zur Sohle statt. Absolut gesehen tritt aber ein Wasserspiegelgefälle in Fließrichtung auf, siehe dazu Bild 6.25.

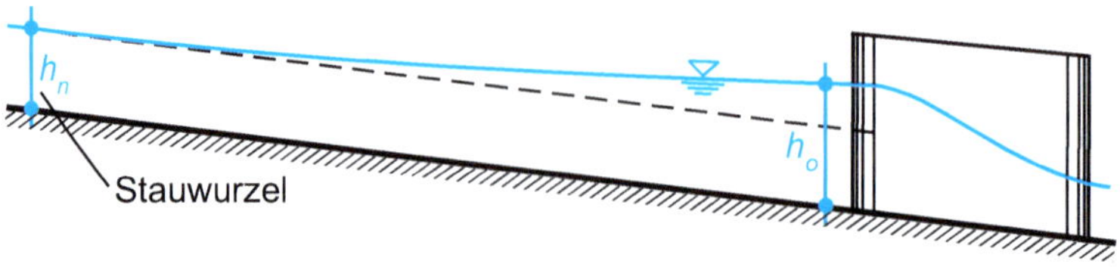


**Bild 6.25** Qualitativer Spiegellinienverlauf aus den Beispielen 6.9 und 6.10

**Aufgabe 6.9**

Ein Rechteckkanal mit $b$ = 4,0 m und $Q$ = 7,6 m³/s hat einen Gefälleknick von $I_L$ = 0,1 % auf $I_R$ = 1,0 %. In den beiden ausreichend langen Abschnitten mit dem Rauheitsmaß $k_{St}$ = 55 m$^{1/3}$/s stellen sich die Normalabflusstiefen $h_{nL}$ = 1,29 m sowie $h_{nR}$ = 0,59 m ein. Gesucht werden

a) die Stelle im flacheren Abschnitt, an der die Wassertiefe $h_L$ = 0,90 m beträgt, und
b) die Fließtiefe $h_L$ an der Stelle $x$ = 10 m oberstrom des Knicks im flacher geneigten Gerinneabschnitt.

## 6.9 Abfluss in natürlichen Fließgewässern

Natürliche Fließgewässer zeichnen sich durch Unregelmäßigkeiten in Querschnittsform und Rauheit aus. Ufererosion und Bewuchs verändern die hydraulischen Eigenschaften zudem auch zeitabhängig. Die Berechnung des Abflusses $Q$ kann aber bei Berücksichtigung entsprechender Grundsätze wie in künstlichen Gerinnen mit der Fließformel sowohl nach Darcy-Weisbach (Formel 6.23) als auch nach Gauckler-Manning-Strickler (Formel 6.25) erfolgen.

### 6.9.1 Unterschiedliche Rauheiten im Querschnitt

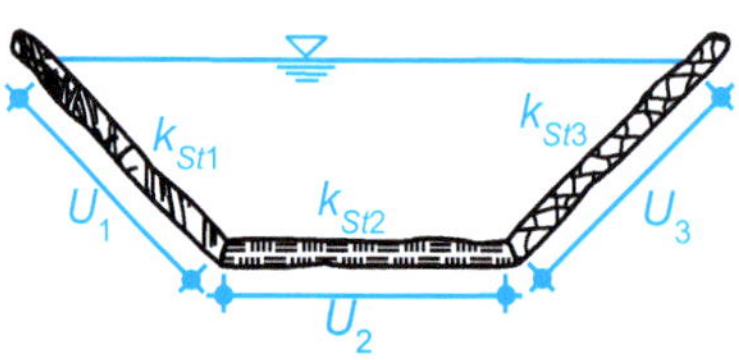


**Bild 6.26**
Kompakter Gerinnequerschnitt

Kompakte Gerinnequerschnitte zeichnen sich dadurch aus, dass die Durchströmung durch die mittlere Geschwindigkeit im Querschnitt, $v = Q/A$, ausreichend genau wiedergegeben werden kann, siehe beispielsweise Bild 6.4a bis c. Unterschiedliche Rauheiten im benetzten Umfang $U$ gemäß Bild 6.26 lassen sich dann zu einem gesamten Rauheitswert $\lambda_{ges}$ oder $k_{St,m}$ zusammenfassen:

$$\lambda_{ges} = \frac{\sum_i (U_i \cdot \lambda_i)}{U_{ges}} \tag{6.66}$$

Die Schwierigkeit in der Anwendung von Formel 6.66 besteht in der geeigneten Festlegung des Teilquerschnittes $A_i$ zur Berechnung des hydraulischen Radius' $r_{hy,i}$ für den Quotienten $k_i/r_{hy,i}$ in der $\lambda_i$-Ermittlung. Da natürliche Fließquerschnitte nahezu immer im hydraulisch rauen Bereich liegen, kommt Formel 6.9 zur Anwendung.

Der mittlere STRICKLER-Beiwert $k_{St,m}$ wird wie folgt berechnet:

$$k_{St,m} = \left( \frac{U_{ges}}{\sum_i \left( U_i / k_{St,i}^{3/2} \right)} \right)^{2/3} \tag{6.67}$$

Die zugehörigen STRICKLER-Beiwerte $k_{St,i}$ werden aus Tabellenwerken (siehe Tabelle 6.2) entnommen oder aus den Rauheitserhebungen $k$ mit Formel 6.26 errechnet.

Mit den so berechneten mittleren Rauheitswerten kann schließlich der Abfluss $Q$ durch Ansatz der Fließformeln (Formel 6.23 oder Formel 6.25) bestimmt werden.

**Beispiel 6.11**

Ein natürliches Gerinne soll idealisiert als Trapezprofil mit folgenden Parametern betrachtet werden (Bild 6.26):

Böschungsneigung: $1{:}m = 1{:}3$

Sohlbreite: $s = 4{,}0$ m

Böschungsrauheiten: $k_{St1} = 55\ m^{1/3}/s$ und $k_{St3} = 60\ m^{1/3}/s$

Sohlrauheit: $k_{St2} = 35\ m^{1/3}/s$

Bei einer Fließtiefe $h = 2{,}5$ m wurde eine mittlere Strömungsgeschwindigkeit von $v = 0{,}644$ m/s gemessen. Welche Sohlneigung hat das Gerinne, wenn Normalwasserverhältnisse vorausgesetzt werden können?

Die durchflossene Fläche $A$ und der benetzte Umfang $U$ errechnen sich zu

$$A = (s + m \cdot h) \cdot h = (4{,}0 + 3 \cdot 2{,}5) \cdot 2{,}5 = 28{,}75\ m^2$$

$$U = s + 2 \cdot h \cdot \sqrt{1+m^2} = 4{,}0 + 2 \cdot 2{,}5 \cdot \sqrt{1+3^2} = 19{,}81\ m$$

Der mittlere Beiwert $k_{St,m}$ ergibt sich nach Formel 6.67 zu

$$k_{St,m} = \left( \frac{19{,}81}{\frac{2{,}5 \cdot \sqrt{1+3^2}}{55^{3/2}} + \frac{4{,}0}{35^{3/2}} + \frac{2{,}5 \cdot \sqrt{1+3^2}}{60^{3/2}}} \right)^{2/3} = 50{,}19 \approx 50\, \frac{\mathrm{m}^{1/3}}{\mathrm{s}}$$

Damit kann schließlich durch Umstellung von Formel 6.25 die Sohlneigung unter Normalwasserbedingungen erhalten werden:

$$I_S = \left( \frac{v}{k_{St,m} \cdot r_{hy}^{2/3}} \right)^2 = \left( \frac{0{,}644}{50 \cdot \left( \frac{28{,}75}{19{,}81} \right)^{2/3}} \right)^2 = 0{,}0001 = 0{,}1\,‰$$

Es kann nun auch noch der Durchfluss zu $Q = 28{,}75 \cdot 0{,}644 = 18{,}515\ \mathrm{m^3/s}$ berechnet werden.

## 6.9.2 Gegliederte Fließquerschnitte

Gegenüber kompakten Querschnitten mit unterschiedlichen Rauheiten kann bei gegliederten Fließquerschnitten kein sinnvoller mittlerer Rauheitswert errechnet werden. Dies liegt an den deutlich verschiedenen mittleren Strömungsgeschwindigkeiten $v_i$ der Teilquerschnitte $A_i$. Daher müssen gegliederte Querschnitte getrennt für jeden Teilquerschnitt betrachtet und bearbeitet werden.

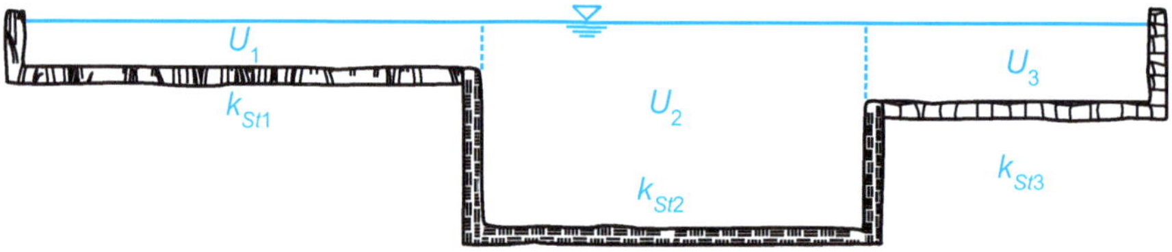


**Bild 6.27** Gegliederter Strömungsquerschnitt

Die Abflussberechnung erfolgt mithilfe der Fließformeln (Formeln 6.23 und 6.25) getrennt für die Einzelabschnitte und anschließender Addition der Teilabflüsse:

$$Q = \sum_i Q_i \tag{6.68}$$

**Beispiel 6.12**

Der Hochwasserabflussquerschnitt eines Flusses gemäß Bild 6.27 setzt sich aus den drei als Rechteck anzunähernden Teilprofilen mit folgenden Parametern zusammen:

| | Wassertiefen: | Sohlbreiten: | Rauheiten: |
|---|---|---|---|
| Vorland (1): | $h_{vl1}$ = 1,0 m | $s_{vl1}$ = 80 m | $k_{St,vl1}$ = 25 m$^{1/3}$/s |
| Mittelwasser (2): | $h_{m2}$ = 5,5 m | $s_{m2}$ = 110 m | $k_{St,m2}$ = 40 m$^{1/3}$/s |
| Vorland (3): | $h_{vl3}$ = 2,0 m | $s_{vl3}$ = 50 m | $k_{St,vl3}$ = 30 m$^{1/3}$/s |

Bei einem Sohlgefälle von 0,15 ‰ soll der Gesamtabfluss $Q$ berechnet werden. Der hydraulische Radius von Vorland 1 kann als breites Rechteck betrachtet werden, da $h_{vl1}/s_{vl1}$ = 1/80 = 0,0125 und damit vernachlässigbar gering ist (siehe Formel 6.11). Die verlustbringenden Trennflächen (siehe gestrichelte Linien in Bild 6.27) zwischen den Fließabschnitten werden zur Ermittlung des benetzten Umfangs bis zum WSP angesetzt. Somit ergeben sich für die beiden Vorländer und das Mittelwasserbett:

$$r_{hy1} = 1{,}0 \text{ m};\ r_{hy2} = \frac{5{,}5 \cdot 110}{110 + 2 \cdot 5{,}5} = 5{,}0 \text{ m};\ r_{hy3} = \frac{2{,}0 \cdot 50}{50 + 2 \cdot 2{,}0} = 1{,}85 \text{ m}$$

Die Teilabflüsse sind dann

$$Q_1 = A_1 \cdot v_1 = 1{,}0 \cdot 80 \cdot 25 \cdot 1{,}0^{2/3} \cdot \sqrt{0{,}00015} = 24{,}49 \frac{\text{m}^3}{\text{s}}$$

$$Q_2 = A_2 \cdot v_2 = 5{,}5 \cdot 110 \cdot 40 \cdot 5{,}0^{2/3} \cdot \sqrt{0{,}00015} = 866{,}64 \frac{\text{m}^3}{\text{s}}$$

$$Q_3 = A_3 \cdot v_3 = 2{,}0 \cdot 50 \cdot 30 \cdot 1{,}85^{2/3} \cdot \sqrt{0{,}00015} = 55{,}37 \frac{\text{m}^3}{\text{s}}$$

In Summe stellt sich unter den gegebenen Randbedingungen ein Gesamtdurchfluss von $Q$ = 946,50 m$^3$/s ein. Die prozentualen Durchflussanteile der drei Teilquerschnitte betragen 2,6 % für Vorland 1, in Vorland 3 sind es 5,8 % und demzufolge 91,6 % im Mittelwasserbett 2.

Die mittleren Geschwindigkeiten in den drei Teilquerschnitten betragen in den Vorländern $v_1 \approx 0{,}3$ m/s sowie $v_3 \approx 0{,}6$ m/s. Die Strömung im Mittelwasserbett erfolgt mit der Geschwindigkeit $v_2 \approx 1{,}4$ m/s und ist damit deutlich höher als in den Vorländern. Aufgrund dieser Geschwindigkeitsdifferenzen zwischen Vorländern und Mittelwasser wurden die in Bild 6.27 eingezeichneten gestrichelten Trennflächen als reibungswirksam berücksichtigt. ■

**Praxishinweis**

Der in Bild 6.27 gezeigte gegliederte Querschnitt stellt das stark idealisierte Profil eines Flusses mit Vorländern dar. Etwas realitätsnäher ist die Darstellung in Bild 6.28.

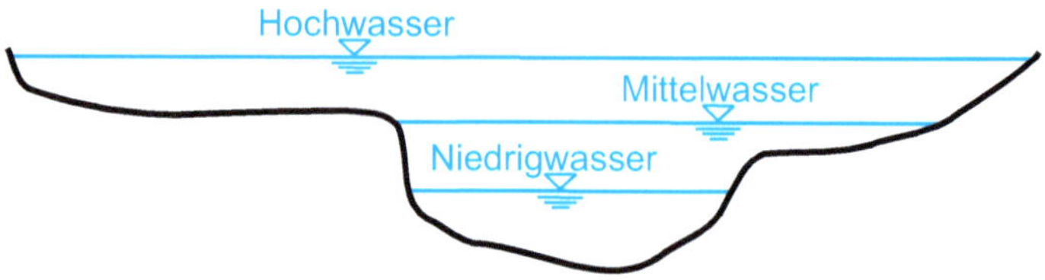


**Bild 6.28** Flussquerschnitt mit Vorlandbereichen

Dieser Querschnitt besteht aus dem bei niedrigen bis mittleren Wassertiefen durchströmten mittleren Flussbett, dem bei mittleren bis hohen Verhältnissen zusätzlich beaufschlagten rechten Vorlandbereich und dem im Hochwasserfall zudem überfluteten, flacheren linken Vorland. Der Mittelwasserstand stellt die Lage des über mehrere Jahre bis Jahrzehnte gemittelten Pegels dar, das wetter- und/oder jahreszeitlich bedingte Niedrigwasser kann mehrere Wochen bis Monate vorliegen und Hochwasser ist der kurzzeitige Anstieg des Wasserstands deutlich über den Mittelwasserbereich hinaus.

## 6.9.3 Querschnitte mit Großbewuchs

Der Bewuchs eines Gerinneabschnitts kann in vielfältigen Ausprägungen auftreten. Hinsichtlich der hydraulischen Auswirkungen werden drei Formen des Bewuchses unterschieden:

- Kleinbewuchs wie Gras und kleinere Stauden wird vor allem überströmt und ist daher wesentlich kleiner als die Wassertiefe. In den Fließformeln wird er, wie in diesem Kapitel bisher geschehen, durch die Rauheit berücksichtigt.
- Mittelbewuchs wird sowohl über- als auch durchströmt. Die Schwierigkeit eines Rauheitsansatzes besteht darin, dass der Mittelbewuchs zumeist kein gleichbleibendes Strömungshindernis darstellt. Er kann sich ab einer bestimmten Strömungsgeschwindigkeit legen und damit die Widerstandsverhältnisse ändern.
- Großbewuchs wird im Wesentlichen durchströmt, er ist höher als die Fließtiefe. In den hydraulischen Berechnungen wird von gleichbleibenden Widerständen ausgegangen. Hierbei hat sich die universelle Fließformel nach Darcy-

WEISBACH nach Formel 6.23 als vorteilhaft erwiesen, da der Widerstandsansatz aufgeteilt werden kann in einen Rauheitsanteil $\lambda_R$ für die Reibungseinflüsse gemäß Abschnitt 6.3 und einen zusätzlichen Hindernisanteil $\lambda_H$ zur Berücksichtigung der Querschnittsverminderung:

$$v = \sqrt{\frac{8g}{\lambda_R + \lambda_H}} \cdot \sqrt{r_{hy} \cdot I_E} \tag{6.69}$$

Detaillierte Informationen, Anwendungshinweise und Beispiele können der einschlägigen Literatur entnommen werden.

**Praxishinweis**

In der Landwirtschaft werden häufig Gräben zur Be- und Entwässerung angelegt, entweder dauerhaft oder vorübergehend wasserführend. Ohne Unterhaltsmaßnahmen würden sie aufgrund fehlenden Hochwassers, durch Sedimenteintrag und Bewuchs in der Regel auflanden und zuwachsen. Daher müssen in Gräben regelmäßig der Böschungsbewuchs gemäht, der Sohlbewuchs entfernt und Sedimente entnommen werden, um ausreichende Abflussverhältnisse aufrecht zu erhalten oder zu erreichen.

## 6.10 Englische Fachbegriffe zu Kapitel 6

| Deutsch | Englisch |
|---|---|
| Anströmung; ankommende Strömung | approaching flow |
| Aufstau; Rückstau | tailback |
| Ausbreitungsgeschwindigkeit | velocity of propagation |
| Durchlass | culvert |
| Endschwelle | end sill |
| Energieverminderung | energy dissipation |
| Engstelle | gorge portion |
| Fallhöhe | drop height |
| Fließformel | flow equation |
| Fließgewässer | running/flowing waters |
| Fließwechsel | transition of the flow regime |
| freie Deckwalze | surface roller |
| freie Oberfläche | free surface |
| Froudezahl | Froude's number |
| gegliederter Querschnitt | segmented cross-section |

| Deutsch | Englisch |
|---|---|
| Gerinneerweiterung | channel expansion |
| Gerinnehydraulik | channel hydraulics |
| Gerinneverengung | channel contraction |
| gewellter Abfluss | undular jump |
| Grenzgeschwindigkeit | critical velocity |
| Grenztiefe | critical depth |
| Grenzverhältnisse; Grenzzustand | critical flow |
| hydraulische Leistungsfähigkeit | hydraulic efficiency |
| Kanal | channel |
| konjugierte Fließtiefe | sequent depth; conjugate depth |
| Kontrollquerschnitt | control section |
| künstliches Gerinne | man-made channel |
| maximaler Abfluss | maximum flow |
| minimale Energiehöhe | minimum relative energy head |
| natürlicher Querschnitt | natural cross-section |
| natürliches Gerinne | natural channel |
| Normalabfluss | uniform flow |
| Normalwassertiefe | flow depth under uniform condition |
| Oberflächenwelle | surface wave |
| Pfeiler | buttress; pier |
| Rechen | screen |
| Rechteckquerschnitt | rectangular cross-section |
| Rückstaufrei; ohne Rückstau | without backwater effect |
| Schießen | supercritical flow |
| Schleppspannung | boundary shear |
| Sohlabsturz | drop; fall |
| Sohlschwelle | sill |
| spezifische Energielinie | specific energy curve |
| Stauwurzel | head of reservoir |
| Strömen | subcritical flow |
| Tosbecken | stilling basin |
| Trapezquerschnitt | trapezoidal cross-section |
| ungleichförmige Strömung | non-uniform flow |
| Wasserspiegellinie | surface curve |
| Wechselsprung | hydraulic jump |

# 7 Ausfluss und Überfall

Die Entnahme von Flüssigkeiten aus einem Behälter oder einem anderweitig umgrenzten Bereich erfolgt durch Öffnungen unterhalb des Flüssigkeitsspiegels oder durch Überströmung der Beckenberandung. Denken Sie an den Ausflussvorgang beim Einschenken von Kaffee in eine Tasse, an das Entleeren von Wassereimern oder an das Anzapfen eines Bierfasses. Dabei wird die Flüssigkeit aus einem ruhenden Zustand heraus in Bewegung versetzt. Ursache hierfür ist der Potenzialunterschied zwischen dem Flüssigkeitsspiegel und der Ausflussöffnung oder der Überströmkante.

## 7.1 Allgemeines

Prinzipiell kann zwischen folgenden Möglichkeiten der Aus- bzw. Überströmung von Flüssigkeiten aus Becken oder Behältern unterschieden werden (Bild 7.1):

- Bei Bodenöffnungen liegt die gesamte Öffnungsfläche in einem konstanten Abstand zum Flüssigkeitsspiegel.
- Die Öffnungsfläche einer Seitenöffnung hat eine zunehmende Höhendifferenz zum Flüssigkeitsspiegel, im Normalfall liegt die Öffnungsfläche senkrecht zum Flüssigkeitsspiegel.
- Die Öffnungsfläche eines unterströmten Planschützes hat ebenfalls eine zunehmende Höhendifferenz zum Flüssigkeitsspiegel, im Normalfall liegt die Öffnungsfläche senkrecht zum Flüssigkeitsspiegel.
- Die Überfallströmung über die Oberkante eines Staubauwerks findet nahe des Flüssigkeitsspiegels statt.

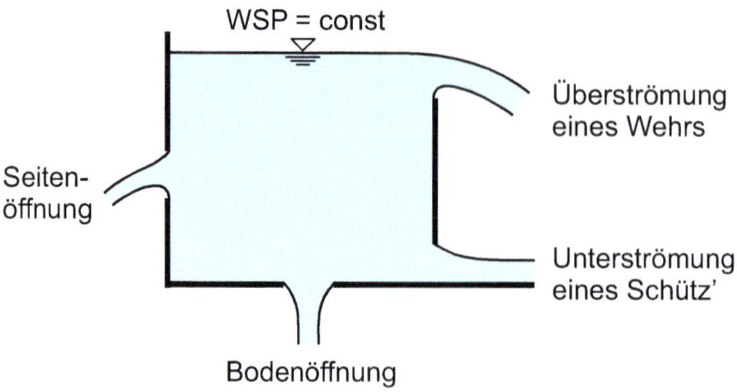


**Bild 7.1**
Grundsätzliche Möglichkeiten von Ausfluss und Überfall

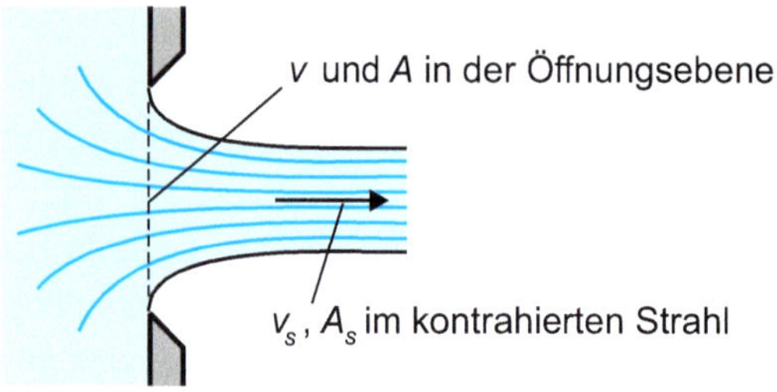


**Bild 7.2**
Ausflussstrahl

Bei Betrachtung von Bild 7.1 erkennt man, dass alle genannten Aus- und Überströmungsvorgänge mit einer Verringerung der Strömungsfläche einhergehen. Die jeweilige Fläche wird aus der räumlichen Umgebung des Behälters angeströmt. Daher ergeben sich wegen der Beschleunigung der Flüssigkeit verdichtende Stromlinien (Bild 7.2), gegenüber der Öffnungsfläche verringert sich die Strahlfläche. Man spricht von Strahlkontraktion. Der Ausfluss $Q$ errechnet sich zu

$$Q = v_S \cdot A_S = \mu_A \cdot v \cdot A \tag{7.1}$$

Reibungsverluste spielen für Ausflussströmungen nur eine geringe Rolle. Der Grund für die Kombination der mittleren Geschwindigkeit $v$ in der Öffnungsfläche $A$ mit einem geometrieabhängigen Ausflussbeiwert $\mu_A$ liegt daher vor allem in der erforderlichen Berücksichtigung der Strahlkontraktion. Die weiteren Betrachtungen und Ableitungen gelten unter den Voraussetzungen

- stationäre Strömungsverhältnisse, daher
- konstanter Wasserspiegel, und demzufolge
- Geschwindigkeit am Wasserspiegel $v_0 = 0$.
- Diese Punkte sind immer dann gegeben, wenn die Behälteroberfläche im Vergleich zur Ausflussfläche sehr groß ist. Das bedeutet, dass das Ausströmvolumen gegenüber dem Behältervolumen verschwindend gering ist.

## 7.2 Ausfluss aus Bodenöffnungen

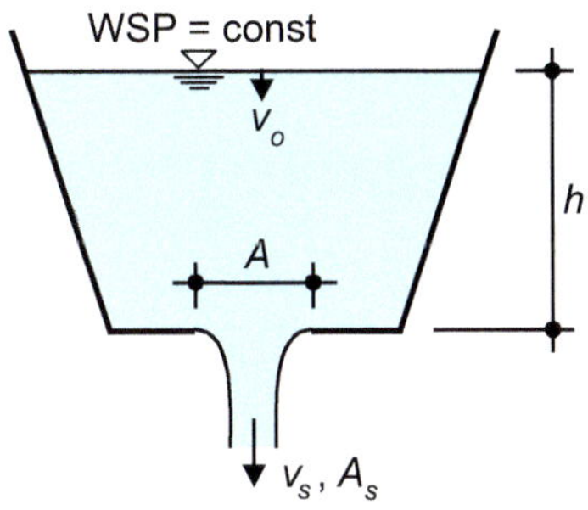


**Bild 7.3**
Behälter mit Bodenöffnung

Aus dem Bernoullischen Energiehöhenvergleich zwischen dem Flüssigkeitsspiegel und dem Öffnungsquerschnitt mit dem Bezugsniveau auf Öffnungsebene ergibt sich für den Ausfluss aus Bodenöffnungen (Bild 7.3)

$$h+\frac{v_0^2}{2g}=\frac{p}{\rho g}+\frac{v^2}{2g} \Rightarrow h=\frac{v^2}{2g}$$

Darin ist voraussetzungsgemäß $v_0 = 0$, ebenso wie die Druckhöhe $p/\rho g$ am Austrittsquerschnitt wegen des Auslaufs in die freie Atmosphäre mit Null anzusetzen ist. Man erhält dann

$$v=\sqrt{2g\cdot h} \tag{7.2}$$

Formel 7.2 ist die Ausflussgleichung nach E. Torricelli (1608 - 1647, Mathematiker und Physiker), die in Kombination mit Formel 7.1 den Volumenstrom $Q$ ergibt:

$$Q=\mu_A\cdot v\cdot A=\mu_A\cdot A\cdot\sqrt{2g\cdot h} \tag{7.3}$$

Der Ausflussbeiwert $\mu_A$ setzt sich aus dem Beiwert für den Reibungseinfluss φ (zwischen 0,96 und 0,99) und dem Kontraktionsbeiwert $\psi$ zusammen:

$$\mu_A=\varphi\cdot\psi$$

Für einige Ausgestaltungen von kreisförmigen Bodenöffnungen sind in Tabelle 7.1 unterschiedliche Ausflussbeiwerte $\mu_A$ aufgeführt, mit denen in der Praxis ausreichend genau gerechnet werden kann.

**Tabelle 7.1** Ausflussbeiwerte $\mu_A$ verschiedener kreisförmiger Öffnungsausgestaltungen

| schneidenförmig | scharfkantig | |
|---|---|---|
| 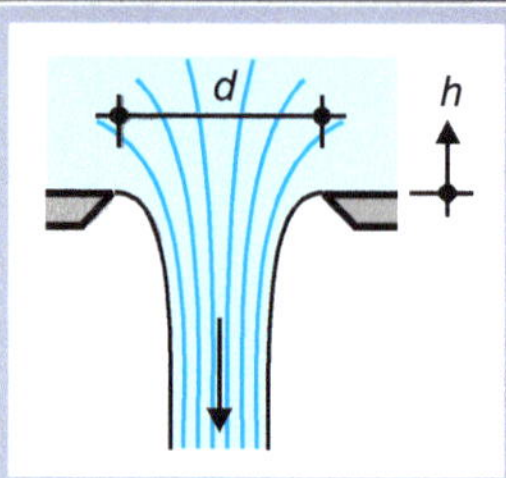  | 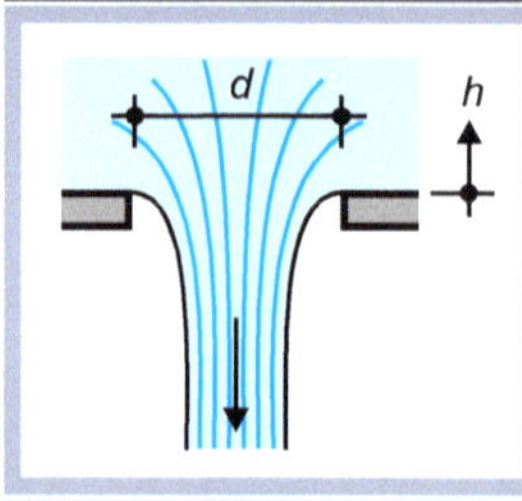  | |
| $\mu_A = 0{,}63$ | $\mu_A = 0{,}61$ | |
| **strömungsgünstig geformt** | **mit äußerem Ansatzrohr** | **mit innerem Ansatzrohr** |
| 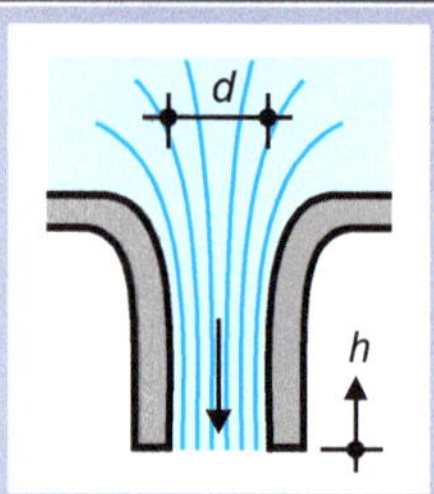  | 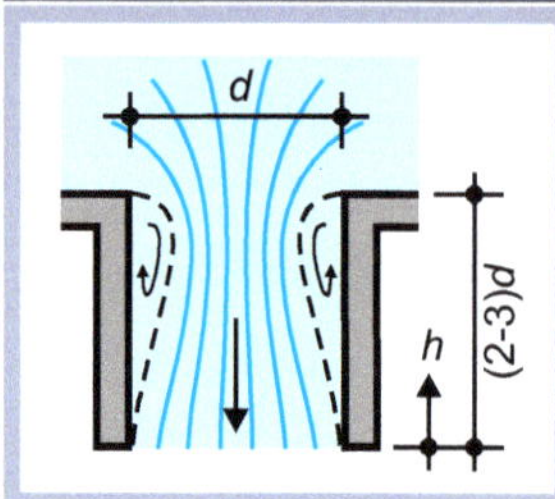  | 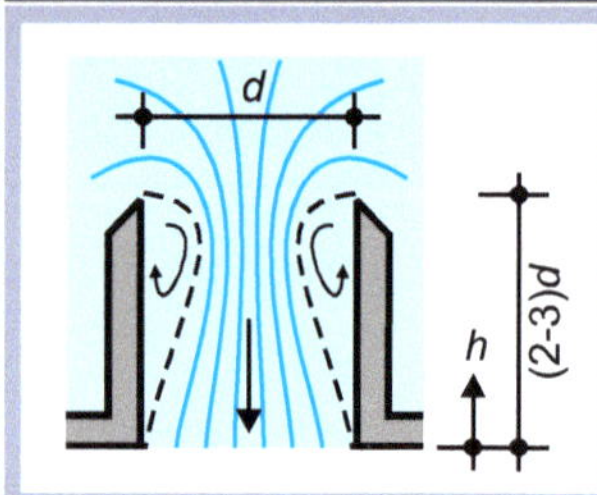  |
| $\mu_A = 0{,}96$ | $\mu_A = 0{,}82$ | $\mu_A = 0{,}53$ |

Die sich für die verschiedenen Ausformungen der kreisförmigen Bodenöffnungen in Tabelle 7.1 ergebenden unterschiedlichen Ausflussbeiwerte $\mu_A$ haben die folgenden Ursachen:

- Bei schneidenförmiger Öffnung wird die Strömung von der horizontalen in die vertikale Richtung umgelenkt. Da die Flüssigkeit der Berandung nicht folgen kann, löst sie sich ab und führt zur Strahlkontraktion.
- Bei scharfkantiger Öffnung wird die Strömung ebenfalls von der horizontalen in die vertikale Richtung umgelenkt. Da die Flüssigkeit der Berandung nicht folgen kann, löst sie sich ab und führt zu einer Strahlkontraktion, die im Vergleich zur schneidenförmigen Ausgestaltung etwas stärker ausfällt.
- Formt man die Öffnung strömungsgünstig aus, dann optimiert sich der Auslaufbeiwert bis auf die verbleibenden Reibungsverluste. Die Strömung folgt der Ausformung in idealer Weise.
- Bei äußerem Ansatzrohr mit entsprechender Länge hat die Flüssigkeit das Bestreben, sich nach der Ablösung auf kurzem Wege wieder an das Ansatzrohr anzulegen. Dadurch findet eine weniger starke Strahlkontraktion statt.
- Ein inneres Ansatzrohr stellt ein Hindernis dar, wodurch die Strömung um deutlich mehr als 90° umgelenkt werden muss und deshalb eine verstärkte Kontraktion auftritt. Das rasche Anlegen des Strahls an die Wand wie beim äußeren Ansatzrohr vermag den verringerten Ausflussbeiwert nur zu einem

Teil auszugleichen. Insgesamt ist der Ausflussbeiwert damit ungünstiger als bei scharfkantiger Öffnung.

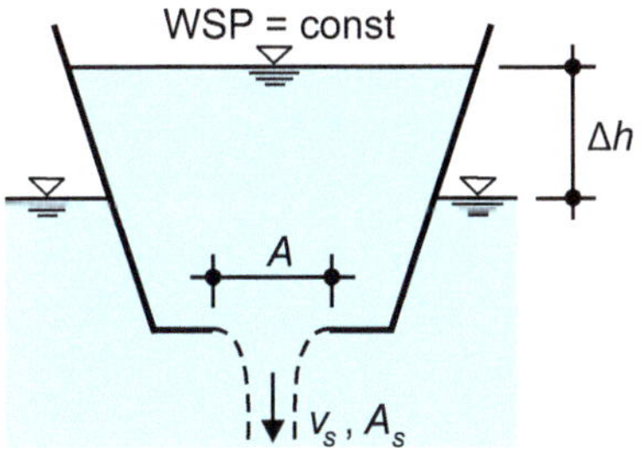


**Bild 7.4**
Behälter mit Bodenöffnung unter Gegendruck

Wird die Öffnung überstaut (Bild 7.4), dann ist die Höhenlage der Öffnungsfläche unmaßgeblich für den Ausfluss $Q$. In diesem Fall bestimmt allein die Differenz der Wasserspiegel den Volumenstrom:

$$Q = \mu_A \cdot A \cdot \sqrt{2g \cdot \Delta h} \tag{7.4}$$

Die Ausflusszahlen $\mu_A$ können gemäß den bisherigen Angaben für den Ausfluss ohne Gegendruck angesetzt werden (siehe Tabelle 7.1). In der Realität liegen sie jedoch etwas geringer als beim Ausfluss bei freiem Umgebungsdruck.

**Beispiel 7.1**

Im Boden eines Behälters 1 befindet sich eine kreisförmige Öffnung mit Durchmesser $d$ = 0,20 m und einem 60 cm langen äußeren Ansatzrohr. Der Behälter steht unter Gegendruck, die Wasserspiegeldifferenz beträgt $\Delta h$ = 1,0 m. Welche Füllhöhe $h$ muss ein anderer Behälter 2 mit einer scharfkantigen Öffnung gleichen Durchmessers $d$ bei nun freiem Auslauf aufweisen, damit sich mindestens der gleiche Volumenstrom $Q$ wie aus Behälter 1 einstellt?

$$Q = \mu_{A,1} \cdot \frac{d^2 \cdot \pi}{4} \cdot \sqrt{2g \cdot \Delta h} = \mu_{A,2} \cdot \frac{d^2 \cdot \pi}{4} \cdot \sqrt{2g \cdot h}$$

$$\Rightarrow \quad \mu_{A,1} \cdot \sqrt{\Delta h} = \mu_{A,2} \cdot \sqrt{h}$$

$$\Rightarrow \quad h = \left( \frac{0{,}82}{0{,}63} \cdot \sqrt{1{,}0} \right)^2 = 1{,}694 \text{ m}$$

Damit sollte auf der sicheren Seite liegend ein Wasserstand $h$ = 1,70 m angestrebt werden, um den geforderten Volumenstrom $Q$ zu erreichen.

## 7.3 Ausfluss aus Seitenöffnungen

Allgemein wird eine beliebige Seitenöffnung als Funktion der Öffnungshöhe $h_2 - h_1$ betrachtet (Bild 7.5). Die Öffnungsbreite $b$ und die Öffnungsfläche $A$ sind dabei jeweils abhängig von der Öffnungshöhe $h$.

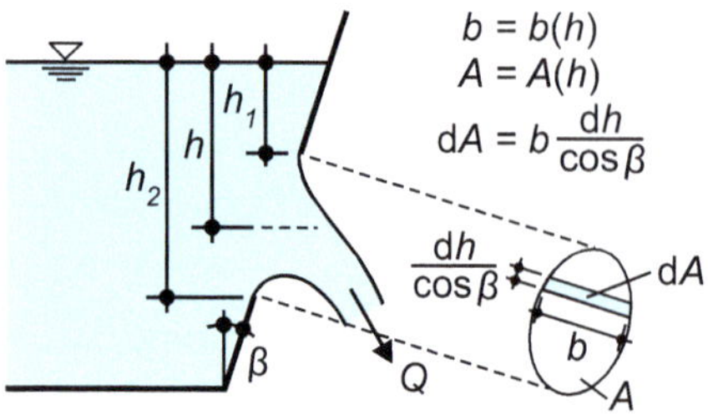


**Bild 7.5**
Ausflussberechnung aus Behälter mit Seitenöffnung

Mit Formel 7.2 erhält man durch die Integration über die Geschwindigkeit $v$ und die differentielle Fläche d$A$ von $h_1$ bis $h_2$ einen Ausdruck für den Ausfluss $Q$ aus beliebigen Öffnungsflächen unter dem Neigungswinkel $\beta$:

$$Q = \mu_A \cdot v \cdot A = \mu_A \cdot \int v \cdot \mathrm{d}A$$

$$Q = \mu_A \cdot \int_{h_1}^{h_2} \sqrt{2g \cdot h} \cdot b \frac{\mathrm{d}h}{\cos\beta} \tag{7.5}$$

Mit ausreichender Genauigkeit können für kreisförmige Seitenöffnungen die Ausflussbeiwerte $\mu_A$ der Bodenöffnungen aus Tabelle 7.1 angesetzt werden. Bei scharfkantigen rechteckförmigen Seitenöffnungen liegen die Ausflussbeiwerte $\mu_A$ in Abhängigkeit vom Verhältnis der Höhe $a$ zur Breite $b$ gemäß Tabelle 7.2 wie folgt vor:

**Tabelle 7.2** Ausflussbeiwerte $\mu_A$ scharfkantiger rechteckiger Seitenöffnungen

| a/b | → 0 | 0,2 | 0,5 | 1,0 | 1,5 | 2,0 |
|---|---|---|---|---|---|---|
| $\mu_A$ | 0,67 | 0,66 | 0,64 | 0,58 | 0,50 | 0,44 |

Ein schmaler horizontaler Schlitz ergibt demnach einen maximalen Ausflussbeiwert von $\mu_A$, = 0,67. Bei schmalen vertikalen Schlitzen dagegen ist der Ausflussbeiwert vergleichsweise gering, da sich die Druckverhältnisse innerhalb des Ausflussstrahls von unten nach oben stark ändern und sich deutlichere Stromlinienkrümmungen ergeben.

Die in Tabelle 7.2 aufgeführten $\mu_A$-Werte gelten für scharfkantige Öffnungen in dünnwandigen Behältern. Durch Ausrundung der Eckbereiche ergeben sich höhere Ausflussbeiwerte $\mu_A$ (siehe beispielsweise in Tabelle 7.1, Spalte „strömungsgünstige Ausformung“).

In den Formeln 7.6 bis 7.9 wird bei senkrechter Behälterwand ($\beta$ = 0°) der Nenner cos $\beta$ = 1, womit sich die Gleichungen entsprechend vereinfachen.

## 7.3.1 Ausfluss aus großer Öffnung

Allgemein wird empfohlen, bei einem Verhältnis der Öffnungshöhe $a = h_2 - h_1$ zur Tiefenlage $h_1$ der Öffnungsoberkante unter dem Wasserspiegel $(h_2 - h_1)/h_1 > 0{,}2$ den Ausfluss mit großer Öffnung zu berechnen. Für eine kreisförmige Seitenöffnung in einer beliebig geneigten Behälterwand ergibt die Integration von Formel 7.5 die Berechnung von $Q$ zu

$$Q = \mu_A \cdot \left(1 - \frac{(h_2 - h_1)^2}{32 \cdot (h_2 + h_1)^2}\right) \cdot \pi \cdot \frac{(h_2 - h_1)^2}{4} \cdot \frac{\sqrt{2g}}{\cos\beta} \cdot \sqrt{\frac{h_2 + h_1}{2}} \quad (7.6)$$

Bei einer rechteckförmigen Seitenöffnung der Breite $b$ in einer beliebig geneigten Behälterwand integriert sich Formel 7.5 zu

$$Q = \frac{2}{3} \cdot \mu_A \cdot b \cdot \frac{\sqrt{2g}}{\cos\beta} \cdot \left(h_2^{1,5} - h_1^{1,5}\right) \quad (7.7)$$

Für $h_1$ = 0 mit vertikaler Berandung ($\beta$ = 0°) wird aus Formel 7.7 die POLENI-Gleichung (Formel 7.16 in Abschnitt 7.5.2).

**Beispiel 7.2**

Aus einem Behälter mit vertikaler Wand (Bild 7.6) wird mittels dreier scharfkantiger, kreisförmiger Öffnungen mit Durchmesser $d$ = 0,20 m der Volumenstrom $Q$ entnommen. Die Entnahme erfolgt seitlich bei freiem Ausfluss, die Unterkante der Öffnungen liegt in der Tiefe $h_2$ = 0,50 m unterhalb des Wasserspiegels.

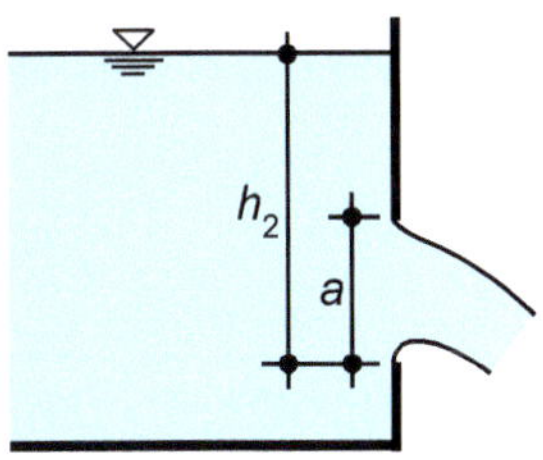


**Bild 7.6**
Behälter mit Seitenöffnung in vertikaler Wand

Diese Ausflusssituation soll im Rahmen einer Beckenrenovierung ersetzt werden durch eine einzige Rechtecköffnung, die ebenfalls die Höhe $a$ = 0,20 m sowie die Lage der Öffnungsunterkante unterhalb des Wasserspiegels $h_2$ = 0,50 m hat. Welche Breite $b$ ist hierzu erforderlich, wenn der Ausfluss $Q$ gegenüber der Ausgangssituation zugleich um 15 % verringert werden soll?

Zunächst wird gezeigt, dass der Ausfluss als große Öffnung berechnet werden kann:

$$\frac{a}{h_1}=\frac{a}{h_2-a}=\frac{0{,}20}{0{,}50-0{,}20}=0{,}67>0{,}2$$

Damit errechnet sich $Q$ aus einer Öffnung mit Formel 7.6 zu

$$Q=0{,}63\cdot\left(1-\frac{0{,}20^2}{32\cdot(0{,}50+0{,}30)^2}\right)\cdot\pi\cdot\frac{0{,}20^2}{4}\cdot\sqrt{2g}\cdot\sqrt{\frac{0{,}50+0{,}30}{2}}$$

Der Gesamtausfluss mit den drei Öffnungen beträgt dann

$$Q_{gesamt,alt}=3\cdot 0{,}05533=0{,}166\ \frac{\text{m}^3}{\text{s}}$$

Die Verringerung auf 85 % ergibt

$$Q_{gesamt,neu}=0{,}85\cdot 0{,}166=0{,}141\ \frac{\text{m}^3}{\text{s}}$$

Dieser neue Volumenstrom soll nun durch eine Rechtecköffnung mit identischer Höhe $a$ = 0,20 m ausfließen. Die zugrundeliegende Formel 7.7 wird nach der gesuchten Größe $b$ aufgelöst:

$$b=\frac{3\cdot Q_{gesamt,neu}}{2\cdot\mu_A\cdot\sqrt{2g}\cdot\left(h_2^{1,5}-h_1^{1,5}\right)}$$

Der Ausflussbeiwert $\mu_A$ ist vom Verhältnis $a/b$ abhängig, alle anderen Werte sind bekannt. Bei Start der Berechnung mit einem geschätzten Verhältnis $a/b$ = 0,5 und dem zugehörigen Beiwert $\mu_A$ = 0,64 (Tabelle 7.2) erhält man

$$b=0{,}394\ \text{m}$$

Eine Iteration ist nicht erforderlich, da $a/b$ = 0,2/0,394 = 0,51 der Annahme $a/b$ = 0,5 ausreichend nahe kommt. Auf der sicheren Seite liegend kann das Ergebnis auf $b$ = 0,40 m aufgerundet werden. ■

## 7.3.2 Ausfluss aus kleiner Öffnung

Bei einem Verhältnis der Öffnungshöhe zur mittleren Tiefe der Öffnungsachse unter dem Wasserspiegel $(h_2 - h_1)/h < 0{,}2$ kann der Ausfluss als kleine Öffnung berechnet werden. Hierzu wird Formel 7.2 auf die Höhe der Auslaufachse unter dem Wasserspiegel $h$ bezogen. Für eine kreisförmige Seitenöffnung in einer beliebig geneigten Behälterwand erhält man dann

$$Q=\mu_A\cdot\frac{d^2\cdot\pi}{4}\cdot\frac{\sqrt{2g}}{\cos\beta}\cdot\sqrt{h} \tag{7.8}$$

Der Ausfluss $Q$ aus einer rechteckförmigen Seitenöffnung der Breite $b$ und der Höhe $a$ in einer beliebig geneigten Behälterwand errechnet sich zu

$$Q = \mu_A \cdot a \cdot b \cdot \frac{\sqrt{2g}}{\cos\beta} \cdot \sqrt{h} \tag{7.9}$$

**Aufgabe 7.1**

Berechnen Sie die Situation aus Beispiel 7.2 mit den Gleichungen für den Ausfluss aus kleiner Öffnung und vergleichen Sie die Ergebnisse.

### 7.3.3 Ausfluss unter Gegendruck

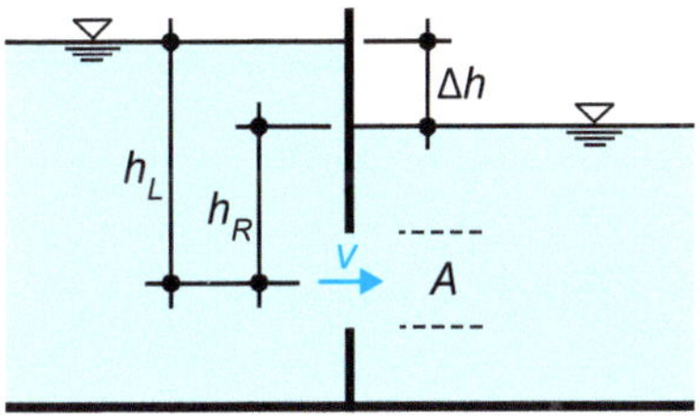


**Bild 7.7**
Ausfluss unter Gegendruck

Erfolgt der Ausfluss bei seitlicher Öffnung nicht in die freie Umgebung, sondern bei vollständiger Überstauung der Öffnung (Bild 7.7), dann ist anstelle der Formeln 7.6 bis 7.9 die Gleichung für den Ausfluss aus überstauten Bodenöffnungen (Formel 7.4) anzusetzen. Die Druckdifferenz hängt dabei nicht von der Größe und Tiefenlage des Öffnungsquerschnitts ab, sondern lediglich von der Wasserspiegeldifferenz $\Delta h = h_L - h_R$:

$$Q = \mu_A \cdot A \cdot \sqrt{2g \cdot \Delta h} \tag{7.4}$$

Der Ausflussbeiwert $\mu_A$ ist gemäß Tabelle 7.1 bei kreisförmigen Öffnungen sowie Tabelle 7.2 bei rechteckförmigen Öffnungen zu wählen. Eine Unterscheidung nach großer und kleiner Öffnung ist dabei nicht erforderlich.

## 7.4 Ausfluss unter Planschütz

Während die bisher vorgestellten Ausflusssituationen in der Praxis mit konstanten Ausflussöffnungen betrieben werden, ist die Öffnungshöhe unter einem Planschütz eine betrieblich veränderliche Größe. Demzufolge stellen Planschützen Verschlussorgane mit einer Vielzahl von möglichen Ausflusszuständen dar.

Ein Planschütz ist eine ebene Stauwand zur Aufstauerzeugung in einer Gerinneströmung (Kapitel 6). Im Unterschied zum bisher betrachteten Ausfluss aus Behältern wird ein Schütz oberwasserseitig mit einer Geschwindigkeit $v_o$ angeströmt. Durch die Strahlkontraktion $\psi$ unter dem Planschütz wird die Geschwindigkeit auf $v_s$ erhöht (Bild 7.8). Vergleichbar den Gegendrucksituationen bei Boden- und Seitenauslässen kann der Ausfluss von der unterstromigen Seite beeinflusst werden, man spricht dann von rückgestautem Ausfluss unter Planschütz (Bild 7.9).

## 7.4.1 Freier Ausfluss

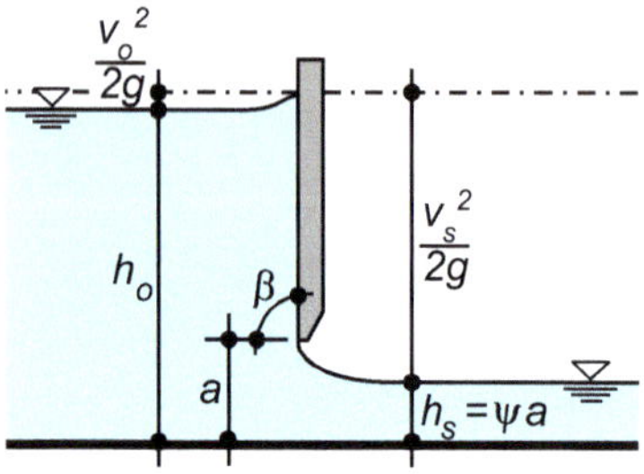


**Bild 7.8**
Freier Ausfluss unter Planschütz

Bei verlustfreier Betrachtung erhält man den Energiehöhenvergleich zwischen den oberstromigen Größen und den Verhältnissen am Ausflussstrahl

$$H_o = h_o + \frac{v_o^2}{2g} = H_s = \psi \cdot a + \frac{v_s^2}{2g} \tag{7.10}$$

Mit der Kontinuitätsbedingung zwischen den beiden Querschnitten

$$v_o = v_s \cdot \frac{\psi \cdot a}{h_o}$$

lautet der Ansatz zur Berechnung des Ausflusses $Q$:

$$Q = v_s \cdot b \cdot \psi \cdot a = \frac{\psi}{\sqrt{1 + \frac{\psi \cdot a}{h_o}}} \cdot ab \cdot \sqrt{2g \cdot h_o}$$

Zusammengefasst mit dem Ausflussbeiwert $\mu_A$

$$\mu_A = \frac{\psi}{\sqrt{1 + \frac{\psi \cdot a}{h_o}}} \tag{7.11}$$

ergibt sich schließlich für den freien Ausfluss unter Planschütz

$$Q = \mu_A \cdot ab \cdot \sqrt{2g \cdot h_o} \tag{7.12}$$

Der Kontraktionsbeiwert $\psi$ und damit der Ausflussbeiwert $\mu_A$ hängen vom Verhältnis $a/h_o$ sowie von der Planschützneigung $\beta$ ab (siehe Bild 7.8). Letzteres deshalb, da die Strahlkontraktion je nach Schützneigungen unterschiedlich ausfällt. Mit zunehmendem Neigungswinkel $\beta$ wird die Strahlkontraktion größer, da eine größere Umlenkung des Strömungsgeschehens auftritt.

**Tabelle 7.3** Ausflussbeiwerte $\mu_A$ für scharfkantigen Planschütz

| | $a/h_o$ | | | | | | |
|---|---|---|---|---|---|---|---|
| $\beta$ | 0,1 | 0,2 | 0,3 | 0,4 | 0,5 | 0,6 | 0,7 |
| 30° | 0,78 | 0,76 | 0,73 | 0,71 | 0,68 | 0,67 | 0,65 |
| 45° | 0,72 | 0,70 | 0,68 | 0,66 | 0,64 | 0,63 | 0,62 |
| 60° | 0,67 | 0,65 | 0,63 | 0,62 | 0,60 | 0,59 | 0,59 |
| 90° | 0,60 | 0,58 | 0,57 | 0,57 | 0,56 | 0,56 | 0,57 |

Bei einem relativen Schützenhub von $a/h_o > 0{,}75$ wird der Abflussvorgang aufgrund von Wellenbildung instabil. Daher sollte sowohl bei freiem als auch bei rückgestautem Ausfluss (Abschnitt 7.4.1 und Abschnitt 7.4.2) eine Begrenzung auf $a/h_o = 0{,}75$ berücksichtigt werden.

**Beispiel 7.3**

Ein vertikaler Planschütz ($\beta = 90°$) befindet sich in einem Rechteckgerinne der Breite $b = 2$ m. Der Schützenhub beträgt $a = 0{,}5$ m. Zu berechnen sind die oberwasser- und unterwasserseitigen Strömungsverhältnisse für den Durchfluss $Q = 5\ \text{m}^3/\text{s}$.

Ausgehend von einer Startgröße für den Ausflussbeiwert (beispielsweise $\mu_A = 0{,}6$) können auf iterativem Weg die oberwasser- und unterwasserseitigen Verhältnisse mithilfe der Formeln 7.10 bis 7.12 sowie unter Anwendung von Kontinuitätsbedingung und Bernoullischer Energiegleichung ermittelt werden:

- Mit dem Startwert für $\mu_A$ folgen die oberwasserseitigen Größen $h_o \rightarrow v_o \rightarrow v_o^2/2g \rightarrow H_o$
- Für den Ausflussstrahl erhält man mit $a/h_o \rightarrow \mu_A$ (interpoliert aus Tabelle 7.3) $\rightarrow \psi$ (iterativ mit Formel 7.11) $\rightarrow h_s \rightarrow v_s \rightarrow v_s^2/2g \rightarrow H_s$
- Die Berechnungen werden mit dem jeweils neuen $\mu_A$ wiederholt, bis $H_o = H_s$

**Tabelle 7.4** Iterative Lösung von Beispiel 7.3

| $\mu_A$ | $h_o$ | $v_o$ | $v_o^2/2g$ | $H_o$ | $a/h_o$ | $\mu_A$ | $\psi$ | $h_s$ | $v_s$ | $v_s^2/2g$ | $H_s$ |
|---|---|---|---|---|---|---|---|---|---|---|---|
| | m | m/s | m | m | - | Tab. 7.3 | - | m | m/s | m | m |
| 0,6 | 3,539 | 0,706 | 0,025 | 3,565 | 0,141 | 0,592 | 0,617 | 0,309 | 8,104 | 3,347 | 3,656 |
| 0,592 | 3,639 | 0,687 | 0,024 | 3,663 | 0,137 | 0,593 | 0,617 | 0,309 | 8,102 | 3,346 | 3,654 |
| 0,593 | 3,629 | 0,689 | 0,024 | 3,654 | 0,138 | 0,592 | 0,617 | 0,309 | 8,102 | 3,346 | 3,654 |
| 0,592 | **3,630** | **0,689** | 0,024 | 3,654 | 0,138 | 0,592 | 0,617 | **0,309** | **8,102** | 3,346 | 3,654 |

Die einzelnen Größen in Tabelle 7.4 sind auf drei Stellen nach dem Komma angegeben, der Rechenablauf fußt allerdings auf den genauen Werten. Da sich der $\mu_A$-Wert nur innerhalb einer geringen Schwankungsbreite ändert, werden die Ergebnisse nach wenigen Iterationen erreicht.

Vergleichbar zu Beispiel 3.8 könnte nun mit dem Ergebnis aus Tabelle 7.4 auch die erforderliche Haltekraft $F_R$ des Planschütz ermittelt werden. ■

Der Ausfluss unter Planschütz kann auch als Ausfluss aus einer Öffnung aufgefasst werden. Mit der oberwasserseitigen Energiehöhe $H_o$ zur Berücksichtigung der nicht zu vernachlässigenden Anströmgeschwindigkeit und der angenommenen hydrostatischen Druckverteilung im Ausflussstrahl (s) gilt dann

$$v_s = \sqrt{2g \cdot \left(H_o - \psi \cdot a\right)}$$

Die Kontraktionsziffer $\psi$ muss dazu gemäß der Vorgehensweise in Beispiel 7.3 ermittelt oder aus dem in etlichen Versuchen festgestellten Hauptbereich von $0{,}61 \leq \psi \leq 0{,}63$ (für $a/h_o < 0{,}5$) gewählt werden.

Ein weiteres Beispiel zum freien Ausfluss unter Planschütz ist als Teilaufgabe von Beispiel 7.4 zu sehen.

### 7.4.2 Rückgestauter Ausfluss

Wird der Ausfluss mit der Strahlhöhe $h_s$ vom Unterwasser $h_u$ her überstaut, dann spricht man vom rückgestauten Ausfluss unter einem Planschütz. In diesem Fall wird die Oberwassertiefe $h_o$ durch die Strömungsverhältnisse unterstrom des Planschützes beeinflusst. Der wasserüberdeckte Ausflussstrahl entwickelt sich genauso wie bei freiem Ausfluss (Bild 7.9). Am Ende der Strahlkontraktion weitet sich diese Vorwärtsbewegung auf und nimmt nach einer geometrieabhängigen Entwicklungslänge die gesamte Wassertiefe $h_u$ ein.

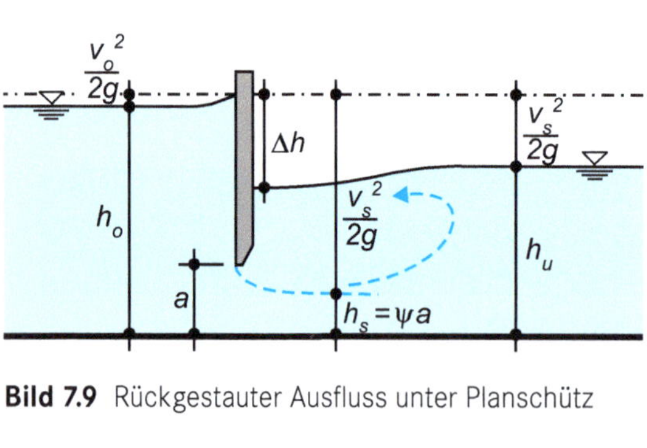


**Bild 7.9** Rückgestauter Ausfluss unter Planschütz

Durch Anwendung des Stützkraftansatzes (Formel 3.28) auf die Querschnitte (s) und (u) kann die Problematik des Energieverlustes bei der Einmischung des Schussstrahles (s) in das Unterwasser (u) berücksichtigt bzw. umgangen werden:

$$\frac{v_u^2 \cdot \psi \cdot a}{g} + \frac{\left(h_o - \Delta h\right)^2}{2} = \frac{v_u^2 \cdot h_u}{g} + \frac{h_u^2}{2} \tag{7.13}$$

Mithilfe der Kontinuitätsbedingung kann aus der entstehenden quadratischen Gleichung die Lösung für $\Delta h$ gefunden werden zu

$$\Delta h = h_o \cdot \left( k - \sqrt{k^2 + \left(\frac{h_u}{h_o}\right)^2 - 1} \right) \tag{7.14}$$

wobei für $k$ gilt:

$$k = 1 - 2 \cdot \frac{\psi \cdot a}{h_o} \cdot \left(1 - \frac{\psi \cdot a}{h_u}\right)$$

Durch Einsetzen von Formel 7.14 in die heranzuziehende Formel 7.4 und weitere mathematische Zusammenfassung erhält man die Gleichung für den rückgestauten Ausfluss zu

$$Q = c \cdot \mu_A \cdot ab \cdot \sqrt{2g \cdot h_o} \tag{7.15}$$

Mit Formel 7.15 errechnet sich der rückgestaute Ausfluss unter Planschütz wie der freie Ausfluss (siehe Formel 7.12), vermindert durch den Faktor $c$. Bild 7.10 zeigt den Abminderungsbeiwert $c$ in Abhängigkeit des Einstauverhältnisses $h_o/a$ für verschiedene Rückstauverhältnisse $h_u/a$.

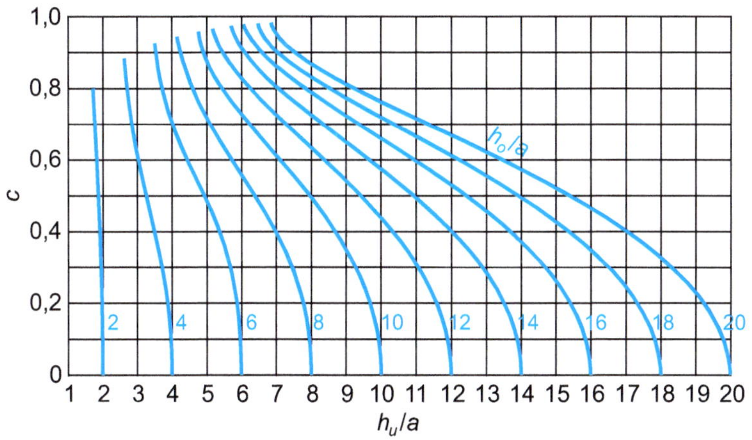


**Bild 7.10** Abminderungsbeiwert $c$ für einen vertikalen scharfkantigen Planschütz

**Beispiel 7.4**

Ein vertikaler scharfkantiger Planschütz staut das Oberwasser in einem Gerinne der Breite $b$ = 5,9 m bis zur Höhe $h_o$ = 5,6 m bei einem Schützenhub von $a$ = 0,4 m. Die Unterwassertiefe beträgt bei zwei unterschiedlichen Betriebszuständen $h_{u1}$ = 2,0 m sowie $h_{u2}$ = 3,4 m.

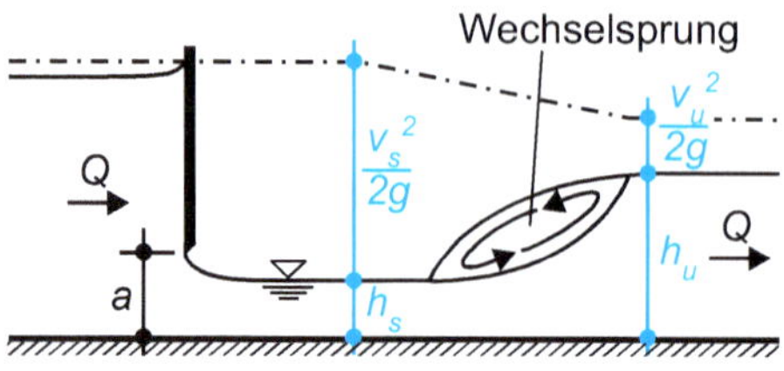


**Bild 7.11**
Unterstromige Strömungssituation aus Beispiel 7.4 bei freiem Ausfluss

Mit dem Oberwasserverhältnis $a/h_o$ = 0,0714 folgt nach Tabelle 7.3 der Ausflussbeiwert $\mu_A$ = 0,60 und der gesuchte Ausfluss lässt sich nach Formel 7.12 berechnen:

$$Q=\mu_A \cdot ab \cdot \sqrt{2g \cdot h_o} = 0{,}60 \cdot 0{,}4 \cdot 5{,}9 \cdot \sqrt{19{,}62 \cdot 5{,}6} = 14{,}84\,\frac{\text{m}^3}{\text{s}}$$

Aus Formel 7.11 erhält man mit $a/h_o$ = 0,0714 und $\mu_A$ = 0,60 den Kontraktionsbeiwert $\psi$ = 0,613. Daraus lässt sich die Strahlhöhe zu $h_s$ = 0,245 m bestimmen.

- Durch Anwendung des Stützkraftansatzes ist nun zu untersuchen, ob mit der Unterwassertiefe $h_{u1}$ = 2,0 m tatsächlich freier Ausfluss vorliegt (Bild 7.11). Die horizontal wirkenden Kräfte $F_s$ und $F_{u1}$ an Beginn und Ende des Wechselsprungs errechnen sich zu

  $$F_s = \rho \cdot v_s^2 \cdot h_s \cdot b + \rho g \cdot h_s^2 \cdot \frac{b}{2} = 154\ \text{kN}$$

  $$F_{u1} = \rho \cdot v_{u1}^2 \cdot h_{u1} \cdot b + \rho g \cdot h_{u1}^2 \cdot \frac{b}{2} = 134\ \text{kN}$$

  Wegen $F_s > F_{u1}$ im Fall der Unterwassertiefe $h_{u1}$ = 2,0 m stellt sich freier Ausfluss unter dem Planschütz ein, da die höhere Kraft $F_s$ das Unterwasser ($F_{u1}$) von der Ausflusssituation fernhält.

  (Das Phänomen „Wechselsprung“ wurde in Abschnitt 6.5 näher behandelt.)

- Um eine vergleichbare Beurteilung mit der Unterwassertiefe $h_{u2}$ = 3,4 m bei in diesem Fall angenommenem rückgestauten Ausfluss durchführen zu können, muss zunächst die Differenz $\Delta h$ mit Formel 7.14 ermittelt werden (siehe Bild 7.9). Man erhält mit den gegebenen und ermittelten Werten $\psi$ = 0,613, $h_o$ = 5,6 m, $h_u$ = 2,8 m und $a$ = 0,4 m

  $$\Delta h = 2{,}562\ \text{m}$$

- Nach Bild 7.10 ergibt sich mit $h_o/a$ = 14 und $h_u/a$ = 8,5 der Abminderungsbeiwert zu $c$ = 0,68. Der gegenüber dem freien Ausfluss verminderte rückgestaute Ausfluss errechnet sich sodann nach Formel 7.15 zu

$$Q = 0{,}68 \cdot 0{,}60 \cdot 0{,}4 \cdot 5{,}9 \cdot \sqrt{19{,}62 \cdot 5{,}6} = 10{,}09 \,\frac{\text{m}^3}{\text{s}}$$

Die Stützkräfte $F_s$ und $F_{u2}$ erhält man mit

$$F_s = \rho \cdot v_s^2 \cdot h_s \cdot b + \rho g \cdot (h_o - \Delta h)^2 \cdot \frac{b}{2} = 338 \text{ kN}$$

$$F_{u2} = \rho \cdot v_{u2}^2 \cdot h_{u2} \cdot b + \rho g \cdot h_{u2}^2 \cdot \frac{b}{2} = 340 \text{ kN}$$

Wegen $F_s < F_{u2}$ im Fall der Unterwassertiefe $h_{u2}$ = 3,4 m bestätigt sich damit der zunächst angenommene rückgestaute Ausfluss unter dem Planschütz (siehe Bild 7.9). Der kontrahierte Strahl wird durch die höhere Stützkraft $F_{u2}$ gegen die Fließrichtung gedrängt und überstaut. ■

**Aufgabe 7.2**

Berechnen Sie die Situation aus Beispiel 7.3 unter Berücksichtigung eines Unterwasserstandes $h_u$ = 2,0 m. Wie hoch ist nun der Ausfluss $Q$? Zeigen Sie anhand der Stützkräfte, dass sich tatsächlich ein rückgestauter Ausfluss ausbildet. Gehen Sie in den Berechnungen von folgenden aus Tabelle 7.4 gerundeten Werten aus: $h_o$ = 3,63 m und $\mu_A$ = 0,59. ■

## 7.5 Abfluss über Wehre

Wehre haben vor allem als Konstruktionselemente des Wasserbaus, aber auch in der Siedlungswasserwirtschaft eine große Bedeutung in der praktischen Anwendung. Es existiert eine Vielzahl von möglichen Bauformen, daher wird auf eine detailgenaue Unterscheidung und Berücksichtigung einzelner Wehrformen verzichtet. Vielmehr sollen hier die Grundlagen der hydraulischen Berechnung aufgezeigt werden.

Der Begriff „Wehr" bezeichnet die Konstruktion, der Begriff „Überfall" steht für den Abflussvorgang. Beides wird heutzutage aber auch synonym für das Bauwerk verwendet.

## 7.5.1 Bezeichnungen und Einteilungen

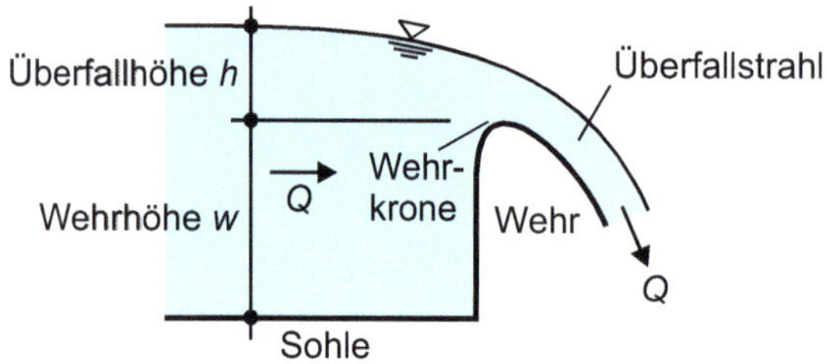


**Bild 7.12**
Bezeichnungen am Wehr

In Bild 7.12 sind die wesentlichen Merkmale und Elemente von Wehren und Überfällen dargestellt. Als Wehrhöhe $w$ wird der vertikale Abstand der Wehrkrone von der Gerinne- oder Beckensohle bezeichnet, die Wehrkrone stellt den höchsten Punkt der Konstruktion dar. Die Überfallhöhe $h$ ist die Höhe des nicht gekrümmten, nicht abgesenkten Wasserspiegels über der Wehrkrone. Die unterschiedlichen Arten von Wehren sind vor allem gekennzeichnet durch

- die Gestaltung der Wehrkrone,
- das hydraulische Verhalten des Überfallstrahls,
- die Wehrform im Querschnitt, und
- die Anströmrichtung im Grundriss.

Nach der Form der Wehrkrone (Bild 7.13) unterscheidet man drei Grundstrukturen.

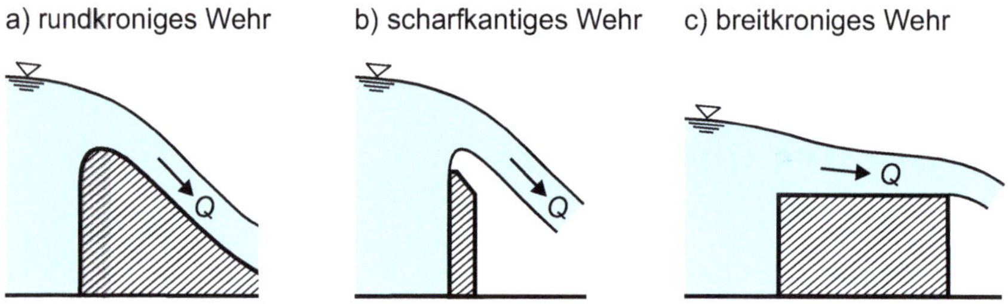


**Bild 7.13** Kronenformen von Wehren

Nach ihren Einsatzbereichen können die Wehrformen folgenden Anwendungen zugeordnet werden:

- rundkronig: Stauwehr, Hochwasserüberfall,
- scharfkantig: Messwehr,
- breitkronig: Sohlschwelle, überströmtes Bauwerksteil.

Wie bei unterströmten Planschützen entscheidet auch bei Wehren der Unterwasserstand $h_u$ über das hydraulische Verhalten (Bild 7.14). Liegt $h_u$ unterhalb der

Wehrkrone ($\Delta h_u < 0$), so bleibt der Oberwasserstand $h_o$ unbeeinflusst und der Überfall ist vollkommen. Übersteigt der Unterwasserstand $h_u$ aber die Wehrkrone ($\Delta h_u > 0$), dann ändern sich die Verhältnisse im Oberwasser $h_o$ und folglich der Abfluss $Q$. In diesem Fall spricht man vom unvollkommenen Überfall, der vor allem bei Sohlschwellen (breitkroniges Wehr) auftritt.

a) vollkommener Überfall b) unvollkommener Überfall

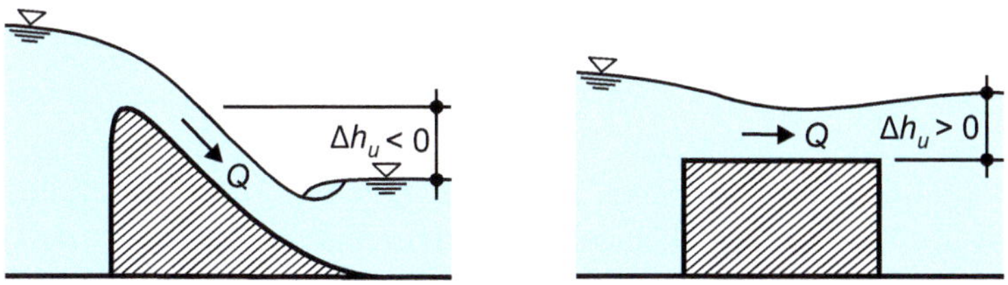


**Bild 7.14** Vollkommener und unvollkommener Überfall

Um Volumenströme in offenen Gerinnen zu messen, werden je nach Volumenstrom verschiedene scharfkantig ausgebildete Wehrformen eingesetzt (Bild 7.15). Die gängigsten sind folgende:

- Rechteckwehre ohne seitliche Kontraktion kommen bei großen Volumenströmen und einem Verhältnis $Q_{min}/Q_{max} \geq 0{,}5$ zum Einsatz.
- Rechteckwehre mit seitlicher Kontraktion haben den Sinn, durch die verringerte Überfallbreite deutlichere Unterschiede der Überfallhöhen der ankommenden Strömung zu erzeugen.
- Trapezwehre als Kombination aus Rechteck- und Dreieckwehr verwendet man für mittlere Volumenströme.
- Dreieckwehre sind vorzusehen bei geringen Volumenströmen bis $Q \approx 100$ l/s und einem Verhältnis $Q_{min}/Q_{max} \geq 0{,}01$.

a) Rechteckwehr ohne seitliche Kontraktion b) Rechteckwehr mit seitlicher Kontraktion c) Trapezwehr d) Dreieckwehr

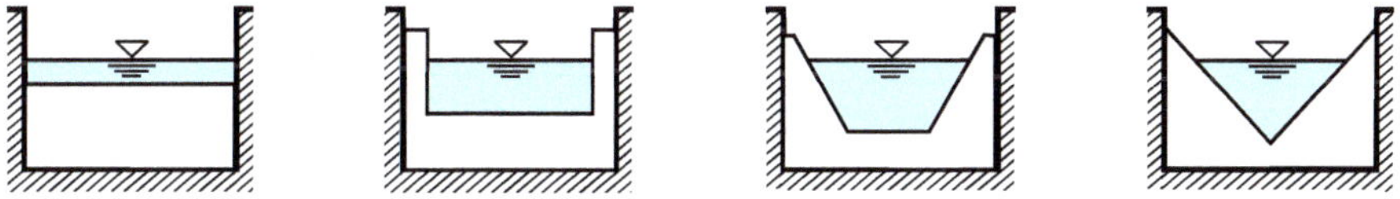

**Bild 7.15** Wehrformen im Querschnitt

Der Standardfall ist die senkrechte Frontalanströmung eines Wehres. Streichwehre werden dagegen häufig parallel zur Überfallkante angeströmt (siehe Abschnitt 7.6).

## 7.5.2 Abflussberechnung

Die Berechnung des Abflusses über ein Rechteckwehr ohne seitliche Kontraktion bei vollkommenem Überfall steht mit dem Ausfluss aus einer großen Öffnung (Formel 7.7) in direktem Zusammenhang: Setzt man die Oberkante einer Rechtecköffnung zu Null, also $h_1 = 0$, sowie die untere Berandung $h_2 = h$, dann ergibt Formel 7.5 durch Integration die Überfallgleichung nach G. POLENI (1683 - 1761, Physiker und Mathematiker):

$$Q = \frac{2}{3} \cdot \mu \cdot b \cdot \sqrt{2g} \cdot h^{1,5} \tag{7.16}$$

In dieser Gleichung ist der Überfallbeiwert $\mu$ enthalten, der in Abhängigkeit der jeweiligen Wehrform sowie der zugehörigen geometrischen Parameter gewählt werden muss.

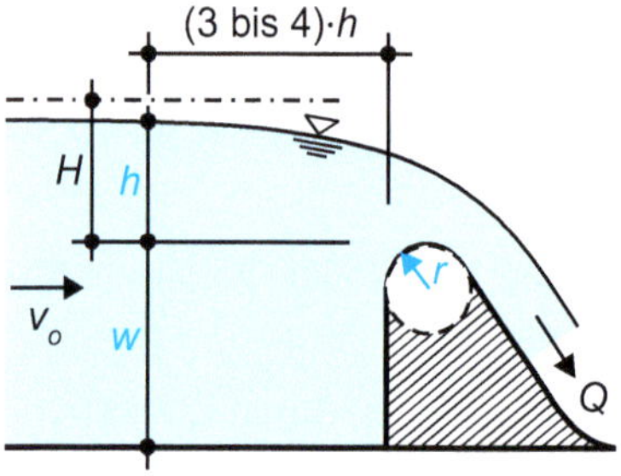


**Bild 7.16**
Zur Berechnung des Überfalls

> **Praxishinweis**
>
> Experimentelle Untersuchungen des Überfallbeiwertes $\mu$ beziehen sich in den meisten Fällen auf die POLENI-Gleichung (Formel 7.16), allerdings nicht immer. Allgemein ist daher bei der Verwendung des Überfallbeiwertes $\mu$ aus Literaturangaben auf die jeweilige Herleitung zu achten. In einer der Formel 7.16 entsprechenden Überfallgleichung nach DU BUAT wird statt $h$ die Überfallenergiehöhe $H$ (also inklusive $v_o^2/2g$) gesetzt. Dabei müssen jedoch andere Überfallbeiwerte angesetzt werden. In der Fachliteratur muss daher auf den jeweiligen Bezug der Überfallgleichung geachtet werden.

Bei der Abflussberechnung bei Überfällen kommt es vor allem auf die genaue Erfassung des Überfallbeiwertes $\mu$ an. Die typische Größenordnung des Überfallbeiwertes $\mu$ liegt bei Verwendung der POLENI-Gleichung (Formel 7.16) im Bereich 0,6 bis 0,7.

- Bei einem Rechteckwehr mit ausgerundeter Krone liegt der Überfallstrahl am Wehrbauwerk an (Bild 7.16). Für diesen Fall hat REHBOCK mit den Parametern Wehrhöhe $w$, Überfallhöhe $h$ und Ausrundungsradius $r$ der Krone für eine steile Neigung des Wehrrückens eine Gleichung für den Überfallbeiwert $\mu$ in Formel 7.16 aus Versuchen erarbeitet:

$$\mu = 0{,}312 + \sqrt{0{,}30 - 0{,}01 \cdot \left(5 - \frac{h}{r}\right)^2} + 0{,}09 \cdot \frac{h}{w} \tag{7.17}$$

Die Anwendungsgrenzen von Formel 7.17 liegen bei

$$w > r > 0{,}02\ \text{m} \quad \text{und} \quad h < r \cdot \left(6 - \frac{20 \cdot r}{w + 3 \cdot r}\right)$$

- Für ein scharfkantiges Rechteckwehr ohne Seitenkontraktion hat REHBOCK die Überfallbeiwerte $\mu$ für $h/w < 6$ folgendermaßen bestimmt:

$$\mu = 0{,}602 + 0{,}083 \cdot \frac{h}{w} \tag{7.18}$$

- Für ein Messwehr mit dreieckigem Ausschnitt (THOMSON-Wehr) gilt bei einem Öffnungswinkel $2\alpha$

$$Q = \frac{8}{15} \cdot \mu \cdot \sqrt{2g} \cdot h^{2{,}5} \tag{7.19}$$

mit dem Überfallbeiwert nach STRICKLAND

$$\mu = 0{,}565 + 0{,}0087 \cdot \frac{1}{\sqrt{h}} \tag{7.20}$$

- Breitkronige Wehre mit rechteckigem Querschnitt unterliegen bei einem Verhältnis der Wehrlänge zur Überfallhöhe $L/h > 3$ anderen hydraulischen Gesetzmäßigkeiten als die bisher vorgestellten Wehre, da bereichsweise parallele Stromlinien auftreten können. Daher gibt die hydrostatische Druckverteilung die realen Druckverhältnisse brauchbar wieder. Zu beachten ist aber, dass in diesem Fall statt der Überfallhöhe $h$ die Überfallenergiehöhe $H$ in die Berechnung eingesetzt wird. Bei optimalen Strömungsverhältnissen wird der Überfallbeiwert aus theoretischen Betrachtungen zu $\mu = 0{,}577$, der Abfluss errechnet sich dann zu

$$Q = \frac{2}{3} \cdot 0{,}577 \cdot b \cdot \sqrt{2g} \cdot H^{1{,}5} \tag{7.21}$$

- Bei ungünstigen Strömungsverhältnissen oder bei bezogenen Wehrlängen $L/h < 3$ treten Verwirbelungen an der Vorderkante des breitkronigen Wehres auf, wodurch Formel 7.21 ihre Gültigkeit verliert. In diesem Fall müssen die geometrischen Anströmverhältnisse berücksichtigt werden. Einzelheiten können der wasserbaulichen Fachliteratur entnommen werden.

**Aufgabe 7.3**

Ein scharfkantiges Rechteckwehr ohne seitliche Kontraktion hat die Breite $b$ = 1,3 m. Welche Überfallhöhe $h$ stellt sich mit dem Abfluss $Q$ = 400 l/s ein? Die Wehrhöhe beträgt $w$ = 0,75 m.

**Hinweis:** Die Aufgabe ist durch Iteration zu lösen.

Bei Bauwerken größerer Bedeutung werden üblicherweise Modellversuche zur Nachbildung der Wehrgeometrie durchgeführt, um die genaue Überfallcharakteristik zu erfassen. Die in diesem Kapitel vorgestellten Überfallbeiwerte $\mu$ dienen dann der Vordimensionierung.

**Beispiel 7.5**

Ein Rechteckwehr der Breite $b$ = 2,8 m mit ausgerundeter Krone ($r$ = 0,2 m) und der Wehrhöhe $w$ = 1,3 m wird mit der Oberwasserhöhe $h_o$ = 1,65 m angeströmt. Wie groß ist der Abfluss $Q$?

Die Überfallhöhe errechnet sich zu $h = h_o - w$ = 0,35 m. Mit $h$, $r$ und $w$ in Formel 7.17 wird der Überfallbeiwert zu $\mu$ = 0,777. Die angegebenen Anwendungsgrenzen werden eingehalten. Der Abfluss $Q$ ergibt sich dann zu

$$Q = \frac{2}{3} \cdot 0{,}777 \cdot 2{,}8 \cdot \sqrt{2g} \cdot 0{,}35^{1{,}5} = 1{,}33 \frac{\mathrm{m}^3}{\mathrm{s}}$$

## 7.5.3 Unvollkommener Überfall

Der Übergang vom vollkommenen zum unvollkommenen Überfall passiert nicht plötzlich, wenn der Unterwasserstand die Höhe der Wehrkrone erreicht, sondern vollzieht sich allmählich mit zunehmendem Einfluss auf den Abfluss $Q$.

Bei unvollkommenem Überfall wird der Abfluss über ein Wehr durch den Unterwasserstand $h_u$ beeinflusst (Bild 7.14). Die Strömungsverhältnisse sind zumeist kompliziert und werden neben der Wehrform vor allem durch das Verhältnis $\Delta h_u/h$ bestimmt. Aus diesem Grund hat es sich als brauchbar erwiesen, die Berechnung des unvollkommenen Überfalls in Bezug zum vollkommenen Überfall durchzuführen. So ist der Überfallbeiwert $\mu$ aus dem vollkommenen Überfall anzusetzen (siehe Abschnitt 7.5.2). Die Grundlage der Berechnung unvollkommener Überfälle ist Formel 7.16, die entsprechend den geometrischen Gegebenheiten abgemindert wird (siehe Bild 7.17):

$$Q = c_{uv} \cdot Q = c_{uv} \cdot \frac{2}{3} \cdot \mu \cdot b \cdot \sqrt{2g} \cdot h^{1{,}5} \tag{7.22}$$

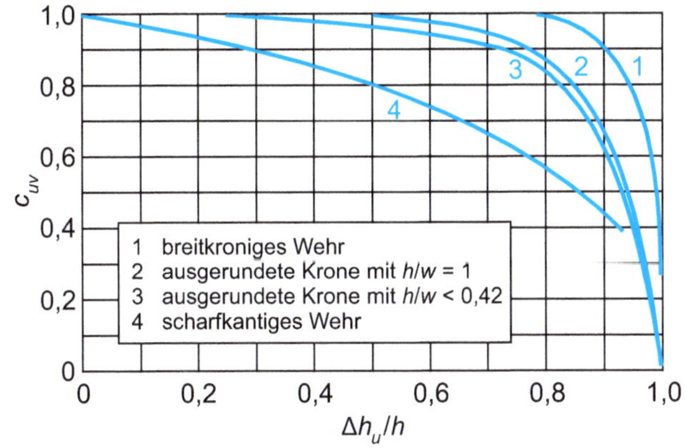


**Bild 7.17** Abminderungsbeiwert $c_{uv}$ zur Berechnung des unvollkommenen Überfalls

Aus Bild 7.17 geht hervor, dass der Unterwassereinfluss auf das Abflussvermögen erst bei größeren Höhen $\Delta h_u$ beginnt. Lediglich scharfkantige Wehre „reagieren" sofort ab Erreichen der Wehrkrone, da sich der Überfallstrahl frei bewegen kann und mit seiner Unterseite nicht am Wehrrücken aufliegt.

**Beispiel 7.6**

Zur Messung des Abflusses $Q$ ist in einem Rechteckkanal der Breite $b = 2{,}5$ m ein rechteckförmiges Messwehr ohne Seitenkontraktion mit automatischer Messung des Oberwasserspiegels installiert. Es ist bekannt, dass als Maximalabfluss $Q = 3{,}5\ m^3/s$ auftreten kann. Die Wehrhöhe beträgt $w = 2{,}0$ m. Von welchem maximalen Oberwasserspiegel muss bei $\Delta h_{u1} = 0$ m sowie bei $\Delta h_{u2} = 0{,}5$ m ausgegangen werden? Ist eine Kanalwandhöhe von 3,0 m ausreichend, um das Wasser vollständig aufnehmen zu können?

Für $\Delta h_{u1} = 0$ m handelt es sich um einen vollkommenen Überfall. Die Überfallhöhe $h$ muss ausgehend von einem Startwert für den Überfallbeiwert durch Iteration berechnet werden. Ein geeigneter Startwert für die Iteration ist $\mu = 0{,}60$. Die Umformung von Formel 7.16 liefert

$$h = \left( \frac{3 \cdot Q}{2 \cdot \mu(h) \cdot b \cdot \sqrt{2g}} \right)^{2/3}$$

Zusammen mit Formel 7.18 für den Überfallbeiwert $\mu$ erhält man Tabelle 7.5.

**Tabelle 7.5** Iterative Berechnung der Überfallhöhe $h$ bei vollkommenem Überfall

| Parameter | Schritt 1 | Schritt 2 | Schritt 3 | Schritt 4 |
|---|---|---|---|---|
| $\mu$ | 0,60 | 0,637 | 0,636 | 0,636 |
| $h$ in m | 0,855 | 0,821 | 0,822 | **0,822** |
| $h/w$ | 0,43 | 0,41 | 0,41 | 0,41 |

Als Oberwassertiefe $h_o$ stellt sich im vollkommenen Fall damit $w + h = 2{,}822$ m ein.

Für $\Delta h_{u2}$ = 0,5 m liegt ein unvollkommener Überfall vor. Die Überfallhöhe $h$ muss wiederum iterativ berechnet werden, ebenso ist der Abminderungsbeiwert $c_{uv}$ (Startwert 1) in Abhängigkeit von $\Delta h_{u2}/h$ in jedem Schritt neu aus Bild 7.17 zu bestimmen.

$$h = \left( \frac{3 \cdot Q}{2 \cdot c_{uv}\left(\Delta h_{u2}/h\right) \cdot \mu(h) \cdot b \cdot \sqrt{2g}} \right)^{2/3}$$

**Tabelle 7.6** Iterative Berechnung der Überfallhöhe $h$ bei unvollkommenem Überfall

| Parameter | Schritt 1 | Schritt 2 | Schritt 3 | Schritt 4 | Schritt 5 | Schritt 6 |
|---|---|---|---|---|---|---|
| $\mu$ | 0,60 | 0,637 | 0,643 | 0,642 | 0,642 | 0,642 |
| $\Delta h_{u2}/h$ | 0,585 | 0,507 | 0,523 | 0,518 | 0,519 | 0,519 |
| $c_{uv}$ | 1 | 0,76 | 0,79 | 0,78 | 0,78 | 0,78 |
| $h$ in m | 0,855 | 0,986 | 0,955 | 0,965 | 0,964 | **0,964** |

Als Oberwassertiefe $h_o$ stellt sich nun $w + h$ = 2,964 m ein. Damit reicht die Kanalwandhöhe von 3,0 m sowohl im vollkommenen als auch im unvollkommenen Fall gerade aus. In der Praxis würde allerdings auf ein größeres Freibord $f$ geachtet werden.

**Aufgabe 7.4**

Gegeben ist folgende Auslaufsituation aus einem Regenüberlaufbecken der Breite $b$ = 5,5 m:

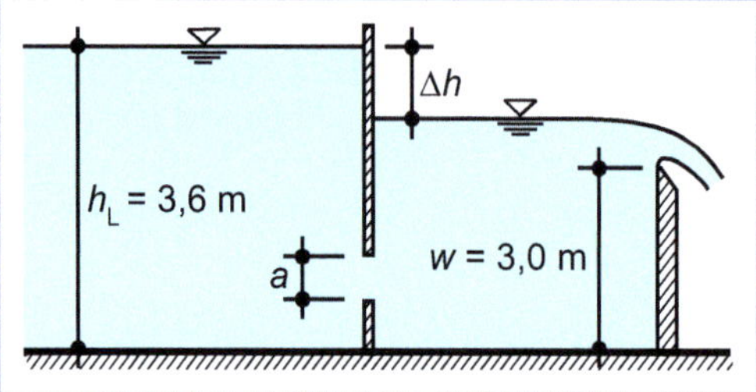


Wie groß muss die Höhe $a$ der rechteckigen Öffnung sein ($b$ = 5,5 m), damit $Q$ = 1 m³/s auslaufen kann? Im Störfall kann zudem ein Rückstau aus dem Unterwasser auftreten. Wie groß darf dieser maximal sein, damit noch 90% von $Q$ auslaufen können?

## 7.6 Abfluss über Streichwehre

Streichwehre dienen dazu, Wasser seitlich aus einem Gerinne zu entnehmen oder zu entlasten. Beispielsweise kommen sie in Bewässerungs-, Kraftwerks- oder Schifffahrtskanälen, bei Mischwasserentlastungen in der Kanalisation oder als Beckenüberlauf zum Einsatz.

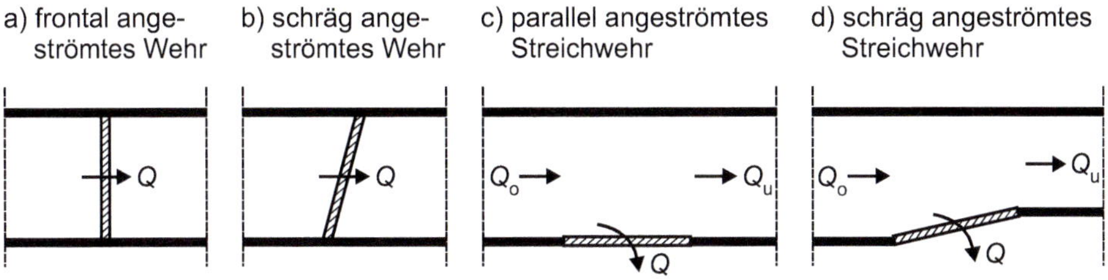


**Bild 7.18** Grundrisse von Wehren und Streichwehren

Während bei Wehren eine Schräganströmung (Bild 7.18b) selten vorliegt, dient die schräge Anströmung der Vergleichmäßigung des Überfallvorganges längs eines Streichwehres (Bild 7.18d). Im Unterschied zu frontal angeströmten Wehren (Bild 7.18a) resultiert aus der Änderung des Wasserspiegels eine ungleichmäßige Überströmung von Streichwehren:

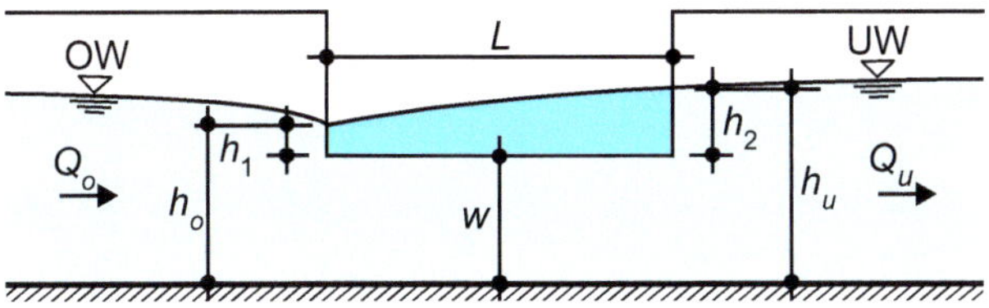


**Bild 7.19** Wasserspiegelverlauf am Streichwehr bei strömenden Fließbedingungen

Der in Bild 7.19 dargestellte Fall mit ausschließlich strömenden Fließbedingungen und relativ gleichmäßigem Anstieg der Überfallhöhe von $h_1$ auf $h_2$ längs des Streichwehrs sollte bei der Planung angestrebt werden, da hiermit stabile hydraulische Verhältnisse möglich sind.

Neben dem mit Bild 7.19 erläuterten strömenden Normalabfluss ohne Fließwechsel können bei hohen Froudezahlen $Fr_0 > 0{,}75$ auch strömende Zustände mit Wechselsprung sowie schießende Abflüsse auftreten. Der seitliche Entnahmeabfluss $Q$ ist in diesen Fällen jedoch deutlich geringer als mit dem hier betrachteten, durchwegs strömenden Normalabfluss.

Die Hauptaufgabe von Streichwehren besteht zumeist darin, den Abfluss $Q_u$ oder die Wassertiefe $h_u$ im Unterwasser UW auf ein vorzugebendes Maß zu begrenzen. Damit muss das Streichwehr so dimensioniert werden, dass der abzuschlagende Abfluss

$$Q = Q_o - Q_u$$

ermöglicht werden kann. Bei teilweiser Wasserentnahme ist der Unterwasserabfluss $Q_u > 0$, bei vollständiger Wasserentnahme mit dem Streichwehr ist $Q_u = 0$.

Zur Berechnung von Streichwehren kann die POLENI-Gleichung (Formel 7.16) mit den bereits bekannten Größen des dimensionslosen Überfallbeiwertes $\mu$ und der Wehrlänge $L$ (in m) verwendet werden:

$$Q = \mu \cdot L \cdot \delta \cdot \frac{2}{3} \cdot \sqrt{2g} \cdot h^{1,5} \tag{7.23}$$

Bei schräger Anströmung des Streichwehrs (Bild 7.18d) kann wegen günstigerer hydraulischer Überfallverhältnisse $\delta \approx 1$ gesetzt werden, bei paralleler Anströmung (Bild 7.18c) ist $\delta \approx 0{,}95$.

Fasst man Formel 7.23 mit den darin vorkommenden Zahlenwerten zusammen, dann erhält man bei paralleler Anströmung

$$Q = 2{,}8 \cdot \mu \cdot L \cdot h^{3/2}$$

Diese Gleichung kann zu einer ersten überschlägigen Abschätzung des Streichwehrabflusses (in $m^3/s$) verwendet werden.

Die Überfallhöhe $h$ (in m) wird in Formel 7.23 als mittlere Überströmhöhe des Streichwehrs angesetzt:

$$h = \frac{h_1 + h_2}{2} \tag{7.24}$$

Um Verzögerungs- und Umlenkeffekte am Streichwehr zu berücksichtigen, werden in einem gängigen Verfahren nach SCHMIDT die Ausgleichswerte mit der Größe 1,1 sowie der dimensionslose Beiwert $\zeta$ eingeführt. Da sich Reibungsverlusthöhe und Sohlhöhendifferenz entlang des Streichwehrs in etwa aufheben, kann der aus der Bernoulligleichung entwickelte Beiwert $\zeta$ gemäß Formel 7.25 angeschrieben werden:

$$\zeta = \frac{h_u - h_o}{1{,}1 \cdot \frac{v_o^2}{2g} - 1{,}1 \cdot \frac{v_u^2}{2g}} \tag{7.25}$$

Abhängig von der relativen Überströmhöhe erhält man nun mit Bild 7.20 den Korrekturbeiwert $\zeta$.

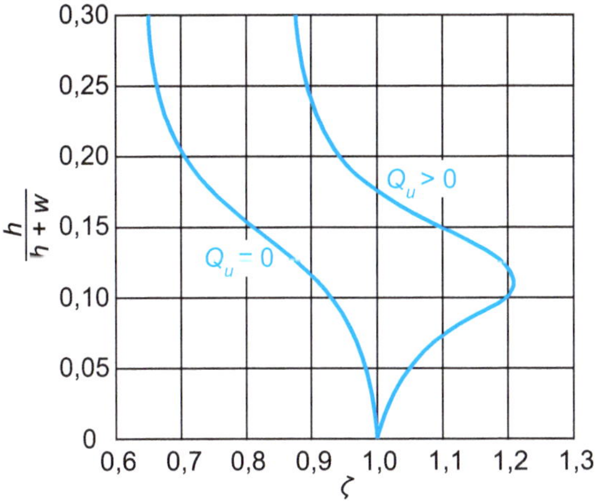


**Bild 7.20**
Korrekturbeiwert $\zeta$ am Streichwehr

Das Diagramm in Bild 7.20 beruht auf experimentellen Untersuchungen. Das zugehörige Berechnungsverfahren muss auf iterativem Wege umgesetzt werden. In der Praxis wird bei gesuchter Überfalllänge $L$ bei gegebenen Unterwasserbedingungen $Q_u$ und $h_u$ wie folgt vorgegangen:

1. Ermittlung von $Q = Q_o - Q_u$,
2. Schätzung von $h_o$,
3. Berechnung von $h = (h_1 + h_2)/2$,
4. Berechnung von $h/(h + w)$,
5. Ablesung von $\zeta$ aus Bild 7.20,
6. Berechnung von $h_o$ mit Formel 7.25,
7. Vergleich mit Schritt 2,
8. eventuelle Neuberechnung ab Schritt 3.

**Beispiel 7.7**

Der zeitweilige Abfluss $Q_o = 2{,}0\ m^3/s$ eines Rechteckkanals der Breite $b = 2{,}0$ m muss durch ein Streichwehr der Wehrhöhe $w = 0{,}8$ m auf $Q_u = 1{,}5\ m^3/s$ mit der unterstromigen Wassertiefe $h_u = 1{,}0$ m entlastet werden. Der Überfallbeiwert der gerinneparallelen Streichwehrkrone wird $\mu = 0{,}65$ betragen. Welche Länge muss das Streichwehr haben?

Mit dem Streichwehr müssen $Q = Q_o - Q_u = 2{,}0 - 1{,}5 = 0{,}5\ m^3/s$ abgeschlagen werden. Die Überfallhöhe am Streichwehrende wird $h_2 = h_u - w = 1{,}0 - 0{,}8\ m = 0{,}2$ m betragen. Im Weiteren erhält man:

***1. Berechnungsdurchgang:***

- Schätzung von $h_1 = 0{,}15$ m (somit $h_o = 0{,}95$ m)
- $h = (h_1 + h_2)/2 = 0{,}175$ m und $h/(h + w) = 0{,}179$

- Ablesung aus Bild 7.20: $\zeta = 0{,}98$
- zur Berechnung mit Formel 7.25 wird $v_o = Q_o/(b \cdot h_o) = 1{,}053$ m/s und $v_u = Q_u/(b \cdot h_u) = 0{,}750$ m/s
- somit wird

$$h_1 = h_2 - \zeta \cdot \left(1{,}1 \cdot \frac{v_o^2}{2g} - 1{,}1 \cdot \frac{v_u^2}{2g}\right) = 0{,}17 \text{ m}$$

- Der geschätzte und berechnete Wert von $h_1$ differieren, daher erfolgt eine Neuberechnung mit $h_1 = 0{,}17$ m.

*2. Berechnungsdurchgang:*

- Übernahme von $h_1 = 0{,}17$ m (somit $h_o = 0{,}97$ m)
- $h = (h_1 + h_2)/2 = 0{,}185$ m und $h/(h + w) = 0{,}188$
- Ablesung aus Bild 7.20: $\zeta = 0{,}97$
- zur Berechnung mit Formel 7.25 wird $v_o = Q_o/(b \cdot h_o) = 1{,}031$ m/s und $v_u = Q_u/(b \cdot h_u) = 0{,}750$ m/s
- somit wird

$$h_1 = h_2 - \zeta \cdot \left(1{,}1 \cdot \frac{v_o^2}{2g} - 1{,}1 \cdot \frac{v_u^2}{2g}\right) = 0{,}173 \text{ m}$$

- Der neu berechnete Wert $h_1$ liegt ausreichend nahe dem aus dem 1. Rechendurchgang übernommenen, die Überströmhöhe wird dann zu $h = 0{,}185$ m.
- Die umgestellte Formel 7.23 liefert schließlich die erforderliche Überfalllänge $L$ des Streichwehrs:

$$L = \frac{Q}{\mu \cdot \delta \cdot \frac{2}{3} \cdot \sqrt{2g} \cdot h^{1{,}5}} \cdot \frac{0{,}5}{0{,}65 \cdot 0{,}95 \cdot \frac{2}{3} \cdot \sqrt{19{,}62} \cdot 0{,}185^{1{,}5}} = 3{,}45 \text{ m}$$

Die Überprüfung der Froudezahl ergibt mit $Fr_o = 1{,}031/(9{,}81 \cdot 0{,}97) \cdot 0{,}5 = 0{,}33$ einen Wert $Fr_o < 0{,}75$. Dieser drückt mit den deutlich strömenden Verhältnissen die Zulässigkeit des verwendeten Verfahrens aus.

**Aufgabe 7.5**

Ein schräg angeströmtes Streichwehr soll zur Beschickung eines Beckens der Breite $B = 6{,}5$ m verwendet werden. Es findet kein unterstromiger Abfluss statt, daher ist $Q_u = 0$ m³/s. Die Wehrhöhe des am Beginn des Streichwehrs $b = 0{,}5$ m breiten Zulaufkanals beträgt $w = 0{,}5$ m. Die Dimensionierungswassertiefe am Ende des Wehrs ist bei $Q = 0{,}4$ m³/s mit $h_u = 0{,}65$ m gegeben, um ein ausreichendes Freibord im Gerinne einzuhalten. Untersuchen Sie, ob die Beckenbeschickung mit den dargestellten Randbedingungen möglich ist.

# 7.7 Abfluss über Tiroler Wehre

Mit einem Tiroler Wehr wird Wasser mithilfe eines Rechens an der Gerinnesohle entnommen und in ein Quergerinne abgezweigt. Es kommt vor allem bei geschiebeführenden Gebirgsflüssen zum Einsatz. Die dargestellten Zusammenhänge ermöglichen die Berechnung von Abdeckgittern und Einlaufrosten von Entwässerungsrinnen, da die Vorgänge hydraulisch vergleichbar sind.

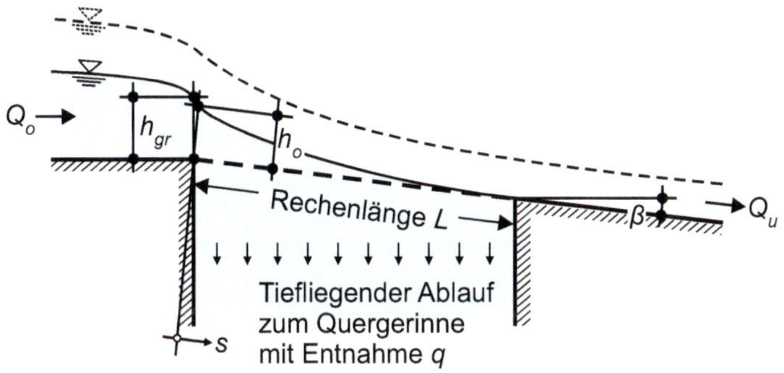


**Bild 7.21** Wasserspiegelverlauf am Tiroler Wehr bei strömendem Zufluss

Unter strömenden Zuflussbedingungen kann die An- und Überströmung des Sohlrechens mit der in Bild 7.21 dargestellten Situation beschrieben werden. Um den gesamten Zufluss $Q_o = q \cdot b$ mittels Sohlrechen in das Quergerinne ableiten zu können, ist eine ausreichende Rechenlänge $L$ erforderlich:

$$L = 2{,}561 \cdot \frac{Q_o}{b} \cdot \frac{A_R}{A} \cdot \frac{1}{\mu_k \cdot \cos\beta \cdot \sqrt{2g \cdot h_o \cdot \cos\beta}} \tag{7.26}$$

Mit $b$ ist die Breite des Rechens einzusetzen, der Quotient $A_R/A$ stellt das Verhältnis aus lichter Durchflussfläche $A_R$ zur Gesamtfläche des Rechens $A = L \cdot b$ dar. Der Kontraktionsbeiwert $\mu_k$ ist von der Form der Rechenstäbe abhängig, $\beta$ ist der Neigungswinkel des Rechens (siehe Bild 7.21).

Die Tiefe $h_o$ am Beginn des Rechens steht im Verhältnis zur Grenztiefe $h_{gr}$, die den Übergang von der strömenden Rechenanströmung zur schießenden Rechenüberströmung markiert. Aufgrund experimenteller Untersuchungen nach Frank kann die Wassertiefe am Rechenanfang abhängig von der Rechenneigung $\beta$ mit $h_o = \kappa \cdot h_{gr}$ angesetzt werden.

**Tabelle 7.7** Faktor $\kappa$ in Abhängigkeit von der Rechenneigung $\beta$

| Winkel $\beta$ | 0° | 2° | 4° | 6° | 8° | 10° | 12° |
|---|---|---|---|---|---|---|---|
| Faktor $\kappa$ | 1,000 | 0,980 | 0,961 | 0,944 | 0,927 | 0,910 | 0,894 |
| Winkel $\beta$ | 14° | 16° | 18° | 20° | 22° | 24° | 26° |
| Faktor $\kappa$ | 0,879 | 0,865 | 0,851 | 0,837 | 0,825 | 0,812 | 0,800 |

Wenn nicht der gesamte breitenbezogene Zulauf $Q_o/b$, sondern lediglich $q = q_o - q_u$ durch den Rechen entnommen wird, dann kann mit dem Diagramm in Bild 7.22 gearbeitet werden.

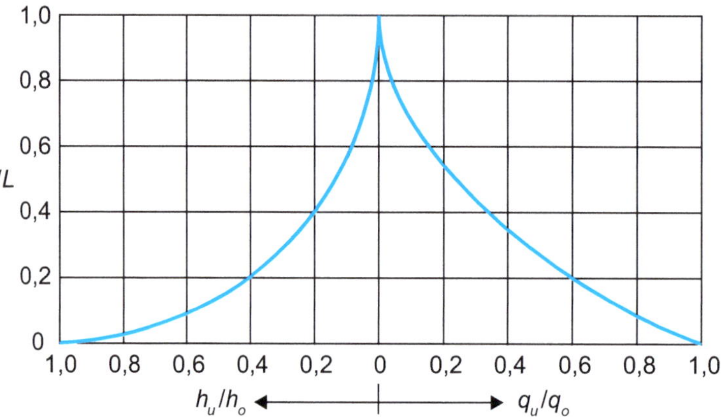


**Bild 7.22** Zur Berechnung des Tiroler Wehres mit teilweiser Entlastung

Ein vorhandener oder geplanter Rechen der Länge $s$ wird mit Formel 7.26 überprüft. Ist $L > s$, so kann $q_u$ mit Bild 7.22 bestimmt werden. Ist dagegen $q_u$ gegeben, dann wird die erforderliche Rechenlänge $s$ mit Formel 7.26 und Bild 7.22 ermittelt. Die schießende Fließtiefe $h_u$ erhält man ebenfalls mit Bild 7.22.

**Beispiel 7.8**

Ein $b$ = 3,0 m breites Rechteckgerinne mit Tiroler Wehr ist mit einem horizontalen Rechen ($\beta$ = 10°) der relativen Durchflussfläche $A_R/A$ = 0,25 bei einem Kontraktionsbeiwert $\mu_k$ = 0,65 ausgestattet. Welche Länge $s$ muss der Rechen haben, damit bei einem Zufluss von $Q_o$ = 3,0 m³/s unterstrom des Rechens im Gerinne der Abfluss $Q_u$ = 1,2 m³/s verbleibt? Wie groß wäre der unterstromige Abfluss $Q_u$, wenn die Rechenlänge mit $s$ = 3,33 m gegeben wäre?

Die breitenbezogenen Abflüsse betragen $q_o = Q_o/b$ = 1,0 m³/(s · m) und $q_u = Q_u/b$ = 0,4 m³/(s · m), mit dem Tiroler Wehr werden also $q$ = 0,6 m³/(s·m) in das Quergerinne abgeleitet. Mit dem Verhältnis = $q_u/q_o$ = 0,4 werden aus Bild 7.22 die Quotienten $s/L$ = 0,34 und $h_u/h_o$ = 0,27 entnommen.

Mit der Rechenneigung $\beta$ = 10° kann aus Tabelle 7.7 der Faktor $\kappa$ = 0,910 ausgelesen werden.

Die Grenztiefe im vorliegenden Gerinne (siehe hierzu Abschnitt 6.4) sowie die Wassertiefe am Beginn des Rechens können nun berechnet werden:

$$h_{gr} = \sqrt[3]{\frac{Q_0^2}{b^2 \cdot g}} = \sqrt[3]{\frac{3{,}0^2}{3{,}0^2 \cdot 9{,}81}} = 0{,}47 \text{ m}$$

$$h_o = \kappa \cdot h_{gr} = 0{,}910 \cdot 0{,}47 = 0{,}43 \text{ m}$$

Mit Formel 7.26 sind dann

$$L = 2{,}561 \cdot \frac{3{,}0}{3{,}0} \cdot 0{,}25 \cdot \frac{1}{0{,}65 \cdot \cos 10° \cdot \sqrt{2g \cdot 0{,}43 \cdot \cos 10°}} = 5{,}55 \text{ m}$$

und schließlich die gesuchte Rechenlänge $s$ sowie die unterstromige Wassertiefe $h_u$ aufgrund der aus Bild 7.22 entnommenen Verhältniswerte

$$s = L \cdot \frac{s}{L} = 5{,}55 \cdot 0{,}34 = 1{,}89 \text{ m}$$

und

$$h_u = h_o \cdot \frac{h_u}{h_o} = 0{,}43 \cdot 0{,}27 = 0{,}12 \text{ m}$$

Liegt die Rechenlänge stattdessen mit $s$ = 3,33 m vor, dann ergeben sich mit $s/L$ = 0,60 die Verhältniswerte $h_u/h_o$ = 0,10 und $q_u/q_o$ = 0,13. Die Unterwassertiefe nach dem Rechen errechnet sich dann zu

$$h_u = h_o \cdot \frac{h_u}{h_o} = 0{,}43 \cdot 0{,}10 = 0{,}04 \text{ m}$$

und der verbleibende unterstromige Abfluss zu

$$Q_u = b \cdot \frac{q_u}{q_o} \cdot q_o = 3{,}0 \cdot 0{,}13 \cdot 1{,}0 = 0{,}39 \frac{\text{m}^3}{\text{s}}$$

**Aufgabe 7.6**

Welche Auswirkungen hätte eine größere Rechenneigung $\beta$ als die in Beispiel 7.8 vorgegebene Neigung von 10°?

# 7.8 Instationärer Beckenausfluss

Bisher wurden in diesem Abschnitt Ausflussvorgänge dargestellt, die aufgrund eines konstanten Wasserspiegels einen stationären Auslauf zur Folge hatten. Bei veränderlichem Wasserspiegel ergibt sich im Gegensatz hierzu eine instationäre Ausflussströmung, also ein zeitabhängiger Strömungsvorgang.

## 7.8.1 Freier Ausfluss

Der Ausfluss $Q$ aus dem Behälter in Bild 7.23 ist größer als der Zulauf $Q_z$ zum Becken (beispielsweise ist $Q_z$ gleich Null):

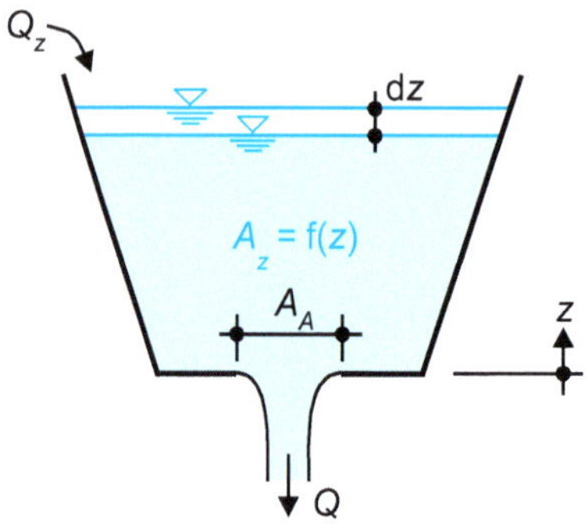


**Bild 7.23**
Behälter mit veränderlichem Flüssigkeitsspiegel

Mit $Q_z = 0$ kann der freie Ausfluss ganz allgemein entsprechend Formel 7.3 wie folgt berechnet werden:

$$\mathrm{d}Q = \frac{\mathrm{d}V}{\mathrm{d}t} = \mu_A \cdot A_A \cdot \sqrt{2g \cdot z} \tag{7.27}$$

Man erhält damit als differentielle Volumenänderung

$$\mathrm{d}V = \mu_A \cdot A_A \cdot \sqrt{2g \cdot z} \cdot \mathrm{d}t \tag{7.28}$$

Die Volumenänderung im Behälter aufgrund des sinkenden Flüssigkeitsspiegels errechnet sich zudem mit der Vorzeichendefinition von $z$ (siehe Bild 7.23) und der veränderlichen Spiegeloberfläche $A_z$ zu

$$\mathrm{d}V = -A_z \cdot \mathrm{d}z \tag{7.29}$$

Durch Gleichsetzen, Auflösen nach d$t$ und Integration ergibt sich schließlich allgemein die Ausflusszeit

$$t = \frac{1}{\mu_A \cdot A_A \cdot \sqrt{2g \cdot z}} \cdot \int_{z_2}^{z_1} \frac{A_z}{\sqrt{z}} \cdot \mathrm{d}z \qquad (7.30)$$

In Formel 7.30 ist $z_1$ der obere und $z_2$ der untere Flüssigkeitsspiegel. Zur weiteren Berechnung muss außerdem der funktionale Zusammenhang $A_z$ = f($z$) bekannt sein.

Für die häufig vorkommenden Behälterformen Prisma (Zylinder oder Rechteck mit konstanter Behälteroberfläche $A_B$) und Kreiskegel (veränderliche Behälteroberfläche $A_z$) errechnen sich ausgehend von Formel 7.30 folgende Ausflusszeiten:

- Zylinder oder Quader:

$$t = \frac{2 \cdot A_B \cdot \left(\sqrt{z_1} - \sqrt{z_2}\right)}{\mu_A \cdot A_A \cdot \sqrt{2g}} \qquad (7.31)$$

- Kreiskegel:

$$t = \frac{\pi \cdot \left(d_1^2 \cdot \sqrt{z_1} - d_2^2 \cdot \sqrt{z_2}\right)}{10 \cdot \mu_A \cdot A_A \cdot \sqrt{2g}} \qquad (7.32)$$

Für eine bestimmte Spiegelabsenkung von $z_1$ bis $z_2 \neq 0$ erhält man mit den Formeln 7.31 und 7.32 die Ausflusszeit $t_a$, und für eine vollständige Entleerung des Behälters, also unter Ansatz von $z_2 = 0$, die Entleerungszeit $t_e$.

Die auf Formel 7.30 zurückgehenden Berechnungen liefern allerdings nur angenäherte Ergebnisse, da vom Vorliegen folgender Voraussetzungen ausgegangen wird:

- Der Ausflussbeiwert $\mu_A$ in den Formeln 7.31 und 7.32 (und weiter unten $\mu_{AR}$ in Formel 7.33) ist konstant. Dabei wird allerdings die Abhängigkeit von der Ausströmgeschwindigkeit $v$ und folglich vom veränderlichen Wasserstand $z$ vernachlässigt.
- Auf die Flüssigkeitsmasse wirkende Beschleunigungs- bzw. Verzögerungskräfte, die sich mit der nicht konstanten Absinkgeschwindigkeit des Spiegels ändern, werden vernachlässigt.
- Diese beiden Einschränkungen machen sich aber umso weniger bemerkbar, je kleiner der Querschnitt der Ausflussöffnung $A_A$ gegenüber dem Behälterquerschnitt $A_B$ bzw. $A_z$ ist. Für praktische Belange erhält man daher mit den Formeln 7.31 bis 7.33 ausreichend genaue Berechnungsergebnisse.

**Beispiel 7.9**

Es ist ein zylindrischer Behälter mit der Oberfläche $A_B$ = 1,26 m² und einem Ausgangswasserstand $z_1$ = 3,5 m gegeben. Gesucht ist die erforderliche kreisförmige, scharfkantige Bodenöffnung $A_A$, damit sich der Wasserspiegel bei Freigabe des Auslasses in $t$ = 25 s um 2,5 m senkt. Welcher Öffnungsdurchmesser muss vorgesehen werden?

Der Ausflussbeiwert wird aus Tabelle 7.1 zu $\mu_A$ = 0,63 entnommen. Mit Umstellung von Formel 7.31 erhält man

$$A_A = \frac{2 \cdot A_B \cdot \left(\sqrt{z_1} - \sqrt{z_2}\right)}{t \cdot \mu_A \cdot \sqrt{2g}} = \frac{2 \cdot 1{,}26 \cdot \left(\sqrt{3{,}5} - \sqrt{3{,}5-2{,}5}\right)}{25 \cdot 0{,}63 \cdot \sqrt{2g}} = 0{,}03145 \text{ m}^2$$

Aus dieser Ausflussöffnung $A_A$ errechnet sich schließlich der erforderliche Öffnungsdurchmesser zu rund $d_A$ = 0,20 m.

**Aufgabe 7.7**

Ein kreiskegelförmiger Behälter mit dem Öffnungsdurchmesser $d_A$ = 5 cm ist bis zur Höhe $z_1$ = 1,2 m gefüllt und weist hier den Durchmesser $d_1$ = 0,9 m auf. Bis zu welcher Höhe $z_2$ sinkt der Wasserspiegel innerhalb von $t$ = 15 s, wenn der Ausflussbeiwert zu $\mu_A$ = 0,88 angesetzt werden kann?

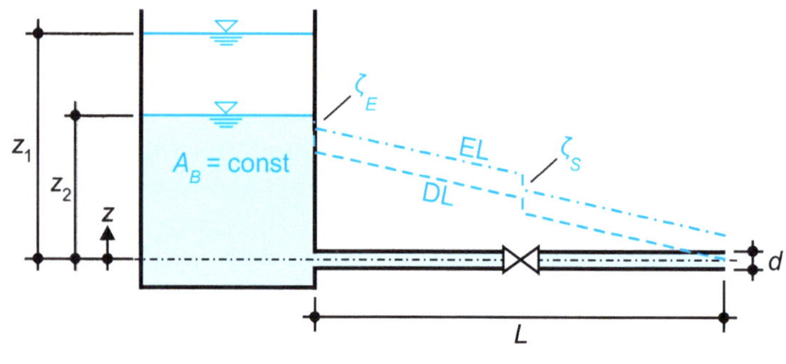


**Bild 7.24** Instationärer Ausfluss aus einem Behälter mit Rohrleitung

Ist an die Ausflussöffnung des Behälters zusätzlich eine Rohrleitung angeschlossen (siehe Bild 7.24), dann wird die Ausflusszeit aus einem prismatischen Behälter in Anlehnung an Formel 7.31 wie folgt berechnet:

$$t = \frac{8 \cdot A_B \cdot \left(\sqrt{z_1} - \sqrt{z_2}\right)}{\mu_{AR} \cdot d^2 \cdot \pi \cdot \sqrt{2g}} \tag{7.33}$$

Der nun einzusetzende Ausflussbeiwert $\mu_{AR}$ ist aus der Rohrleitungscharakteristik zu ermitteln. Aus dem Energieplan in Bild 7.24 erhält man

$$\mu_{AR} = \sqrt{\frac{1}{\lambda \cdot \frac{L}{d} + \sum \zeta_i + 1}} \tag{7.34}$$

Der Reibungsbeiwert $\lambda$ in Formel 7.34 ist gemäß Kapitel 4 zu berechnen. Das bedeutet, dass die zunächst unbekannte Ausströmgeschwindigkeit $v$ mit berücksichtigt werden muss. Die Lösung wird daher auf iterativem Weg erhalten.

**Beispiel 7.10**

Gegeben ist ein quaderförmiger Behälter mit angeschlossener horizontaler Rohrleitung gemäß Bild 7.24. Es soll ermittelt werden, wie lange der in der Leitung vorhandene Schieber komplett geöffnet werden muss, damit der Wasserstand im Behälter um 1 m sinkt ($T$ = 10 °C). Der Öffnungs- und Schließvorgang des Schiebers soll in sehr kurzer Zeit, also plötzlich, geschehen. Die Problematik des Druckstoßes sei hier nicht zu berücksichtigen. Nachfolgend sind die entsprechenden Daten aufgeführt:

- Wasserstand über Rohrleitungsachse $z_1$ = 8,0 m,
- Behälteroberfläche $A_B$ = 20 m$^2$,
- Leitungslänge $L$ = 200 m,
- Rohrleitungsdurchmesser $d$ = 0,20 m,
- Äquivalente Sandrauheit $k_s$ = 0,5 mm,
- Verlustbeiwert des Einlaufs in die Rohrleitung $\zeta_E$ = 0,5,
- Verlustbeiwert des Schiebers $\zeta_S$ = 0,1.

Um den benötigten Ersatz-Ausflussbeiwert $\mu_{AR}$ im ersten Schritt mit Formel 7.34 berechnen zu können, ist der Reibungsbeiwert für die Rohrleitung mit dem bekannten Startwert $\mu$ = 0,02 anzusetzen. Mit $\mu_{AR}$ = 0,2152 und den einzusetzenden gegebenen Größen erhält man mit Formel 7.33 die Ausflusszeit $t$ = 244,0 s. Die mittlere Ausflussgeschwindigkeit kann dann durch

$$v = \frac{Q}{A_R} = \frac{V}{t \cdot A_R} = \frac{A_B \cdot (z_1 - z_2) \cdot 4}{t \cdot d^2 \cdot \pi} = \frac{20 \cdot 1 \cdot 4}{244{,}0 \cdot 0{,}2^2 \cdot \pi} = 2{,}609 \frac{\text{m}}{\text{s}}$$

erhalten werden. In Abschnitt 3.4, Formel 3.13 wird auf die Berechnung des Durchflusses $Q$ aus Volumen und Zeitintervall kurz eingegangen.

Aus der Reynoldszahl der Leitungsdurchströmung $Re$ = 516 559 und der relativen Rauheit $r_s$ = 2,5 · 10$^{-3}$ kann nun das Rauheitskriterium überprüft werden. Mit dem festgestellten Übergangsbereich sowie $Re$, $r_s$ und dem Startwert für $\lambda$ errechnet sich ein verbesserter Reibungsbeiwert, mit dem der Berechnungsgang wiederholt wird:

**Tabelle 7.8** Iterative Lösung von Beispiel 7.10

| Parameter | Schritt 1 | Schritt 2 | Schritt 3 | Schritt 4 |
|---|---|---|---|---|
| $\lambda$ | 0,02 | 0,0252 | 0,0252 | 0,0252 |
| $\mu_{AR}$ | 0,2152 | 0,1932 | 0,1932 | 0,1932 |
| $t$ in s | 244,0 | 271,8 | 271,8 | 271,8 |
| $v$ in m/s | 2,609 | 2,342 | 2,342 | 2,342 |
| $Re$ | 516559 | 463764 | 463786 | 463786 |
| $r_s$ | $2{,}5 \cdot 10^{-3}$ | $2{,}5 \cdot 10^{-3}$ | $2{,}5 \cdot 10^{-3}$ | $2{,}5 \cdot 10^{-3}$ |
| $Re \cdot r_S \cdot \sqrt{\lambda}$ | 182 | 184 | 184 | 184 |

Ab dem 3. Schritt der iterativen Berechnung ergeben sich mit den (zur Verdeutlichung) verwendeten Nachkommastellen keine Änderungen mehr. Über die gesamte Spiegelabsenkung werden mittlere Größen angesetzt.

Mit dieser für die Praxis ausreichenden Vorgehensweise errechnet sich eine Absenkzeit von gut 4,5 min.

## 7.8.2 Ausfluss unter Gegendruck

Zwei rechteckförmige Behälter mit konstanten Oberflächen $A_1$ und $A_2$ sind durch eine gemeinsame Öffnung unterhalb beider Flüssigkeitsspiegel miteinander verbunden (Bild 7.25). Nach Freigabe der Öffnungsfläche $A_A$ beginnt der Ausgleich der unterschiedlichen Spiegelhöhen $z_1$ und $z_2$.

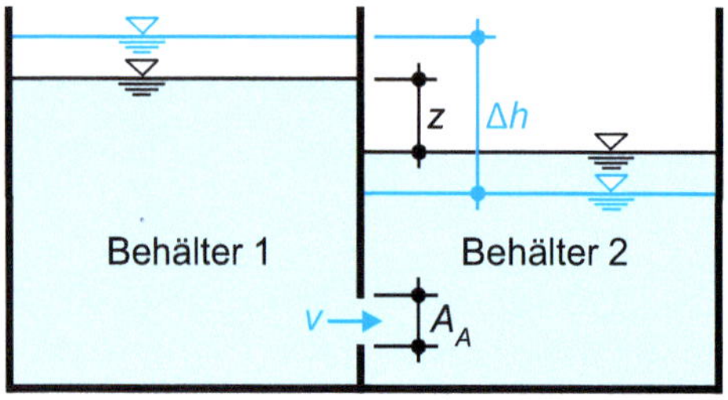


**Bild 7.25**
Ausfluss unter Gegendruck

Wegen der Massenerhaltung muss das ausströmende Volumen aus dem Behälter mit höherem Flüssigkeitsspiegel gleich sein dem einströmenden Volumen in den Behälter mit geringerem Spiegel. Mit Formel 7.4 in Abschnitt 7.3.3 und unter Berücksichtigung der entsprechenden Spiegelabsenkung in Behälter 1 wird dann eine Differentialgleichung erhalten, deren Integration schließlich die Ausgleichszeit $t$ vom Beginn des Ausströmvorgangs bis zu einer Zwischenlage $z \neq 0$ oder bis zum vollständigen Ausgleich der beiden Flüssigkeitsspiegel ($z = 0$) ergibt:

$$t = \frac{2 \cdot A_1 \cdot A_2 \cdot \left(\sqrt{\Delta h} - \sqrt{z}\right)}{\mu_A \cdot A_A \cdot \sqrt{2g} \cdot \left(A_1 + A_2\right)} \tag{7.35}$$

**Anmerkungen zur Anwendung von Gleichung 7.35**

- Wenn die Öffnungsfläche $A_A$ im Vergleich zu den Behälteroberflächen relativ groß ist, dann tritt ein „Überschwingen" der beiden Flüssigkeitsspiegel auf. Das bedeutet, dass zunächst zu viel Flüssigkeit von Behälter 1 nach Behälter 2 strömt. Danach findet die ausgleichende Bewegung in umgekehrter Richtung statt. Wegen der Strömungsverluste pendelt sich dieser Vorgang schließlich nach einigen Schwingungen ein. Mit Formel 7.35 kann dieses Geschehen nicht berechnet werden.

  Zwei für viele Praxisanwendungen wichtige Sonderfälle ergeben sich, wenn einer der beiden Behälter eine vielfach größere Oberfläche hat als der jeweils andere. In diesen Fällen vereinfacht sich der vollständige Ausgleich der Flüssigkeitsspiegel (also $z = 0$) aus Formel 7.35 zu

- große Oberwasserfläche ($A_1 \rightarrow \infty$):

  $$t = \frac{2 \cdot A_2 \cdot \sqrt{\Delta h}}{\mu_A \cdot A_A \cdot \sqrt{2g}} \tag{7.36}$$

- große Unterwasserfläche ($A_2 \rightarrow \infty$):

  $$t = \frac{2 \cdot A_1 \cdot \sqrt{\Delta h}}{\mu_A \cdot A_A \cdot \sqrt{2g}} \tag{7.37}$$

  Wichtig sind die beiden letzten Fälle beispielsweise im Zusammenhang mit den Ausgleichsvorgängen an Schleusen oder mit der Flutung von Schwimm- und Senkkästen (siehe Beispiel 2.8).

- Befindet sich zwischen den beiden Behältern eine Rohrleitung, dann wird in den Formeln 7.35 bis 7.37 anstelle von $\mu_A$ mit dem Ausflussbeiwert $\mu_{AR}$ gemäß Formel 7.34 gerechnet.

**Aufgabe 7.8**

Warum führt ein zu großer Öffnungsdurchmesser $d_A$ zum „Überschwingen" des Ausgleichsvorgangs zwischen zwei Behältern mit ursprünglich unterschiedlichen Flüssigkeitsspiegeln?

**Beispiel 7.11**

Eine Schleusenkammer mit der konstanten Oberfläche $A_1$ = 2500 m² wird in das Unterwasser des zugehörigen Kanals entleert. Der Ausflussquerschnitt hat die Größe $A_A$ = 25 m², der Ausflussbeiwert kann mit $\mu_A$ = 0,72 angesetzt werden, die Wasserspiegeldifferenz beträgt $\Delta h$ = 8 m. Wie groß ist die anfängliche Sinkgeschwindigkeit des Kammerwasserspiegels? Welche Kammerentleerungszeit tritt auf?

Mit Formel 7.4 errechnet sich der anfängliche Ausfluss zu

$$Q = \mu_A \cdot A_A \cdot \sqrt{2g \cdot \Delta h} = 0{,}72 \cdot 25 \cdot \sqrt{2g \cdot 8} = 225{,}5 \, \frac{\mathrm{m}^3}{\mathrm{s}}$$

Die Sinkgeschwindigkeit des Kammerwasserspiegels zu Beginn des Entleerungsvorgangs ist dann

$$v = \frac{Q}{A_1} = \frac{225{,}5}{2500} = 0{,}090 \, \frac{\mathrm{m}}{\mathrm{s}}$$

Die Entleerungszeit bis zum Ausgleich von Kammer- und unterwasserseitigem Kanalwasserspiegel beträgt mit Formel 7.37 für ein großes Unterwasser

$$t = \frac{2 \cdot A_1 \cdot \sqrt{\Delta h}}{\mu_A \cdot A_A \cdot \sqrt{2g}} = \frac{2 \cdot 2500 \cdot \sqrt{8}}{0{,}72 \cdot 25 \cdot \sqrt{2g}} = 177 \text{ s}$$

Die Schleusenkammer wird also in knapp 3 min ins Unterwasser entleert. ■

## 7.9 Englische Fachbegriffe zu Kapitel 7

| Deutsch | Englisch |
|---|---|
| Ausfluss | discharge |
| Ausflussöffnung | discharge orifice; outlet opening |
| Ausflussbeiwert | discharge coefficient |
| ausgerundet | rounded |
| Becken; Behälter | basin; tank |
| Bodenöffnung | bottom orifice |
| breitkroniges Wehr | broad-crested weir |
| freier Ausfluss | free discharge |
| geregelter Abfluss | regulated discharge |
| Kontraktionsbeiwert | contraction coefficient |
| kreisförmig | circular |
| Korrekturbeiwert | correction coefficient |

| Deutsch | Englisch |
|---|---|
| oberstromig; oberwasserseitig | upstream |
| Oberwasserstand | upstream water level |
| rechteckig | rectangular |
| Regelung | regulation; operation |
| rückgestauter Ausfluss | submerged discharge |
| Rückstau | backwater |
| rundkroniges Wehr | round-crested weir |
| scharfkantige Öffnung | sharp-egded orifice |
| scharfkantiges Wehr | sharp-edged weir |
| Seitengerinne | side channel |
| Seitenöffnung | side orifice |
| seitliche Kontraktion | side contraction |
| seitlicher Abfluss | side flow |
| Strahlkontraktion | flow contraction |
| Streichwehr | side weir |
| Tiroler Wehr | tyrolean weir |
| Überfall | flow over a weir; overfall; overflow |
| Überfallstrahl | nappe |
| unterstromig; unterwasserseitig | downstream |
| Unterströmung eines Planschütz | flow below a plane gate |
| Unterwasserstand | downstream water level |
| ungeregelter Abfluss | unregulated flow; uncontrolled discharge |
| unvollkommener Überfall | submerged overflow |
| vollkommener Überfall | free overflow |
| Wasserspeicher | water reservoir |
| Wehr | weir |
| Wehrhöhe | height of weir |
| Wehrkrone | weir crest |

# 8 Sickerströmungen

Die in diesem Kapitel vorgestellten Strömungsvorgänge sind im Normalfall nicht direkt beobachtbar, da sie im nicht sichtbaren porösen Medium stattfinden. Es wird also ein Porenraum durchströmt, wie er in der Industrie beispielsweise in der Filtertechnik gegeben ist. Das hauptsächliche Auftreten von Sickerströmungen in der Wasserwirtschaft betrifft vor allem Grundwasserströmungen, aber auch die Durchströmung von Dämmen oder die Umströmung von im Wasser gegründeten Bauwerken wie beispielsweise Tunnelbauten. Auch die Anströmungen von Brunnen oder Drainageeinrichtungen werden mit den physikalischen Gesetzmäßigkeiten von Sickerströmungen beschrieben. All diese genannten Vorgänge können nur durch Labormodelle oder entsprechende Messeinrichtungen „sichtbar" gemacht werden.

**Praxishinweis**

Im Zusammenhang mit Sickerströmungen bedarf es der Abgrenzung von Sickerwasser und Grundwasser. **Grundwasser** ist ein zusammenhängender Wasserkörper, der die Hohlräume des Untergrundes - den Grundwasserleiter - ausfüllt und eventuell durchströmt. **Sickerwasser** dagegen ist das aufgrund der Schwerkraft in den porösen Untergrund versickernde Wasser aus Niederschlägen und Gewässern. Es bewegt sich dabei durch eine (mehr oder weniger stark) wasserleitende Bodenschicht, die aber kein Grundwasser führt. Erst wenn das Sickerwasser einen Grundwasserleiter erreicht, geht es in das Grundwasser über und verstärkt den Grundwasserstrom.

# 8.1 Grundlagen

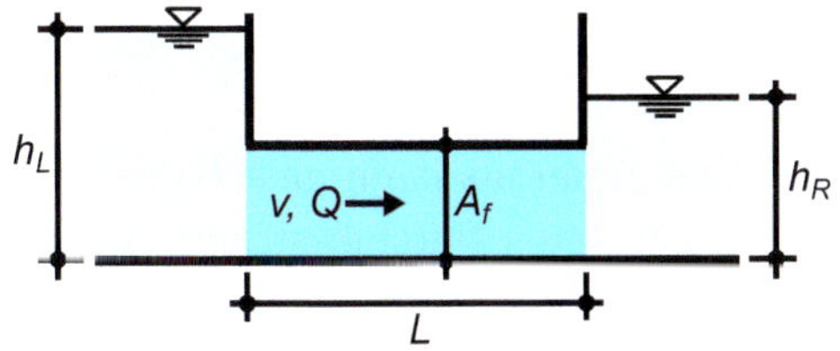


**Bild 8.1**
Verbindungsabschnitt zwischen zwei Behältern

In Bild 8.1 ist ein Verbindungsabschnitt der Länge $L$ zwischen zwei Behältern mit den Wasserständen $h_L$ und $h_R$ dargestellt. Es existieren nun drei Möglichkeiten für die hydraulische Ausprägung innerhalb des Verbindungsabschnitts:

- Stellt man sich den farbig gekennzeichneten Verbindungsabschnitt als undurchlässigen Korken vor, so bewirken die beiden unterschiedlichen Wasserstände lediglich verschiedene Drücke auf die Berandungen des Verbindungsabschnittes. Die Wasserspiegeldifferenz bleibt jedoch bestehen, Strömungsbewegung findet keine statt.
- Liegt der Verbindungsabschnitt unverschlossen und ohne Einbauten vor, so stellt sich mit konstant gehaltenen Wasserspiegeln $h_L$ und $h_R$ eine gleichbleibende Strömung von links nach rechts ein. Der Druckhöhenunterschied bewirkt eine Geschwindigkeit $v$ in Anlehnung an die Formeln 7.2 und 7.4:

$$v = \sqrt{2g \cdot (h_L - h_R)} \tag{8.1}$$

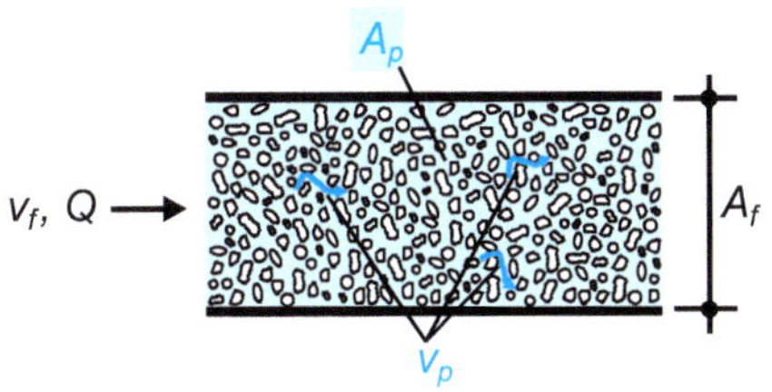


**Bild 8.2**
Filterströmung

- Zwischen den beiden zuvor genannten extremen Fällen gibt es nun die Möglichkeit, partiell durchlässiges Material im Abschnitt der Länge $L$ einzubauen (Bild 8.2). Die Verbindungsstrecke wird dann zwar durchströmt, jedoch lediglich durch die Porenfläche $A_p$ dieser Filterstrecke. Daraus errechnet sich die Geschwindigkeit in den Poren zu

$$v_P = \frac{Q}{A_p} \tag{8.2}$$

In der sogenannten Filtergeschwindigkeit $v_f$ wird die über den gesamten Fließquerschnitt $A_f$ gemittelte Geschwindigkeit ausgedrückt (siehe Bild 8.2):

$$v_f = \frac{Q}{A_f} \tag{8.3}$$

Die Durchlässigkeitseigenschaft des porösen Materials kann anstelle der Filterfläche $A_f$ auch mittels eines dimensionsbehafteten Durchlässigkeitsbeiwertes $k_f$ ausgedrückt werden. Verknüpft mit dem auf die Länge $L$ bezogenen Spiegelgefälle $h_L - h_R$ erhält man dann

$$v_f = k_f \cdot \frac{h_L - h_R}{L} \tag{8.4}$$

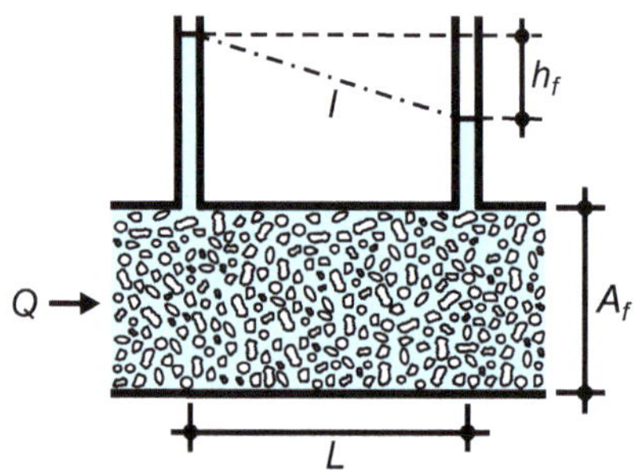


**Bild 8.3**
Messung der Durchlässigkeit

Wird gemäß Formel 4.2 das Spiegelliniengefälle mit $I = (h_L - h_R)/L$ wiedergegeben (Bild 8.3), dann ergibt sich das Filtergesetz nach Darcy:

$$v_f = k_f \cdot I \tag{8.5}$$

Darcy geht in seinen ursprünglichen Ansätzen von einer laminaren Fließbewegung in den Porenräumen aus. Dies ist für die meisten Wasserbewegungen in Filtern und Bodenmaterialien auch gerechtfertigt.

Der Durchlässigkeitsbeiwert $k_f$ gibt an, wie viel Kubikmeter Wasser pro Sekunde durch einen Quadratmeter Querschnittsfläche eines bestimmten Materials fließen können. Als Einheit entsteht daraus m/s. Gemessen werden kann $k_f$ indirekt mit einem Aufbau gemäß Bild 8.3 und indem die Formeln 8.3 und 8.4 kombiniert werden zu

$$k_f = \frac{Q \cdot L}{A_f \cdot h_f} \tag{8.6}$$

**Beispiel 8.1**

Für eine Bodenprobe wird der Durchlässigkeitsbeiwert $k_f$ in einem Versuchsaufbau gemäß Bild 8.3 bestimmt, wobei der Standrohrabstand $L$ = 0,80 m und die Fläche $A_f$ = 0,035 m² betragen. Bei einem Durchfluss von $Q$ = 0,15 l/s wird der Spiegelunterschied $h_f$ = 0,68 m gemessen.

Mit Formel 8.6 erhält man

$$k_f = \frac{Q \cdot L}{A_f \cdot h_f} = \frac{0{,}00015 \cdot 0{,}80}{0{,}035 \cdot 0{,}68} = 5 \cdot 10^{-3}\,\frac{\text{m}}{\text{s}}$$

Mit diesem Durchlässigkeitsbeiwert $k_f$ erkennt man aus Tabelle 8.1, dass es sich bei der Bodenprobe um Grobsand handelt.

Die Filtergeschwindigkeit als mittlere Bewegungsgröße in der Versuchseinrichtung errechnet sich mit Formel 8.3 zu

$$v_f = \frac{Q}{A_f} = \frac{0{,}00015}{0{,}035} = 4{,}3 \cdot 10^{-3}\,\frac{\text{m}}{\text{s}}$$

**Tabelle 8.1** Anhaltswerte für die Durchlässigkeit $k_f$ von Lockergesteinen

| Material | $k_f$ in m/s |
|---|---|
| Mittelkies | $10^{-1}$ bis $5 \cdot 10^{-1}$ |
| Feinkies | $10^{-2}$ bis $10^{-1}$ |
| Grobsand | $10^{-3}$ bis $10^{-2}$ |
| Mittelsand | $10^{-4}$ bis $10^{-3}$ |
| Feinsand | $10^{-5}$ bis $10^{-4}$ |
| Schluff-Sand-Gemisch | $10^{-7}$ bis $10^{-5}$ |
| Schluff-Ton-Gemisch | $10^{-10}$ bis $10^{-7}$ |
| Ton | $10^{-12}$ bis $10^{-8}$ |

**Praxishinweis**

Die in Abschnitt 8.1 dargestellten Grundlagen von Sickerströmungen setzen gleichbleibende Bodenkennwerte und die Homogenität des durchströmten Untergrundes voraus. Diese Bedingungen werden in der Praxis durch die realen Verhältnisse nicht oder kaum erfüllt, die genaue Porenstruktur im Boden ist zudem unbekannt. Eine rechnerische Beschreibung des Strömungsverhaltens wird aber in den meisten Anwendungsfällen möglich, wenn man im Abgleich mit Bohr- und Pumpversuchen mit ausreichender Genauigkeit von homogenen Bodenverhältnissen ausgehen kann.

## 8.2 Druckhöhen und Standrohrspiegelhöhen

Die in Beispiel 8.1 ermittelte Geschwindigkeit $v_f$ ist eine für Sickerströmungen übliche geringe Größe. Daher kann in der Betrachtung von Energiehöhen die Geschwindigkeitshöhe in der Bernoulligleichung vernachlässigt werden, es bleibt die Summe aus geodätischer Höhe und Druckhöhe:

$$h = z + \frac{p}{\rho g} \tag{8.7}$$

Die Größe $h$ ist die sogenannte Standrohrspiegelhöhe in einer Sickerströmung und gibt deren Strömungspotential an (siehe Abschnitt 3.7). Die Standrohrspiegelhöhe stellt den Wasserstand in einem gedachten oder realen Rohr dar. Strömungsvorgänge in Grundwasserfeldern finden nur statt, wenn Gefälle zwischen den Spiegelhöhen in verschiedenen Standrohren in einem Grundwasserfeld vorliegen. Bei identischen Standrohrspiegelhöhen kann wegen des fehlenden Potentials auch kein Strömungsvorgang erfolgen.

**Beispiel 8.2**

Zum Zwecke der Reinigung sickert Wasser durch einen mit Mittelsand ($k_f = 5 \cdot 10^{-4}$) gefüllten rechteckförmigen Sandfilter der Länge $L$ = 18 m und Höhe $a$ = 6 m (Bild 8.4). Es sollen die Standrohrspiegelhöhen und die Druckhöhen in den angegebenen Punkten sowie die Filtergeschwindigkeit und der Abfluss für die Wasserstände $h_L$ = 12 m und $h_R$ = 8 m ermittelt werden.

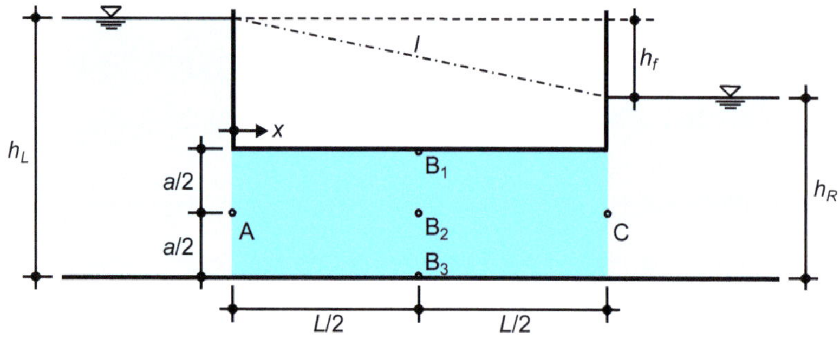


**Bild 8.4** Durchsickerter Sandfilter

Die Standrohrspiegelhöhen gemäß Formel 8.7 mit der Sandfiltersohle als Bezugsniveau ergeben sich zu $h_A$ = 12 m und $h_C$ = 8 m.

Da die Standrohrspiegelhöhen den Wasserstand im realen oder imaginären Rohr wiedergeben, spielt die Höhenlage des betreffenden Punktes keine Rolle, sondern nur der betreffende Wasserspiegel. Daher gilt:

$$h_{B1} = h_{B2} = h_{B3} = h_A + \frac{h_C - h_A}{L} \cdot (x) = 12 + \frac{8-12}{18} \cdot \left(\frac{18}{2}\right) = 10 \text{ m}$$

Anders sieht es mit den entsprechenden Druckhöhen aus. Diese werden mit Formel 8.7 erhalten zu

$$\frac{p_A}{\rho g} = h_A - z_A = 12 - 3 = 9 \text{ m} \qquad \frac{p_C}{\rho g} = h_C - z_C = 8 - 3 = 5 \text{ m}$$

$$\frac{p_{B1}}{\rho g} = h_{B1} - z_{B1} = 10 - 6 = 4 \text{ m} \qquad \frac{p_{B2}}{\rho g} = h_{B2} - z_{B2} = 10 - 3 = 7 \text{ m}$$

$$\frac{p_{B3}}{\rho g} = h_{B3} - z_{B3} = 10 - 0 = 10 \text{ m}$$

Die Filtergeschwindigkeit errechnet sich mit Formel 8.4

$$v_f = k_f \cdot \frac{h_L - h_R}{L} = 5 \cdot 10^{-4} \cdot \frac{12-8}{18} = 1{,}11 \cdot 10^{-4} \ \frac{\text{m}}{\text{s}}$$

Damit wird der breitenbezogene Abfluss zu

$$q_f = v_f \cdot a = 1{,}11 \cdot 10^{-4} \cdot 6 = 0{,}00066 \ \frac{\text{m}^3}{\text{s} \cdot \text{m}} = 0{,}66 \ \frac{\text{l}}{\text{s} \cdot \text{m}}$$

**Aufgabe 8.1**

Wie ändern sich die Standrohrspiegelhöhen, die Druckhöhen, die Filtergeschwindigkeit sowie der breitenbezogene Abfluss aus Beispiel 8.2, wenn die Länge *L* verdoppelt wird?

# 8.3 Anwendung von Potentialliniennetzen

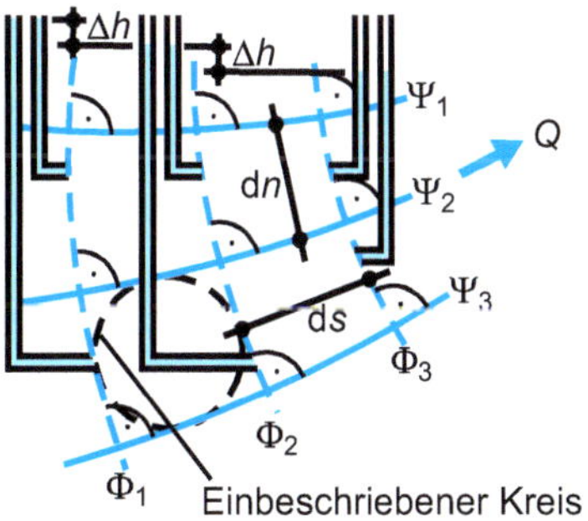


**Bild 8.5**
Abnahme der Standrohrspiegelhöhen am Potentialliniennetz

Wie in Abschnitt 3.7 gezeigt, können insbesondere Sickerströmungen mithilfe von Potentialliniennetzen gut beschrieben werden. Die Linien gleichen Potentials entsprechen den Linien gleicher Standrohrspiegelhöhen, Stromlinien geben an jedem Punkt mit ihrer Tangente die Richtung der Geschwindigkeit an. Die Maschen des Potentialliniennetzes werden durch „krummlinige Quadrate" gebildet, die folgenden Bedingungen gehorchen:

- Die Ecken bilden näherungsweise rechte Winkel.
- In die „krummlinigen Quadrate" kann in etwa ein Kreis einbeschrieben werden.
- Die Diagonalen der Quadrate schneiden sich ebenfalls rechtwinklig.

Damit kann ausgehend von den Randbedingungen eines Strömungsfalles das gesamte Netz eindeutig konstruiert und daraus die Sickerströmung analysiert werden (siehe Bild 8.5). Mit der Filtergeschwindigkeit aus Formel 8.5 und Einsetzen des Potentialunterschiedes $\Delta h$ zwischen zwei Potentiallinien mit dem Abstand d$s$ liefert

$$v_f = k_f \cdot \frac{\Delta h}{\mathrm{d}s} \tag{8.8}$$

Der Volumenstrom $\Delta q$ pro Breitenmeter zwischen zwei benachbarten Stromlinien errechnet sich dann zu

$$\Delta q = k_f \cdot \frac{\Delta h}{\mathrm{d}s} \cdot \mathrm{d}n \tag{8.9}$$

Für ein Potentialnetz mit $n$ Stromröhren und $m$ Potentialstufen beträgt der Durchfluss $q$ mit dem Spiegelunterschied $h_f$ schließlich

$$q = \frac{n}{m} \cdot k_f \cdot h_f \tag{8.10}$$

Randbedingungen bei der Erstellung des Potentialliniennetzes:

- Die erste Potentiallinie ist die Oberwassersohle, die letzte Potentiallinie ist die Unterwassersohle.
- Die oberste Stromlinie ist durch die Bauwerksoberfläche dargestellt, die unterste Stromlinie ist die Oberfläche der „dichten" Schicht.
- Mit zunehmender Einengung des Sickerquerschnitts werden die „Quadrate" umso kleiner dargestellt.

Die Konstruktion eines Potentialliniennetzes/Äquipotentialnetzes erfolgt in folgenden Schritten:

- Einzeichnen der Randbedingungen,
- Zeichnen der geschätzten Stromlinien,
- Konstruktion des Äquipotentialnetzes,

- Überprüfung der Konstruktion und eventuell Korrektur,
- Auswertung der Situation.

Die Auswertung kann den Sickerdurchfluss $q$, die Druckverteilung auf das betrachtete Bauwerk oder weitere Standsicherheitsbetrachtungen zum Inhalt haben.

## 8.3.1 Unterströmung von Bauwerken

Sickerströmungen können für die Standsicherheit von Bauwerken sehr bedeutsam sein, da die Durch- oder Unterströmung zu Erosion und Auftrieb führen kann. Mithilfe eines Potentialliniennetzes kann eine Beurteilung der jeweiligen Situation erfolgen.

**Beispiel 8.3**

Für die Unterströmung eines Wehrkörpers mit oberwasserseitiger Spundwand (Bild 8.6) kann das Potentialliniennetz nach den bisher vorgestellten Grundsätzen folgendermaßen angelegt werden:

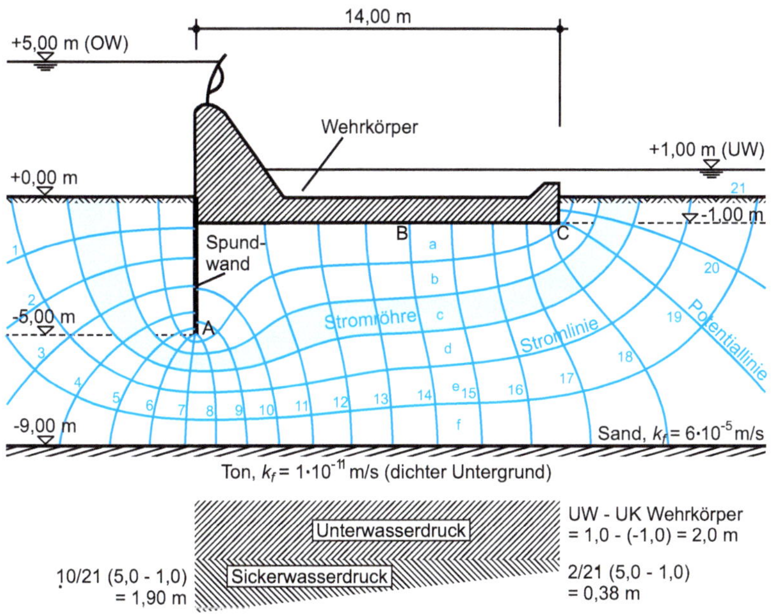


**Bild 8.6** Unterströmter Wehrkörper mit Sickernetz und Sohldruckverteilung (Druckhöhen)

Der Wasserspiegelunterschied OW - UW aus Bild 8.6 wird mit dem gewählten Netz in 21 Potentialstufen während der Unterströmung des Wehrkörpers abgebaut.

Aus der Bedingung, dass sich Stromlinie und Potentiallinie senkrecht schneiden, folgt die senkrechte Anbindung der Potentiallinien an die Ränder des Bauwerks und des dichten Untergrundes. Mit den in Bild 8.6 dargestellten Größen erhält man an der Stelle A die Druckhöhe:

$$\frac{p_A}{\rho g} = h_{OW} - 7 \cdot \Delta h - z_A = 5{,}0 - \frac{7}{21} \cdot 4{,}0 - (-5{,}0) = 8{,}67 \text{ m}$$

Die zugehörige Standrohrspiegelhöhe an der Stelle A liegt damit auf der Höhenkote

$$h_A = z_A + \frac{p_A}{\rho g} = -5{,}0 + 8{,}67 = 3{,}67 \text{ m}$$

Für die Stellen B und C ergeben sich die Druckhöhen und die Standrohrspiegelhöhen zu

$$\frac{p_B}{\rho g} = 5{,}0 - \frac{14}{21} \cdot 4{,}0 - (-1{,}0) = 3{,}33 \text{ m} \quad h_B = -1{,}0 + 3{,}33 = 2{,}33 \text{ m}$$

$$\frac{p_C}{\rho g} = 5{,}0 - \frac{19}{21} \cdot 4{,}0 - (-1{,}0) = 2{,}38 \text{ m} \quad h_C = -1{,}0 + 2{,}38 = 1{,}38 \text{ m}$$

Die Sickerwassermenge $q$ errechnet sich mit Formel 8.10 zu

$$q = \frac{6}{21} \cdot 6 \cdot 10^{-5} \cdot 4{,}0 = 6{,}86 \cdot 10^{-5} \frac{\text{m}^3}{\text{s} \cdot \text{m}} = 0{,}07 \frac{1}{\text{s} \cdot \text{m}}$$

Bei einer gesamten Wehrbreite von $b$ = 25 m sickert dann in 10 Minuten etwa ein Kubikmeter Wasser unter dem Wehr hindurch.

Der auf die Sohle des Wehrbauwerks ausgeübte auftriebswirksame Druck ist eine bedeutsame Größe für die Bemessung der Wehrkörpersohle und setzt sich aus UW-Druck und Sickerwasserdruck zusammen (Bild 8.6). Der UW-Druck ergibt sich aus der Höhendifferenz zwischen UW und Bauwerksohle, der Sickerwasserdruck ist das Resultat der Druckdifferenzen zwischen den maßgeblichen Potentiallinien (siehe Bild 8.6). ■

**Aufgabe 8.2**

Ermitteln Sie den Durchfluss $Q$ unter der 40 m breiten Baugrubenwand sowie den Wasserdruck hinter der Wand am Punkt A.

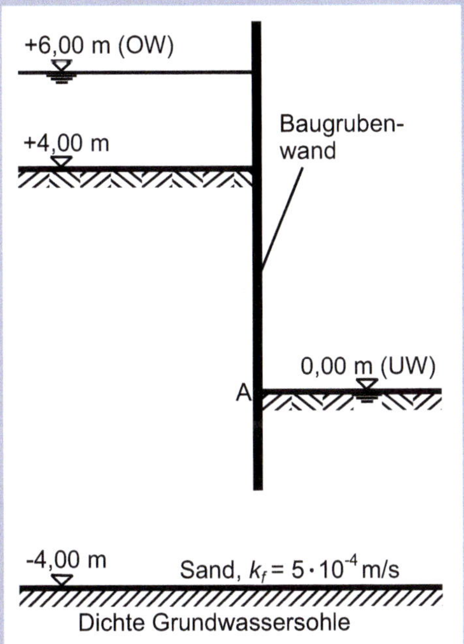


## 8.3.2 Dammdurchsickerung

Die Durchsickerung von Dämmen wird hier für den einfachsten greifbaren Fall behandelt: Der Damm besteht dabei aus homogenem, nichtbindigem Material auf horizontalem, undurchlässigem Untergrund. Die zwei wichtigsten Punkte sind

- die Bestimmung der Austrittshöhe $h_A$ der oberen Randstromlinie, der sogenannten Sickerlinie, an der luftseitigen Böschung, sowie
- die Ermittlung der Sickerwassermenge $q$.

Im Unterschied zur Unterströmung von Bauwerken ist bei der Durchsickerung von Dämmen die Lage der oberen Randstromlinie zunächst nicht bekannt. Es existieren mehrere empirische Ansätze, um den Verlauf dieser obersten Stromlinie anzunähern. Ausgangspunkt ist die Anbindung der Sickerlinie senkrecht zur Böschung an den Wasserspiegel und deren weiterer parabelförmiger Verlauf.

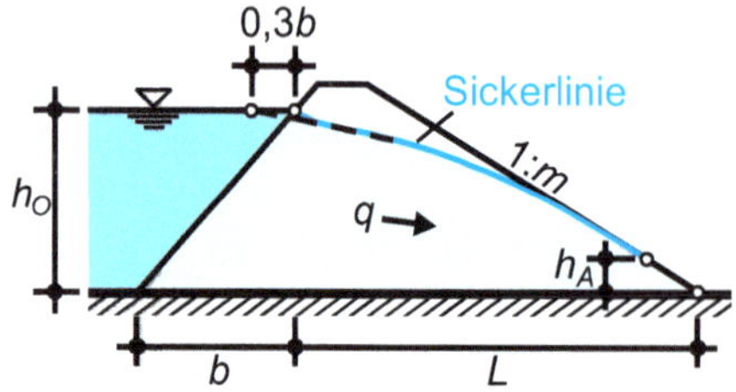


**Bild 8.7**
Sickerlinie nach KOZENY

Eine einfache Methode zur überschlägigen Konstruktion der an eine Parabel angeschmiegten Sickerlinie und Berechnung der Sickerwassermenge $q$ gibt KOZENY (siehe Bild 8.7) an:

$$\frac{q}{h_o \cdot k_f} = 0,435 \cdot \frac{h_o + h_A}{L} \tag{8.11}$$

In Formel 8.11 werden eingesetzt

$$h_A = c \cdot \frac{h_o^2}{L} \quad \text{und} \quad c = 0,4551 \cdot m - 0,1025$$

**Beispiel 8.4**

Für $h_o$ = 10 m, $L$ = 24,3 m, 1:$m$ = 1:2 (sowohl wasser- als auch luftseitig) und $k_f = 3 \cdot 10^{-6}$ m/s ist die Durchsickerung eines Dammes zu ermitteln. Die Austrittshöhe $h_A$ errechnet sich zu

$$h_A = c \cdot \frac{h_o^2}{L} = (0,4551 \cdot 2 - 0,1025) \cdot \frac{10^2}{24,3} = 3,32 \text{ m}$$

Daraus folgt die Sickerwassermenge mit

$$q = 0,435 \cdot \frac{10 + 3,32}{24,3} \cdot 10 \cdot 3 \cdot 10^{-6} = 7,15 \cdot 10^{-6} \frac{\text{m}^3}{\text{s} \cdot \text{m}} = 0,007 \frac{\text{l}}{\text{s} \cdot \text{m}}$$

Bei einer Dammlänge von 100 m sickern in einer Stunde etwa 2,57 $m^3$ Wasser durch den Damm.

**Aufgabe 8.3**

Ermitteln Sie die Sickerwassermenge $q$ aus Beispiel 8.4 unter Ansatz der Austrittshöhe $h_A$ = 3,32 m mithilfe eines Potentialliniennetzes.

## 8.4 Anströmung von Brunnen und Gräben

Die Entnahme von Grundwasser mittels Brunnen oder Drainagen führt zu einer Absenkung des Grundwasserspiegels in Richtung des Entnahmebereiches, da der Sickerströmungsvorgang ein Standrohrspiegelgefälle bedingt. Hinsichtlich der Berechnung kann unterschieden werden nach

- axialsymmetrischer Zuströmung bei Vertikalfilterbrunnen,
- linearer Zuströmung bei Gräben, Sickerschlitzen, Horizontalfilterbrunnen und horizontalen Drainageleitungen,
- Mehrbrunnenanlagen zur Trockenhaltung von Baugruben,
- freiem und gespanntem Grundwasser,
- vollkommenen und unvollkommenen Brunnen und Gräben.

Bei freiem Grundwasser ist im Prinzip eine den Gerinneströmungen vergleichbare Situation gegeben, da sich der Grundwasserspiegel nach oben hin „frei entfalten" kann. Die Standrohrspiegelhöhe entspricht dabei dem Grundwasserspiegel. Gespanntes Grundwasser kann mit Druckrohrströmungen verglichen werden, da die Ausbreitung des Grundwasserspiegels durch einen darüber liegenden Nichtleiter nach oben hin begrenzt wird. Die Standrohrspiegelhöhe liegt über der oberen Begrenzung des Grundwasserleiters.

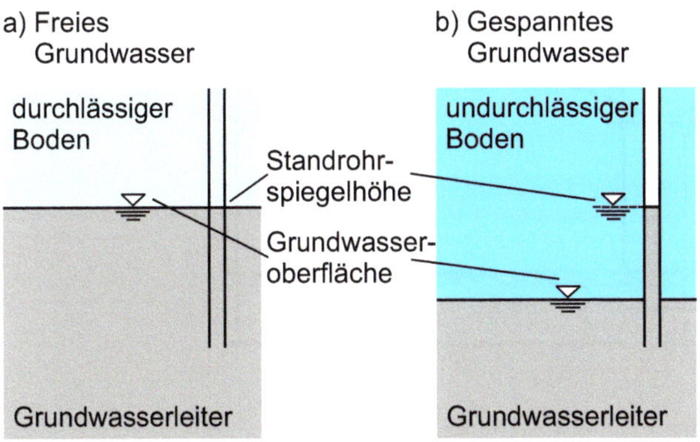


**Bild 8.8** Freies und gespanntes Grundwasser

Im Folgenden werden die Grundlagen von vollkommenen vertikalen Brunnen und horizontalen Entwässerungsgräben bei freiem Grundwasser behandelt. Für tiefer gehende Beschäftigung mit Brunnen und Drainagen sei auf die entsprechende Fachliteratur verwiesen.

## 8.4.1 Vertikaler Brunnen

Die Berechnung der stationären Wassermenge $Q$ eines Einzelbrunnens erfolgt unter folgenden Randbedingungen:

- homogener und isotroper Untergrund,
- horizontale, dichte Sohle des Grundwasserleiters,
- vollkommener, also bis zur GW-Sohle reichender Brunnen,
- konstante, horizontale Zuströmung $v_f$ über die Filterhöhe,
- die Sickerstrecke $s_i$ zwischen Brunnenrand und Brunnen wird vernachlässigt, wodurch von gleichen Wasserspiegeln ausgegangen wird.

Isotropie bedeutet, dass Eigenschaften in allen Richtungen gleich sind. Im Falle des Untergrundes liegt insofern keine Isotropie vor, als die Lagerungsdichte in vertikaler Richtung höher ist als in horizontaler; mit der Durchlässigkeit verhält es sich daher genau umgekehrt.

Trotz der genannten Vereinfachungen werden mit den Brunnengleichungen (Formeln 8.12 bis 8.14) ausreichend genaue Berechnungsergebnisse erzielt.

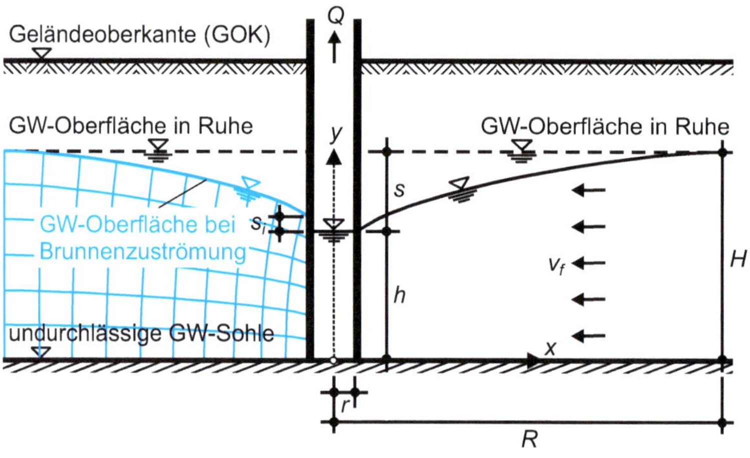


**Bild 8.9** Vollkommener Brunnen bei freiem Grundwasser

Mit dem Filtergesetz von DARCY (Formel 8.5), der Kontinuitätsbedingung (Formel 3.13), Integration und Einsetzen der Größen aus Bild 8.9 errechnet sich der Wasserandrang zum Brunnen, die sogenannte Ergiebigkeit $Q_E$, nach der Gleichung von DUPUIT-THIEM zu

$$Q_E = \pi \cdot k_f \cdot \frac{y^2 - h^2}{\ln(x / r)} \tag{8.12a}$$

Setzt man für den Übergangsbereich zum Ruhewasserstand die Größen $R$ und $H$ ein (Bild 8.9), dann gilt

$$Q_E = \pi \cdot k_f \cdot \frac{H^2 - h^2}{\ln(R/r)} \tag{8.12b}$$

In Formel 8.12b ist $H$ die Mächtigkeit (= Höhe) des Grundwasserleiters, $h$ die Höhe des abgesenkten Grundwasserspiegels am Brunnen, $r$ der Brunnenradius und $R$ die Reichweite des Absenktrichters. Da sich die letztgenannte Größe theoretisch als Asymptote erst im Unendlichen an den Ruhewasserspiegel annähert, kann sie nach SICHARDT für die axialsymmetrische Brunnenanströmung mit der auch von der Absenkung $s$ abhängigen empirischen Formel 8.13 abgeschätzt werden:

$$R = 3.000 \cdot s \cdot \sqrt{k_f} \tag{8.13}$$

Damit kann schließlich die Ergiebigkeit $Q_E$ nach Formel 8.12b berechnet werden. Diese Ergiebigkeit ergibt sich somit aus den Boden- und Grundwasserverhältnissen in der Umgebung des Brunnens.

Eine andere Frage stellt sich nach dem sogenannten Fassungsvermögen $Q_F$ des Brunnens, also wie viel Wasser der Brunnen pro Zeiteinheit tatsächlich aufnehmen kann. Mit den Verhältnissen direkt am Brunnenrand (maximales Grundwassergefälle $I_{max}$ empirisch nach SICHARDT), dem Filtergesetz von DARCY (Formel 8.5) sowie der Kontinuitätsbedingung (Formel 3.13) erhält man die mögliche Brunnenleistung zu

$$Q_E = 2\pi \cdot r \cdot h \cdot \frac{\sqrt{k_f}}{15} \tag{8.14}$$

Werden nun die Ergiebigkeit $Q_E$ und das Fassungsvermögen $Q_F$ gegenübergestellt, so erhält man die maximale Absenkung $s_{max}$ und die zugehörige maximale Wassermenge $Q_{max}$. Die Ergiebigkeit $Q_E$ und das Fassungsvermögen $Q_F$ stehen somit im Gleichgewicht. Die Ermittlung von $s_{max}$ und $Q_{max}$ erfolgt entweder grafisch oder mithilfe eines iterativen Verfahrens.

**Praxishinweis**

Mithilfe von um einen Brunnen angeordneten Grundwassermessstellen kann man durch Pumpversuche den Durchlässigkeitsbeiwert $k_f$ durch Umstellung von Formel 8.12a bestimmen:

$$k_f = \frac{Q_E \cdot \ln(x/r)}{\pi \cdot (y^2 - h^2)}$$

Durch Auflösung von Formel 8.12a nach $y$ kann die Grundwasserabsenkung (Absenktrichter) näher beschrieben werden:

$$y = \sqrt{h^2 + \frac{Q_E}{\pi \cdot k_f} \cdot \ln(x/r)}$$

**Beispiel 8.5**

Für die Wasserversorgung einer kleinen Siedlung ist ein vollkommener Brunnen mit Durchmesser $d$ = 700 mm vorgesehen. Der Durchlässigkeitsbeiwert des anstehenden Bodens ist mit $k_f = 3{,}5 \cdot 10^{-4}$ m/s gegeben, die Grundwassermächtigkeit beträgt $H$ = 5,1 m. Welche Wassermenge $Q$ kann gefördert werden?

Durch Vorgabe der Absenkung $s$ können die Grundwassertiefe am Brunnenrand $h = H - s$, die Reichweite $R$ (Formel 8.13), die Ergiebigkeit $Q_E$ (Formel 8.12b) und das Fassungsvermögen $Q_F$ (Formel 8.14) berechnet werden.

**Tabelle 8.2** Brunnenberechnung zu Beispiel 8.5

| Parameter | Schritt 1 | Schritt 2 | Schritt 3 | Schritt 4 | Schritt 5 |
|---|---|---|---|---|---|
| $s$ in m | 2,1 | 2,6 | 3,1 | 3,6 | 4,1 |
| $h$ in m | 3,0 | 2,5 | 2,0 | 1,5 | 1,0 |
| $R$ in m | 117,9 | 145,9 | 174,0 | 202,0 | 230,1 |
| $Q_E$ in m³/s | $3{,}2 \cdot 10^{-3}$ | $3{,}6 \cdot 10^{-3}$ | $3{,}9 \cdot 10^{-3}$ | $4{,}1 \cdot 10^{-3}$ | $4{,}2 \cdot 10^{-3}$ |
| $Q_F$ in m³/s | $8{,}2 \cdot 10^{-3}$ | $6{,}9 \cdot 10^{-3}$ | $5{,}5 \cdot 10^{-3}$ | $4{,}1 \cdot 10^{-3}$ | $2{,}7 \cdot 10^{-3}$ |

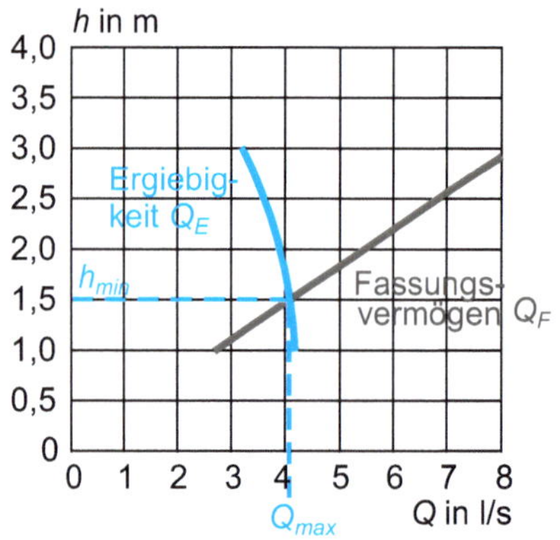


**Bild 8.10**
Grafische Lösung von Beispiel 8.5

Für eine Absenkung $s$ = 3,6 m errechnet sich damit eine Brunnenleistung von $Q$ = 4,1 l/s. Die Reichweite beträgt dabei etwa $R$ = 202 m.

In Beispiel 8.5 wurde ein vollkommener Brunnen, der bis zur dichten Schicht reicht, berechnet. Die Unterkante von unvollkommenen Brunnen reicht nicht bis zur Grundwassersohle, hier erfolgt der Zufluss auch über die untere Stirnseite und erhöht die Brunnenwassermenge um 10 bis 30 %.

### 8.4.2 Entwässerungsgraben

Der Grundwasserzufluss zum Entwässerungsgraben wird vergleichbar einem Brunnen gerechnet. Die realen Strömungsvorgänge im unmittelbaren Entnahmebereich unterscheiden sich wie bei Brunnen etwas von den Modellvorstellungen, die Entnahmemenge kann trotzdem ausreichend genau ermittelt werden. Der einseitige Zufluss zum Graben, die Ergiebigkeit $Q_E$, errechnet sich zu

$$Q_E = \frac{L \cdot k_f}{2x} \cdot \left(y^2 - h^2\right) \tag{8.15a}$$

Mit der Reichweite $R$ der entstehenden Grundwasserabsenkung und der Grundwassermächtigkeit $H$ für einen vollkommenen, also bis zur Grundwassersohle reichenden Entwässerungsgraben ergibt sich durch Einsetzen in Formel 8.15a für den einseitigen Zufluss

$$Q_E = \frac{L \cdot k_f}{2R} \cdot \left(H^2 - h^2\right) \tag{8.15b}$$

Die im Vergleich zum axialsymmetrischen Brunnen geringere Reichweite $R$ der Absenkung kann nach Angaben des U.S. Army Corps of Eneginеers wie folgt abgeschätzt werden:

$$R = 1.500 \cdot s \cdot \sqrt{k_f} \tag{8.16}$$

Das Fassungsvermögen $Q_F$ bei einseitiger Anströmung eines Entwässerungsgrabens errechnet sich gemäß

$$Q_F = L \cdot h \cdot \frac{\sqrt{k_f}}{15} \tag{8.17}$$

Bei beidseitiger Anströmung eines Entwässerungsgrabens sind die Ergiebigkeit $Q_E$ und das Fassungsvermögen $Q_F$ zu verdoppeln.

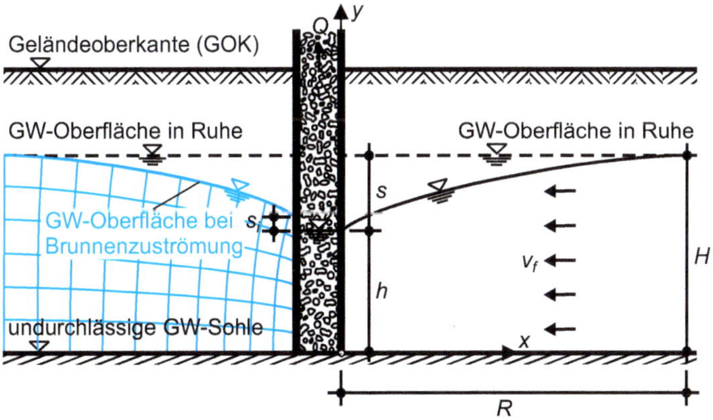


**Bild 8.11** Vollkommener Entwässerungsgraben bei freiem Grundwasser

**Praxishinweis**

Da einige getroffene Annahmen für die Anwendung der Brunnen- und Grabengleichungen nach DUPUIT-THIEM nicht der Realität entsprechen (z. B. stationärer Zustand) bzw. oftmals nicht realisierbar sind (Durchlässigkeitsbeiwert und Reichweite konstant, allseitig gleichmäßiger Zufluss, im Prinzip unendlich großes und homogenes Brunnengelände, u. a.), werden die Berechnungsansätze mitunter kritisiert. Für mittlere und flache Grundwassergefälle und größeren Abstand vom Brunnen sind die Berechnungsergebnisse jedoch ausreichend genau und haben entsprechende Praxisrelevanz. Genauere Berechnungen werden durch Strömungsmodellierungen erhalten.

## 8.5 Englische Fachbegriffe zu Kapitel 8

| Deutsch | Englisch |
|---|---|
| Brunnen | well |
| Damm | dam |
| Drainage | drain |
| Durchlässigkeitsbeiwert | coefficient of permeability; hydraulic conductivity |
| Ergiebigkeit; Fassungsvermögen | capacity |
| Filtergesetz nach DARCY | Darcy‘s law |
| Filterströmung | filter flow |
| gespanntes Grundwasser | confined groundwater |
| Graben | ditch; trench |
| Grundwasserabsenkungskurve | groundwater depletion curve |
| Grundwasserleiter | aquifer |
| Grundwasseroberfläche | groundwater table |
| Grundwasserstand | groundwater level |
| Grundwasserströmung | groundwater flow |
| Potentialströmung | potential flow |
| Potentiallinie | equipotential line |
| Sickerlinie | line of seepage |
| Sickerströmung | seepage |
| Sickerwassermenge | seepage water quantity; leakage |
| Standrohrspiegelhöhe | piezometric level |
| Unterströmung | underflow; undercurrent |

# 9 Ergänzende Themen

Aufgabenstellungen und Anwendungen, die nicht unbedingt zum täglichen Brot von in der Wasserwirtschaft tätigen Planerinnen und Planern gehören, werden in diesem Kapitel kurz beleuchtet. Neben der Berechnung von Rohrnetzen sind dies instationäre, also zeitabhängige Strömungsvorgänge in Rohrleitungen (Druckstoß) und Gerinnen (Schwall und Sunk) sowie die Dimensionierung von Wasserspeichern.

## 9.1 Berechnung von Rohrnetzen

### 9.1.1 Rohrsysteme

In der hydraulischen Praxis der Wasserversorgung werden drei verschiedene Arten von Rohrnetzen unterschieden:

- Beim **Verästelungsnetz** zweigen Nebenleitungen von der Hauptleitung ab und verästeln sich je nach Anzahl und Lage der Straßen weiter. Das Leitungssystem kann mit einem Baum verglichen werden, wobei der Baumstamm die Hauptleitung darstellt und die Äste und Zweige die Nebenleitungen. Das Wasser fließt stets nur in eine Richtung, die Größe des Durchflusses kann eindeutig ermittelt werden. Das Verästelungsnetz kann im Vergleich mit der Statik als „hydraulisch bestimmt" bezeichnet werden. Die Grundsätze von Kapitel 4 sind anzuwenden.
- Beim **Umlaufnetz** ist die Grundstruktur des Leitungssystems ähnlich dem Verästelungsnetz. Der wesentliche Unterschied besteht darin, dass beim Umlaufnetz die Endstränge der Nebenleitungen miteinander verbunden sind, wodurch die Versorgung in jedem Punkt des Versorgungsgebietes von zwei Seiten aus erfolgen kann. Die Druckverteilung wird gleichmäßiger als beim Verästelungsnetz, im Falle eines Rohrbruches muss nur eine kurze Teilstrecke zwischen zwei Absperrschiebern abgeschaltet werden. Da die Strömungsrichtungen und Durchflüsse wegen des Wasseraustausches im ersten Berech-

nungsschritt abgeschätzt werden müssen, kann das Umlaufnetz auch als „geringfügig hydraulisch unbestimmt“ bezeichnet werden. Durch rechnerische Trennung der verbindenden Leitungen an geeigneten Stellen kann es berechenbar gemacht werden, wodurch die Eigenschaften des Verästelungsnetzes entstehen. Geeignete Stellen sind gegeben, wenn an den jeweils zusammengehörigen Strängen die gleichen Druckhöhen auftreten. Da dann kein Druckunterschied an den Endpunkten vorliegt, findet auch kein Wasseraustausch statt. Die Anwendung dieses Verfahrens ist auf einfache Rohrnetze mit geringen Durchflüssen begrenzt.

- Beim **Ringnetz** wird die leistungsfähige Hauptleitung ringförmig um das Versorgungsgebiet gelegt und mehrere Hauptstränge miteinander verbunden. Von einer Hauptleitung zweigen Nebenleitungen ab, deren Endstränge wie beim Umlaufnetz ebenfalls miteinander verbunden sind. Das Ringnetz ist dadurch äußerst betriebssicher und sehr anpassungsfähig an einen schwankenden Wasserverbrauch. Wegen der vorab kaum möglichen Feststellung von Fließrichtungen und Durchflüssen in Haupt- und Nebensträngen wird es als „hydraulisch unbestimmt“ betrachtet. Die Rohrstränge bilden Maschen, die Berechnung wird in Abschnitt 9.1.2 gezeigt.

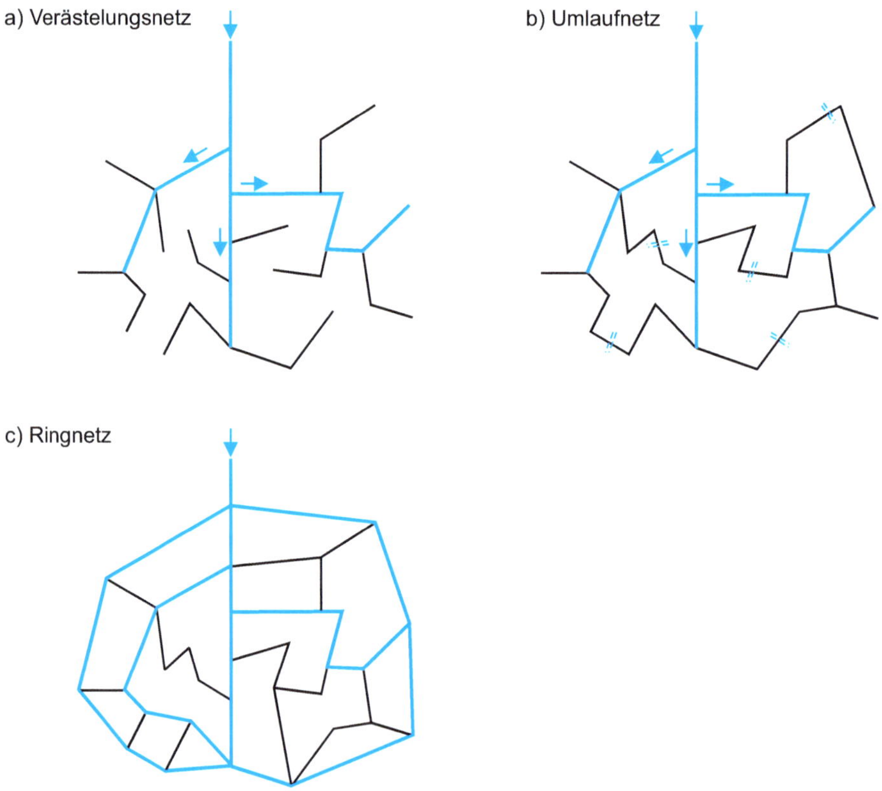


**Bild 9.1** Rohrnetzarten in der Wasserversorgung

## 9.1.2 Berechnung von Ringnetzen

Allgemein existieren drei Möglichkeiten, um ein Rohrleitungssystem zu berechnen:

- Mit der Schnittmethode können einfache Rohrnetze bei geringen Belastungen berechnet werden (siehe Umlauf- und Ringnetz). Grundlage ist die Druckhöhengleichheit an der (rechnerischen) Trennstelle, also

  $$h_{links} = h_{rechts}$$

  Dies ist deshalb möglich, da in der Wasserversorgung die Geschwindigkeitshöhen wegen der üblicherweise geringen Fließgeschwindigkeiten ohne gravierende Genauigkeitseinbußen vernachlässigt werden können.
- Mit der knotenorientierten Methode wird die Durchflussbilanz an einem Knoten mit unbekannter Druckhöhe durchgeführt. Dieses Verfahren zeichnet sich dadurch aus, dass Änderungen am System einfach zu berücksichtigen sind. Basis dieser Methode ist der Ansatz an einem Knoten mit den Durchflüssen $Q_i$ und der Entnahmemenge $Q_e$

  $$\sum_i \Delta Q_i \pm Q_e = 0 \qquad (9.1)$$
- Die maschenorientierte Methode hat wegen der vernachlässigbaren Geschwindigkeitshöhen als Grundlage die Druckhöhenbilanzierung in einer Rohrleitungsmasche. Die Druckhöhenänderungen aus Reibungsverlusthöhen, örtlichen Einzelverlusten, Pumpenförderhöhen oder Turbinenfallhöhen müssen innerhalb einer Masche zu Null werden:

  $$\sum_i \Delta h_i = 0 \qquad (9.2)$$

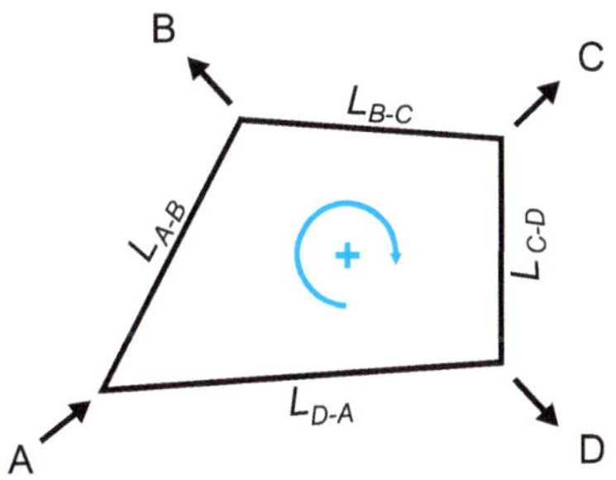


**Bild 9.2**
Masche mit Zu- und Abflüssen

Unter $\Delta h_i$ in m ist der Druckhöhenverlust entlang eines Leitungsstranges zwischen zwei Knoten zu verstehen (siehe Bild 9.2). Sofern nur untergeordnete Einzelverluste auftreten, werden diese im Rahmen der Wasserversorgung in Form einer integralen Rauheit berücksichtigt (siehe Abschnitt 4.6). Dieses

Maschenverfahren hat gegenüber dem knotenorientierten Verfahren den Nachteil, dass Rohrsystemänderungen nur aufwendig zu realisieren sind. Vorteilhaft ist jedoch seine vergleichsweise einfache Umsetzung.

Wegen seiner Einfachheit, leichten Nachvollziehbarkeit und weiten Verbreitung wird im Weiteren die maschenorientierte Rohrnetzberechnung vorgestellt. Bekannt ist es vor allem unter der Bezeichnung CROSS-Verfahren oder Iteration nach CROSS.

**Praxishinweis**

Das CROSS-Verfahren ist eigentlich eine in der Baustatik eingeführte Methode zur Berechnung von hochgradig statisch unbestimmten Tragwerken (H. CROSS, 1885 - 1959, Bauingenieur). CROSS entwickelte daraus auch das Verfahren zur Rohrnetzberechnung. Für (sehr) kleine Netze mit wenigen Maschen kann das Verfahren zur stationären Dimensionierung heute noch zum Einsatz kommen. Üblicherweise werden aber Simulationsprogramme verwendet, die über die stationäre Betrachtung hinaus eine dynamische Berechnung ermöglichen.

### Maschenorientierte Methode

Folgende Vorgehensweise liegt dem Maschenverfahren nach CROSS unter Berücksichtigung entsprechender Randbedingungen zugrunde:

- Zunächst werden die Strangdurchflüsse unter Beachtung der Knotenbedingung geschätzt. An jedem Maschenknoten muss die Summe der Zu- und Abflüsse gleich Null sein (Formel 9.1).
- Die Durchflüsse und Druckhöhenverluste sind positiv, wenn die Durchströmung in der Masche im Uhrzeigersinn erfolgt.
- Innerhalb einer Masche muss die Summe der auftretenden Verlusthöhen unter Beachtung der Vorzeichenregelung gleich Null sein (Formel 9.2).
- Unter Beachtung der Vorzeichenregelung werden für jeden Maschenring die Verlusthöhen aufsummiert. Ergibt die Summe der Verlusthöhen unter Beachtung der Vorzeichenregelung eine Größe ungleich Null, so muss die ursprüngliche Schätzung korrigiert und das Verfahren wieder neu begonnen werden.

Für einen Leitungsstrang $i$ errechnet sich der Druckhöhenverlust gemäß Formel 4.1 zu

$$\Delta h_i = \lambda_i \cdot \frac{L_i}{d_i} \cdot \frac{Q_i^2}{A_i^2 \cdot 2g} = \frac{8 \cdot \lambda_i \cdot L_i}{g \cdot \pi^2 \cdot d_i^5} \cdot Q_i \cdot |Q_i| = B_i \cdot Q_i \cdot |Q_i| \tag{9.3}$$

Durch den Betrag in Formel 9.3 wird die Vorzeichenregel berücksichtigt; die Größe $B$ gibt die Strangcharakteristik wieder. Diese wird zusammengefasst zu

$$B = \frac{8 \cdot \lambda \cdot L}{g \cdot \pi^2 \cdot d^5} \quad \text{in} \quad \frac{\text{s}^2}{\text{m}^5}$$

Die Korrektur einer Durchflussschätzung ($\Delta Q$) für einen einzelnen Strang wird mit dem Ansatz

$$\Delta h = B \cdot (Q + \Delta Q)^2 = B \cdot \left(Q^2 + 2 \cdot Q\Delta Q + \Delta Q^2\right)$$

unter Berücksichtigung von $\Delta Q << Q$ schließlich zu

$$\Delta Q = -\frac{\sum \Delta h_i}{2 \cdot \sum \left(B_i \cdot |Q_i|\right)} \tag{9.4}$$

**Beispiel 9.1**

Gegeben ist ein aus zwei Maschen bestehendes Rohrnetz (Bild 9.3) mit den in Tabelle 9.1 abgelegten Daten.

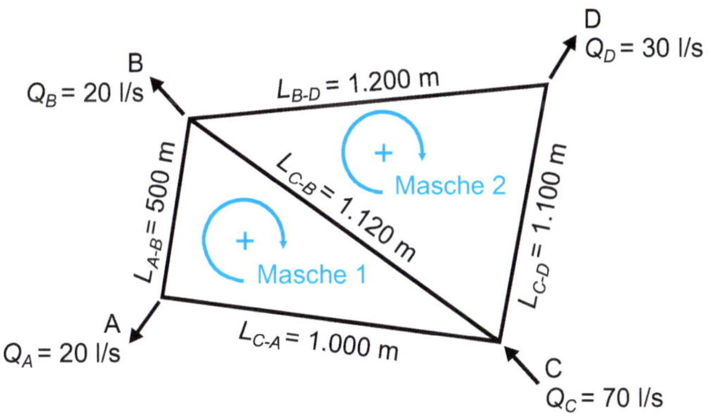


**Bild 9.3** Rohrnetz in Beispiel 9.1

**Tabelle 9.1** Leitungsdaten zu Beispiel 9.1

| Leitungsstrang | $L$ in m | $d$ in m | $k_s$ in mm | $r_s = k_s/d$ |
|---|---|---|---|---|
| C-A | 1000 | 0,25 | 0,5 | 0,002 |
| A-B | 500 | 0,20 | 0,5 | 0,0025 |
| B-D | 1200 | 0,25 | 0,5 | 0,002 |
| D-C | 1100 | 0,20 | 0,5 | 0,0025 |
| B-C | 1120 | 0,25 | 0,5 | 0,002 |

Der Systemzufluss erfolgt gemäß Bild 9.3 in Knoten C mit $Q_C$ = 70 l/s, die Knotenabflüsse betragen $Q_A$ = 20 l/s, $Q_B$ = 20 l/s und $Q_D$ = 30 l/s.

Da im vorliegenden Beispiel die zwei Maschen über den Strang B-C miteinander verknüpft sind, müssen die Korrekturen gemäß Formel 9.3 aus der jeweils benachbarten Masche mitberücksichtigt werden. Dies geschieht wegen des umgekehrten Maschendrehsinns mit umgekehrtem Vorzeichen.

Um nun die Durchflüsse durch das Netz ermitteln zu können, müssen erste Schätzungen für die einzelnen Leitungsstränge vorliegen. Diese sind in Tabelle 9.2 im ersten Berechnungsschritt mit angegeben. Die Strangdurchflüsse werden gemäß dem Uhrzeigersinn der Maschen positiv oder negativ angegeben, im Fall der verbindenden Leitung B-C wechselt demnach das Vorzeichen zwischen den Maschen 1 und 2. Wichtig ist, dass an jedem Knoten die Bilanzierung stimmt, also die Summe der Zuflüsse den aufsummierten Abflüssen entspricht.

**Tabelle 9.2** Schritt 1 der Berechnung des zweimaschigen Rohrnetzes in Beispiel 9.1

| Masche | Strang | $Q_i$ in $m^3/s$ | $\lambda_i$ | $B_i$ in $m^2/s^5$ | $\Delta h_i$ in m | $2 \cdot B_i \cdot \lvert Q_i \rvert$ | Korrektur mit Formel 9.4 |
|---|---|---|---|---|---|---|---|
| Berechnungsschritt 1 | | | | | | | |
| 1 | C-A | 0,025 | 0,0248 | 2098,3 | 1,311 | 104,92 | $\Delta Q_{M1}$ = 0,00025 $m^3/s$ |
| | A-B | 0,005 | 0,0289 | 3731,1 | 0,093 | 37,31 | |
| | B-C | -0,025 | 0,0248 | 2350,1 | -1,469 | 117,51 | |
| Summen: | | | | | -0,065 | 259,74 | |
| 2 | B-D | 0,010 | 0,0265 | 2690,6 | 0,269 | 53,81 | $\Delta Q_{M2}$ = 0,00261 $m^3/s$ |
| | D-C | -0,020 | 0,0260 | 7384,8 | -2,954 | 295,39 | |
| | C-B | 0,025 | 0,0248 | 2350,1 | 1,469 | 117,51 | |
| Summen: | | | | | -1,216 | 466,71 | |

Die beiden Korrekturgrößen werden nun den einzelnen geschätzten Strangdurchflüssen zugeschlagen, $\Delta Q_{M1}$ den Leitungen von Masche 1 und $\Delta Q_{M2}$ den Leitungen von Masche 2. Zudem muss der gemeinsamen Leitung B-C noch das Korrekturglied der jeweils anderen Masche mit umgekehrtem Vorzeichen aufaddiert werden. Daher ergibt sich für Masche 1:

- $Q_{C\text{-}A}$ = 0,025 + 0,00025 = 0,02525 $m^3/s$,
- $Q_{A\text{-}B}$ = 0,005 + 0,00025 = 0,00525 $m^3/s$,
- $Q_{B\text{-}C}$ = - 0,025 + 0,00025 - 0,00261 = - 0,02736 $m^3/s$.

Für Masche 2 errechnen sich

- $Q_{B\text{-}D}$ = 0,010 + 0,00261 = 0,01261 $m^3/s$,
- $Q_{D\text{-}C}$ = - 0,020 + 0,00261 = - 0,01739 $m^3/s$,
- $Q_{C\text{-}B}$ = 0,025 + 0,00261 - 0,00025 = 0,02736 $m^3/s$.

Eine Kontrolle der bisherigen Ergebnisse ist durch den Vergleich der Strangdurchflüsse $Q_{B\text{-}C}$ und $Q_{C\text{-}B}$ möglich, da sie den gleichen Betrag bei entgegengesetztem Vorzeichen haben müssen.

In Tabelle 9.3 nun die nächsten Berechnungsschritte.

**Tabelle 9.3** Weitere Schritte der Berechnung des zweimaschigen Rohrnetzes in Beispiel 9.1

| Masche | Strang | $Q_i$ in $m^3/s$ | $\lambda_i$ | $B_i$ in $m^2/s^5$ | $\Delta h_i$ in m | $2 \cdot B_i \cdot \lvert Q_i \rvert$ | Korrektur mit Formel 9.4 |
|---|---|---|---|---|---|---|---|
| **Berechnungsschritt 2** | | | | | | | |
| 1 | C-A | 0,02525 | 0,0248 | 2098,3 | 1,337 | 105,95 | $\Delta Q_{M1}$ = 0,00115 $m^3/s$ |
| | A-B | 0,00525 | 0,0287 | 3705,3 | 0,102 | 38,88 | |
| | B-C | -0,02736 | 0,0247 | 2340,6 | -1,752 | 128,07 | |
| Summen: | | | | | -0,313 | 272,90 | |
| 2 | B-D | 0,01261 | 0,0259 | 2629,7 | 0,418 | 66,30 | $\Delta Q_{M2}$ = 0,00018 $m^3/s$ |
| | D-C | -0,01739 | 0,0262 | 7441,6 | -2,252 | 258,88 | |
| | C-B | 0,02736 | 0,0247 | 2340,6 | 1,752 | 128,07 | |
| Summen: | | | | | -0,082 | 453,25 | |
| **Berechnungsschritt 3** | | | | | | | |
| 1 | C-A | 0,02639 | 0,0247 | 2089,9 | 1,456 | 110,31 | $\Delta Q_{M1}$ = 0,00010 $m^3/s$ |
| | A-B | 0,00639 | 0,0281 | 3627,8 | 0,148 | 46,38 | |
| | B-C | -0,02639 | 0,0247 | 2340,6 | -1,631 | 123,56 | |
| Summen: | | | | | -0,027 | 280,25 | |
| 2 | B-D | 0,01279 | 0,0259 | 2629,7 | 0,430 | 67,25 | $\Delta Q_{M2}$ = 0,00032 $m^3/s$ |
| | D-C | -0,01721 | 0,0262 | 7441,6 | -2,205 | 256,20 | |
| | C-B | 0,02639 | 0,0247 | 2340,6 | 1,631 | 123,56 | |
| Summen: | | | | | -0,144 | 447,01 | |
| **Berechnungsschritt 4** | | | | | | | |
| 1 | C-A | 0,02649 | 0,0247 | 2089,9 | 1,466 | 110,71 | $\Delta Q_{M1}$ = 0,00014 $m^3/s$ |
| | A-B | 0,00649 | 0,0281 | 3627,8 | 0,153 | 47,07 | |
| | B-C | -0,02661 | 0,0247 | 2340,6 | -1,659 | 124,63 | |
| Summen: | | | | | -0,040 | 282,41 | |
| 2 | B-D | 0,01311 | 0,0258 | 2619,5 | 0,450 | 68,68 | $\Delta Q_{M2}$ = 0,00003 $m^3/s$ |
| | D-C | -0,01689 | 0,0262 | 7441,6 | -2,123 | 251,38 | |
| | C-B | 0,02661 | 0,0247 | 2340,6 | 1,659 | 124,63 | |
| Summen: | | | | | -0,014 | 444,69 | |

Von Schritt zu Schritt wird die Summe der Korrekturgröße $\Delta Q_M$ geringer und man nähert sich dem gesuchten Ergebnis an. Nach einer weiteren Korrektur erhält man die Endgrößen:

- $Q_{C\text{-}A}$ = 0,02649 + 0,00014 = 0,02663 $m^3/s$,
- $Q_{A\text{-}B}$ = 0,00649 + 0,00014 = 0,00663 $m^3/s$,
- $Q_{B\text{-}C}$ = - 0,02661 + 0,00014 - 0,00003 = - 0,02650 $m^3/s$,
- $Q_{B\text{-}D}$ = 0,01311 + 0,00003 = 0,01314 $m^3/s$,
- $Q_{D\text{-}C}$ = - 0,01689 + 0,00003 = - 0,01686 $m^3/s$,
- $Q_{C\text{-}B}$ = 0,02661 + 0,00003 - 0,00014 = 0,02650 $m^3/s$.

Die verwendeten Genauigkeiten dienen der rechnerischen Nachvollziehbarkeit des gezeigten Verfahrens.

**Aufgabe 9.1**

Berechnen Sie die Strangdurchflüsse für die in Bild 9.2 gezeigte Rohrnetzmasche unter folgenden Randbedingungen:

- Durchflüsse:
  Systemzufluss $Q_A$ = 100 l/s, Abfluss $Q_B$ = 20 l/s, Abfluss $Q_C$ = 50 l/s, Abfluss $Q_D$ = 30 l/s
- Leitungslängen:
  Leitung $L_{A\text{-}B}$ = 300 m, Leitung $L_{B\text{-}C}$ = 200 m, Leitung $L_{C\text{-}D}$ = 200 m, Leitung $L_{D\text{-}A}$ = 400 m
- Leistungsdurchmesser:
  Für alle 4 Leitungen einheitlich $d$ = 0,20 m
- Reibungsbeiwert:
  Der Reibungsbeiwert kann konstant zu $\lambda$ = 0,03 angesetzt werden.

## 9.2 Druckstoß

Jede Autofahrerin/jeder Autofahrer hat doch schon mal beim Betanken eines Fahrzeugs beobachtet, wie sich der Benzinschlauch am Ende des Tankvorgangs nach dem Abschnappen des Ventils leicht ruckartig bewegt. Im kleinen Maßstab ist das die Auswirkung eines Druckstoßes. Hochgerechnet auf große und lange Rohrleitungen kann man sich ausmalen, welch gefährliche Auswirkungen der Druckstoß und die damit verbundenen Kräfte haben können. Doch was ist denn nun unter dem Begriff „Druckstoß" genau zu verstehen?

### 9.2.1 Veranschaulichung der Problematik

Das Ein- oder Ausschalten von Pumpen oder das Öffnen und Schließen von Absperrvorrichtungen in einer Rohrleitung verursachen instationäre Strömungsvorgänge. Die Fließgeschwindigkeit in der Rohrleitung ist dann nicht nur vom Ort, sondern auch von der Zeit abhängig. Je schneller derartige Veränderungen des Durchflusses $Q$ erfolgen, umso größer werden die damit verbundenen Druckänderungen. Diese durch plötzliche Geschwindigkeitsänderungen verursachten Druckwellen in der Rohrströmung werden als Druckstoß bezeichnet. Druckstöße werden umso intensiver, je weniger kompressibel die Flüssigkeit und je starrer das Rohrmaterial ist.

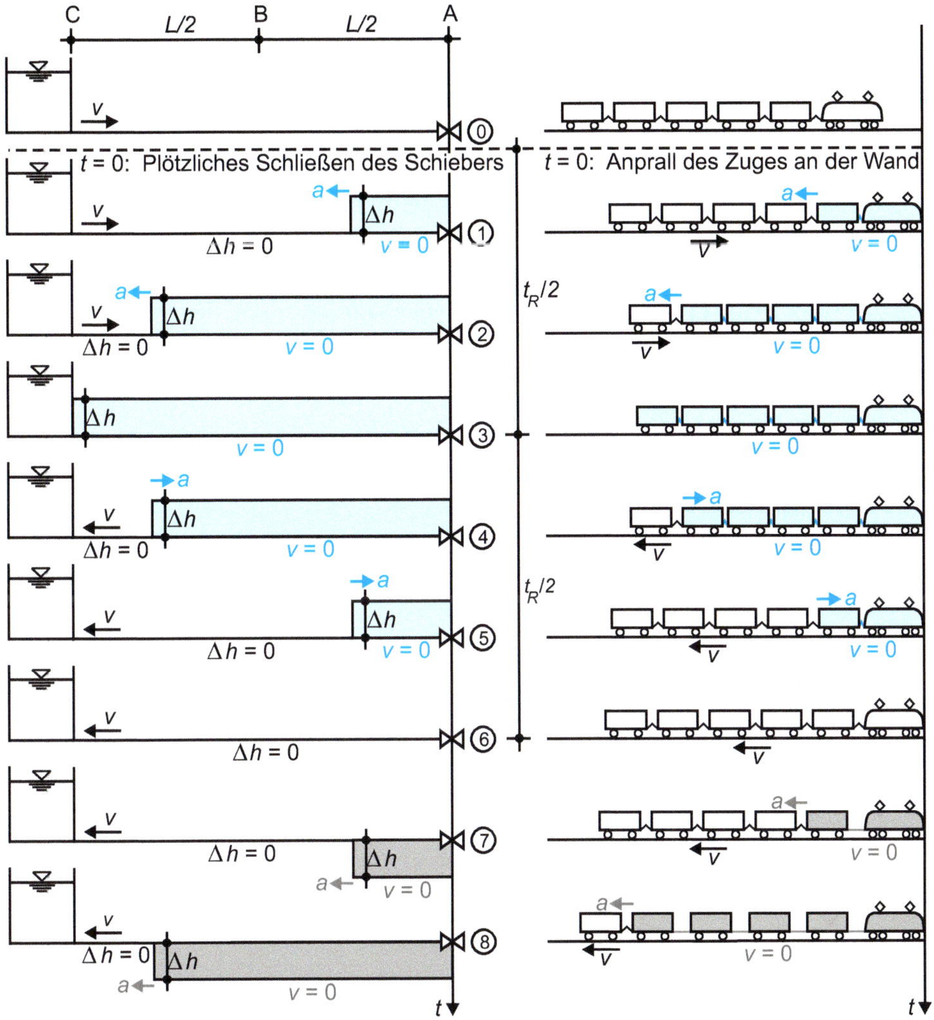


**Bild 9.4** Eisenbahn-Analogie zum plötzlichen Schließen einer Rohrleitung an ihrem Ende

Der Ausbreitungsvorgang der Druckwelle kann mit einem Eisenbahnzug verglichen werden, der auf einen Prellbock oder eine Wand auffährt (Bild 9.4): Die Lokomotive kommt nach dem Anprall zuerst zur Ruhe, ihre Bewegungsenergie bewirkt ein Zusammendrücken der Puffer. Dies setzt sich mit dem ersten Waggon und anschließend mit jedem weiteren fort, bis schließlich alle Puffer aufgedrückt sind (Bild 9.4, Phase 3). In diesem Zustand befindet sich der gesamte Zug kurzzeitig in Ruhe. Kurz darauf wird der letzte Waggon entgegen die ursprüngliche Fahrtrichtung zurückgestoßen, und nach und nach rollt jeder Waggon etwas zurück. Dabei wird ein Zustand durchlaufen, der der Ausgangssituation mit den entsprechenden Abständen entspricht (Bild 9.4, Phase 6). Ist nach dem vollkommen gestreckten

Zustand des Zuges noch Bewegungsenergie vorhanden, beginnt der Prozess in der ursprünglichen Richtung von vorne, bis schließlich die Bewegungsenergie durch die Rollreibung aufgebraucht ist.

Ähnlich dem Eisenbahnzug verhält es sich mit den Wassermassen, die durch den schnellen Verschluss einer Absperrvorrichtung, z.B. eines Schiebers, am Ende einer Rohrleitung verzögert werden. Deren Bewegungsenergie wird in eine Formänderung des Rohrmaterials und eine geringe Komprimierung des Wassers umgewandelt. Da Wasser nur sehr geringfügig kompressibel ist, entstehen durch die Verzögerung Druckkräfte, die sich in kürzester Zeit innerhalb des Wasserkörpers aufbauen und damit plötzlich auf die Rohrleitung wirken. Diesen Vorgang bezeichnet man als sogenannten Druckstoß.

**Praxishinweis**

Die in diesem Abschnitt dargestellten Betrachtungen beziehen sich auf eine horizontale Rohrleitung. Bei Richtungsänderungen und Teilverschlüssen ergeben sich Teilreflektionen im Rohrleitungssystem, die nur überschlägig aus Erfahrungswerten kalkuliert werden können.

## 9.2.2 Schnelles Schließen am Rohrleitungsende

Wird eine Rohrströmung durch eine Absperrvorrichtung am Leitungsende in einer sehr kurzen Zeit um die Geschwindigkeit $\Delta v$ verzögert, so breitet sich die Störungswelle des Drucks mit der Geschwindigkeit $a$ aus (siehe Abschnitte 1.2.3 und 1.2.4). Die daraus resultierende maximale Druckhöhendifferenz $\Delta h$ kann durch

$$\Delta h = \frac{a}{g} \cdot \Delta v \tag{9.5}$$

ermittelt werden. Formel 9.5 wurde von N. Joukowsky (1847 - 1921, Physiker und Strömungsforscher) erarbeitet, der die Grundlagen für Druckstoßberechnungen aufgestellt hat.

Der Vorgang des Druckaufbaus hängt auch von der Elastizität des Rohrleitungsmaterials ab über die Druckwellenausbreitungsgeschwindigkeit $a$, in der die Schallgeschwindigkeit $a_0$ der Flüssigkeit gemäß Formel 1.6 enthalten ist:

$$a = \frac{a_0}{\sqrt{1 + \frac{E_F}{E_R} \cdot \frac{d}{s}}} \tag{9.6}$$

In dieser Gleichung bedeuten $E_F$ und $E_R$ die Elastizitätsmodule von Flüssigkeit und Rohrleitung, mit $d$ und $s$ werden der lichte Durchmesser sowie die Wandstärke der Rohrleitung bezeichnet. Aus den Formeln 9.5 und 9.6 kann schließlich die Gesamtdruckhöhe in der Rohrleitung berechnet werden zu

$$h_{max} = h_0 \pm \Delta h \qquad (9.7)$$

Unter der Größe $h_0$ ist das Ausgangsdruckniveau der stationären Strömung zu verstehen.

**Aufgabe 9.2**

Erläutern Sie, weshalb in Formel 9.7 sowohl eine Addition als auch eine Subtraktion der Druckhöhendifferenz $\Delta h$ enthalten ist. Betrachten Sie dazu nochmals Bild 9.4.

Mit Formel 9.5 und Formel 9.6 wird, wie aus Bild 9.4 zu entnehmen ist, ein gleichbleibender Druckanstieg $\Delta h$ über die gesamte Leitungslänge $L$ berechnet. Dieser Fall ist dann gegeben, wenn die Schließzeit $t_S$ der Absperrvorrichtung gleich Null ist. Von schnellem Schließen spricht man, wenn die Schließzeit $t_S$ geringer ist als die sogenannte Druckwellenreflexionszeit $t_R$, also für

$$t_S < t_R = \frac{2 \cdot L}{a} \qquad (9.8)$$

Mit $0 < t_S < t_R$ baut sich der Maximaldruck entsprechend dem Schließvorgang des Schiebers linear auf. Im Fall des in Bild 9.4 gezeigten Eisenbahn-Analogiemodells ergeben sich somit folgende zeitliche Verläufe des Druckanstiegs an den verschiedenen Beobachtungspunkten A, B und C für unterschiedliche Schließzeiten des Endschiebers (Bild 9.5):

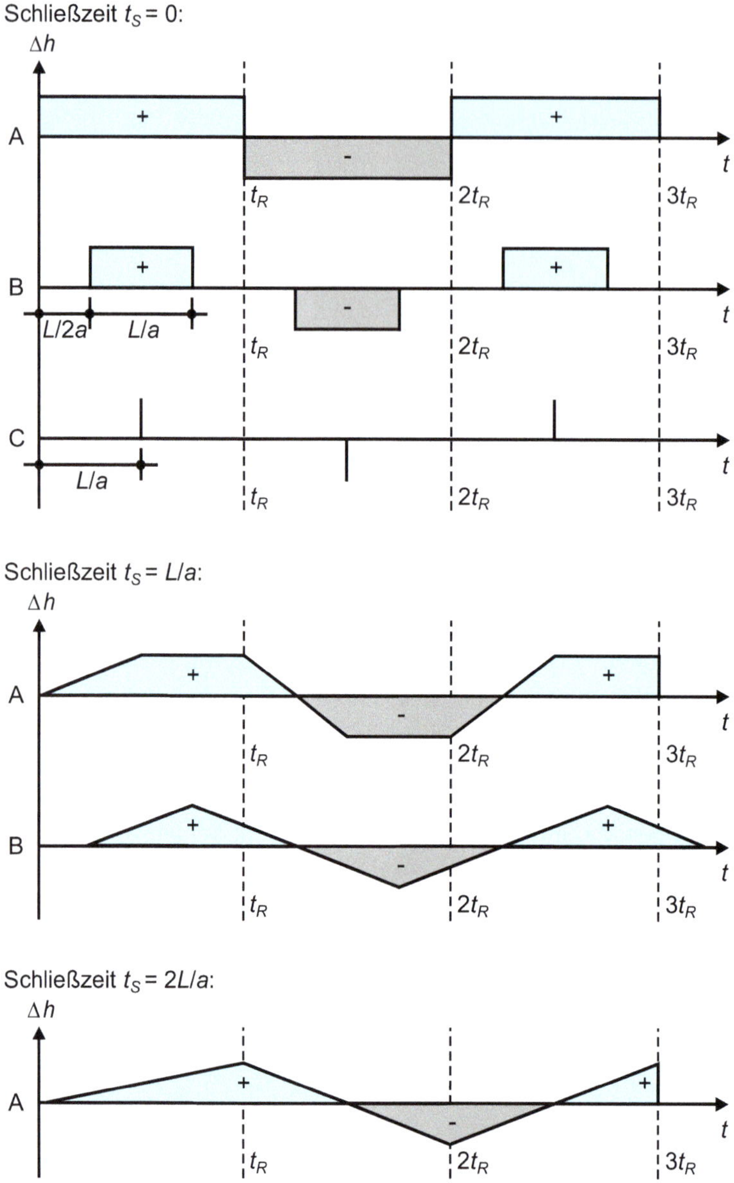


**Bild 9.5** Druckverläufe zum Analogiemodell (siehe Bild 9.4) für verschiedene Schließzeiten

In Beispiel 9.2 werden die maßgeblichen Größen quantifiziert.

**Beispiel 9.2**

Am Ende der Druckrohrleitung aus Bild 9.6 ($E_R$ = 1,6 · $10^{10}$ N/m²) mit Durchmesser $d$ = 1,6 m und Wandstärke $s$ = 0,2 m befindet sich ein Schieber. Der stationäre Wasserdurchfluss ($E_W$ = 2,1 · $10^9$ N/m²) ist $Q$ = 2,0 m³/s. Wie groß wird die maximale Druckhöhe bei plötzlichem Schließen des Schiebers (JOUKOWSKY-Stoß)? Welcher Druckverlauf entsteht an der mittigen Stelle B, wenn der Schieber mit einer Zeit von $t_S = t_R/2$ linear geschlossen wird?

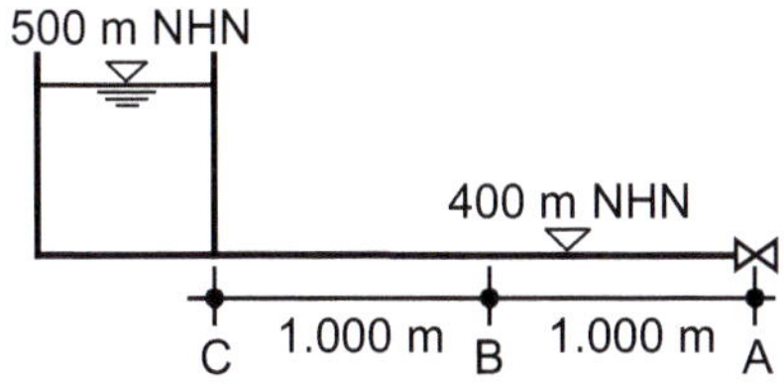


**Bild 9.6**
Druckleitung mit Endschieber in Beispiel 9.1

Die Druckwellenausbreitungsgeschwindigkeit errechnet sich mit einer Schallgeschwindigkeit $a_0$ = 1.432 m/s mit Formel 9.6 zu

$$a=\frac{a_0}{\sqrt{1+\frac{E_F}{E_R}\cdot\frac{d}{s}}}=\frac{1.432}{\sqrt{1+\frac{2,1\cdot 10^9}{1,6\cdot 10^{10}}\cdot\frac{1,6}{0,2}}}=1000\ \frac{\text{m}}{\text{s}}$$

Die stationäre Strömungsgeschwindigkeit durch die Rohrleitung beträgt

$$v=\frac{Q}{A}=\frac{2,0\cdot 4}{1,6^2\cdot\pi}=0,995\ \frac{\text{m}}{\text{s}}$$

Damit erhält man für das plötzliche und komplette Schließen des Schiebers die Druckhöhenänderung mit Formel 9.5 zu

$$\Delta h=\frac{a}{g}\cdot\Delta v=\frac{1000}{9,81}\cdot 0,995=101,4\ \text{m}$$

Der Maximalwert und der Minimalwert der Druckhöhe ergeben sich dann mit Formel 9.7:

$$h_{max}=h_0+\Delta h=100+101,4=201,4\ \text{m}$$

$$h_{min}=h_0-\Delta h=100-101,4=-1,4\ \text{m}$$

Die Druckwellenreflexionszeit wird mit Formel 9.8 ausgerechnet:

$$t_S<t_R=\frac{2\cdot L}{a}=\frac{2\cdot 2000}{1000}=4\ \text{s}$$

Mit den Schließzeiten $t_S$ = 0 s (plötzliches Schließen) sowie $t_S = t_R/2$ = 2 s (schnelles Schließen) werden zu verschiedenen Zeitpunkten nach dem Beginn des Schließvorgangs folgende Druckverläufe erhalten:

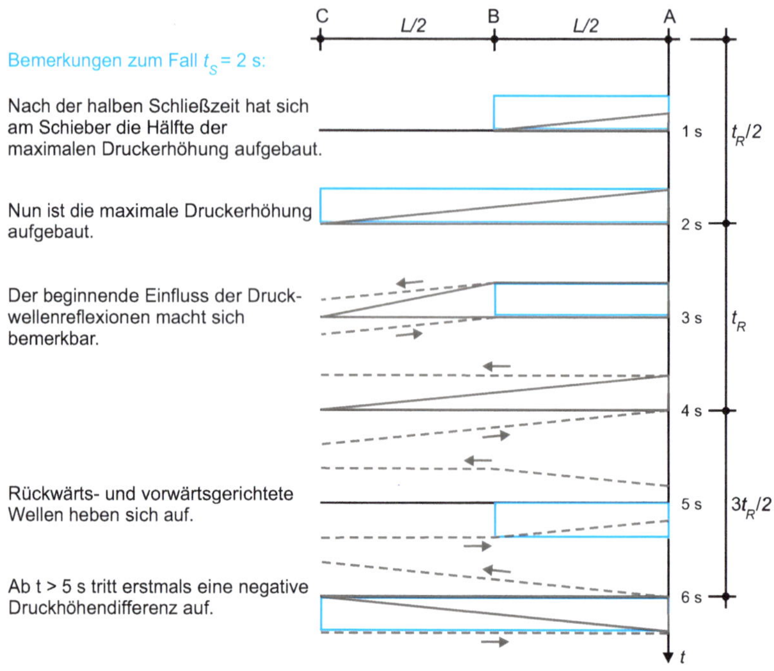


**Bild 9.7** Verläufe der Druckdifferenzen in Beispiel 9.2, farbig $t_s$ = 0 s und grau $t_s$ = 2 s

An der Stelle B zeigt sich nun der folgende zeitliche Verlauf des Gesamtdrucks $h_0 + \Delta h$ durch das schnelle Schließen des Schiebers mit $t_S = t_R/2 = 2$ s (Bild 9.8).

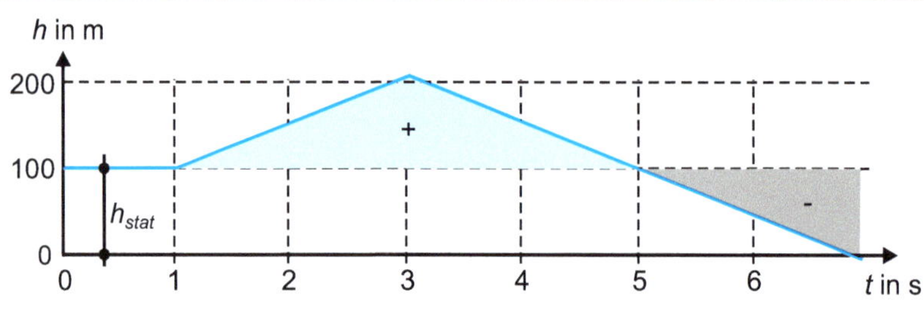


**Bild 9.8** Zeitlicher Verlauf des gesamten Druckes an der Stelle B

Bei $t$ = 7 s liegt damit ein geringfügiger Unterdruck (siehe Abschnitt 2.1.2) vor. ■

### 9.2.3 Langsames Schließen am Rohrleitungsende

Bei langsamen Schließvorgängen am Rohrleitungsende, also für

$$t_S > t_R = \frac{2 \cdot L}{a} \tag{9.9}$$

wird die Druckwelle reflektiert, bevor die Absperrvorrichtung komplett geschlossen ist. Dadurch bauen sich für den Fall „Schieberschließen am Rohrleitungsende" geringere Druckerhöhungen $\Delta h$, also unterhalb des maximalen JOUKOWSKY-Stoßes, auf.

### 9.2.4 Weitere Ursachen für Druckstöße

Neben dem rechentechnisch einfachen Schließen einer Absperrvorrichtung am Leitungsende gibt es noch weitere mögliche Ursachen für Druckstöße, die allerdings durch sogenannte Druckstoßsimulationen untersucht werden müssen:

- Jede Änderung einer Armaturenstellung hat Durchfluss- und damit Druckänderungen zur Folge.
- Auch das planmäßige An- und Abfahren von Pumpen zieht $Q$-, $v$- und $p$-Änderungen nach sich. Ein besonders kritischer Fall ist das unplanmäßige Stoppen einer Pumpe, beispielsweise bei Stromausfall.
- Änderungen des Wasserspiegelniveaus in Speicherbehältern wirken sich auf die Sicherheit gegenüber ungünstigen Druckänderungen aus.
- Störfälle wie Rohrbrüche oder unkontrollierte Lufteinschlüsse können massive Druckänderungen auslösen.

Den bisher geschilderten Druckerscheinungen ist man jedoch nicht hilflos ausgeliefert. Durch gezielte Maßnahmen können die ungünstigen Auswirkungen von Durchflussänderungen in Rohrleitungen beherrscht werden. Für nähere Informationen sei auf die zahlreiche Fachliteratur verwiesen.

**Praxishinweis**

Nicht nur zu hohe Drücke können sich auf eine Rohrleitung negativ auswirken, auch Unterdrücke im Bereich ab -7 m WS sind für einen sicheren Betrieb zu vermeiden. Derartige Unterdrücke können z. B. beim unplanmäßigen Ausfall einer Pumpe ohne weitere Schutzmaßnahmen auftreten. In diesem Fall kann es zu einem Abriss der Wassersäule und Kavitation kommen (siehe Abschnitt 1.2.6).

## 9.3 Schwall und Sunk

Als Pendant zum Druckstoß in Druckleitungen sind im offenen Gerinne die Erscheinungen „Schwall" und „Sunk" zu sehen. Unter den Begriffen „Schwall" und „Sunk" werden Wellen verstanden, die im Freispiegelgerinne bei strömendem Fließzustand durch plötzliche Änderung des Abflusses $Q$ entstehen. Dies kann beispielsweise durch die Notabschaltung von Pumpen und Turbinen, durch ungünstige Schleusenvorgänge oder durch Betriebsänderungen an Wehranlagen ausgelöst werden.

Für die in Bild 9.9 gezeigten Vorgänge werden folgende Arten von Schwall- und Sunkwellen unterschieden:

- Stauschwall gegen die Fließrichtung bei plötzlichem (Teil-) Verschluss,
- Absperrsunk in Fließrichtung bei plötzlichem (Teil-) Verschluss,
- Entnahmesunk gegen die Fließrichtung bei plötzlicher (Teil-) Öffnung,
- Füllschwall in Fließrichtung bei plötzlicher (Teil-) Öffnung.

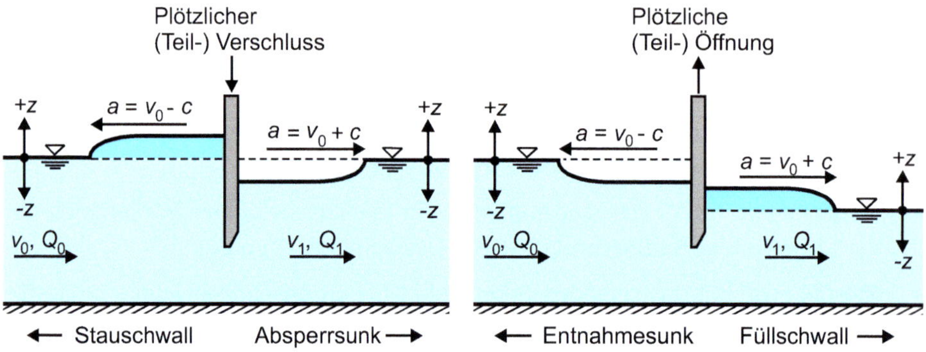


**Bild 9.9** Schwall- und Sunkwellen in einem Gerinne

Die Bezeichnungen in Bild 9.9 und in den Formeln 9.10 und 9.11 sowie in Beispiel 9.3 haben folgende Bedeutungen:

- $Q$ in $m^3/s$ Abfluss
- $v$ in m/s Strömungsgeschwindigkeit des Wassers
- $c$ in m/s Ausbreitungsgeschwindigkeit der Störung in ruhendem Wasser
- $a$ in m/s Fortpflanzungsgeschwindigkeit der Schwall- oder Sunkwelle
- $z$ in m Schwall- oder Sunkhöhe
- $b_m$ in m Mittlere Wasserspiegelbreite der Schwall- oder Sunkhöhe $z$

Der Index „0" bezeichnet alle Größen vor der Störung, mit dem Index „1" sind alle Größen nach der Störung versehen.

Die entstehende Schwall- oder Sunkhöhe $z$ errechnet sich mithilfe der Kontinuitätsbedingung (Formel 3.13) zu

$$z = \frac{Q_1 - Q_0}{a \cdot b_m} = \frac{\Delta Q}{a \cdot b_m} \tag{9.10}$$

Beim plötzlichen Schließen verringert sich der Durchfluss, es wird $\Delta Q < 0$; die Fortpflanzungsgeschwindigkeit errechnet sich für den Stauschwall zu $a = v - c$ und für den Absperrsunk zu $a = v + c$. Beim plötzlichen Öffnen vergrößert sich der Durchfluss, es wird $\Delta Q > 0$; die Fortpflanzungsgeschwindigkeit errechnet sich für den Entnahmesunk zu $a = v - c$ und für den Füllschwall zu $a = v + c$ (siehe Bild 9.9).

Die jeweils benötigte Ausbreitungsgeschwindigkeit $c$ ergibt sich unabhängig von der Schwall- und Sunkform mit der ursprünglichen Fließfläche $A_0$

$$c = \sqrt{g \cdot \frac{A_0}{b_m}} \cdot \sqrt{1 + \frac{3}{2} \cdot z \cdot \frac{b_m}{A_0} + \frac{1}{2} \cdot \left( z \cdot \frac{b_m}{A_0} \right)^2} \tag{9.11}$$

wobei die zweite Wurzel einen Korrekturterm darstellt.

**Beispiel 9.3**

Der Oberwasserkanal eines Kraftwerks hat einen Trapezquerschnitt mit folgenden Daten:

| | | |
|---|---|---|
| $s = 5{,}0$ m | $1{:}m = 1{:}1$ | |
| $h_0 = 5{,}0$ m | $b_0 = 15$ m | $A_0 = 50$ m$^2$ |
| $Q_0 = 50$ m$^3$/s | $v_0 = 1{,}0$ m/s | $Q_1 = 25$ m$^3$/s |

Die mittlere Breite aus ursprünglichem und neuem Wasserspiegel ergibt sich allgemein zu

$$b_m = \frac{1}{2} \cdot \left( b_{alt} + b_{neu} \right)$$

Zu ermitteln sind die Höhe und die Geschwindigkeit des Stauschwalls bei plötzlicher Veränderung der gegebenen Beaufschlagung $Q$.

Im ersten Schritt der Bearbeitung wird die erste Näherung der Ausbreitungsgeschwindigkeit $c$ mit Formel 9.11 unter Vernachlässigung des Korrekturterms und unter unveränderter Spiegelbreite berechnet, also

$$c = \sqrt{g \cdot \frac{A_0}{b_m}} = \sqrt{9{,}81 \cdot \frac{50}{15}} = 5{,}72 \ \frac{\text{m}}{\text{s}}$$

Für den Stauschwall erhält man nun

$$a = v_0 - c = 1{,}0 - 5{,}72 = -4{,}72 \ \frac{\text{m}}{\text{s}}$$

$$z = \frac{Q_1 - Q_0}{a \cdot b_m} = \frac{25 - 50}{-4{,}72 \cdot 15} = 0{,}35 \text{ m}$$

Daraus errechnen sich $h_1$ = 5,35 m und mit der gegebenen Böschungsneigung $b_1$ = 15,70 m.

Für den zweiten Schritt kann nun Formel 9.11 inklusive Korrekturterm berechnet werden. Mit der mittleren Breite $b_m$ = 15,35 m ergibt sich

$$c=\sqrt{9{,}81\cdot\frac{50}{15{,}35}}\cdot\sqrt{1+\frac{3}{2}\cdot 0{,}35\cdot\frac{15{,}35}{50}+\frac{1}{2}\cdot\left(0{,}35\cdot\frac{15{,}35}{50}\right)^2}=6{,}11\ \frac{\text{m}}{\text{s}}$$

$$a=v_0-c=1{,}0-6{,}11=-5{,}11\ \frac{\text{m}}{\text{s}}$$

$$z=\frac{Q_1-Q_0}{a\cdot b_m}=\frac{25-50}{-5{,}11\cdot 15{,}35}=0{,}32\ \text{m}$$

Jetzt errechnen sich $h_1$ = 5,32 m und $b_1$ = 15,64 m.

In einem weiteren Schritt erhält man dann die Größen

$b_m$ = 15,32 m $c$ = 6,07 m/s $a$ = - 5,07 m/s $z$ = 0,32 m

Da sich $z$ gegenüber dem vorherigen Schritt nicht mehr verändert hat, stellen diese Größen nun auch das Endergebnis dar.

**Aufgabe 9.3**

Durch Fehlschaltung einer Regelvorrichtung wurde in einem sehr flach verlaufenden, kreisförmigen Abwasserkanal ($d$ = 3,0 m) vorübergehend der Abfluss verringert. Unterstrom wurde eine Wasserspiegelabsenkung von 20 cm beobachtet. Der ursprüngliche Abfluss betrug $Q_0$ = 5 m³/s, der Wasserspiegel lag genau auf Höhe der Rohrachse. Die Wasserspiegelbreite der Störungswelle kann mit $b \approx d$ angenommen werden. Berechnen Sie die Ausbreitungsgeschwindigkeit der Störung und den Abfluss im Kanal während der unbeabsichtigten Drosselung.

## 9.4 Berechnung von Wasserspeichern

Im Wasserbau haben Wasserspeicher die Aufgaben, im Hochwasserfall Abflussspitzen abzumindern und im Niedrigwasserfall den Durchfluss zu erhöhen. In der Siedlungswasserwirtschaft bewirken Wasserspeicher den Ausgleich zwischen dem Zufluss aus dem Gewinnungsgebiet und dem Verbrauch im Versorgungsgebiet. Während für die Trinkwasserversorgung und die Niedrigwasseraufhöhung die Speicher ausreichend gefüllt sein müssen, ist für den Hochwasserschutz eine möglichst geringe Füllung von Staubecken anzustreben.

### 9.4.1 Grundlagen

Grundlage der Speicherberechnung ist die Speichergleichung:

$$\Delta S = \left[Q_Z(t) - Q_A(t)\right] \cdot \Delta t \quad (9.12)$$

Die Änderung des Speichervolumens $\Delta S$ wird in Formel 9.12 durch die Gegenüberstellung von Zufluss $Q_Z(t)$ und Abfluss $Q_A(t)$ während eines Zeitintervalls $\Delta t$ berücksichtigt (siehe Bild 9.10).

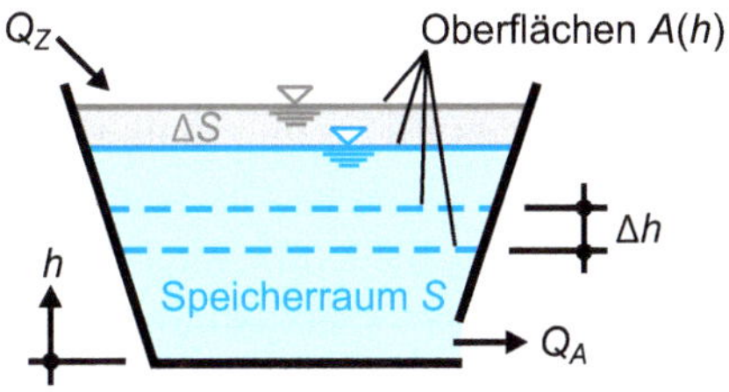


**Bild 9.10**
Wesentliche Größen der Speicherberechnung

Die Speicherinhaltslinie (Bild 9.11) gibt jeweils das bei einer Wasserspiegelordinate $h$ im Speicher enthaltene Wasservolumen an. Sie wird nach den geometrischen Gegebenheiten des Speicherraums, beispielsweis anhand von topografischen Karten, aus den Höhenschichtlinien berechnet.

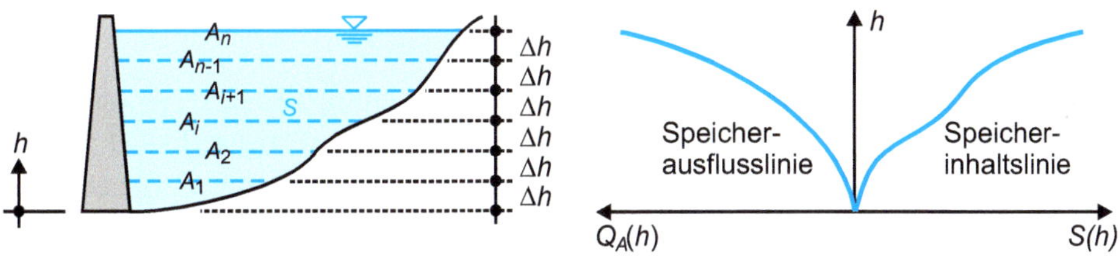


**Bild 9.11** Definitionen am Speicher mit Speicherausflusslinie $Q_A(h)$ und Speicherinhaltslinie $S(h)$

- Bei einem ungeregelten Speicher ist der Abfluss $Q_A$ gemäß Torricelligleichung 7.3 von der Beckenwassertiefe $h$ abhängig, also $Q_A(h)$ (siehe Speicherausflusslinie in Bild 9.11). In diesem Fall kommt Formel 9.13 zur Anwendung.
- Eine bessere Nutzung von Speicherräumen kann durch eine Regelung der Abgabe, im einfachsten Fall auf eine konstante Abgabe $Q_A$ – beispielsweise auf den maximal tolerierbaren Abfluss im Unterlauf eines Gewässers – erreicht werden. Dabei ist mit Formel 9.14 zu rechnen.

## 9.4.2 Retentionsraum

Der Begriff Retention bedeutet allgemein Rückhalt oder Speicherung. In der Wasserwirtschaft ist ein Retentionsraum demnach eine Möglichkeit, Wasser in natürlichen oder künstlichen Geländestrukturen zu speichern. Dies geschieht vor allem durch künstlich geschaffene Rückhaltebecken und durch Aufstau des Wasserspiegels in Fließgewässern und Freispiegelleitungen.

Die Grundaufgabe der Retention besteht in der Berechnung der Abflussganglinie $Q_A(t)$ aus einem Speicher bei bekannter Zuflussganglinie $Q_Z(t)$, mithilfe von Speicherausflusslinie $Q_A(h)$ und Speicherinhaltslinie $S(h)$ (siehe Bild 9.11) oder mit einer vorhandenen Abfluss-Inhalts-Beziehung $S(Q_A)$.

Die Berechnung erfolgt mit der Speichergleichung (Formel 9.12): Innerhalb einer beliebigen Zeitspanne $\Delta t$ (vom Zeitpunkt $i$ bis $i$+1) ist die Differenz aus dem über diese Zeitspanne aufsummierten Zufluss $Q_Z$ zum Speicherraum und dem entsprechenden Ausfluss $Q_A$ aus dem Speicher gleich dem in dieser Zeitspanne gespeicherten Teilvolumen $\Delta S_{i,\,i+1}$.

### Ungeregelter Ausfluss

Der ungeregelte Ausfluss $Q_A$ errechnet sich mit Gleichung 9.13 als mittlere Größe zwischen dem Zeitpunkt $i$+1 und dem vorangegangenen Zeitpunkt $i$. Der Ausfluss $Q_{A,i+1}$ zum Zeitpunkt $i$+1 muss zunächst geschätzt werden.

$$Q_A = \frac{Q_{A,i} + Q_{A,i+1}}{2} \tag{9.13}$$

Mit Gleichung 9.12 wird dann in Verbindung mit Gleichung 9.13 das aufsummierte Teilvolumen $Q_S$ berechnet und mit dem Diagramm $S = S(h)$ sowie $Q_A = Q_A(h)$ der jeweilige Wert $Q_{A,i+1}$ mit der zuvor geschätzten Größe $Q_{A,i+1}$ verglichen. Gegebenenfalls muss der Rechengang mit neuer Schätzung wiederholt werden.

**Beispiel 9.4**

Die einer Talsperre zufließende Hochwasserwelle $Q_Z$ gemäß Bild 9.12 wird durch Retentionswirkung zu einer ungeregelten Abflusswelle $Q_A$ umgeformt. Gesucht ist die Ganglinie dieser Abflusswelle $Q_A$.

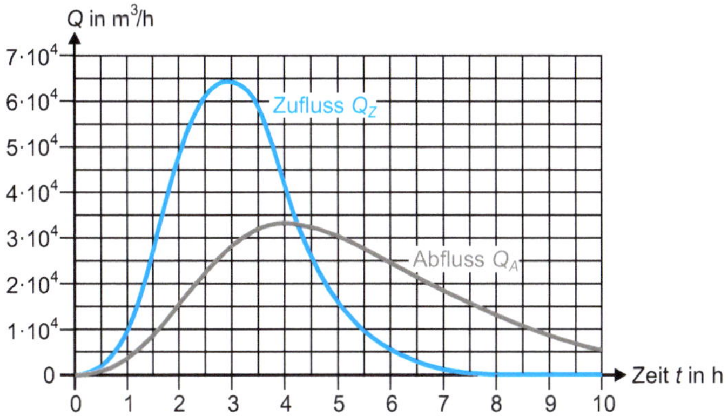


**Bild 9.12** Gegebene Zuflusswelle $Q_Z$ und errechnete Abflusswelle $Q_A$

Die Linien für Speicherinhalt $S(h)$ und Speicherausfluss $Q_A(h)$ der gegebenen Talsperre sind in Bild 9.13 dargestellt.

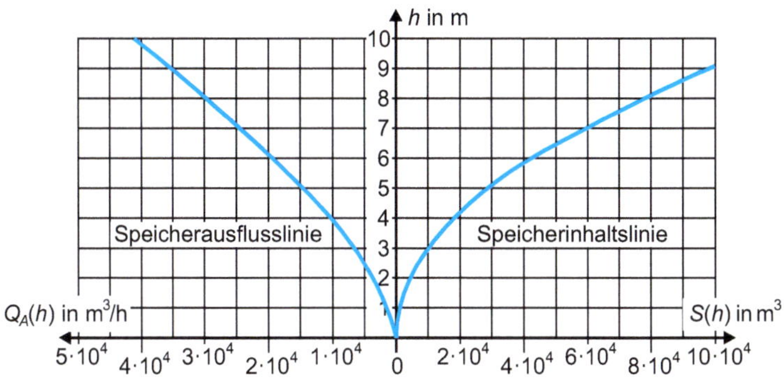


**Bild 9.13** Speicherausflusslinie $Q_A(h)$ und Speicherinhaltslinie $S(h)$ der Talsperre

Der geschätzte Abfluss $Q_{A,i+1}$ wird mithilfe der Speicherinhaltslinie $S(h)$ mit der Speicherausflusslinie $Q_A(h)$ in Bild 9.13 verglichen und erforderlichenfalls korrigiert. Als Ergebnis erhält man neben der Abflusswelle $Q_A$ den maximalen Speicherinhalt $\Sigma S$ als notwendiges Retentionsvolumen:

$$\Sigma S = S_i + \Delta S = S_i + \left[\Sigma Q_Z + \Sigma Q_A\right] \cdot \Delta t$$

Die Abflusswelle $Q_A$ in Bild 9.12 wird in Tabelle 9.4 als $Q_{A,i+1}$ berechnet, da die Größe $Q_A$ den arithmetischen Mittelwert (siehe Formel 9.13) eines betrachten Zeitabschnittes darstellt. Dies geschieht, um eine zeitliche Übereinstimmung mit $Q_Z$ zu erreichen.

**Tabelle 9.4** Lösung zu Beispiel 9.4

| $t$ | $Q_Z$ | $\Sigma Q_Z$ | $Q_{A,i}$ | $Q_{A,i+1}$ | $Q_A$ | $\Sigma Q_A$ | $\Sigma S$ |
|---|---|---|---|---|---|---|---|
| in $h$ | in m³/h | in m³/h | in m³/h | in m³/h | in m³/h | in m³/h | in m³ |
| 0,0 | 0 | 0 | 0 | 0 | 0 | 0 | 0 |
| 0,5 | 2000 | 2000 | 0 | 1051 | 525,5 | 525,5 | 737,25 |
| 1,0 | 9000 | 11000 | 1051 | 3568 | 2309,5 | 2835 | 4082,50 |
| 1,5 | 27000 | 38000 | 3568 | 8816 | 6192,0 | 9027,0 | 14486,50 |
| 2,0 | 48000 | 86000 | 8816 | 15655 | 12235,5 | 21262,5 | 32368,75 |
| 2,5 | 60500 | 146500 | 15655 | 22303 | 18979,0 | 40241,5 | 53129,25 |
| 3,0 | 64000 | 210500 | 22303 | 27872 | 25087,5 | 65329,0 | 72585,50 |
| 3,5 | 59000 | 269500 | 27872 | 31768 | 29820,0 | 95149,0 | 87175,50 |
| 4,0 | 42000 | 311500 | 31768 | 33009 | 32388,5 | 127537,5 | **91981,25** |
| 4,5 | 26000 | 337500 | 33009 | 32161 | 32585,0 | 160122,5 | 88688,75 |
| 5,0 | 16000 | 353500 | 32161 | 30172 | 31166,5 | 191289,0 | 81105,50 |
| 5,5 | 9500 | 363000 | 30172 | 27553 | 28862,5 | 220151,5 | 71424,25 |
| 6,0 | 5300 | 368300 | 27553 | 24625 | 26089,0 | 246240,5 | 61029,75 |
| 6,5 | 2500 | 370800 | 24625 | 21579 | 23102,0 | 269342,5 | 50728,75 |
| 7,0 | 1000 | 371800 | 21579 | 18594 | 20086,5 | 289429,0 | 41185,50 |
| 7,5 | 300 | 372100 | 18594 | 15783 | 17188,5 | 306617,5 | 32741,25 |
| 8,0 | 0 | 372100 | 15783 | 13201 | 14492,0 | 321109,5 | 25495,25 |
| 8,5 | 0 | 372100 | 13201 | 10889 | 12045,0 | 333154,5 | 19472,75 |
| 9,0 | 0 | 372100 | 10889 | 8839 | 9864,0 | 343018,5 | 14540,75 |
| 9,5 | 0 | 372100 | 8839 | 7039 | 7939,0 | 350957,5 | 10571,25 |
| 10,0 | 0 | 372100 | 7039 | 5478 | 6258,5 | 357216,0 | 7442,00 |

### Geregelter Ausfluss

Bei einem geregelten Ausfluss $Q_A$ geht mit Formel 9.14 die mittlere Größe des Zuflusses $Q_Z$ zwischen dem Zeitpunkt $i$+1 und dem vorangegangenen Zeitpunkt $i$ in die Berechnung ein.

$$Q_Z = \frac{Q_{Z,i} + Q_{Z,i+1}}{2} \tag{9.14}$$

So lange der Zufluss $Q_Z$ kleiner ist als die vorgesehene Regelabgabe $Q_A$, erfolgt keine Speicherung. Der Zeitpunkt, an dem schließlich $Q_Z = Q_A$ ist, wird durch lineare Interpolation ermittelt. Anschließend beginnt mit $S = 0$ m³/h die Speicherfüllung. Die Zeitspanne vom Beginn der Speicherfüllung bis zum nächsten regulären Berechnungszeitpunkt muss ebenfalls gesondert ermittelt werden. Die weiteren Berechnungsschritte erfolgen dann mit Formel 9.12.

**Aufgabe 9.4**

Berechnen Sie das erforderliche Speichervolumen *S* für die Talsperre aus Beispiel 9.4 bei geregeltem Abfluss. Die Regelabgabe $Q_A$ aus dem Speicher soll 22 500 m³/h betragen.

**Aufgabe 9.5**

Welche Möglichkeit sehen Sie, die Ergebnisse aus Beispiel 9.4 und Aufgabe 9.4 zu kontrollieren? Unter Umständen hilft ein Blick auf die Ganglinien in Bild 9.12 und Bild 10.24.

## 9.4.3 Trinkwasserspeicher

Für die Trinkwasserversorgung müssen Speicher ausreichend gefüllt sein, um Zufluss und Verbrauch über einen bestimmten Zeitraum ausgleichen zu können. Die Aufgabe der Dimensionierung besteht daher in der Ermittlung des Speichervolumens, mit dem über den Ausgleichszeitraum die Zu- und Ablaufschwankungen beherrscht werden können. Die Berechnung erfolgt mit dem Summenlinienverfahren (Bild 9.14), entweder grafisch oder tabellarisch.

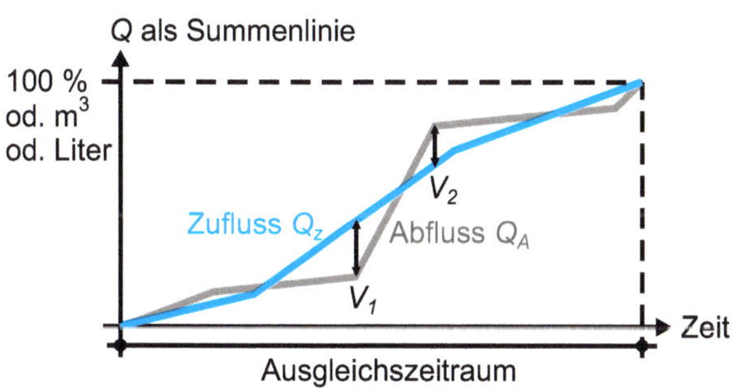


**Bild 9.14**
Zum Prinzip des Summenlinienverfahrens

Bei Hochbehältern und Wassertürmen beträgt der Ausgleichszeitraum üblicherweise einen Tag, bei Trinkwassertalsperren unter Umständen mehrere Jahre.

Das notwendige Minimalvolumen eines Trinkwasserspeichers errechnet sich aus der Summe der größten Abweichungen zwischen der Zu- und Abflussganglinie, also

$$V_{min} = |V_1| + |V_2| \tag{9.15}$$

Das Minimalvolumen $V_{min}$ dient zur Anpassung des fluktuierenden Wasservolumens an die Differenzen zwischen Wasserzufluss und Wasserabgabe.

**Beispiel 9.5**

Der Tagesverbrauch der Einwohner eines Ortes beträgt $Q_{d,E}$ = 6000 m³/d, die ortsübliche Verteilung über einen gewöhnlichen Tagesverlauf ist in Bild 9.15 zu sehen. Der über den Tagesverlauf konstante Wasserbedarf der Industrie mit Betriebszeiten von 8 bis 18 Uhr ist mit $Q_{d,I}$ = 2000 m³/d gegeben. Aus dem Wasserwerk werden jeweils durchgehend von 16 (des Vortages) bis 12 Uhr, also über den Zeitraum von 20 Stunden, mit einer Pumpe $Q_P$ = 400 m³/h zugeführt. Gesucht ist die erforderliche Minimalgröße des Wasserspeichers.

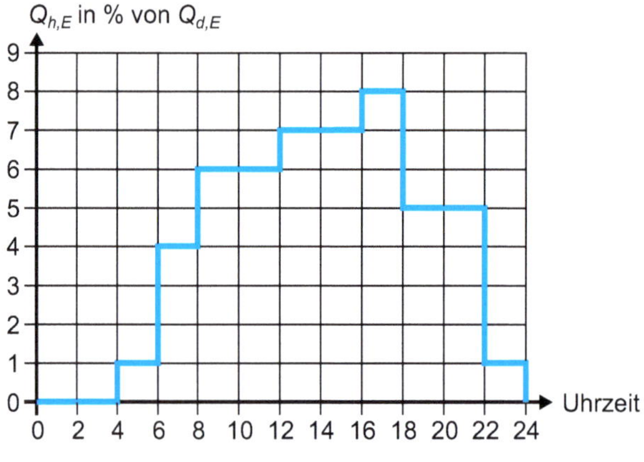


**Bild 9.15** Ortsübliche Ganglinie des häuslichen Tagesverbrauchs

Von 8 bis 9 Uhr beträgt der Stundenverbrauch der Einwohner 6 % von 6000 m³/d, also 360 m³/h. Der industrielle Stundenverbrauch von 8 bis 9 Uhr macht bei 10 h täglicher Betriebszeit 2000/10 = 200 m³/h aus.

Die Berechnung wird tabellarisch in Tabelle 9.5 durchgeführt. Aus den Ergebnissen geht hervor, dass das größte positive Differenzvolumen 2600 m³ und das größte negative Differenzvolumen -1080 m³ ist. Daraus kann mit Formel 9.15 das Minimalvolumen zu

$$V_{min} = |V_1| + |V_2| = 2600 + 1080 = 3680 \text{ m}^3$$

berechnet werden. Mit diesem Volumen des Trinkwasserspeichers kann über einen Tag hinweg der Ausgleich zwischen den Schwankungen des Pumpenzulaufs und des Verbrauches erfolgen.

**Tabelle 9.5** Lösung zu Beispiel 9.5

| Uhrzeit | $Q_{h,E}$ | $Q_{h,I}$ | $Q_h$ | $\Sigma Q_h$ | $Q_P$ | $\Delta Q$ | $\Sigma(\Delta Q)$ |
|---|---|---|---|---|---|---|---|
| | in m³/h | in m³/h | in m³/h | in m³/h | in m³/h | in m³/h | in m³ |
| 1 | 2 | 3 | 4 = 2 + 3 | 5 | 6 | 7 = 6 - 4 | 8 |
| 0 - 1 | 0 | 0 | 0 | 0 | 400 | 400 | 400 |
| 1 - 2 | 0 | 0 | 0 | 0 | 400 | 400 | 800 |
| 2 - 3 | 0 | 0 | 0 | 0 | 400 | 400 | 1200 |
| 3 - 4 | 0 | 0 | 0 | 0 | 400 | 400 | 1600 |
| 4 - 5 | 60 | 0 | 60 | 60 | 400 | 340 | 1940 |
| 5 - 6 | 60 | 0 | 60 | 120 | 400 | 340 | 2280 |
| 6 - 7 | 240 | 0 | 240 | 360 | 400 | 160 | 2440 |
| 7 - 8 | 240 | 0 | 240 | 600 | 400 | 160 | **2600** |
| 8 - 9 | 360 | 200 | 560 | 1160 | 400 | -160 | 2440 |
| 9 - 10 | 360 | 200 | 560 | 1720 | 400 | -160 | 2280 |
| 10 - 11 | 360 | 200 | 560 | 2280 | 400 | -160 | 2120 |
| 11 - 12 | 360 | 200 | 560 | 2840 | 400 | -160 | 1960 |
| 12 - 13 | 420 | 200 | 620 | 3460 | 0 | -620 | 1340 |
| 13 - 14 | 420 | 200 | 620 | 4080 | 0 | -620 | 720 |
| 14 - 15 | 420 | 200 | 620 | 4700 | 0 | -620 | 100 |
| 15 - 16 | 420 | 200 | 620 | 5320 | 0 | -620 | -520 |
| 16 - 17 | 480 | 200 | 680 | 6000 | 400 | -280 | -800 |
| 17 - 18 | 480 | 200 | 680 | 6680 | 400 | -280 | **-1080** |
| 18 - 19 | 300 | 0 | 300 | 6980 | 400 | 100 | -980 |
| 19 - 20 | 300 | 0 | 300 | 7280 | 400 | 100 | -880 |
| 20 - 21 | 300 | 0 | 300 | 7580 | 400 | 100 | -780 |
| 21 - 22 | 300 | 0 | 300 | 7880 | 400 | 100 | -680 |
| 22 - 23 | 60 | 0 | 60 | 7940 | 400 | 340 | -340 |
| 23 - 24 | 60 | 0 | 60 | 8000 | 400 | 340 | 0 |

Die Berechnungen und Ergebnisse in Tabelle 9.5 können überprüft werden, indem

a) Spalte 5 nach 24 Stunden die Summe des gesamten Tagesverbrauches ergeben muss, im vorliegenden Beispiel 9.5 also 8000 $m^3/d$, und
b) die Summe der Differenzvolumina nach dem Ausgleichszeitraum von 24 Stunden in Spalte 8 zu Null werden muss.

Beide Plausibilitätskontrollen werden für die vorliegenden Berechnungen in Tabelle 9.5 erfüllt.

**Aufgabe 9.6**

Der Zufluss aus dem Wasserwerk zum Trinkwasserbehälter kann in gewissen Grenzen variiert werden. Welche Möglichkeiten sehen Sie, das Minimalvolumen $V_{min}$ aus Beispiel 9.5 zu reduzieren?

## 9.5 Englische Fachbegriffe zu Kapitel 9

| Deutsch | Englisch |
|---|---|
| Absperrorgan | shut-off device |
| Ausfluss; Abfluss | discharge |
| Ausbreitungsgeschwindigkeit | velocity of propagation |
| Druckstoß | water hammer |
| Druckwelle | pressure wave; surge |
| Ganglinie | curve; hydrograph |
| geregelter Abfluss | regulated flow; controlled discharge |
| Messung | measurement; measuring |
| Regelung | regulation; operation |
| Retention | retention |
| Ringnetz | ring network; ring system |
| Schwall und Sunk | hydro peaking |
| Schwall | surge (phase of hydropeaking) |
| Sunk | low water (phase of hydropeaking) |
| Steuerung | control; controlling |
| Trinkwasser | drinking water; potable water |
| ungeregelter Abfluss | unregulated flow; uncontrolled discharge |
| Verästelungsnetz | branching network; branching system |
| Wasserspeicher | water reservoir |
| öffentliche Wasserversorgung | public water supply; public water system |

# 10 Lösungen

## 10.1 Lösungen zu Aufgaben in Kapitel 1

### Aufgabe 1.1

Die Umformung von Formel 1.1 liefert die in der Flasche befindliche konstante Masse $m$ sowohl vor als auch nach der Abkühlung:

$$m = V \cdot \rho_{40} = V \cdot \rho_{10} - \frac{d^2 \cdot \pi}{4} \cdot x \cdot \rho_{10}$$

Aufgelöst nach der gesuchten Höhe $x$ und durch Einsetzen der gegebenen Größen sowie der Dichtewerte aus Tabelle 1.2 erhält man

$$x = \frac{V \cdot (\rho_{10} - \rho_{40})}{\rho_{10}} \cdot \frac{4}{d^2 \cdot \pi} = \frac{0{,}00075 \cdot (999{,}7 - 992{,}2)}{999{,}7} \cdot \frac{4}{0{,}015^2 \cdot \pi} = 0{,}032 \text{ m}$$

Der Wasserspiegel im Flaschenhals vermindert sich durch die Abkühlung von 40 auf 10 °C um 3,2 cm.

### Aufgabe 1.2

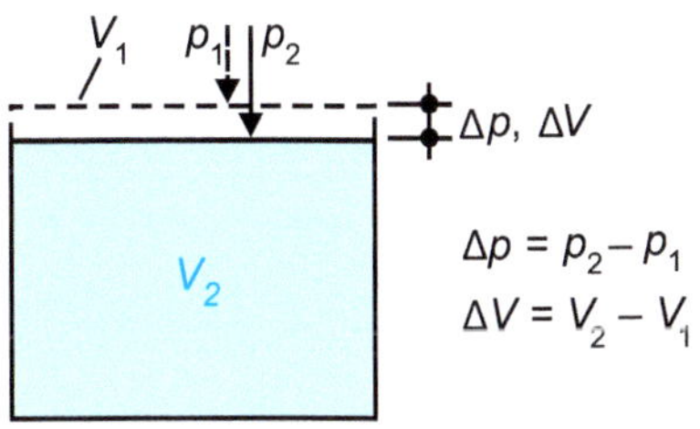


**Bild 10.1**
Zum Hookeschen Gesetz

Das Minuszeichen zeigt an, dass sich bei zunehmendem Druck $p$ das belastete Volumen $V$ verringert (Bild 10.1).

## Aufgabe 1.3

Die typischen Störungsausbreitungsgeschwindigkeiten (= Schallausbreitung) in Wasser und Luft errechnen sich mit Formel 1.6 und Tabelle 1.2 zu

Wasser:

$$a_W = \sqrt{\frac{E_W}{\rho_W}} = \sqrt{\frac{2{,}1 \cdot 10^9}{1000}} \approx 1450 \,\frac{\text{m}}{\text{s}}$$

Luft:

$$a_L = \sqrt{\frac{E_L}{\rho_L}} = \sqrt{\frac{1{,}5 \cdot 10^5}{1{,}25}} \approx 350 \,\frac{\text{m}}{\text{s}}$$

Die Ergebnisse der Schallausbreitung wurden auf 50 m/s gerundet.

## Aufgabe 1.4

Die Wirksamkeit der Oberflächenspannung von Flüssigkeiten kann beispielsweise beobachtet werden, wenn

- ein Glas mit Wasser gefüllt wird. Dabei ist es möglich, die Befüllung vorsichtig über den Glasrand hinaus auszudehnen und folglich ein größeres Volumen als das geometrisch errechnete „im" Glas zu halten (siehe Bild 10.2).
- Wasserflöhe über einen Teich laufen und dabei den Wasserspiegel nicht durchstoßen.
- Seifenblasen erzeugt werden. Seifenwasser verringert die Oberflächenspannung, wodurch im Vergleich zu Wassertropfen große Blasen entstehen können. Blasen aus reinem Wasser platzen beim „Aufblasen" rasch wegen der höheren Oberflächenspannung.

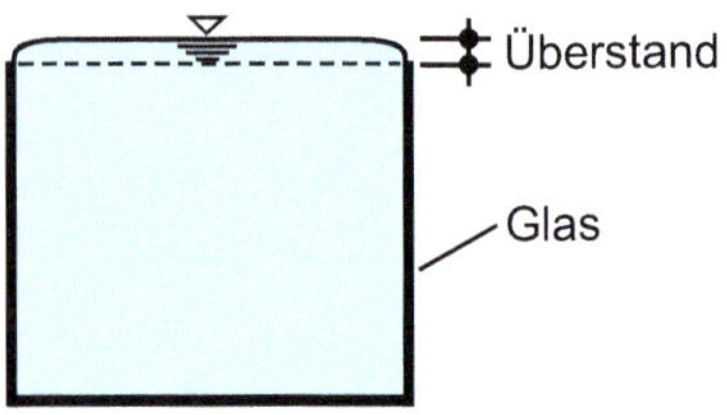


**Bild 10.2**
„Überfülltes" Glas

### Aufgabe 1.5

Die kapillare Steighöhe im gegebenen Röhrchen errechnet sich mit Formel 1.8 zu

$$h_K = \frac{4 \cdot \sigma}{\rho g \cdot d_K} = \frac{4 \cdot 0{,}073}{9810 \cdot 0{,}004} = 0{,}007 \text{ m} = 7\,\text{mm}$$

## ■ 10.2 Lösungen zu Aufgaben in Kapitel 2

### Aufgabe 2.1

Füll- und Messgeräte für Autoreifen geben den relativen Druck, also den Überdruck gegenüber dem atmosphärischen Luftdruck an, wie dies auch in den Fahrzeugpapieren der Fall ist. Der Druck von 2,5 bar ist also ein Relativdruck, der absolute Innendruck beträgt demnach inklusive des Umgebungsdrucks rund 3,5 bar.

### Aufgabe 2.2

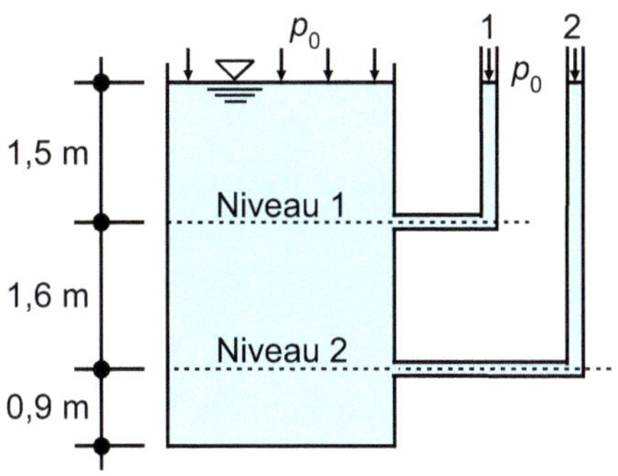


**Bild 10.3**
Spiegelhöhen in Aufgabe 2.2

Die Spiegelhöhe liegt in beiden Standröhrchen auf 0,9 + 1,6 + 1,5 = 4,0 m über der Behältersohle. Die Drücke $p_1$ und $p_2$ auf die beiden Niveauflächen 1 und 2 betragen mit Formel 2.1 wegen des sich aufhebenden Umgebungsdrucks

$$p_1 = \rho g \cdot h_1 = 9810 \cdot 1{,}5 = 14.715 \,\frac{\text{N}}{\text{m}^2} = 14{,}7 \,\frac{\text{kN}}{\text{m}^2}$$

$$p_2 = \rho g \cdot h_2 = 9810 \cdot 3{,}1 = 30.411 \,\frac{\text{N}}{\text{m}^2} = 30{,}4 \,\frac{\text{kN}}{\text{m}^2}$$

## Aufgabe 2.3

Mit Formel 2.13 errechnet sich die Gesamtkraft $F$ zu

$$F = F_L - F_R = \rho g \cdot b \cdot \frac{h_L^2 - h_R^2}{2}$$

$$F = 9810 \cdot 1{,}0 \cdot \frac{9^2 - 6^2}{2} = 220.725 \text{ N} = 220{,}7 \text{ kN}$$

Diese resultierende Druckkraft $F$ greift gemäß Formel 2.14 in der Höhe $a$ über der Sohle an:

$$a = \frac{1}{3} \cdot \frac{9^3 - 6^3}{9^2 - 6^2} = 3{,}8 \text{ m}$$

## Aufgabe 2.4

Die horizontale Kraftkomponente $F_H$ und die vertikale Komponente $F_V$ errechnen sich mit Formel 2.11 zu

$$F_H = \rho g \cdot b \cdot \frac{h^2}{2} = 9810 \cdot 2{,}0 \cdot \frac{3{,}0^2}{2} = 88.290 \text{ N} = 88{,}3 \text{ kN}$$

$$F_V = \rho g \cdot b \cdot \frac{h^2}{2 \cdot |\tan \alpha|} = 9810 \cdot 2{,}0 \cdot \frac{3{,}0^2}{2 \cdot |\tan 60°|} = 50.974 \text{ N} = 51{,}0 \text{ kN}$$

Mit diesen beiden Werten ergibt sich die resultierende Größe $F$ durch Anwendung von Formel 2.9 zu

$$F = \sqrt{F_H^2 + F_V^2} = \sqrt{88{,}3^2 + 51{,}0^2} = 102{,}0 \text{ kN}$$

Der Unterschied zum Ergebnis in Beispiel 2.5 ($F$ = 101,9 kN) beruht auf Rundungsdifferenzen, insbesondere in den beiden trigonometrischen Funktionen sin $\alpha$ und tan $\alpha$.

## Aufgabe 2.5

Der Kraftangriffspunkt $a$ kann aus den Bildern 2.11 und 2.13 ersehen werden. In beiden Fällen ergibt sich sowohl aus den horizontalen als auch aus den vertikalen Druckverteilungen wegen den jeweils dreieckförmigen Belastungen immer die Angriffshöhe $a = h/3$, unabhängig vom Neigungswinkel $\alpha$.

Mit Bild 2.16 und Tabelle 2.2 kann Aufgabe 2.5 ebenfalls gelöst werden. Dabei erhält man

$$a = h - z_S - e_Z = h - \frac{h}{2} - \frac{h}{6} = \frac{h}{3}$$

## Aufgabe 2.6

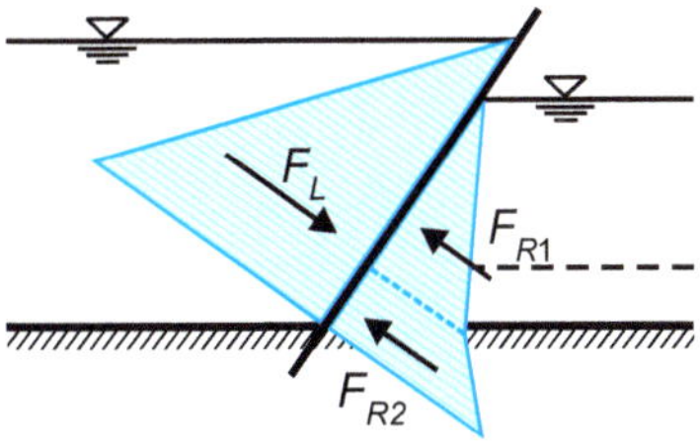


**Bild 10.4**
Druckbelastung in Aufgabe 2.6

Die Kräfte $F_L$ und $F_{R1}$ errechnen sich zu

$$F_L = \rho_L g \cdot b \cdot \frac{h_L^2}{2 \cdot \sin\alpha} = 9810 \cdot 5{,}0 \cdot \frac{3{,}0^2}{2 \cdot \sin 70°} = 234{,}9 \text{ kN}$$

$$F_{R1} = \rho_{R1} g \cdot b \cdot \frac{h_{R1}^2}{2 \cdot \sin\alpha} = 8829 \cdot 5{,}0 \cdot \frac{2{,}0^2}{2 \cdot \sin 70°} = 94{,}0 \text{ kN}$$

Die Kraft $F_{R2}$ setzt sich aus einem rechteckigen Vordruckanteil aus der Ölschicht $F_{R2a}$ und einem dreieckigen Lastanteil aus der Wasserschicht $F_{R2b}$ zusammen, vergleichbar Beispiel 2.4:

$$F_{R2} = \rho_{R1} g \cdot b \cdot h_{R1} \cdot \frac{h_{R2}}{\sin\alpha} + \rho_{R2} g \cdot bv \frac{h_{R2}^2}{2 \cdot \sin\alpha}$$

$$= 8829 \cdot 5{,}0 \cdot 2{,}0 \cdot \frac{0{,}5}{\sin 70°} + 9810 \cdot 5{,}0 \cdot \frac{0{,}5^2}{2 \cdot \sin 70°} \approx 47{,}0 \text{ kN} + 6{,}5 \text{ kN} = 53{,}5 \text{ kN}$$

Die Summe aus allen Kräften in Wirkrichtung ergibt die resultierende Kraft $F$ auf die Stauwand mit

$$F = F_L - F_{R1} - F_{R2} = 234{,}9 - 94{,}0 - 53{,}5 = 87{,}4 \text{ kN}$$

Die Höhe $a$ des Kraftangriffspunktes über der Sohle errechnet sich durch Ansatz des Momentengleichgewichts mit den oben ermittelten Einzelkräften und den entsprechenden Hebelarmen wie folgt:

$$F \cdot \frac{a}{\sin\alpha} = F_L \cdot \frac{h_L}{3 \cdot \sin\alpha} - F_{R1} \cdot \left( \frac{h_{R1}}{3 \cdot \sin\alpha} + \frac{h_{R2}}{\sin\alpha} \right) - F_{R2a} \cdot \frac{h_{R2}}{2 \cdot \sin\alpha} - F_{R2b} \cdot \frac{h_{R2}}{3 \cdot \sin\alpha}$$

$$\Rightarrow F \cdot a = F_L \cdot \frac{h_L}{3} - F_{R1} \cdot \left( \frac{h_{R1}}{3} + h_{R2} \right) - F_{R2a} \cdot \frac{h_{R2}}{2} - F_{R2b} \cdot \frac{h_{R2}}{3}$$

$$= 234{,}9 \cdot \frac{3{,}0}{3} - 94{,}0 \cdot \left( \frac{2{,}0}{3} + 0{,}5 \right) - 47{,}0 \cdot \frac{0{,}5}{2} - 6{,}5 \cdot \frac{0{,}5}{3} = 112{,}4 \text{ kNm}$$

Die Höhe des Kraftangriffspunktes ergibt sich damit zu

$$a = \frac{F \cdot a}{F} = \frac{112{,}4}{87{,}4} = 1{,}29 \text{ m}$$

## Aufgabe 2.7

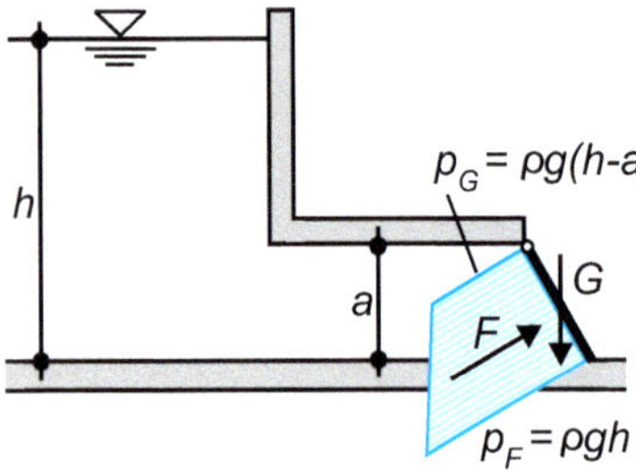


**Bild 10.5**
Belastung der Auslaufklappe

Die Wasserdruck- und Eigengewichtsbelastung der Auslaufklappe ist in Bild 10.5 dargestellt. Das zugehörige Momentengleichgewicht mit den Kräften $F_1$ (Rechteckanteil von $F$), $F_2$ (Dreieckanteil von $F$) und $G$ senkrecht zur Klappenebene kann wie folgt angeschrieben werden:

$$G \cdot \cos\alpha \cdot \frac{a}{2 \cdot \sin\alpha} = \rho g \cdot b \cdot (h-a) \cdot \frac{\left( \frac{a}{\sin\alpha} \right)^2}{2} + \rho g \cdot b \cdot \big(h - (h-a)\big) \cdot \frac{a}{2 \cdot \sin\alpha} \cdot \frac{2}{3} \cdot \frac{a}{\sin\alpha}$$

Mit Einsetzen der gegebenen Zahlenwerte erhält man

$$14.433{,}757 = 9810 \cdot (h - 1{,}0) \cdot 0{,}667 + 9810 \cdot 1{,}0 \cdot 0{,}577 \cdot \frac{2}{3} \cdot 1{,}155$$

$$\Rightarrow 14{,}434 \text{ kNm} = 6{,}540 \cdot (h - 1{,}0) + 4{,}358 \text{ kNm}$$

und daraus den Wasserstand $h$, ab dem die Klappe öffnet:

$$h = \frac{10{,}076}{6{,}540} + 1{,}0 = 2{,}54 \text{ m}$$

Alternativ lässt sich der Wasserstand *h* durch den Einsatz von Tabelle 2.2 errechnen:

$$y_S = y_0 + \frac{l}{2} = \frac{h-a}{\sin 60°} + \frac{1{,}155}{2} = 1{,}155 \cdot (h-a) + 0{,}577$$

$$F = \rho g \cdot l \cdot y_S \cdot b \cdot \sin\alpha = 9810 \cdot 1{,}155 \cdot \left(1{,}155 \cdot (h-a) + 0{,}577\right) \cdot 1{,}0 \cdot 0{,}866$$

$$= 9810 \cdot \left(1{,}155 \cdot (h-a) + 0{,}577\right)$$

$$e_Y = \frac{l^2}{y_S} = \frac{1{,}155^2}{12 \cdot \left(1{,}155 \cdot (h-a) + 0{,}577\right)} = \frac{0{,}111}{\left(1{,}155 \cdot (h-a) + 0{,}577\right)}$$

$$c = \frac{l}{2} + e_Y = \frac{1{,}155}{2} + \frac{0{,}111}{\left(1{,}155 \cdot (h-a) + 0{,}577\right)}$$

Daraus erhält man schließlich

$$F \cdot c = G \cdot \cos\alpha \cdot \frac{a}{2 \cdot \sin\alpha}$$

$$\Rightarrow 9810 \cdot \left(1{,}155 \cdot (h-1{,}0) + 0{,}577\right) \cdot \left(\frac{1{,}155}{2} + \frac{0{,}111}{\left(1{,}155 \cdot (h-1{,}0) + 0{,}577\right)}\right) = 14.433{,}757$$

woraus der Wasserstand wieder zu $h$ = 2,54 m erhalten wird.

## Aufgabe 2.8

Durch Überlagerung der Druckfiguren aus Bild 2.19 ergeben sich die resultierende vertikale Druckverteilung (links) sowie eine praktikable Zerlegung zur Erleichterung der Berechnung.

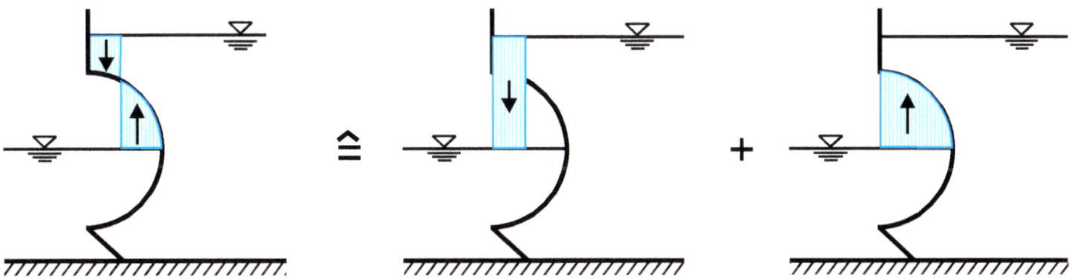

**Bild 10.6** Zerlegung der vertikalen Druckkomponenten der beidseitig belasteten, gekrümmten und zusammengesetzten Stauwand

Die Berechnung muss damit nicht an der geometrisch komplizierten resultierenden vertikalen Druckverteilung durchgeführt werden, sondern kann durch Anwendung des Prinzips der Superposition - rechteckförmige Auflast minus viertelkreisförmiger Auftrieb - auf einfache Weise erfolgen:

$$F_V = \rho g \cdot b \cdot \left(3{,}0 \cdot 1{,}0 - \frac{1}{4} \cdot 2{,}0^2 \cdot \pi\right) = 9810 \cdot 1{,}0 \cdot (-0{,}142) = -1393\ \text{N} = -1{,}4\ \text{kN}$$

Damit ist die resultierende vertikale Druckkraft $F_V$ nach oben orientiert. Aus der horizontalen Druckverteilung (siehe Bild 2.18) kann nun ebenfalls die resultierende Kraft ermittelt werden:

$$F_H = \rho g \cdot b \cdot \frac{h_{rechts}^2}{2} - \rho g \cdot b \cdot \frac{h_{links}^2}{2} = 9810 \cdot 1{,}0 \cdot \left(\frac{6{,}0^2}{2} - \frac{3{,}0^2}{2}\right) = 132.435\ \text{N} = 132{,}4\ \text{kN}$$

Die resultierende Gesamtkraft $F$ beträgt mit Formel 2.9

$$F = \sqrt{F_H^2 + F_V^2} = \sqrt{132{,}4^2 + 1{,}4^2} = 132{,}4\ \text{kN}$$

die Vertikalkomponente ist also verschwindend gering. Dies führt zu einer nahezu horizontalen Wirklinie der Gesamtkraft mit

$$\beta = \arctan \frac{F_V}{F_H} = \arctan \frac{1{,}4}{132{,}4} = 0{,}6°$$

## Aufgabe 2.9

Die Belastungen des Kreissegmentschützes sind in Bild 10.7 eingetragen:

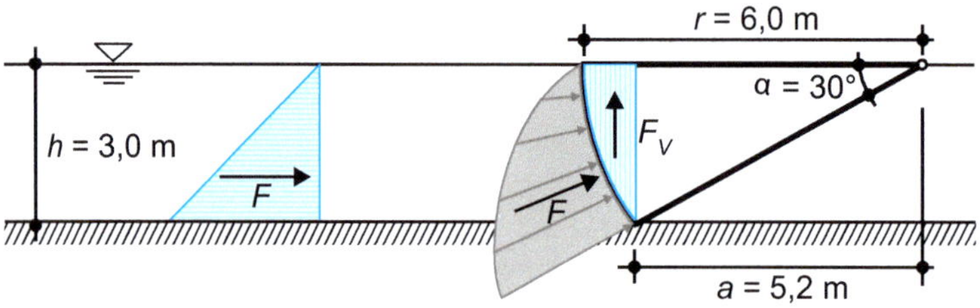


**Bild 10.7** Tatsächliche (graue) und in Komponenten aufgeteilte (farbige) Druckverteilungen auf das Kreissegmentschütz

Zu beachten ist in Bild 10.7, dass aus der grau dargestellten tatsächlichen Druckverteilung die resultierende Druckkraft $F$ durch Bestimmung des Flächeninhaltes nicht exakt errechnet werden kann: Bei gekrümmten Belastungsoberflächen muss der Druckflächenbeitrag eines jeden Druckstrahls einzeln ausgewertet werden, wodurch sich überlappende Druckflächenbereiche ergeben (siehe [1], [4]).

Aufgeteilt in Komponenten können damit die Einzelkräfte $F_H$ und $F_V$ sowie die resultierende Kraft $F$ berechnet werden:

$$F_H = \rho g \cdot \frac{h^2}{2} = 9810 \cdot \frac{3{,}0^2}{2} = 44.145 \text{ N/m} = 44{,}1 \text{ kN/m}$$

$$F_V = \rho g \cdot \left( \frac{\alpha}{360°} \cdot r^2 \cdot \pi - \frac{h \cdot a}{2} \right) = 9810 \cdot \left( \frac{30°}{360°} \cdot 6{,}0^2 \cdot \pi - \frac{3{,}0 \cdot 5{,}2}{2} \right)$$

$$= 15.939 \text{ N/m} = 15{,}9 \text{ kN/m}$$

$$F = \sqrt{F_H^2 + F_V^2} = \sqrt{44{,}1^2 + 15{,}9^2} = 46{,}9 \text{ kN/m}$$

Da der tatsächliche Druck immer senkrecht zur belasteten Fläche angreift, gehen alle Wasserdruckordinaten durch den Drehpunkt des Kreissegmentschützes. Daher stellt sich ein Moment $M = 0$ ein.

Nur bei konstanter Krümmung sind die „Druckstrahlen“ auf den Krümmungsmittelpunkt, der gelenkigen Lagerung in Bild 10.7, gerichtet. Die aufwendige Ermittlung der Lage der resultierenden Druckkraft F ist damit bei konstanter Krümmung nicht erforderlich.

## Aufgabe 2.10

Taucht man einen Finger ein, so wird Wasser im Volumen des eingetauchten Fingers verdrängt. Dadurch steigt der Wasserspiegel und der hydrostatische Druck am Behälterboden erhöht sich. Dies führt zu einer Zunahme des angezeigten Gewichts.

## Aufgabe 2.11

Eine Möglichkeit zur Lösung dieser Aufgabe besteht in der Antragung der realen Druckverteilung auf die Fertigteilwand. In Bild 10.8 ist dies mit Angabe der Druckordinaten dargestellt.

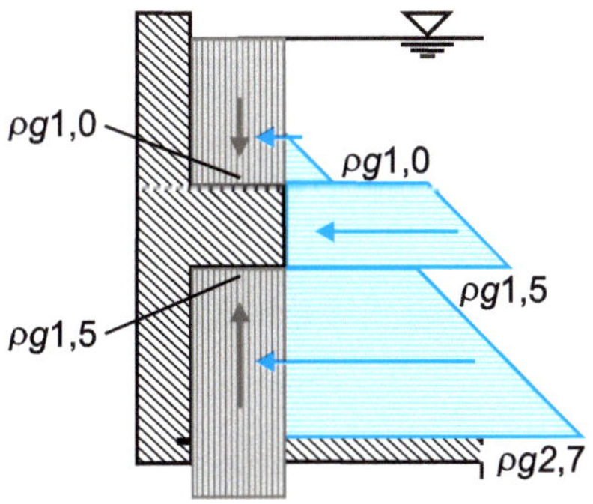


**Bild 10.8**
Druckverteilung auf die Wand

Einfacher und daher weniger aufwendig gelingt die Bearbeitung dieser Aufgabe, indem die Drücke in horizontale und vertikale Komponenten aufgeteilt werden (Bild 10.9).

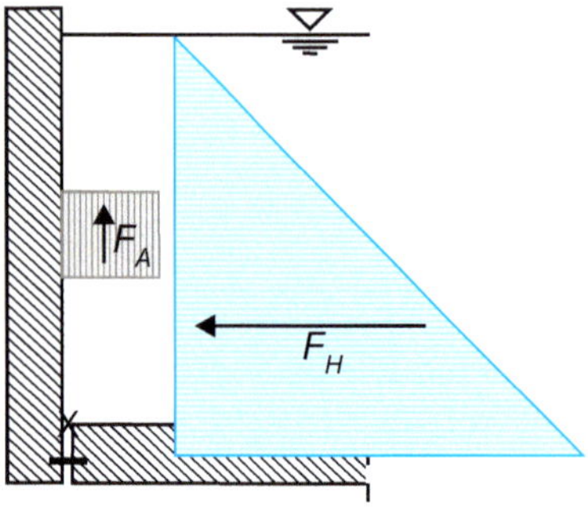


**Bild 10.9**
Druckverteilung auf die Wand in Komponentenaufteilung

Die Kraftberechnungen ergeben für die Horizontalkomponente und für die auf das auskragende Auflager wirkende Auftriebskraft aus dem verdrängten Wasservolumen gemäß Formel 2.22:

$$F_A = \rho g \cdot A = 9810 \cdot 0{,}5 \cdot 0{,}5 = 2453 \text{ N/m} \approx 2{,}5 \text{ kN/m}$$

Aus diesen Größen können nun die resultierende Gesamtkraft und deren Wirkrichtung gegenüber der Horizontalen ermittelt werden:

$$F = \sqrt{F_H^2 + F_H^2} = \sqrt{35{,}8^2 + 2{,}5^2} = 35{,}9 \text{ kN/m}$$

$$\beta = \arctan\frac{F_A}{F_H} = \arctan\frac{2{,}5}{35{,}8} = 4{,}0°$$

Die Gesamtkraft $F$ greift im zur Wirkrichtung senkrechten Abstand $a$ von der mit „x“ markierten Kante an:

$$F \cdot a = F_A \cdot \frac{0{,}5}{2} + F_H \cdot \left(\frac{2{,}7}{3} - 0{,}2\right) = 2{,}5 \cdot 0{,}25 + 35{,}8 \cdot 0{,}7 = 25{,}685 \text{ kNm/m}$$

$$a = \frac{25{,}685}{35{,}9} = 0{,}72 \text{ m}$$

## Aufgabe 2.12

Mit der halben Bordwandlänge $x = L/2 = 3{,}0$ m und Formel 2.29 erhält man für die maximale Auslenkung $z$ des Frischbetonspiegels

$$z = \frac{a_x}{g} \cdot x = \frac{3{,}1}{9{,}81} \cdot 3{,}0 = 0{,}95 \text{ m}$$

Bei einer Bordwandhöhe von $H$ = 1,5 m kann die Ausgangsfüllhöhe maximal

$$h_0 = H - z = 1{,}5 - 0{,}95 = 0{,}55 \text{ m}$$

betragen, damit der Beton nicht über die Bordwand schwappt. Die maximale Druckspannung $p_{max}$ errechnet sich für diesen Fall mit den Formeln 2.28 und 2.30 zu

$$\alpha = \arctan\frac{a_x}{g} = \arctan\frac{3{,}1}{9{,}81} = 17{,}54°$$

$$p_{max} = \rho_B g \cdot \left(h_0 + \tan\alpha \cdot \frac{L}{2}\right) = \rho_B g \cdot H = 2200 \cdot 9{,}81 \cdot 1{,}5 = 32.373\ \frac{\text{N}}{\text{m}^2} = 32{,}4\ \frac{\text{kN}}{\text{m}^2}$$

## Aufgabe 2.13

Den Wasserspiegelunterschied zwischen Beckenzentrum und Beckenrand erhält man mit Formel 2.32 und Einsetzen von $r$ = 0 m und $R$ = 11,0 m:

$$z(0) + z(R) = \left|-0 + \frac{\omega^2}{g} \cdot \frac{R^2}{4}\right| + \left|-\frac{\omega^2}{g} \cdot \frac{R^2}{2} + \frac{\omega^2}{g} \cdot \frac{R^2}{4}\right|$$

$$= \left|\frac{0{,}05^2}{9{,}81} \cdot \frac{11{,}0^2}{4}\right| + \left|-\frac{0{,}05^2}{9{,}81} \cdot \frac{11{,}0^2}{4}\right| = |0{,}0077| + |-0{,}0077| = 15{,}4 \text{ mm}$$

## Aufgabe 2.14

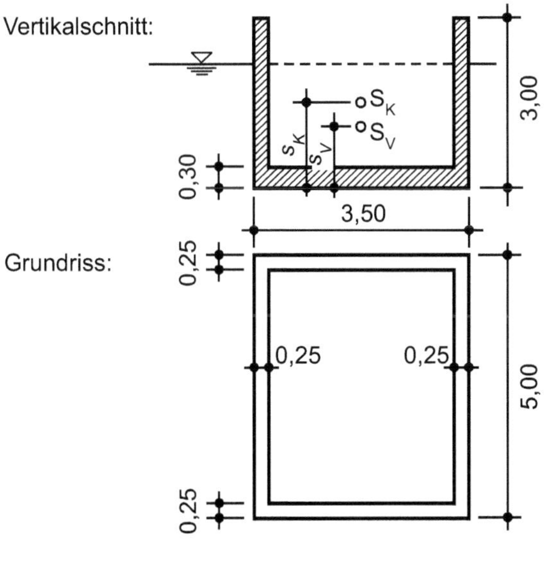


**Bild 10.10**
Gründungselement mit Bezeichnungen und Maßen in m

Zur Beurteilung der Schwimmstabilität des Gründungselementes in Bild 10.10 muss Formel 2.33, die Berechnung der metazentrischen Höhe $h_M$, herangezogen werden:

$$h_M = \frac{I_{min}}{V_V} - e > 0$$

Das minimale Flächenträgheitsmoment $I_{min}$ ergibt sich um die Längsachse, das Verdrängungsvolumen $V_V$ wurde in Beispiel 2.8 berechnet und der Ruhelage-Abstand $e$ zwischen Körperschwerpunkt $S_K$ und Verdrängungsschwerpunkt $S_V$ kann über ein Momentengleichgewicht aus Gesamtkörpervolumen $V_G$, Materialvolumen $V_K$ und „Luftvolumen" $V_L$ um die Schwimmfläche erhalten werden:

$$e = s_K - s_V$$

Mit den Größen

$$V_G = L \cdot B \cdot H = 52{,}5\,\text{m}^3$$

$$V_L = (L - 2 \cdot 0{,}25) \cdot (B - 2 \cdot 0{,}25) \cdot (H - 0{,}3) = 36{,}45\,\text{m}^3$$

sowie den beiden Werten aus Beispiel 2.8 ($V_K$ = 16,05 m³ und $w$ = 2,02 m) können nun $s_K$ und $s_V$ bestimmt werden:

$$s_K = \frac{V_G \cdot \frac{H}{2} - V_L \cdot \left( \frac{H - 0{,}3}{2} + 0{,}3 \right)}{V_K} = \frac{52{,}5 \cdot \frac{3{,}0}{2} - 36{,}45 \cdot \left( \frac{3{,}0 - 0{,}3}{2} + 0{,}3 \right)}{16{,}05} = 1{,}16\text{ m}$$

$$s_V = \frac{w}{2} = \frac{2{,}02}{2} = 1{,}01\text{ m}$$

Damit ergibt sich der Ruhelage-Abstand

$$e = 1{,}16 - 1{,}01 = 0{,}15\text{ m}$$

und folglich mit $V_V$ = 35,31 m³

$$h_M = \frac{I_{min}}{V_V} - e = \frac{L \cdot B^3}{12 \cdot V_V} - e = \frac{5{,}0 \cdot 3{,}5^3}{12 \cdot 35{,}31} - 0{,}15 = 0{,}35\text{ m}$$

Mit dieser metazentrischen Höhe von $h_M$ = 0,35 m liegt nur eine geringe Sicherheit gegen Kentern vor. Durch Anbringen von Gewichten oder Einfüllen von Ballastmaterial wie Sand könnte die metazentrische Höhe und damit die Kentersicherheit vergrößert werden.

## 10.3 Lösungen zu Aufgaben in Kapitel 3

### Aufgabe 3.1

In der gezeigten Situation einer Strömung mit freiem und sinkendem Wasserspiegel ändern sich die Geschwindigkeit $v$ und der Durchfluss $Q$ von links nach rechts, eine zeitliche Änderung ist nicht gegeben. Damit liegt wie in einem Verteilerrohr (siehe Bild 3.4f) eine stationäre ($\mathrm{d}v/\mathrm{d}t = 0$), ungleichförmige ($\mathrm{d}v/\mathrm{d}x \neq 0$) und diskontinuierliche Strömung ($\mathrm{d}Q/\mathrm{d}x \neq 0$) vor.

### Aufgabe 3.2

Mit Formel 3.13 erhält man

$$Q = v_1 \cdot A_1 = v_1 \cdot \frac{d_1^2 \cdot \pi}{4} = 1{,}0 \cdot \frac{0{,}5^2 \cdot \pi}{4} = 0{,}196\,\frac{\mathrm{m}^3}{\mathrm{s}}$$

sowie durch Umstellung

$$v_2 = \frac{Q \cdot 4}{d_2^2 \cdot \pi} = \frac{0{,}196 \cdot 4}{0{,}3^2 \cdot \pi} = 2{,}77\,\frac{\mathrm{m}}{\mathrm{s}}$$

Durch die Querschnittsverringerung von Durchmesser $d_1$ auf Durchmesser $d_2$ erhöht sich bei konstantem Durchfluss $Q$ demnach die Strömungsgeschwindigkeit von $v_1 = 1{,}0$ m/s auf $v_2 = 2{,}77$ m/s. Wegen der Reynoldszahlen

$$Re_1 = \frac{v_1 \cdot d_1}{\nu} = \frac{1{,}0 \cdot 0{,}5}{1{,}31 \cdot 10^{-6}} = 381.679 > 2320$$

und

$$Re_2 = \frac{v_2 \cdot d_2}{\nu} = \frac{2{,}77 \cdot 0{,}3}{1{,}31 \cdot 10^{-6}} = 634.351 > 2320$$

liegt in beiden Bereichen eine turbulente Strömung vor.

### Aufgabe 3.3

Die Strömungsgeschwindigkeiten errechnen sich zu

$$v_1 = \frac{Q}{A_1} = \frac{1{,}0}{0{,}5} = 2{,}0\,\frac{\mathrm{m}}{\mathrm{s}} \quad \text{und} \quad v_2 = \frac{Q}{A_2} = \frac{1{,}0}{0{,}2} = 5{,}0\,\frac{\mathrm{m}}{\mathrm{s}}$$

Die zugehörigen Geschwindigkeitshöhen sind dann

$$\frac{v_1^2}{2g} = \frac{2{,}0^2}{19{,}62} = 0{,}204 \text{ m} \qquad \text{und} \qquad \frac{v_2^2}{2g} = \frac{5{,}0^2}{19{,}62} = 1{,}274 \text{ m}$$

Die Druckhöhe im Bereich 1 wird damit zu

$$\frac{p_1}{\rho g} = \frac{29{,}43 \cdot 10^3}{9810} = 3{,}0 \text{ m}$$

Mit der Bernoulligleichung 3.15 erhält man die Druckhöhe in Bereich 2 durch Umformung und Kürzen der Ortshöhen $z_1 = z_2$:

$$H = z_1 + \frac{p_1}{\rho g} + \frac{v_1^2}{2g} = z_2 + \frac{p_2}{\rho g} + \frac{v_2^2}{2g}$$

$$\frac{p_2}{\rho g} = \frac{p_1}{\rho g} + \frac{v_1^2}{2g} - \frac{v_2^2}{2g} = 3{,}0 + 0{,}204 - 1{,}274 = 1{,}930 \text{ m}$$

Gemäß Bernoulligleichung bedingt demzufolge eine zunehmende Geschwindigkeit einen abnehmenden Druck. Das zeigt auch der Energieplan aus Druck- und Energielinie in Bild 10.11.

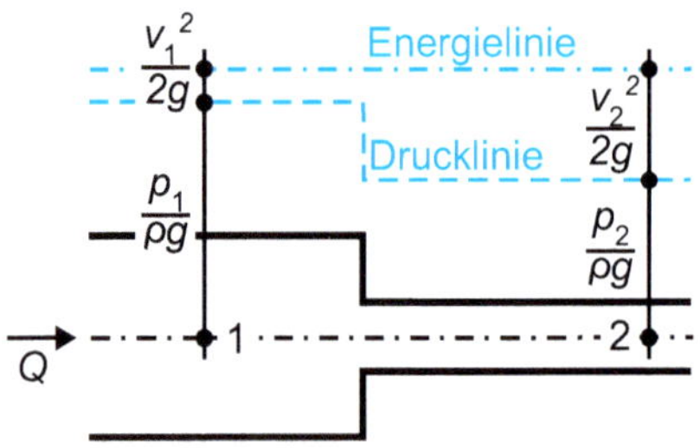


**Bild 10.11**
Energieplan zu Aufgabe 3.3

## Aufgabe 3.4

Da eine reibungsfreie Durchströmung betrachtet wird, ist die in Beispiel 3.6 berechnete Druckhöhe $p_2/\rho g$ - erhalten durch den Energiehöhenvergleich an den Stellen 1 und 2 - auch bei umgekehrter Strömungsrichtung gültig. Dadurch bleiben ebenfalls die durch den Stützkraftansatz ermittelten Druck- und Impulskräfte unverändert. Folglich stellen sich unabhängig von der Strömungsrichtung in Summe die gleichen resultierenden Reaktionskräfte $F_R$ ein, obwohl aus der Anschauung des Strömungsvorganges anderes zu erwarten wäre.

Die Erklärung: Die Druck- und Impulskräfte am Austrittsquerschnitt wirken wie Rückstoßkräfte, daher bleiben die Wirkrichtungen der Kräfte auch bei umgekehrten Strömungsverhältnissen bestehen. Wenn keine Verluste in Rechnung gestellt werden, ändert sich dadurch an den mittels Stützkraftansatz errechneten Größen nichts und die Gesamtkraft $F_R$ bleibt unverändert. Denken Sie beispielsweise an einen Garten- oder Feuerwehrschlauch, dessen Ende sich ohne Festhaltekraft gegen die Ausströmrichtung bewegen würde.

## Aufgabe 3.5

Wie in Bild 4.5 (Rohrhydraulik) oder Bild 6.18 (Gerinnehydraulik) zu sehen ist, benötigt die Durchströmung einer Querschnittsvergrößerung eine bestimmte wirbelbehaftete Entwicklungslänge, um danach wieder voll ausgebildet den größeren Querschnitt zu durchfließen.

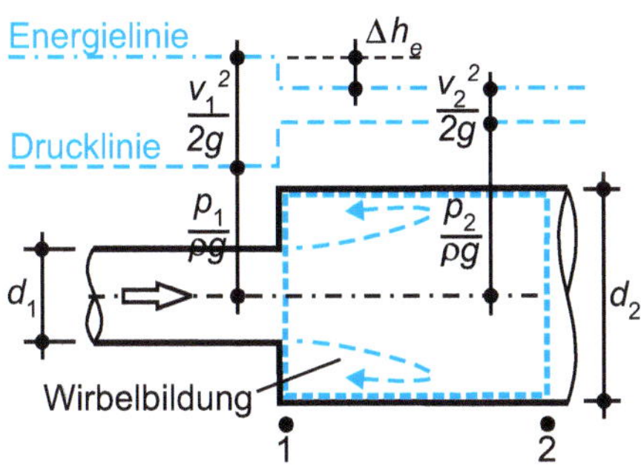


**Bild 10.12**
Energieplan zu Aufgabe 3.5

Vor diesem Hintergrund ist nun auch Aufgabe 3.5 zu bearbeiten. Da die Verluste aus der Strömungsaufweitung rechnerisch nicht genau genug fassbar sind, zudem Wandreibungsverluste wegen der geringen Abschnittslänge vernachlässigbar sind, kann die Lösung mithilfe des Impulssatzes erarbeitet werden. Der linke Schnitt 1 des Kontrollquerschnittes (siehe farbiges Rechteck in Bild 10.12) ist direkt hinter der Querschnittserweiterung zu setzen, der rechte Schnitt 2 befindet sich stromabwärts in der wieder vergleichmäßigten, voll entwickelten Strömung. In Schnitt 1 mit der durchflossenen Fläche $A_2$ kann davon ausgegangen werden, dass noch der Druck $p_1$ aus dem geringeren Rohrquerschnitt vorliegt. Daher kann in horizontaler Richtung folgendes Kräftegleichgewicht angeschrieben werden:

$$\rho \cdot Q \cdot v_1 + p_1 \cdot A_2 = \rho \cdot Q \cdot v_2 + p_2 \cdot A_2$$

Die Division durch $\rho g \cdot A_2$ und weitere Umformungen ergibt den Druckhöhenunterschied zwischen den Querschnitten 1 und 2:

$$\frac{Q \cdot v_1}{g \cdot A_2} + \frac{p_1}{\rho g} = \frac{Q \cdot v_2}{g \cdot A_2} + \frac{p_2}{\rho g} \quad \Rightarrow \quad \frac{p_2}{\rho g} - \frac{p_1}{\rho g} = \frac{v_2 \cdot v_1}{g} - \frac{v_2^2}{g}$$

Dieser Druckhöhenunterschied wird in der Bernoulligleichung benötigt:

$$\frac{p_1}{\rho g}+\frac{v_1^2}{2g}=\frac{p_2}{\rho g}+\frac{v_2^2}{2g}+\Delta h_e \quad \Rightarrow \quad \Delta h_e=\frac{v_1^2-v_2^2}{2g}-\frac{p_2-p_1}{\rho g}$$

Damit erhält man nun den Energiehöhenverlust

$$\Delta h_e=\frac{v_1^2-v_2^2}{2g}-\frac{2\cdot(v_2\cdot v_1)-2\cdot v_2^2}{2g}=\frac{v_1^2+v_2^2-2\cdot v_2\cdot v_1}{2g}=\frac{(v_1-v_2)^2}{2g}$$

Dieser lokale Energiehöhenverlust $\Delta h_e$ bei plötzlicher Querschnittserweiterung wird als Stoßverlust nach BORDA-CARNOT bezeichnet.

Durch Ansatz der Kontinuitätsbedingung $Q = v_1 \cdot A_1 = v_2 \cdot A_2$ lässt sich dieser lokale Energiehöhenverlust allein auf die Geometrie und die Geschwindigkeitshöhe im Querschnitt 2 beziehen. Man erhält dann den folgenden Ausdruck:

$$\Delta h_e=\frac{(v_1-v_2)^2}{2g}=\left(1-\frac{A_1}{A_2}\right)^2\cdot\frac{v_2^2}{2g}$$

Der Klammerausdruck ist demzufolge der Verlustbeiwert für den Borda-Carnotschen Stoßverlust, wie er in Formel 4.12 und aus der linken Seite von Tabelle 4.3 zu entnehmen ist.

Durch Einsetzen der gegebenen Größen errechnet sich die lokale Energieverlusthöhe zu

$$\Delta h_e=\left(1-\frac{A_2}{A_1}\right)^2\cdot\frac{Q^2}{A_2^2\cdot 2g}=\left(1-\frac{0{,}4^2}{0{,}2^2}\right)^2\cdot\frac{0{,}100^2\cdot 16}{0{,}4^4\cdot\pi^2\cdot 2g}=0{,}290\text{ m}$$

## Aufgabe 3.6

Die Wasserscheide schneidet die $x$-Achse an der Stelle

$$x_0=\frac{Q}{2\pi\cdot h\cdot u_0}=\frac{50\cdot 10^{-3}}{2\pi\cdot 2{,}5\cdot 25/(24\cdot 60\cdot 60)}=11{,}00\text{ m}$$

Unabhängig davon errechnet sich die Geschwindigkeit am Brunnenrand, also für $r = 0{,}15$ m, zu

$$w=\frac{Q}{2\pi\cdot h\cdot r}=\frac{50\cdot 10^{-3}}{2\pi\cdot 2{,}5\cdot 0{,}15}=0{,}0212\,\frac{\text{m}}{\text{s}}\approx 2{,}1\,\frac{\text{cm}}{\text{s}}$$

Die vier gesuchten Potentiale auf der negativen $x$-Achse ergeben sich mit folgender Formel unter Berücksichtigung von $y = 0$:

$$\Phi=\frac{Q}{2\pi\cdot h}\cdot\ln\sqrt{x^2+y^2}$$

für $x$ = -105 m: $\phi$ = 0,0148 $m^2/s$ für $x$ = -95 m: $\phi$ = 0,0145 $m^2/s$

für $x$ = -25 m: $\phi$ = 0,0102 $m^2/s$ für $x$ = -15 m: $\phi$ = 0,0086 $m^2/s$

Aus diesen vier Potentialen lassen sich die Strömungsgeschwindigkeiten zwischen je zwei Potentiallinien mit d$s$ = 10 m berechnen:

$$w = \frac{\mathrm{d}\phi}{\mathrm{d}s}$$

$$w_{-100} \approx \frac{0{,}0148 - 0{,}0145}{10} = 0{,}003\,\frac{\mathrm{cm}}{\mathrm{s}}$$

$$w_{-20} \approx \frac{0{,}0102 - 0{,}0086}{10} = 0{,}016\,\frac{\mathrm{cm}}{\mathrm{s}}$$

# 10.4 Lösungen zu Aufgaben in Kapitel 4

## Aufgabe 4.1

Mit den gegebenen Größen wird zunächst die Geschwindigkeit $v$ in der Rohrleitung berechnet:

$$v = \frac{Q \cdot 4}{d^2 \cdot \pi} = \frac{0{,}00005 \cdot 4}{0{,}05^2 \cdot \pi} = 0{,}0255\,\frac{\mathrm{m}}{\mathrm{s}}$$

Daraus kann nun die zugehörige Reynoldszahl $Re$ unter Berücksichtigung des Leitungsdurchmessers $d$ und der temperaturabhängigen Viskosität $\nu$ des Wassers ermittelt werden:

$$Re = \frac{v \cdot d}{\nu} = \frac{0{,}0255 \cdot 0{,}05}{1{,}01 \cdot 10^{-6}} = 1262 < 2320$$

Diese Reynoldszahl besagt, dass eine laminare unverwirbelte Strömung mit parallelen Bahnlinien vorliegt. Der Reibungsbeiwert $\lambda$ errechnet sich mit Formel 4.4 zu

$$\lambda = \frac{64}{Re} = \frac{64}{1262} = 0{,}0507$$

und damit das Energieliniengefälle $I_E$ mit Formel 4.2 zu

$$I_E = \lambda \cdot \frac{1}{d} \cdot \frac{v^2}{2g} = 0{,}0507 \cdot \frac{1}{0{,}05} \cdot \frac{0{,}0255^2}{2g} = 3{,}36 \cdot 10^{-5} = 0{,}0336\ ‰$$

Dieses Ergebnis einer Energielinienneigung bringt zum Ausdruck, dass mit der vorliegenden laminaren Strömung auf eine Leitungslänge von beispielsweise 10 000 m ein Energiehöhenunterschied von 33,6 cm auftritt.

**Hinweis:** Achten Sie unbedingt darauf, die Berechnungen einheitenrein durchzuführen, also am besten mit dem internationalen Einheitensystem, den SI-Einheiten.

## Aufgabe 4.2

Die Reynoldszahl wurde in Beispiel 4.1 zu $Re = 357\,252$ berechnet, die relative Rauheit ergab den Wert $r_s = 1{,}67 \cdot 10^{-4}$. Mit diesen beiden dimensionslosen Größen kann ohne weitere Berechnungen der entsprechende Reibungsbeiwert $\lambda$ aus dem MOODY-Diagramm bestimmt werden. Das Ableseergebnis aus Bild 10.13 lautet $\lambda \approx 0{,}016$. Der Unterschied zum Ergebnis $\lambda \approx 0{,}014$ in Beispiel 4.1 ergibt sich, da in der Berechnung der hydraulisch glatte Bereich gemäß dem Kriterium unter Formel 4.7 angesetzt wurde. Im MOODY-Diagramm liegt der hydraulisch glatte Bereich nur für $r_s = 0$ vor.

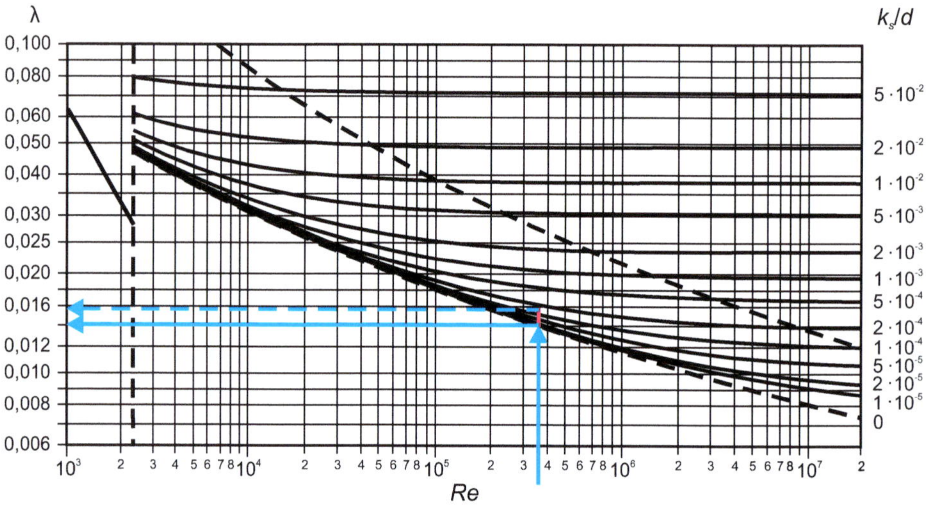


**Bild 10.13** MOODY-Diagramm zur Ermittlung des Reibungsbeiwertes $\lambda$ in Aufgabe 4.2

**Hinweis:** In der Praxis liegen die meisten Fälle im hydraulischen Übergangsbereich, der hydraulisch glatte Fall kommt praktisch nicht vor.

## Aufgabe 4.3

Mit den gegebenen Größen wird zunächst die Geschwindigkeit $v$ in der Rohrleitung berechnet:

$$v = \frac{Q \cdot 4}{d^2 \cdot \pi} = \frac{1{,}0 \cdot 4}{1{,}5^2 \cdot \pi} = 0{,}566\,\frac{\mathrm{m}}{\mathrm{s}}$$

Daraus werden nun die zugehörige Reynoldszahl *Re* sowie die relative Rauheit $r_s$ ermittelt:

$$Re = \frac{v \cdot d}{\nu} = \frac{0{,}566 \cdot 1{,}5}{1{,}01 \cdot 10^{-6}} = 840594 > 2320$$

$$r_s = \frac{k_s}{d} = \frac{0{,}002}{1{,}50} = 1{,}\overline{3} \cdot 10^{-3}$$

Damit liegt eine turbulente Strömung mit „chaotischen" Bahnlinien vor. Zur Berechnung des Reibungsbeiwertes muss zunächst der hydraulische Rauheitsbereich unter Vorgabe des Startwertes $\lambda = 0{,}02$ abgeschätzt werden:

$$Re \cdot r_s \cdot \sqrt{\lambda} \approx 158{,}5 < 200 \quad \text{also hydraulischer Übergangsbereich}$$

Die weiteren Berechnungen erfolgen in tabellarischer Form durch Einsetzen des jeweils „alten" Rauheitsbeiwertes $\lambda_{alt}$ in Formel 4.8 zur Ermittlung des jeweils „neuen" Rauheitsbeiwertes $\lambda_{neu}$:

$$\frac{1}{\sqrt{\lambda_{neu}}} = -2{,}0 \cdot \lg\left(\frac{2{,}51}{Re \cdot \sqrt{\lambda_{alt}}} + \frac{r_s}{3{,}71}\right)$$

**Tabelle 10.1** $\lambda$-Iteration in Aufgabe 4.3

| Parameter | Schritt 1 | Schritt 2 | Schritt 3 |
|---|---|---|---|
| $\lambda$ | 0,02 | 0,0214 | **0,0214** |
| $Re \cdot r_s \cdot \sqrt{\lambda}$ | 158,5 | 164,0 | 164,0 |

**Hinweis:** Mit jedem Iterationsschritt wird das Kriterium zur Feststellung des Rauheitsbereiches überprüft. Würde eine Kriteriumsgrenze im Laufe der Iteration überschritten werden, so müsste die dann jeweils andere gültige Formel zur weiteren Berechnung herangezogen werden.

Mit dem Rauheitsbeiwert $\lambda = 0{,}0214$ kann schließlich die gesuchte Reibungsverlusthöhe $h_r$ gemäß Formel 4.1 berechnet werden:

$$h_r = \lambda \cdot \frac{L}{d} \cdot \frac{v^2}{2g} = 0{,}0214 \cdot \frac{2000}{1{,}50} \cdot \frac{0{,}566^2}{2g} = 0{,}466 \text{ m}$$

Mit der gegebenen Leitungslänge von 2000 m tritt damit eine Reibungsverlusthöhe von 46,6 cm auf.

## Aufgabe 4.4

Die in Beispiel 4.4 berechnete Nutzfallhöhe $h_N$ der Turbine soll auch durch einen Schieber (siehe Bild 4.5 und Tabelle 4.7) abgebaut werden können. Damit muss für den entsprechenden Einzelverlust gelten:

$$h_N = \Delta h_{e,Schieber} = \zeta_{Schieber} \cdot \frac{v^2}{2g}$$

Der Verlustbeiwert $\zeta_{Schieber}$ errechnet sich mit der zugehörigen Geschwindigkeitshöhe

$$\frac{v^2}{2g} = \frac{Q^2}{A^2 \cdot 2g} = \frac{0{,}25^2}{0{,}2827^2 \cdot 2g} = 0{,}0398\,\text{m}$$

folglich zu einem Wert, der mithilfe der MSR-Technik angefahren wird:

$$\zeta_{Schieber} = \frac{h_N}{v^2/2g} = \frac{21{,}15}{0{,}0398} = 531$$

**Praxishinweis**

Die Einstellung der Schieberstellung, also des Öffnungsgrades, erfolgt in der Praxis indirekt durch eine Durchflussmessung und nachfolgende Anpassung des Schiebers (**M**essen**S**teuern**R**egeln-Technik). Eine typische Schieberkennlinie ist in Bild 10.14 zu sehen. Daraus kann entnommen werden, dass auch nicht annähernd ein linearer Zusammenhang zwischen dem Öffnungsgrad des Schiebers und dem Verlustbeiwert vorliegt. Der Hintergrund dafür sind die Strömungs- und Wirbelverhältnisse unterstrom der Schieberplatte.

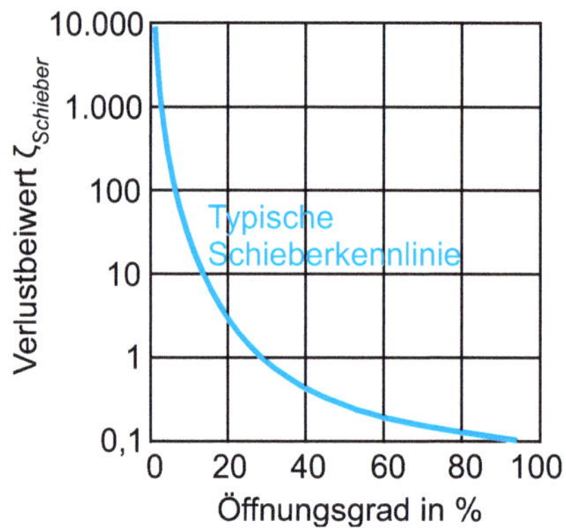


**Bild 10.14** Typische Schieberkennlinie

## Aufgabe 4.5

Mit den gegebenen Größen wird zunächst die Geschwindigkeit $v$ in der Rohrleitung berechnet:

$$v = \frac{Q \cdot 4}{d^2 \cdot \pi} = \frac{0{,}2 \cdot 4}{0{,}6^2 \cdot \pi} = 0{,}707\ \frac{\mathrm{m}}{\mathrm{s}}$$

Daraus werden nun die zugehörige Reynoldszahl $Re$ sowie die relative Rauheit $r_s$ ermittelt:

$$Re = \frac{v \cdot d}{\nu} = \frac{0{,}707 \cdot 0{,}6}{1{,}31 \cdot 10^{-6}} = 323817 > 2320$$

$$r_s = \frac{k_s}{d} = \frac{0{,}00025}{0{,}60} = 4{,}1\overline{6} \cdot 10^{-4}$$

Damit liegt eine turbulente Strömung vor. Zur Berechnung des Reibungsbeiwertes muss zunächst der hydraulische Rauheitsbereich unter Vorgabe des Startwertes $\lambda$ = 0,02 abgeschätzt werden:

$$Re \cdot r_s \cdot \sqrt{\lambda} \approx 19{,}1 < 200 \quad \text{also hydraulischer Übergangsbereich}$$

Die weiteren Berechnungen erfolgen in tabellarischer Form durch Einsetzen des jeweils „alten“ Rauheitsbeiwertes $\lambda_{alt}$ in Formel 4.8 (Iteration von $\lambda$ für den Übergangsbereich) zur Ermittlung des jeweils „neuen“ Rauheitsbeiwertes $\lambda_{neu}$:

**Tabelle 10.2** $\lambda$-Iteration in Aufgabe 4.5

| Parameter | Schritt 1 | Schritt 2 | Schritt 3 | Schritt 4 |
|---|---|---|---|---|
| $\lambda$ | 0,02 | 0,0175 | 0,0176 | **0,0176** |
| $Re \cdot r_s \cdot \sqrt{\lambda}$ | 19,1 | 17,9 | 17,9 | 17,9 |

Mit dem Rauheitsbeiwert $\lambda$ = 0,0176 kann jetzt die Pumpenförderhöhe $h_F$ berechnet werden, die sich aus der Energiehöhenbilanzierung ergibt:

$$h_F = 660 - 635 + \left(\lambda \cdot \frac{L}{d} + \sum \zeta\right) \cdot \frac{v^2}{2g} = 25 + \left(0{,}0176 \cdot \frac{3.200}{0{,}6} + 4{,}1\right) \cdot \frac{0{,}707^2}{2g} = 27{,}50\ \mathrm{m}$$

Mit dieser Größe wird nun die gesuchte Pumpenleistung gemäß Formel 4.16 bei einem Wirkungsgrad $\eta_P$ = 0,60 ermittelt:

$$P_P = \frac{\rho g \cdot Q \cdot h_F}{\eta_P} = \frac{9.810 \cdot 0{,}2 \cdot 27{,}50}{0{,}6} = 89.925\ \mathrm{W} = 89{,}9\,\mathrm{kW}$$

Bei der Auswahl einer Pumpe muss dann auf diese Pumpenleistung geachtet werden.

## Aufgabe 4.6

Geht man von ähnlichen Reibungsbeiwerten $\lambda$ in den drei Leitungen aus, dann geben die Neigungen der Druck- und Energielinien Auskunft über die Strömungsgeschwindigkeiten. Demnach liegt in Leitung b die geringste und in Leitung c die größte Strömungsgeschwindigkeit vor.

Zweite Möglichkeit der Beantwortung: Die Geschwindigkeitshöhe $v^2/2g$ als Abstand zwischen Energie- und Drucklinie ist in Leitung c am größten und in Leitung b am kleinsten. Entsprechendes gilt folglich für die Strömungsgeschwindigkeiten.

## Aufgabe 4.7

Am einfachsten kann die vorliegende Aufgabe ausgehend von Behälter B gelöst werden. Wie aus dem Energieplan in Bild 4.14 zu entnehmen ist, muss dazu die Reibungsverlusthöhe in Leitung b zur Wasserspiegelkote in Behälter B addiert werden. Mit dem Reibungsbeiwert aus Tabelle 4.14, der Leitungslänge $L_b$ und dem Rohrdurchmesser $d$ errechnet sich die Standrohrspiegelhöhe im Abzweigpunkt zu

$$h_C = h_B + \lambda \cdot \frac{L_b}{d} \cdot \frac{v^2}{2g} = 280 + 0{,}0171 \cdot \frac{1100}{0{,}30} \cdot \frac{1{,}415^2}{19{,}62} = 286{,}40 \text{ m NHN}$$

Die Druckhöhe $p_C/\rho g$ am Abzweigpunkt beträgt durch Vergleich mit der geodätischen Höhe dieses Punktes

$$\frac{p_C}{\rho g} = h_C - 230{,}00 = 286{,}40 - 230{,}00 = 56{,}40 \text{ m}$$

Ohne Strömung in das Versorgungsgebiet C liegt damit die statische Druckhöhe von 56,40 m am Abzweigpunkt an.

## Aufgabe 4.8

In der gesamten Wasserversorgungsanlage findet kein Durchfluss statt, das bedeutet, dass weder die Pumpe in Leitung a noch die Entnahme im Versorgungsgebiet C aktiv ist. Da die Behälterwasserspiegel in A und B mit den bekannten Höhenkoten vorliegen und zwischen Behälter B und der Pumpe keine Armatur angegeben ist, muss im Ruhezustand an der Abzweigung zum Versorgungsgebiet C der Behälterwasserstand B das Druckniveau vorgeben. Daher beträgt $p_C/\rho g = 280 - 230 = 50$ m (Bild 10.15).

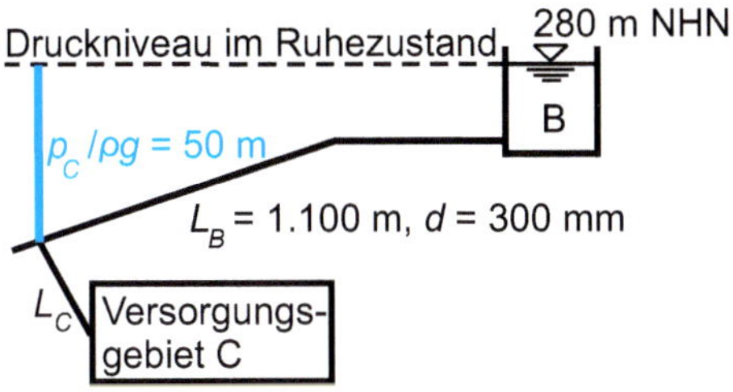


**Bild 10.15**
Ruhedruck in Aufgabe 5.8

# 10.5 Lösungen zu Aufgaben in Kapitel 5

## Aufgabe 5.1

Gemäß Beispiel 4.6 beziehungsweise 5.1 werden für die Wasserversorgungsanlage $Q$ = 100 l/s bei $h_F$ = 74,7 m benötigt. Mit der in Beispiel 5.1 angegebenen Pumpe wird dieser Betriebspunkt erreicht (Bild 5.5). Mit der von einem anderen Hersteller gegebenen Pumpenkennlinie gemäß $h_{F,P} = 90 - 16\,500 \cdot Q^3$ werden die Daten aus Tabelle 10.3 erhalten:

**Tabelle 10.3** Alternative Pumpenkennlinie aus Aufgabe 5.1

| $Q$ in l/s | Anlage: $h_{F,N}$ in m | Pumpe: $h_{F,P}$ in m |
|---|---|---|
| 20 | 60,7 | 89,9 |
| 40 | 62,6 | 88,9 |
| 60 | 65,6 | 86,4 |
| 80 | 69,6 | 81,6 |
| 100 | 74,7 | 73,5 |
| 120 | 80,8 | 61,5 |
| 140 | 88,0 | 44,7 |
| 160 | 96,3 | 22,4 |

Durch Antragung von Pumpen- und Anlagenkennlinie zeigt sich der folgende Betriebspunkt:

Der Betriebspunkt kann entweder Bild 10.16 entnommen oder durch Gleichsetzen der Formeln für $h_{F,N}$ und $h_{F,P}$ erhalten werden (siehe Vorgehensweise in Beispiel 5.1). Als Betriebspunkt stellt sich damit $h_F$ = 74,2 m bei $Q$ = 98,5 l/s ein. Dieser Betriebspunkt unterschreitet die erforderlichen Größen knapp. Die Pumpe mit der Kennlinie $h_{F,P} = 90 - 16\,500 \cdot Q^3$ ist demzufolge für den Einsatz in der bearbeiteten Anlage nicht geeignet.

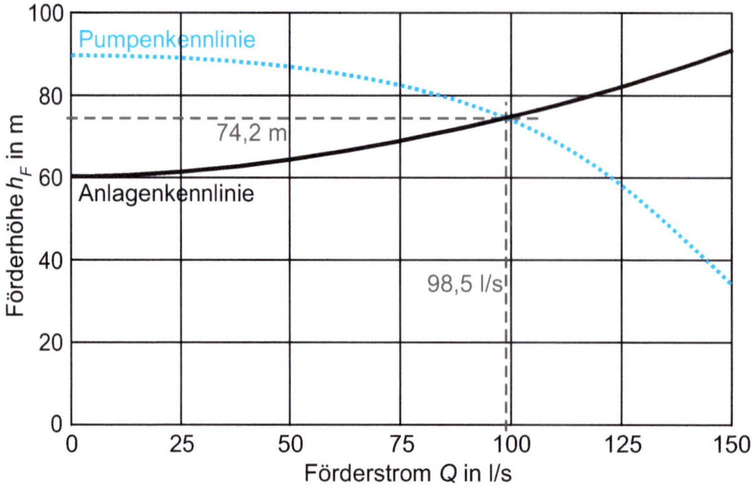


**Bild 10.16** Lösung zu Aufgabe 5.1

## Aufgabe 5.2

Bei Reihenbetrieb zweier baugleicher Pumpen ist gemäß Abschnitt 5.3 anzusetzen:

$$Q_1 = Q_2 = Q_{12} \quad \text{sowie} \quad h_{F1} + h_{F2} = h_{F12}$$

Damit erhält man für die beiden gegebenen Pumpen:

**Tabelle 10.4** Ermittlung der Pumpenförderhöhe für Aufgabe 5.2

| | Anlage | Pumpenförderhöhen in m | | |
|---|---|---|---|---|
| $Q$ in l/s | $h_{F,N}$ in m | $h_{F,P}$ (einzeln) | $h_{F,2PP}$ (parallel) | $h_{F,2PR}$ (in Reihe) |
| 20 | 60,7 | 82,9 | 83,0 | 165,8 |
| 40 | 62,6 | 82,5 | 82,9 | 165,0 |
| 60 | 65,6 | 81,4 | 82,8 | 162,8 |
| 80 | 69,6 | 79,2 | 82,5 | 158,4 |
| 100 | 74,7 | 75,5 | 82,1 | 151,0 |
| 120 | 80,8 | 70,0 | 81,4 | 140,0 |
| 140 | 88,0 | 62,4 | 80,4 | 124,8 |
| 160 | 96,3 | 52,3 | 79,2 | 104,6 |
| 180 | 105,6 | 39,3 | 77,5 | 78,6 |
| 200 | 115,9 | 23,0 | 75,5 | 46,0 |

Bild 10.17 zeigt die verschiedenen Pumpenkennlinien sowie die Anlagenkennlinie. Mit den vorliegenden Daten ist eine Reihenschaltung der gegebenen Pumpen wesentlich effektiver als eine Parallelschaltung.

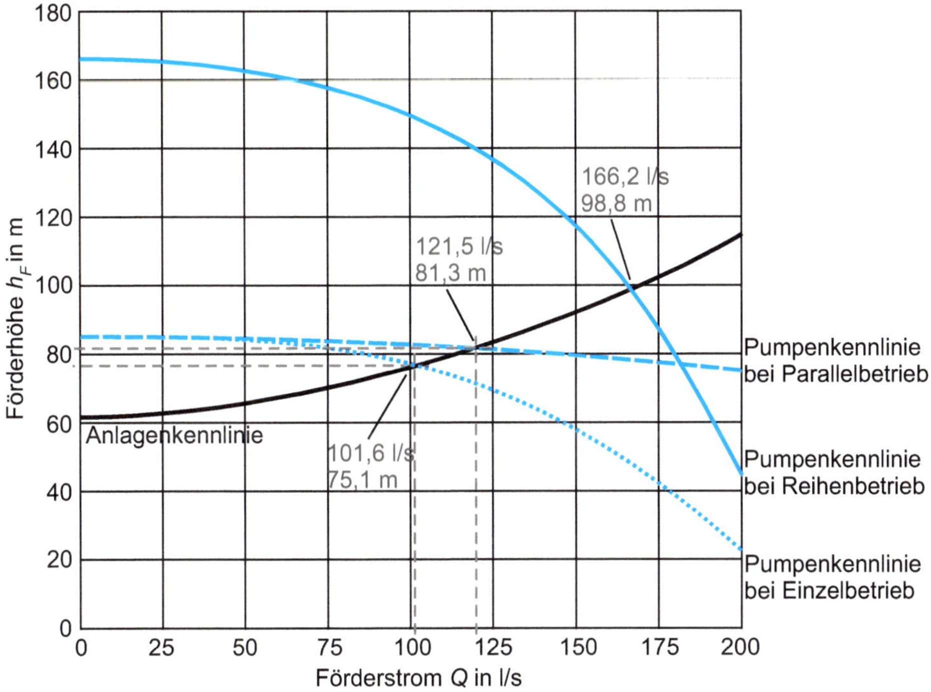


**Bild 10.17** Lösung zu Aufgabe 5.2

Der Grund für den „Vorteil" der Reihenschaltung in der gegebenen Aufgabe liegt in der relativ flachen Anlagenkennlinie. Diese wiederum ist der hohen Ausgangslage (60,7 m) aus dem geodätischen Höhenunterschied zwischen Behälter A und B geschuldet. Daher ist im Einzelfall immer zu prüfen, welche Pumpenkombination günstiger ist.

## Aufgabe 5.3

Zur Vergrößerung der geodätischen Höhe $z_{WSP}$ kann entweder der Wasserspiegel im Vorlagebehälter höher oder die Pumpe tiefer gesetzt werden. Eine weitere Möglichkeit ist die Vergrößerung der Dimension der Saugleitung, um damit geringere Geschwindigkeiten und folglich geringere Verluste $h_v$ zu erzeugen. Mit den genannten Maßnahmen vergrößert sich der *NPSHA*-Wert. Diese Möglichkeiten sind allerdings nur theoretischer Natur, da in der Praxis eine passende Pumpe gewählt wird.

## Aufgabe 5.4

Da sich der atmosphärische Luftdruck nach der barometrischen Höhenformel, Formel 5.3, berechnen lässt, ergibt sich der in Formel 5.1 anzusetzende Luftdruck zu

$$\frac{p_a}{\rho g} = 10{,}33 \cdot e^{-z/8{,}431} = 10{,}33 \cdot e^{-2.500/8{,}431} = 7{,}68\,\mathrm{m\ WS}$$

Gegenüber Beispiel 5.3 liegt damit ein um

$$10{,}33 - 7{,}68 = 2{,}65\,\mathrm{m\ WS}$$

geringerer Luftdruck vor. Dies berücksichtigend, ergibt sich die *NPSH*-Berechnung wie folgt:

**Tabelle 10.5** Ermittlung der *NPSHA*-Werte für Aufgabe 5.4

| *Q* in l/s | *Re* | $\lambda$ | $h_v$ in m | *NPSHA* in m | *NPSHR* in m |
|---|---|---|---|---|---|
| 10 | $122{,}4 \cdot 10^3$ | 0,0229 | 0,14 | 7,57 | 2,01 |
| 15 | $183{,}6 \cdot 10^3$ | 0,0223 | 0,30 | 7,41 | 2,03 |
| 20 | $244{,}9 \cdot 10^3$ | 0,0220 | 0,53 | 7,18 | 2,25 |
| 25 | $306{,}1 \cdot 10^3$ | 0,0218 | 0,82 | 6,89 | 3,05 |
| 30 | $367{,}3 \cdot 10^3$ | 0,0216 | 1,18 | 6,53 | 4,09 |
| **35** | $\mathbf{428{,}5 \cdot 10^3}$ | **0,0215** | **1,59** | **6,12** | **5,52** |
| 36 | $440{,}7 \cdot 10^3$ | 0,0215 | 1,69 | 6,02 | 5,79 |
| 40 | $489{,}7 \cdot 10^3$ | 0,0214 | 2,07 | 5,64 | 7,01 |
| 42 | $514{,}2 \cdot 10^3$ | 0,0214 | 2,28 | 5,43 | 7,59 |
| 45 | $550{,}9 \cdot 10^3$ | 0,0214 | 2,62 | 5,09 | 8,48 |
| 50 | $612{,}1 \cdot 10^3$ | 0,0213 | 3,22 | 4,49 | 10,01 |

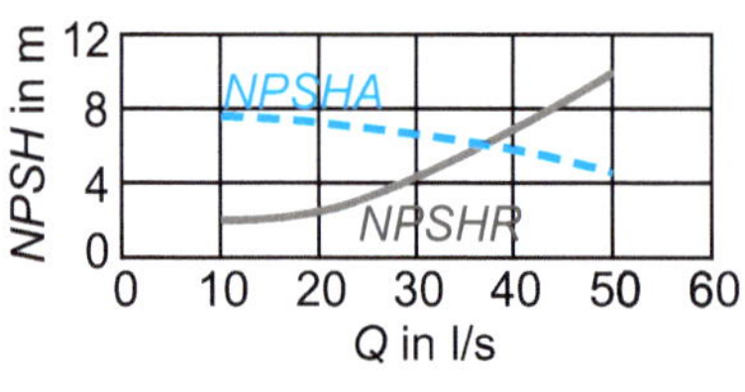


**Bild 10.18**
*NPSH*-Linien zu Aufgabe 5.4

Für $Q > 35$ l/s besteht also Kavitationsgefahr, da die Sicherheitshöhe von 0,5 m dann unterschritten wird.

# 10.6 Lösungen zu Aufgaben in Kapitel 6

## Aufgabe 6.1

Bei einer Gesamthöhe des rechteckigen Durchlasses von 1,5 m und einem Freibord von 0,5 m bleibt eine Fließtiefe von $h$ = 1,0 m. Unter stationär gleichförmigen Bedingungen können nun die Normalwasserverhältnisse ermittelt werden. Im vorliegenden Fall betrifft dies aber nicht die Tiefe wie in Beispiel 6.2, sondern die erforderliche Gerinnebreite $b$.

Durch Vorgabe der Breite $b$ erhält man die Querschnittskenngrößen $A$ und $U$. Daraus wird der hydraulische Radius $r_{hy}$ berechnet. Mit diesen Daten kann nun die Geschwindigkeit $v(k_{st})$, also in Abhängigkeit des STRICKLER-Beiwertes, ermittelt und diese mit der über die Kontinuität bestimmten Geschwindigkeit $v(Q/A)$ verglichen werden (siehe Formel 6.28). Die Breite $b$ wird so lange angepasst, bis die beiden Geschwindigkeiten übereinstimmen. Dies kann per Hand geschehen oder durch einen Iterationsterm für die Breite, der mit $Q = v_{mittel} \cdot A$ wie folgt aussehen kann:

$$b = \frac{2 \cdot Q}{\left(v\left(Q/A\right) + v\left(k_{st}\right)\right) \cdot h}$$

Der benötigte Startwert kann durch den Ansatz einer über die Kontinuität ermittelten Geschwindigkeit von etwa $v(Q/A)$ = 1 m/s erhalten werden, da diese Größenordnung insbesondere in natürlichen Gerinnen nicht selten vorliegt. Mit einer auf diese Weise abgeschätzten Startbreite von $b$ = 1,0 m erhält man Tabelle 10.6.

**Tabelle 10.6** Iterative Berechnung der Breite $b$ unter Normalwasserverhältnissen

| | Iterationsschritt | | | | | | | |
|---|---|---|---|---|---|---|---|---|
| Parameter | 1 | 2 | 3 | 4 | 5 | 6 | 7 | 8 |
| $b$ in m | 1,0 | 1,165 | 1,232 | 1,253 | 1,260 | 1,262 | 1,263 | **1,263** |
| $A$ in m² | 1,0 | 1,165 | 1,232 | 1,253 | 1,260 | 1,262 | 1,263 | 1,263 |
| $U$ in m | 3,0 | 3,165 | 3,232 | 3,253 | 3,260 | 3,262 | 3,263 | 3,263 |
| $r_{hy}$ in m | 0,333 | 0,368 | 0,381 | 0,385 | 0,387 | 0,387 | 0,387 | 0,387 |
| $v(Q/A)$ in m/s | 1,2 | 1,030 | 0,974 | 0,957 | 0,952 | 0,951 | 0,950 | **0,950** |
| $v(k_{St})$ in m/s | 0,860 | 0,919 | 0,940 | 0,947 | 0,949 | 0,950 | 0,950 | **0,950** |

Die gesuchte Normalwasserbreite beträgt somit mit Formel 6.28 unter den gegebenen Randbedingungen $b$ = 1,263 m. Praxisnah wird dieser Wert auf $b$ = 1,27 m aufgerundet.

## Aufgabe 6.2

Für den gegebenen Trapezquerschnitt (Böschung $1:m$ = 1:1, Sohlbreite $s$ = 3,0 m und Durchfluss $Q$ = 10 $m^3/s$) muss die Grenztiefe $h_{gr}$ iterativ mit Formel 6.36 berechnet werden. Dazu ist eine Startgröße $h_{gr}$ vorzugeben und schrittweise zu verbessern.

In Beispiel 6.2 wurden für diesen Trapezquerschnitt die Normalwasserverhältnisse ermittelt. Diese betragen $h_n$ = 1,395 m bei strömendem Abfluss mit der Froudezahl $Fr$ = 0,51. Als Startgröße für die Grenztiefe ist daher ein geringerer Wert als die Normalwassertiefe anzusetzen.

**Tabelle 10.7** Iteration der Grenztiefe $h_{gr}$ in Aufgabe 6.2

| Parameter | Schritt 1 | Schritt 2 | Schritt 3 | Schritt 4 | Schritt 5 |
|---|---|---|---|---|---|
| $h_{gr}$ in m | 1,0 | 0,927 | 0,935 | 0,934 | **0,934** |

Die gesuchte Grenztiefe für den Trapezkanal beträgt somit mit Formel 6.36 unter den gegebenen Randbedingungen $h_{gr}$ = 0,934 m. Die zugehörige Grenzgeschwindigkeit $v_{gr}$ errechnet sich mit Formel 6.37 zu

$$v_{gr} = \sqrt{\frac{g \cdot h_{gr} \cdot \left(1 + m \cdot \frac{h_{gr}}{s}\right)}{1 + 2 \cdot m \cdot \frac{h_{gr}}{s}}} = \sqrt{\frac{g \cdot 0{,}934 \cdot \left(1 + 1 \cdot \frac{0{,}934}{3{,}0}\right)}{1 + 2 \cdot 1 \cdot \frac{0{,}934}{3{,}0}}} = 2{,}721\,\frac{\text{m}}{\text{s}}$$

Die minimale Energiehöhe $H_{min}$ wird mithilfe von Formel 6.38 erhalten:

$$H_{min} = \frac{3 + 5 \cdot m \cdot \frac{h_{gr}}{s}}{2 \cdot \left(1 + 2 \cdot m \cdot \frac{h_{gr}}{s}\right)} = \frac{3 + 5 \cdot 1 \cdot \frac{0{,}934}{3{,}0}}{2 \cdot \left(1 + 2 \cdot 1 \cdot \frac{0{,}934}{3{,}0}\right)} = 1{,}311 \text{ m}$$

**Es geht auch einfacher:** Die minimale Energiehöhe $H_{min}$ kann auch mit der sohlenbezogenen Energiehöhe (Formel 6.14) berechnet werden. Also:

$$H_{min} = h_{gr} + \frac{v_{gr}^2}{2g} = 0{,}934 + \frac{2{,}721^2}{2g} = 1{,}311 \text{ m}$$

## Aufgabe 6.3

Ein Übergang vom Strömen zum Schießen bei gleichbleibender Sohlneigung bedeutet, dass sich die Strömung bei Verringerung der Fließtiefe beschleunigt. Eine Beschleunigung setzt einen geringeren Reibungswiderstand voraus. Die Widerstandsgröße in Form des STRICKLER-Beiwerts muss also zu einer höheren Geschwindigkeit führen, also mit Formel 6.25

$$v_2 = k_{St2} \cdot r_{hy}^{2/3} \cdot I_E^{1/2} > v_1 = k_{St1} \cdot r_{hy}^{2/3} \cdot I_E^{1/2}$$

Das bedeutet, dass der STRICKLER-Beiwert in Bereich 2 größer sein muss als in Bereich 1, daher

$$k_{St2} > k_{St1}$$

## Aufgabe 6.4

Zur Lösung dieser Aufgabe müssen zunächst die Normalwassertiefen in beiden Bereichen festgestellt werden. Dies geschieht in Anlehnung an Beispiel 6.2.

Von Hand bzw. „automatisiert" mit dem untenstehenden Verbesserungsansatz für $h$ ergibt sich der folgende iterative Berechnungsablauf:

$$A = \frac{Q}{v_{mittel}} \quad \Rightarrow \quad h_{neu} = \frac{2 \cdot Q}{\left(v(Q/A) + v(k_{st})\right) \cdot b}$$

**Tabelle 10.8** Iterative Berechnung der Normalwassertiefe von Bereich 1

| | Iterationsschritt | | | | | | |
|---|---|---|---|---|---|---|---|
| Parameter | 1 | 2 | 3 | 4 | 5 | 6 | 7 |
| $h$ in m | 1,0 | 0,518 | 0,492 | 0,487 | 0,486 | 0,485 | **0,485** |
| $A$ in m² | 3,0 | 1,553 | 1,477 | 1,461 | 1,457 | 1,456 | 1,455 |
| $U$ in m | 5,0 | 4,035 | 3,985 | 3,974 | 3,971 | 3,970 | 3,970 |
| $r_{hy}$ in m | 0,6 | 0,385 | 0,371 | 0,368 | 0,367 | 0,367 | 0,367 |
| $v(Q/A)$ in m/s | 1,667 | 3,219 | 3,384 | 3,423 | 3,433 | 3,435 | **3,436** |
| $v(k_{St})$ in m/s | 4,772 | 3,549 | 3,462 | 3,442 | 3,437 | 3,436 | **3,436** |

Die Normalwassertiefe in Bereich 1 beträgt somit $h_{n1}$ = 0,485 m. Die Fließart liegt wegen $Fr_1$ = 1,58 im Schießen. Die spezifische Energiehöhe errechnet sich zu $H_{1,sch}$ = 1,087 m.

**Tabelle 10.9** Iterative Berechnung der Normalwassertiefe von Bereich 2

| | Iterationsschritt | | | | | | |
|---|---|---|---|---|---|---|---|
| Parameter | 1 | 2 | 3 | 4 | 5 | 6 | 7 |
| $h$ in m | 1,0 | 1,023 | 1,031 | 1,033 | 1,034 | 1,034 | **1,034** |
| $A$ in m² | 3,0 | 3,070 | 3,921 | 3,099 | 3,101 | 3,102 | 3,102 |
| $U$ in m | 5,0 | 5,047 | 5,061 | 5,066 | 5,067 | 5,068 | 5,068 |
| $r_{hy}$ in m | 0,6 | 0,608 | 0,611 | 0,612 | 0,612 | 0,612 | 0,612 |
| $v(Q/A)$ in m/s | 1,667 | 1,629 | 1,617 | 1,613 | 1,612 | 1,612 | **1,612** |
| $v(k_{St})$ in m/s | 1,591 | 1,605 | 1,610 | 1,611 | 1,612 | 1,612 | **1,612** |

Die Normalwassertiefe in Bereich 2 beträgt somit $h_{n2}$ = 1,034 m. Die Fließart liegt wegen $Fr_2$ = 0,51 im Strömen, damit stellt sich ein Wechselsprung ein. Die spezifische Energiehöhe errechnet sich zu $H_{2,str}$ = 1,166 m.

Wegen $H_{1,sch} < H_{2,str}$ liegt der Fließwechsel in Bereich 1 (siehe Bild 10.19).

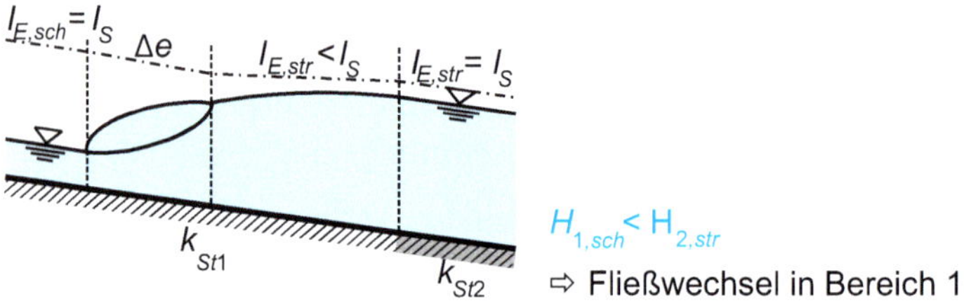


**Bild 10.19** Fließwechsel in Aufgabe 6.4

## Aufgabe 6.5

Wegen $w$ = 0,60 m $< 0,6 \cdot h_{gr}$ = 0,63 m ist der Sohlabsturz nicht frei von Unterwassereinfluss. Mit Formel 6.49 ergibt sich die Energiehöhe der Anströmung zu

$$h_o + \frac{v_o^2}{2g} + w = 1,50 + \frac{8,5^2}{2,5^2 \cdot 1,50^2 \cdot 2g} + 0,60 = 2,362\,\text{m}$$

Dieser Wert ist die Randbedingung für die Überströmung des Absturzes. In Kombination mit Formel 6.50 erhält man

$$h_u + \frac{v_u^2}{2g} + \frac{(v_o - v_u)^2}{2g} = 2,362\,\text{m}$$

sowie durch Umformung schließlich eine kubische Formel für die gesuchte Wassertiefe $h_u$:

$$h_u^3 - 2,362 \cdot h_u^2 + \frac{Q^2}{b^2 \cdot 2g} + \frac{\left(v_o \cdot h_u - Q/b\right)^2}{2g} = 0$$

Mit Zahlenwerten entsteht folgendes zu lösende Polynom 3. Grades:

$$h_u^3 - 2{,}1 \cdot h_u^2 - 0{,}786 \cdot h_u + 1{,}178 = 0$$

Daraus ergeben sich - z. B. durch Anwendung des NEWTON-Verfahrens - drei mathematische Lösungen für $h_u$, von denen nur die dritte im gegebenen Zusammenhang sinnvoll ist:

- $h_{u1}$ = -0,789 m → physikalisch nicht sinnvoll, da negative Wassertiefe
- $h_{u2}$ = 0,674 m → schießende Fließtiefe, da $h_{u2} < h_{gr}$
- $h_{u3}$ = 2,215 m → physikalisch sinnvolle, strömende Fließtiefe

Die Wassertiefe steigt also durch den gegebenen Sohlabsturz von $h_o$ = 1,5 m auf $h_u$ = 2,215 m. Daraus kann nun die Verlusthöhe $\Delta e_s$ mit Formel 6.50 berechnet werden:

$$\Delta e_s = \frac{(v_o - v_u)^2}{2g} = \frac{(2{,}267 - 1{,}535)^2}{2g} = 0{,}027\,\text{m}$$

## Aufgabe 6.6

Die zunächst benötigte Normalwassertiefe wird unter der Voraussetzung eines sehr breiten Gerinnes ermittelt, also für $r_{hy} = h$. Damit kann mit dem Ansatz

$$v = k_{St} \cdot h_n^{2/3} \cdot I_S^{1/2} = \frac{Q}{b \cdot h_n}$$

die Normalwassertiefe $h_n$ ohne Iteration bestimmt werden:

$$40 \cdot h_n^{2/3} \cdot 0{,}00035^{1/2} = \frac{250}{45 \cdot h_n}$$

$$\Rightarrow \quad h_n = \left( \frac{250}{45 \cdot 40 \cdot 0{,}00035^{1/2}} \right)^{3/5} = 3{,}330 \text{ m}$$

Weit vor und hinter dem aufgeweiteten Bereich liegt damit die Normalwassertiefe $h_n$ = 3,330 m vor. Die Geschwindigkeit beträgt $v_n$ = 1,669 m/s. Wegen der strömungsgünstigen Aufweitung kann nun mittels Energiehöhenvergleich angesetzt werden:

$$H_n = H_1 \quad \Rightarrow \quad h_n + \frac{v_n^2}{2g} = h_1 + \frac{v_1^2}{2g} = 3{,}330 + \frac{1{,}669^2}{2g} = 3{,}472 \text{ m}$$

Damit erhält man wieder eine kubische Formel für die gesuchte Wassertiefe $h_1$. Daraus ergeben sich drei mathematische Lösungen für $h_1$:

- $h_{11}$ = -0,409 m → physikalisch nicht sinnvoll, da negative Wassertiefe
- $h_{12}$ = 0,465 m → schießende Fließtiefe
- $h_{13}$ = 3,416 m → strömende Fließtiefe

Mit Formel 6.30 errechnet sich die Grenztiefe im aufgeweiteten Bereich:

$$h_{gr} = \sqrt[3]{\frac{Q^2}{b_1^2 \cdot g}} = \sqrt[3]{\frac{250^2}{70^2 \cdot g}} = 1{,}091 \text{ m}$$

Da die Grenztiefe in der Aufweitung größer ist als die Tiefe $h_{12}$, liegt mit der Lösung $h_{12}$ ein schießender Zustand vor. Die Grenzverhältnisse werden ausgehend von der strömenden Normalwassertiefe wegen der ausreichenden Energiehöhe der Anströmung allerdings nicht durchlaufen. Die gesuchte Wassertiefe beträgt also $h_1$ = 3,416 m.

## Aufgabe 6.7

Die Energiebilanzierung mit den Querschnitten direkt vor und innerhalb der Venturiverengung ergibt mit Durchlaufen der Grenzverhältnisse

$$h_o + \frac{v_o^2}{2g} = h_{gr} + \frac{v_{gr}^2}{2g} + 0{,}1 \cdot \frac{\left(v_{gr}^2 - v_o^2\right)}{2g} = H_{min} + \Delta e$$

Der Grenzzustand $h_{gr}$ in der Einengung wird nun vorgegeben und daraus der Durchfluss $Q$ nach Formel 6.30 und die minimale Energiehöhe $H_{min}$ gemäß Formel 6.32 berechnet:

$$Q = \sqrt{h_{gr}^3 \cdot b^2 \cdot g} \qquad \text{und} \qquad H_{min} = 1{,}5 \cdot h_{gr}$$

Damit wird nun durch Umstellungen die Oberwassertiefe $h_o$ direkt vor der Venturiverengung ermittelt:

$$h_o = H_{min} + 0{,}1 \cdot \frac{\left(v_{gr}^2 - v_o^2\right)}{2g} - \frac{v_o^2}{2g} = H_{min} + 0{,}1 \cdot \frac{v_{gr}^2}{2g} - 1{,}1 \cdot \frac{v_o^2}{2g} \qquad (10.1)$$

Da die Oberwassertiefe $h_o$ über $Q/A$ auch in der Geschwindigkeitshöhe $v_o^2/2g$ enthalten ist, muss die Lösung auf iterativem Weg ermittelt werden. Die Ergebnisse dazu sind in folgender Tabelle 10.10 zusammengestellt.

**Tabelle 10.10** Iterative Berechnung des Venturikanals in Aufgabe 6.7

| $h_{gr}$ in m | $Q$ in m³/s | $v_{gr}$ in m/s | $H_{min}$ in m | $h_o$ in m | $v_o$ in m/s | $H_o$ in m | $\Delta e$ in m | $H_o - \Delta e$ in m | $H_o$ in m (Gl. 10.1) |
|---|---|---|---|---|---|---|---|---|---|
| 0,05 | 0,0350 | 0,7004 | 0,075 | 0,0744 | 0,2354 | 0,0772 | 0,0022 | 0,0750 | 0,0744 |
| 0,10 | 0,0991 | 0,9905 | 0,150 | 0,1488 | 0,3329 | 0,1544 | 0,0044 | 0,1500 | 0,1488 |
| 0,15 | 0,1820 | 1,2131 | 0,225 | 0,2232 | 0,4076 | 0,2317 | 0,0067 | 0,2250 | 0,2232 |
| 0,20 | 0,2801 | 1,4007 | 0,300 | 0,2976 | 0,4707 | 0,3089 | 0,0089 | 0,3000 | 0,2976 |
| 0,25 | 0,3915 | 1,5660 | 0,375 | 0,3720 | 0,5263 | 0,3861 | 0,0111 | 0,3750 | 0,3720 |
| 0,30 | 0,5147 | 1,7155 | 0,450 | 0,4464 | 0,5765 | 0,4633 | 0,0133 | 0,4500 | 0,4464 |
| 0,35 | 0,6485 | 1,8530 | 0,525 | 0,5208 | 0,6227 | 0,5405 | 0,0155 | 0,5250 | 0,5208 |
| 0,40 | 0,7924 | 1,9809 | 0,600 | 0,5952 | 0,6657 | 0,6177 | 0,0177 | 0,6000 | 0,5952 |
| 0,45 | 0,9455 | 2,1011 | 0,675 | 0,6696 | 0,7061 | 0,6950 | 0,0200 | 0,6750 | 0,6696 |
| 0,50 | 1,1074 | 2,2147 | 0,750 | 0,7439 | 0,7443 | 0,7722 | 0,0222 | 0,7500 | 0,7439 |
| 0,55 | 1,2776 | 2,3228 | 0,825 | 0,8183 | 0,7806 | 0,8494 | 0,0244 | 0,8250 | 0,8183 |
| 0,60 | 1,4557 | 2,4261 | 0,900 | 0,8927 | 0,8153 | 0,9266 | 0,0266 | 0,9000 | 0,8927 |
| 0,65 | 1,6414 | 2,5252 | 0,975 | 0,9671 | 0,8486 | 1,0038 | 0,0288 | 0,9750 | 0,9671 |
| 0,70 | 1,8344 | 2,6205 | 1,050 | 1,0415 | 0,8806 | 1,0810 | 0,0310 | 1,0500 | 1,0415 |
| 0,75 | 2,0344 | 2,7125 | 1,125 | 1,1159 | 0,9115 | 1,1583 | 0,0333 | 1,1250 | 1,1159 |
| 0,80 | 2,2411 | 2,8014 | 1,200 | 1,1903 | 0,9414 | 1,2355 | 0,0355 | 1,2000 | 1,1903 |
| 0,85 | 2,4545 | 2,8876 | 1,275 | 1,2647 | 0,9704 | 1,3127 | 0,0377 | 1,2750 | 1,2647 |
| 0,90 | 2,6742 | 2,9714 | 1,350 | 1,3391 | 0,9985 | 1,3899 | 0,0399 | 1,3500 | 1,3391 |
| 0,95 | 2,9002 | 3,0528 | 1,425 | 1,4135 | 1,0259 | 1,4671 | 0,0421 | 1,4250 | 1,4135 |
| 1,00 | 3,1321 | 3,1321 | 1,500 | 1,4879 | 1,0525 | 1,5444 | 0,0444 | 1,5000 | 1,4879 |

Die 5. Spalte mit dem Oberwasser $h_0$ wurde iterativ solange verbessert, bis sie dem Wert der letzten Spalte entsprach. Zugleich stimmen dann auch die 4. und die 9. Spalte mit $H_{min}$ und $H_0 - \Delta e$ überein. Damit existiert nun ein Zusammenhang zwischen Oberwassertiefe $h_0$ und Durchfluss $Q$. Die Praxisaufgabe der nur indirekt möglichen Durchflussmessung kann somit auf eine Wasserstandsermittlung reduziert werden (siehe Bild 10.20). Die eindeutige Beziehung zwischen $h_0$ und $Q$ liegt allerdings nur vor, wenn der Venturikanal rückstaufrei durchströmt wird. Diese Rückstaufreiheit wird schließlich mittels Stützkraftansatz nachgewiesen. Wichtig ist dabei, dass die schießende Stützkraft beim Verlassen des Venturikanals größer ist als die strömende aus dem ungestörten Unterwasser. Berechnungsbeispiele hierzu sind in Beispiel 3.8, Beispiel 7.4 und Aufgabe 7.2 zu finden.

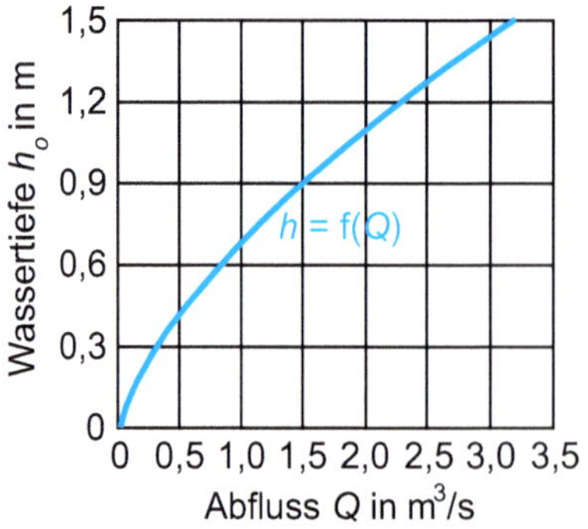


**Bild 10.20**
Schlüsselkurve oder Abflusskurve $h = f(Q)$

## Aufgabe 6.8

Die Geschwindigkeit bei Normalabfluss beträgt

$$v_n = \frac{Q}{b \cdot h_n} = \frac{30}{10 \cdot 2{,}0} = 1{,}50\ \frac{\text{m}}{\text{s}}$$

Der Strömungszustand liegt im Strömen wegen

$$Fr_n = \frac{v_n}{\sqrt{g \cdot h_n}} = \frac{1{,}50}{\sqrt{9{,}81 \cdot 2{,}0}} = 0{,}34$$

Die spezifische Energiehöhe errechnet sich zu

$$H_n = h_n + \frac{v_n^2}{2g} = 2{,}0 + \frac{1{,}5^2}{2g} = 2{,}115\ \text{m}$$

Die zugehörige Grenztiefe ist für den Rechteckquerschnitt

$$h_{gr} = \frac{2}{3} \cdot H_n = \frac{2}{3} \cdot 2{,}115 = 1{,}410\ \text{m}$$

Damit wird der Ansatz zur Berechnung der minimalen Breite des Fließquerschnitts zu

$$h_{gr} = \sqrt[3]{\frac{Q^2}{b_{bau}^2 \cdot g}} = 1{,}410\text{m} \quad \Rightarrow \quad b_{bau} = \sqrt{\frac{Q^2}{h_{gr}^3 \cdot g}} = \sqrt{\frac{30^2}{1{,}410^2 \cdot g}} = 5{,}721\ \text{m}$$

Zur Vermeidung eines Fließwechsels aufgrund einer zu starken Verengung des Fließquerschnitts darf die Breite $b_{bau}$ = 5,721 m nicht unterschreiten.

## Aufgabe 6.9

Zunächst ist der Fließzustand zu untersuchen. Die Grenztiefe berechnet sich für beide Gerinneabschnitte mit Formel 6.30:

$$h_{gr} = \sqrt[3]{\frac{Q^2}{b^2 \cdot g}} = \sqrt[3]{\frac{7{,}6^2}{4{,}0^2 \cdot g}} = 0{,}717 \text{ m}$$

Unabhängig von der Sohlneigung ist also $h_{gr}$ = 0,717 m. Da die Normalwassertiefe im flacheren Abschnitt $h_{nL}$ = 1,29 m und im steiler geneigten $h_{nR}$ = 0,59 m beträgt, liegt links ein strömender und rechts ein schießender Abfluss vor. Daher findet ein kontinuierlicher Fließartenübergang statt, die Grenztiefe tritt an der Knickstelle auf. Die Knickstelle ist ein hydraulischer Kontrollquerschnitt (Abschnitt 6.8.2) mit einer berechenbaren Wassertiefe. Ausgehend von dieser Stelle können die beiden Teilaufgaben gelöst werden.

a) Die Stelle der gesuchten Tiefe $h_L$ = 0,90 m im flachen Gerinneabschnitt kann mithilfe von Formel 6.65 auf direktem Weg berechnet werden:

$$\Delta x = \frac{h_2 + \frac{v_2^2}{2g} - h_1 - \frac{v_1^2}{2g}}{I_S - I_{Em}} \qquad (6.65)$$

Mit Index „1" wird die linke Seite des betrachteten Gerinneabschnitts bezeichnet, mit „2" die rechte Seite.

**Rechte Seite des Gerinneabschnitts:**

$h_2$ = 0,717 m  $v_2$ = 2,650 m/s  $v_2^2/2g$ = 0,358 m  $r_{hy2}$ = 0,528 m

**Linke Seite des Gerinneabschnitts:**

$h_1$ = 0,90 m  $v_1$ = 2,111 m/s  $v_1^2/2g$ = 0,227 m  $r_{hy1}$ = 0,621 m

Daraus lassen sich die mittleren Größen ermitteln, die zur Bestimmung des mittleren Energieliniengefälles $I_{Em}$ benötigt werden. Mit der mittleren Geschwindigkeit $v_m$ = 2,381 m/s und dem mittleren hydraulischen Radius $r_{hym}$ = 0,574 m erhält man

$$I_{Em} = \frac{v_m^2}{r_{hym}^{4/3} \cdot k_{St}^2} = \frac{2{,}381^2}{0{,}574^{4/3} \cdot 55^2} = 0{,}00393$$

Eingesetzt in Formel 6.65 wird die gesuchte Abschnittslänge zu

$$\Delta x = \frac{0{,}717 + 0{,}358 - 0{,}900 - 0{,}227}{0{,}001 - 0{,}00393} = \frac{-0{,}052}{-0{,}00293} = 17{,}7 \text{ m}$$

Im Abstand $\Delta x$ = 17,7 m stellt sich somit die Wassertiefe $h_o$ = 0,90 m ein. Würde man die Berechnung mit mehreren Abschnitten durchführen, dann ergäbe sich eine etwas größere Gesamtabschnittslänge.

b) Die gesuchte Fließtiefe 10 m oberstrom des Gefälleknicks, also im flachen Gerinneabschnitt, kann mithilfe von Formel 6.64 erarbeitet werden. Da die fragliche Fließtiefe auch in der mittleren Energielinienneigung $I_{Em}$ des gesamten Abschnitts enthalten ist, muss die gesuchte Größe nach Vorgabe eines Startwerts durch Iteration ermittelt werden.

Die Berechnung in einem einzigen Abschnitt ergibt folgenden Ablauf:

**Rechte Seite des Gerinneabschnitts:**

$h_2 = 0{,}717$ m  $v_2 = 2{,}650$ m/s  $v_2^2/2g = 0{,}358$ m  $r_{hy2} = 0{,}528$ m

Für die linke Seite muss ein geeigneter Startwert angesetzt werden. Da die gesuchte Fließtiefe größer als die Grenztiefe ($h_{gr} = 0{,}717$ m), aber kleiner als die strömende Normalwassertiefe ($h_{nL} = 1{,}29$ m) sein wird, soll als Startgröße $h_1 = 0{,}9$ m verwendet werden:

**Linke Seite des Gerinneabschnitts:**

$h_1 = 0{,}90$ m  $v_1 = 2{,}111$ m/s  $v_1^2/2g = 0{,}227$ m  $r_{hy1} = 0{,}621$ m

Daraus lassen sich für diesen ersten Schritt die mittleren Größen berechnen, die zur Bestimmung des mittleren Energieliniengefälles $I_{Em}$ benötigt werden. Mit der mittleren Geschwindigkeit $v_m = 2{,}381$ m/s und dem mittleren hydraulischen Radius $r_{hym} = 0{,}574$ m erhält man wie zuvor in Aufgabenteil a)

$$I_{Em} = \frac{v_m^2}{r_{hym}^{4/3} \cdot k_{St}^2} = \frac{2{,}381^2}{0{,}574^{4/3} \cdot 55^2} = 0{,}00393$$

In Anlehnung an Formel 6.64 wird die gesuchte Fließtiefe bei Berechnung in einem einzigen Abschnitt aus dem Energiehöhenvergleich erhalten:

$$h_1 = h_2 + \frac{v_2^2}{2g} - \frac{v_1^2}{2g} + \Delta x \cdot (I_{Em} - I_S) = 0{,}717 + 0{,}358 - 0{,}227$$

$$+10 \cdot (0{,}00393 - 0{,}001) = 0{,}877 \text{ m}$$

Mit diesem neuen Wert für $h_1$ geht man wieder in die Berechnung der Größen von Schnitt 2 und erhält Tabelle 10.11.

**Tabelle 10.11** Iterative Berechnung der Fließtiefe in Aufgabe 6.9b

| $h_1$ in m | $A_1$ in m² | $U_1$ in m | $v_1$ in m/s | $v_1^2/2g$ in m | $r_{hy1}$ in m | $v_m$ in m/s | $r_{hym}$ in m | $I_{Em}$ | $h_{1neu}$ in m |
|---|---|---|---|---|---|---|---|---|---|
| 0,9 | 3,6 | 5,8 | 2,111 | 0,227 | 0,621 | 2,381 | 0,575 | 0,00392 | 0,877 |
| 0,877 | 3,508 | 5,754 | 2,166 | 0,239 | 0,61 | 2,408 | 0,569 | 0,00407 | 0,867 |
| 0,867 | 3,468 | 5,734 | 2,191 | 0,245 | 0,605 | 2,421 | 0,567 | 0,00413 | 0,861 |
| 0,861 | 3,444 | 5,722 | 2,207 | 0,248 | 0,602 | 2,429 | 0,565 | 0,00418 | 0,859 |

| $h_1$ in m | $A_1$ in m² | $U_1$ in m | $v_1$ in m/s | $v_1^2/2g$ in m | $r_{hy1}$ in m | $v_m$ in m/s | $r_{hym}$ in m | $I_{Em}$ | $h_{1neu}$ in m |
|---|---|---|---|---|---|---|---|---|---|
| 0,859 | 3,436 | 5,718 | 2,212 | 0,249 | 0,601 | 2,431 | 0,565 | 0,00418 | 0,858 |
| 0,858 | 3,432 | 5,716 | 2,214 | 0,25 | 0,6 | 2,432 | 0,564 | 0,00420 | 0,857 |
| 0,857 | 3,428 | 5,714 | 2,217 | 0,251 | 0,6 | 2,434 | 0,564 | 0,00420 | 0,856 |
| 0,856 | 3,424 | 5,712 | 2,22 | 0,251 | 0,599 | 2,435 | 0,564 | 0,00421 | 0,856 |
| 0,856 | 3,424 | 5,712 | 2,22 | 0,251 | 0,599 | 2,435 | 0,564 | 0,00421 | **0,856** |

Gegenüber der vorletzten Zeile ändert sich die letzte Zeile nicht mehr. Im Abstand $\Delta x$ = 10 m oberstrom der Knickstelle stellt sich somit die Wassertiefe $h$ = 0,856 m ein.

# 10.7 Lösungen zu Aufgaben in Kapitel 7

## Aufgabe 7.1

Zur Berechnung der Öffnungsbreite $b$ für den Behälter in Beispiel 7.2 wird Formel 7.9 benötigt, um die Ausflusssituation als kleine Öffnung zu betrachten. Der Neigungswinkel beträgt $\beta$ = 0°, daher wird cos $\beta$ = 1. Damit ist anzusetzen und zu berechnen:

$$Q_{gesamt,alt} = 3 \cdot \mu_A \cdot \frac{d^2 \cdot \pi}{4} \cdot \sqrt{2gh} = 3 \cdot \mu_A \cdot \frac{d^2 \cdot \pi}{4} \cdot \sqrt{2g \cdot \left(h_2 - \frac{a}{2}\right)}$$

$$= 3 \cdot 0{,}63 \cdot \frac{0{,}20^2 \cdot \pi}{4} \cdot \sqrt{2g \cdot 0{,}4} = 0{,}166 \, \frac{\mathrm{m}^3}{\mathrm{s}}$$

Die Verringerung auf 85 % ergibt

$$Q_{gesamt,neu} = 0{,}85 \cdot 0{,}166 = 0{,}141 \frac{\mathrm{m}^3}{\mathrm{s}}$$

Dieser Volumenstrom fließt nun durch eine Rechtecköffnung mit identischer Höhe $a$ = 0,20 m aus. Formel 7.9 wird nach der Größe $b$ aufgelöst:

$$b = \frac{Q_{gesamt,neu}}{\mu_A \cdot a \cdot \sqrt{2gh}}$$

Der vom Verhältnis $a/b$ abhängige Ausflussbeiwert $\mu_A$ ergibt mit einem geschätzten Wert $a/b$ = 0,5 die Größe $\mu_A$ = 0,64 (Tabelle 7.2). Damit errechnet sich nun die gesuchte Breite zu $b$ = 0,393 m.

Eine weitere Iteration ist nicht erforderlich, da $a/b$ = 0,2/0,393 = 0,509 der ursprünglichen Annahme ausreichend nahe kommt. Auf der sicheren Seite liegend wird die Breite zu $b$ = 0,40 m aufgerundet. Es ergibt sich im vorliegenden Fall somit kein Unterschied in den Ergebnissen bei Berechnung mit kleiner oder großer Öffnung.

## Aufgabe 7.2

Mit dem Oberwasserverhältnis $a/h_o$ = 0,138 und dem Ausflussbeiwert $\mu_A$ = 0,59 ergibt sich der Kontraktionsbeiwert $\psi$ = 0,615. Daraus lässt sich die Strahlhöhe mit $h_s$ = 0,307 m bestimmen. Diese gerundeten Werte weichen teilweise geringfügig von den Daten in Tabelle 7.4 ab. Um eine Beurteilung mit der Unterwassertiefe $h_u$ = 2,0 m bei angenommenem rückgestautem Ausfluss durchführen zu können, muss zunächst die Differenz $\Delta h$ mit Formel 7.14 ermittelt werden (siehe Bild 7.9). Mit den Werten für die Größen $\psi$, $h_o$, $h_u$ und $a$ erhält man

$$\Delta h = 2{,}408 \text{ m}$$

Mit Bild 7.10 ergibt sich mit $h_o/a$ = 7,25 und $h_u/a$ = 4 der Abminderungsbeiwert zu $c$ = 0,84. Der gegenüber dem freien Ausfluss verminderte rückgestaute Ausfluss errechnet sich nach Formel 7.15 zu

$$Q = 0{,}86 \cdot 0{,}59 \cdot 0{,}5 \cdot 2{,}0 \cdot \sqrt{19{,}62 \cdot 3{,}63} = 4{,}18 \,\frac{\text{m}^3}{\text{s}}$$

Die beiden für die weitere Überprüfung der etwaigen Rückstausituation erforderlichen Stützkräfte $F_s$ und $F_u$ erhält man mit

$$F_s = \rho \cdot v_s^2 \cdot h_s \cdot b + \rho g \cdot \left(h_o - \Delta h\right)^2 \cdot \frac{b}{2} = 43{,}1 \text{ kN}$$

und

$$F_u = \rho \cdot v_u^2 \cdot h_u \cdot b + \rho g \cdot h_u^2 \cdot \frac{b}{2} = 43{,}6 \text{ kN}$$

Wegen $F_s < F_u$ im Fall der Unterwassertiefe $h_u$ = 2,0 m bestätigt sich also der rückgestaute Ausfluss unter dem Planschütz (siehe Bild 7.9). Der kontrahierte Strahl wird durch die etwas höhere Stützkraft des Unterwassers entgegen die Fließrichtung gedrängt und überstaut.

## Aufgabe 7.3

Die Berechnung des scharfkantigen Rechtecküberfalls erfolgt mit der nach der Überfallhöhe $h$ aufgelösten POLENI-Gleichung (Formel 7.16):

$$h=\left(\frac{3\cdot Q}{2\cdot\mu(h)\cdot b\cdot\sqrt{2g}}\right)^{2/3}$$

Da die gesuchte Überfallhöhe $h$ auch in der Bestimmungsgleichung für den Überfallbeiwert $\mu$ enthalten ist, muss diese Aufgabe auf iterativem Weg gelöst werden. Die Abhängigkeit zwischen $\mu$ und $h$ ist für den vorliegenden Fall durch Formel 7.18 gegeben:

$$\mu=0{,}602+0{,}083\cdot\frac{h}{w}$$

Damit kann nun im ersten Schritt durch Vorgabe einer Startgröße für $\mu$ die Überfallhöhe $h$ ermittelt werden. Eine typische Größenordnung und folglich ein geeigneter Startwert für die Iteration ist $\mu$ = 0,60. Mit dem so gewonnenen $h$ wird ein neues $\mu$ berechnet und damit wiederum $h$ verbessert. Dies geschieht solange, bis sich keine Verbesserung mehr erzielen lässt (Tabelle 10.12).

**Tabelle 10.12** Iterative Berechnung der Überfallhöhe *h*

| Parameter | Schritt 1 | Schritt 2 | Schritt 3 | Schritt 4 |
|---|---|---|---|---|
| $\mu$ | 0,60 | 0,636 | 0,635 | 0,635 |
| $h$ in m | 0,311 | 0,299 | 0,300 | **0,300** |
| $h/w$ | 0,42 | 0,40 | 0,40 | 0,40 |

Die gesuchte Überfallhöhe $h$ beträgt 0,30 m. Als gesamte Oberwassertiefe $h_0$ stellt sich damit $w+h$ = 1,05 m ein. Das Gültigkeitskriterium $h/w < 6$ für den Zusammenhang zwischen $\mu$ und $h$ wird eingehalten.

## Aufgabe 7.4

In dieser Aufgabe sind ein Überfall sowie ein Ausfluss aus Seitenöffnung unter Gegendruck miteinander verknüpft. Der Überfall als erster Teil der vorliegenden Aufgabe wird, wie in Bild 7.18 dargestellt, als scharfkantiges Wehr und damit entsprechend Aufgabe 7.3 berechnet (Tabelle 10.13).

**Tabelle 10.13** Iterative Berechnung der Überfallhöhe *h*

| Parameter | Schritt 1 | Schritt 2 | Schritt 3 | Schritt 4 |
|---|---|---|---|---|
| $\mu$ | 0,60 | 0,608 | 0,608 | 0,608 |
| $h$ in m | 0,219 | 0,217 | 0,217 | **0,217** |
| $h/w$ | 0,07 | 0,07 | 0,07 | 0,07 |

Mit der so erhaltenen Überfallhöhe $h$ kann jetzt der sich ergebende Wasserspiegelunterschied $\Delta h$ berechnet werden:

$$\Delta h = h_L - w - h = 3{,}6 - 3{,}0 - 0{,}217 = 0{,}383 \text{ m}$$

Der Ausflussbeiwert $\mu_A$ ist vom Seitenlängenverhältnis $a/b$ der Öffnung abhängig. Da die Höhe $a$ im Vergleich zur Breite $b$ eher gering sein wird, wird der Ausflussbeiwert $\mu_A$ gemäß Tabelle 7.2 nahe 0,67 liegen. Mit dieser Eingangsgröße errechnet sich $a$ mit Formel 7.4 zu

$$a = \frac{Q}{\mu_A \cdot b \cdot \sqrt{2g \cdot \Delta h}} = \frac{1{,}0}{0{,}67 \cdot 5{,}5 \cdot \sqrt{2g \cdot 0{,}383}} = 0{,}099 \text{ m}$$

Das Seitenlängenverhältnis ist folglich $a/b$ = 0,018 und der Ausflussbeiwert beträgt durch Interpolation der Daten in Tabelle 7.2 $\mu_A$ = 0,669. Die Öffnungshöhe berechnet sich dann zu $a$ = 0,0991 m, auf der sicheren Seite liegend wird die Höhe mit $a$ = 0,10 m festgelegt.

Der Seitenausfluss unter Gegendruck für 90% von $Q$ errechnet sich mit den Größen

$Q = 0{,}90 \cdot 1{,}0\text{m}^3/\text{s} = 0{,}90\text{m}^3/\text{s}$ $\mu_A$ = 0,67 $b$ = 5,50 m $a$ = 0,10 m

zu

$$\Delta h = \left(\frac{Q}{\mu_A \cdot a \cdot b \cdot \sqrt{2g}}\right)^2 = \left(\frac{0{,}90}{0{,}67 \cdot 0{,}1 \cdot 5{,}5 \cdot \sqrt{2g}}\right)^2 = 0{,}304 \text{ m}$$

Damit steht als Überfallhöhe $h$ zur Verfügung:

$$h = h_L - w - \Delta\text{h} = 3{,}6 - 3{,}0 - 0{,}304 = 0{,}296 \text{ m}$$

Der Überfallbeiwert errechnet sich nach REHBOCK (Formel 7.18) zu

$$\mu = 0{,}602 + 0{,}083 \cdot \frac{h}{w} = 0{,}602 + 0{,}083 \cdot \frac{0{,}296}{3{,}0} = 0{,}610$$

Der Beiwert $c_{uv}$ wird aus Formel 7.22 unter Ansatz von $Q_{uv}$ = $Q$ berechnet:

$$c_{uv} = \frac{3 \cdot Q_{uv}}{2 \cdot \mu \cdot b \cdot \sqrt{2g} \cdot h^{1,5}} = \frac{3 \cdot 0{,}90}{2 \cdot 0{,}61 \cdot 5{,}5 \cdot \sqrt{2g} \cdot 0{,}296^{1,5}} = 0{,}564$$

Mit dem Diagramm in Bild 7.17 kann aus Kurve 4 mit dem berechneten Abminderungsbeiwert das Verhältnis $\Delta h_u/h$ = 0,8 entnommen werden. Das Unterwasser überstaut die Wehrkrone folglich mit $\Delta h_u = 0{,}8 \cdot h = 0{,}8 \cdot 0{,}296 = 0{,}237$ m. Der Unterwasserstand beträgt also

$$h_u = w + \Delta h_u = 3{,}0 + 0{,}237 = 3{,}237 \text{ m}$$

## Aufgabe 7.5

Zu den Eingangsgrößen der Berechnung:

$$Q = Q_o - Q_u = 0{,}4 - 0 = 0{,}4 \frac{\text{m}^3}{\text{s}}$$

$$h_2 = h_u - w = 0{,}65 - 0{,}5 = 0{,}15 \text{ m}$$

Mit dem Streichwehr müssen also $Q = 0{,}4$ m³/s abgeschlagen werden, die Überfallhöhe am Ende des Streichwehrs ist $h_2 = 0{,}15$ m. Im Weiteren erhält man:

### 1. Berechnungsdurchgang:

- Schätzung von $h_1 = 0{,}10$ m (somit $h_o = 0{,}60$ m)
- $h = (h_1 + h_2)/2 = 0{,}125$ m und $h/(h + w) = 0{,}20$
- Ablesung aus Bild 7.20: $\zeta = 0{,}7$
- Zur Berechnung mit Formel 7.25 wird $v_o = Q_o/(b \cdot h_o) = 1{,}333$ m/s und $v_u = Q_u/(b \cdot h_u) = 0$ m/s
- Somit wird $h_1 = h_2 - \zeta \cdot \left(1{,}1 \cdot \frac{v_o^2}{2g} - 1{,}1 \cdot \frac{v_u^2}{2g}\right) = 0{,}08 \text{ m}$

Der geschätzte und berechnete Wert von $h_1$ differieren, daher erfolgt eine Neuberechnung mit $h_1 = 0{,}08$ m:

### 2. Berechnungsdurchgang:

- Übernahme von $h_1 = 0{,}08$ m (somit $h_o = 0{,}58$ m)
- $h = (h_1 + h_2)/2 = 0{,}115$ m und $h/(h + w) = 0{,}187$
- Ablesung aus Bild 7.20: $\zeta = 0{,}72$
- Zur Berechnung mit Formel 7.25 wird $v_o = Q_o/(b \cdot h_o) = 1{,}379$ m/s und $v_u = Q_u/(b \cdot h_u) = 0$ m/s
- Somit wird $h_1 = h_2 - \zeta \cdot \left(1{,}1 \cdot \frac{v_o^2}{2g} - 1{,}1 \cdot \frac{v_u^2}{2g}\right) = 0{,}073 \text{ m}$

Der geschätzte und berechnete Wert von $h_1$ differieren, daher erfolgt eine Neuberechnung mit $h_1 = 0{,}073$ m:

**3. Berechnungsdurchgang:**

- Übernahme von $h_1$ = 0,073 m (somit $h_o$ = 0,573 m)
- $h = (h_1 + h_2)/2$ = 0,112 m und $h/(h + w)$ = 0,183
- Ablesung aus Bild 7.20: $\zeta$ = 0,73
- Zur Berechnung mit Formel 7.25 wird $v_o = Q_o/(b \cdot h_o)$ = 1,396 m/s und $v_u = Q_u/(b \cdot h_u)$ = 0 m/s
- Somit wird $h_1 = h_2 - \zeta \cdot \left(1{,}1 \cdot \frac{v_o^2}{2g} - 1{,}1 \cdot \frac{v_u^2}{2g}\right) = 0{,}070 \text{ m}$

Der neu berechnete Wert $h_1$ liegt ausreichend nahe am übernommenen, die mittlere Überströmhöhe ist damit $h$ = 0,11 m, und die oberwasserseitige Höhe ist $h_o$ = 0,57 m.

Die umgestellte Formel 7.23 liefert schließlich die erforderliche Überfalllänge $L$ des Streichwehrs:

$$L = \frac{Q}{\mu \cdot \delta \cdot \frac{2}{3} \cdot \sqrt{2g} \cdot h^{1,5}} = \frac{0{,}4}{0{,}65 \cdot 1{,}0 \cdot \frac{2}{3} \cdot \sqrt{19{,}62} \cdot 0{,}11^{1,5}} = 5{,}71 \text{ m}$$

Die vorhandene Beckenbreite ist mit $B$ = 6,5 m größer als die erforderliche Überfalllänge $L$ = 5,71 m, damit ist die Beckenbeschickung auf die geplante Art möglich.

Die Überprüfung der Froudezahl ergibt mit $Fr_0 = 1{,}404 / \sqrt{9{,}81 \cdot 0{,}57} = 0{,}59$ einen Wert $Fr_o < 0{,}75$, der mit strömenden Zuflussverhältnissen die Zulässigkeit des verwendeten Verfahrens ausdrückt.

## Aufgabe 7.6

Durch eine größere Rechenneigung $\beta$ als die in Beispiel 7.8 vorgegebene Neigung von 10° ergeben sich ein geringerer Faktor $\kappa$ (0,872) und ein kleinerer Wert für cos $\beta$ (0,966). Damit errechnet sich mit Formel 7.26 eine größere erforderliche Länge $L$, beispielsweise erhält man mit $\beta$ = 15° die Länge $L$ = 5,84 m statt 5,55 m.

## Aufgabe 7.7

Grundlage zur Bearbeitung dieser Aufgabe ist der Zusammenhang gemäß Formel 7.32. Aufgelöst nach dem Term mit den fraglichen Größen erhält man

$$d_2^2 \cdot \sqrt{z_2} = d_1^2 \cdot \sqrt{z_1} - \frac{t \cdot 10 \cdot \mu_A \cdot d_A^2 \cdot \pi \cdot \sqrt{2g}}{\pi \cdot 4}$$

$$=1{,}2^2\cdot\sqrt{0{,}9}-\frac{15\cdot 10\cdot 0{,}88\cdot 0{,}05^2\cdot\sqrt{19{,}62}}{4}=0{,}522$$

Aus der wegen der Kegelform möglichen linearen Interpolation des gesuchten Durchmessers $d_2$ ergibt sich für die Geometrie des Behälters

$$d_2=d_A+z_2\cdot\frac{d_1-d_A}{z_1}=0{,}05+z_2\cdot\frac{0{,}9-0{,}05}{1{,}2}=0{,}05+z_2\cdot 0{,}708 \tag{10.2}$$

Mit den beiden Formeln 10.2 und 10.3 muss nun die Lösung für die zwei unbekannten Größen $d_2$ (Durchmesser) und $z_2$ (Wasserspiegel) gefunden werden. Dies kann auf iterativem Weg oder grafisch erfolgen. Diesmal wird die grafische Lösung gewählt und in Bild 10.21 dargestellt.

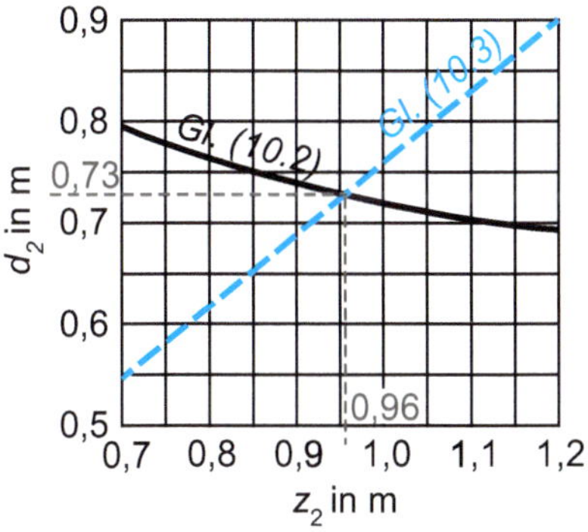


**Bild 10.21**
Grafische Lösung von Aufgabe 7.7

Nach $t$ = 15 s sinkt der Wasserspiegel also von 1,2 m auf $z_2$ = 0,96 m, der Durchmesser des Wasserspiegels beträgt dann $d_2$ = 0,73 m.

## Aufgabe 7.8

Bei zu großem Öffnungsdurchmesser strömt ein im Vergleich zum Behältervolumen großes Flüssigkeitsvolumen von einem Behälter zum anderen. Dadurch wird eine große Masse aktiviert, die eine so hohe Trägheit aufweist, dass sie sich über den ausgeglichenen Flüssigkeitsspiegel hinaus zum anderen Behälter bewegt. Maßgeblich ist damit das Verhältnis des strömenden Flüssigkeitsvolumens zur im Behälter vorhandenen Masse; die Strömungsgeschwindigkeit ist von untergeordneter Bedeutung.

# 10.8 Lösungen zu Aufgaben in Kapitel 8

## Aufgabe 8.1

Mit den gegebenen Größen bleiben die Standrohrspiegelhöhen und die Druckhöhen auch bei verdoppelter Länge $L$ unverändert, da die Lagen der Beobachtungspunkte A bis C relativ zu $L$ angegeben sind. Die Filtergeschwindigkeit und der breitenbezogene Abfluss jedoch halbieren sich:

$$v_f = k_f \cdot \frac{h_L - h_R}{L} = 5 \cdot 10^{-4} \cdot \frac{12-8}{36} = 5{,}55 \cdot 10^{-5}\ \frac{\mathrm{m}}{\mathrm{s}} = 0{,}055\ \frac{\mathrm{mm}}{\mathrm{s}} \tag{10.3}$$

$$q_f = v_f \cdot a = 5{,}55 \cdot 10^{-5} \cdot 6 = 0{,}00033\ \frac{\mathrm{m}^3}{\mathrm{s} \cdot \mathrm{m}} = 0{,}33\ \frac{\mathrm{l}}{\mathrm{s} \cdot \mathrm{m}}$$

## Aufgabe 8.2

Das Potentialliniennetz im Fall der Baugrubenwand stellt sich wie in Bild 10.22 dar.

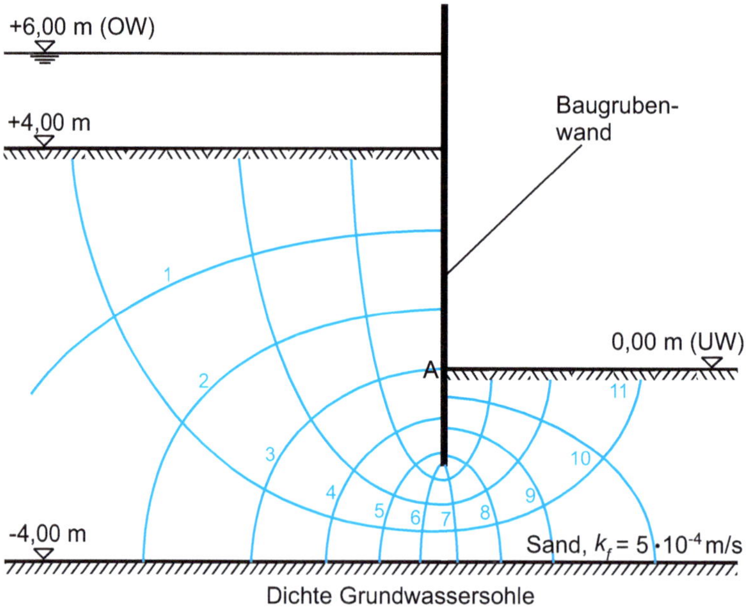


**Bild 10.22** Potentialliniennetz zu Aufgabe 8.2

Pro Potentialstufe wird damit der elfte Teil des Wasserspiegelunterschiedes zwischen OW und UW abgebaut. Daher kann an jeder Stelle im Bereich der Baugrubenwand der entsprechende Wasserdruck ermittelt werden.

Die gesamte Verlusthöhe infolge der Baugrubenwandumströmung beträgt $h_f$ = OW - UW = 6,0 m. Aus dem Potentialliniennetz in Bild 10.22 sind elf Potentialstufen ($m$ = 11) bei 4 Stromröhren ($n$ = 4) zu erkennen. Der Durchfluss unter der Baugrubenwand beträgt daher mit Formel 8.10

$$Q = q \cdot b = \frac{n}{m} \cdot k_f \cdot h_f \cdot b = \frac{4}{11} \cdot 5 \cdot 10^{-4} \cdot 6{,}0 \cdot 40 = 0{,}0436 \, \frac{\mathrm{m}^3}{\mathrm{s}} = 43{,}6 \, \frac{\mathrm{l}}{\mathrm{s}}$$

In jeder Sekunde wird die Baugrubenwand also mit 43,6 Liter Wasser unterströmt, das sind gut 2,6 m³ je Minute. Pro Potentialstufe erfolgt ein Potentialabbau von

$$\Delta h = \frac{h_f}{m} = \frac{6{,}0}{11} = 0{,}545 \text{ m}$$

Mit dieser Verlusthöhe pro Potentialstufe errechnet sich der Wasserdruck am Punkt A (3. Potentialstufe $m_A$ = 3) zu

$$p = \rho g \cdot h_f - \rho g \cdot m_A \cdot \Delta h = 9810 \cdot 6{,}0 - 9810 \cdot 3 \cdot 0{,}545 = 42.821 \, \frac{\mathrm{N}}{\mathrm{m}^2} = 42{,}8 \, \frac{\mathrm{kN}}{\mathrm{m}^2}$$

## Aufgabe 8.3

Das Potentialliniennetz für die Dammdurchströmung ergibt sich wie folgt:

Aus den 12 Potentialstufen von der wasserseitigen Böschung bis zur Austrittshöhe $h_A$ sowie den 4 Stromröhren errechnet sich die Durchsickerung $q$ des homogenen Dammes zu

$$q = \frac{n}{m} \cdot k_f \cdot \left(h_o - h_f\right) = \frac{4}{12} \cdot 3 \cdot 10^{-6} \cdot \left(10{,}0 - 3{,}32\right) = 6{,}68 \cdot 10^{-6} \, \frac{\mathrm{m}^3}{\mathrm{s} \cdot \mathrm{m}} = 0{,}007 \, \frac{\mathrm{l}}{\mathrm{s} \cdot \mathrm{m}}$$

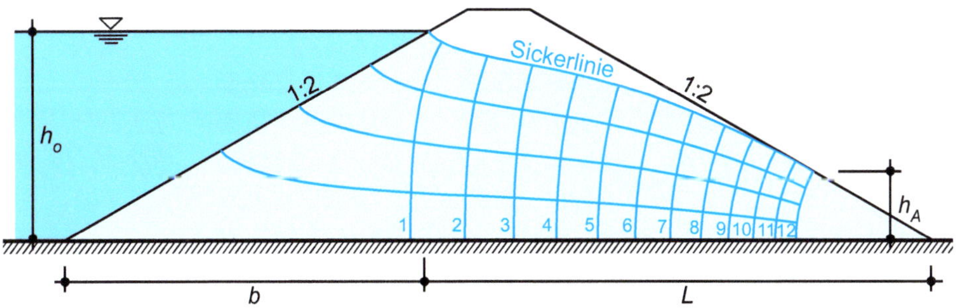


**Bild 10.23** Potentialliniennetz in Aufgabe 8.3

## Aufgabe 8.4

Durch Vorgabe der Absenkung $s$ können die Grundwassertiefe am Rand des Entwässerungsgrabens $h = H - s$, die Reichweite der Absenkung $R$ (Formel 8.16), die Ergiebigkeit der Grabenumgebung $Q_E$ (Formel 8.15b) und das Fassungsvermögen des Brunnens $Q_F$ (Formel 8.17) berechnet werden (Tabelle 10.14).

**Tabelle 10.14** Iterative Berechnung des Entwässerungsgrabens

| Parameter | Schritt 1 | Schritt 2 | Schritt 3 | Schritt 4 | Schritt 5 |
|---|---|---|---|---|---|
| $s$ in m | 7,94 | 7,95 | 7,96 | 7,97 | 7,98 |
| $h$ in m | 0,06 | 0,05 | 0,04 | 0,03 | 0,02 |
| $R$ in m | 1357,9 | 1359,7 | 1361,4 | 1363,1 | 1364,8 |
| $Q_E$ in m³/s | $12{,}3 \cdot 10^{-3}$ | $12{,}2 \cdot 10^{-3}$ | $12{,}2 \cdot 10^{-3}$ | $12{,}2 \cdot 10^{-3}$ | $12{,}2 \cdot 10^{-3}$ |
| $Q_F$ in m³/s | $18{,}2 \cdot 10^{-3}$ | $15{,}2 \cdot 10^{-3}$ | $12{,}2 \cdot 10^{-3}$ | $9{,}1 \cdot 10^{-3}$ | $6{,}1 \cdot 10^{-3}$ |

Für eine Absenkung $s$ = 7,96 m errechnet sich damit eine Grabenleistung von $Q$ = 12,2 l/s. Die Reichweite beträgt dabei etwa $R$ = 1.361 m.

# ■ 10.9 Lösungen zu Aufgaben in Kapitel 9

## Aufgabe 9.1

Die Berechnung der Masche mit vier Knoten erfolgt tabellarisch nach einer Schätzung der Leitungsdurchflüsse (Tabelle 10.15).

**Tabelle 10.15** Iterative Berechnung der Rohrmasche in Aufgabe 9.1

| Masche | Strang | $Q_i$ in m³/s | $\lambda_i$ | $B_i$ in m²/s⁵ | $\Delta h_i$ in m | $2 \cdot B_i \cdot \lvert Q_i \rvert$ | Korrektur mit Formel 9.4 |
|---|---|---|---|---|---|---|---|
| Berechnungsschritt 1 | | | | | | | |
| 1 | A-B | 0,050 | 0,030 | 2323,8 | 5,810 | 232,38 | $\Delta Q_{M1}$ = 0,00167 m³/s |
| | B-C | 0,030 | 0,030 | 1549,2 | 1,394 | 92,95 | |
| | C-D | -0,020 | 0,030 | 1549,2 | -0,620 | 61,97 | |
| | D-A | -0,050 | 0,030 | 3098,4 | -7,746 | 309,84 | |
| Summen: | | | | | -1,162 | 697,14 | |

| Masche | Strang | $Q_i$ in $m^3/s$ | $\lambda_i$ | $B_i$ in $m^2/s^5$ | $\Delta h_i$ in m | $2 \cdot B_i \cdot \lvert Q_i \rvert$ | Korrektur mit Formel 9.4 |
|---|---|---|---|---|---|---|---|
| Berechnungsschritt 2 | | | | | | | |
| 1 | A-B | **0,05167** | 0,030 | 2323,8 | 6,204 | 240,14 | $\Delta Q_{M1}$ = 0,0 $m^3/s$ |
| | B-C | **0,03167** | 0,030 | 1549,2 | 1,554 | 98,13 | |
| | C-D | **-0,01833** | 0,030 | 1549,2 | -0,521 | 56,79 | |
| | D-A | **-0,04833** | 0,030 | 3098,4 | -7,237 | 299,49 | |
| Summen: | | | | | 0 | 694,55 | |

Damit ergeben die fett markierten Werte die gesuchten Durchflüsse der Masche mit vier Knoten.

## Aufgabe 9.2

Im ersten Teil der Eisenbahn-Analogie in Bild 9.4 wird Überdruck aufgebaut, der anschließend durch die rückwärtige Bewegung wieder abgebaut wird. Dieser Abbau geschieht über den ursprünglichen, stationären Zustand hinaus, sodass sich nun Unterdruck ergibt. Dieser äußert sich in Zugkräften zwischen und auf die Waggons. Gleiches passiert in einer Flüssigkeitsmasse nach der Strömungsumkehr. Diese bewirkt einen negativen Druckunterschied $\Delta h$ im Vergleich zur stationären Druckhöhe. Daher ist die Druckhöhendifferenz im Laufe der Strömungsumkehr zu subtrahieren.

## Aufgabe 9.3

Bei der Störung handelt es sich um einen Absperrsunk hinter der Regelvorrichtung. Die Berechnung der Ausbreitungsgeschwindigkeit der Störung erfolgt gemäß Formel 9.11

$$c = \sqrt{g \cdot \frac{A_0}{b_m}} \cdot \sqrt{1 + \frac{3}{2} \cdot z \cdot \frac{b_m}{A_0} + \frac{1}{2} \cdot \left( z \cdot \frac{b_m}{A_0} \right)^2}$$

mit den Größen

$$A_0 = \frac{d^2 \cdot \pi}{4} \cdot \frac{1}{2} = \frac{3{,}0^2 \cdot \pi}{8} = 3{,}534 \text{ m}^2$$

$$v_0 = \frac{Q_0}{A_0} = \frac{5{,}0}{3{,}534} = 1{,}415 \, \frac{\text{m}}{\text{s}}$$

$$b = d = 3{,}0 \text{ m}$$

$$z = -0{,}20 \text{ m}$$

Daraus errechnet sich nun

$$c=\sqrt{g\cdot\frac{3,534}{3,0}}\cdot\sqrt{1+\frac{3}{2}\cdot(-0,20)\cdot\frac{3,0}{3,534}+\frac{1}{2}\cdot\left((-0,20)\cdot\frac{3,0}{3,534}\right)^2}$$

$$=3,399\cdot0,872=2,964\,\frac{\mathrm{m}}{2}$$

Der Korrekturfaktor in Formel 9.11 kann hier direkt ohne Iteration ermittelt werden, da die fraglichen Größen vorgegeben sind.

Die Größe $a$ als Ausbreitungsgeschwindigkeit der Störung erhält man zu

$$a=v_0+c=1,415+2,964=4,379\,\frac{\mathrm{m}}{\mathrm{s}}$$

Mit Formel 9.10 wird dann der Differenzabfluss zu

$$\Delta Q=\Delta A\cdot a=b\cdot z\cdot a=3,0\cdot(-0,20)\cdot4,379=-2,627\,\frac{\mathrm{m}^3}{\mathrm{s}}$$

und somit der vorübergehend verminderte Abfluss

$$Q_1=Q_0+\Delta Q=5,0-2,627=2,373\,\frac{\mathrm{m}^3}{\mathrm{s}}$$

## Aufgabe 9.4

Der Abfluss aus der Talsperre in Beispiel 9.4 wird nun auf eine Maximalabgabe von $Q_A$ = 22 500 m³/h reguliert, die Zuflussganglinie $Q_Z(t)$ bleibt dagegen unverändert. Damit erhält man durch Retentionswirkung die geregelte Abflussganglinie $Q_A$ gemäß Bild 10.24.

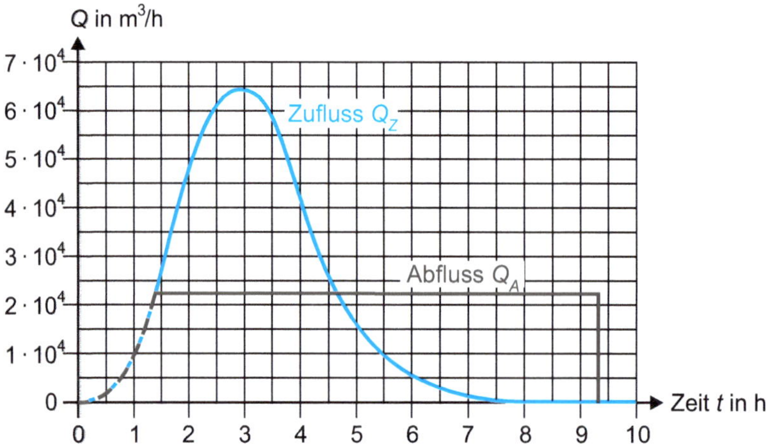


**Bild 10.24** Zuflussganglinie $Q_Z$ und geregelte Abflussganglinie $Q_A$ in Aufgabe 9.4

Das zum Rückhalt erforderliche Speichervolumen kann nun in Tabelle 10.16 als $\Sigma S$ berechnet werden.

**Zur Erläuterung des Rechenganges:**

- Mit den beiden gegebenen Randbedingungen Zuflussganglinie $Q_Z$ und Abflussganglinie $Q_A$ erhält man durch Anwendung der Formeln 9.12 und 9.14 den maximalen Speicherinhalt $\Delta S$ als notwendiges Retentionsvolumen:

$$\Sigma S = S_i + \Delta S = S_i + \left[\frac{Q_{Z,i} + Q_{Z,i+1}}{2} - Q_A\right] \cdot \Delta t$$

- Der Zeitpunkt, an dem $Q_Z = Q_A$ ist, wird durch Interpolation ermittelt:

$$1{,}0 + \frac{22.500 - 9000}{27.000 - 9000} \cdot (1{,}5 - 1{,}0) = 1{,}0 + 0{,}375 = 1{,}375 \text{ h}$$

- Zu diesem Zeitpunkt beginnt nun mit $S = 0$ die Speicherfüllung. Die Zeitspanne vom Beginn der Speicherfüllung bis zum nächsten regulären Berechnungszeitpunkt muss ebenfalls gesondert ermittelt werden. Die weitere Berechnung erfolgt dann mit Formel 9.12:

$$\Delta S = \left[\frac{Q_{Z,i} + Q_{Z,i+1}}{2} - Q_A\right] \cdot \Delta t = \left[\frac{22.500 + 27.000}{2} - 22.500\right] \cdot 0{,}125 = 281{,}25 \text{ m}^3$$

**Tabelle 10.16** Lösung zu Aufgabe 9.4

| $t$ | $Q_Z$ | $\Sigma Q_Z$ | $Q_A$ | $\Sigma Q_A$ | $\Delta t$ | $S$ | $\Sigma S$ |
|---|---|---|---|---|---|---|---|
| in $h$ | in m³/h | in m³/h | in m³/h | in m³/h | in $h$ | in m³ | in m³ |
| 0,0 | 0 | 0 | 0 | 0 | 0,0 | 0 | 0 |
| 0,5 | 2000 | 2000 | 2000 | 2000 | 0,5 | 0 | 0 |
| 1,0 | 9000 | 11000 | 9000 | 11000 | 0,5 | 0 | 0 |
| 1,375 | 22500 | 33500 | 22500 | 33500 | 0,375 | 0 | 0 |
| 1,5 | 27000 | 60500 | 22500 | 56000 | 0,125 | 281,25 | 281,25 |
| 2,0 | 48000 | 108500 | 22500 | 78500 | 0,5 | 7500,00 | 7781,25 |
| 2,5 | 60500 | 169000 | 22500 | 101000 | 0,5 | 15875,00 | 23656,25 |
| 3,0 | 64000 | 233000 | 22500 | 123500 | 0,5 | 19875,00 | 43531,25 |
| 3,5 | 59000 | 292000 | 22500 | 146000 | 0,5 | 19500,00 | 63031,25 |
| 4,0 | 42000 | 334000 | 22500 | 168500 | 0,5 | 14000,00 | 77031,25 |
| 4,5 | 26000 | 360000 | 22500 | 191000 | 0,5 | 5750,00 | **82781,25** |
| 5,0 | 16000 | 376000 | 22500 | 213500 | 0,5 | -750,00 | 82031,25 |
| 5,5 | 9500 | 385500 | 22500 | 236000 | 0,5 | -4875,00 | 77156,25 |
| ... | ... | ... | ... | ... | ... | ... | ... |

Vergleicht man die Ergebnisse von Beispiel 9.4 (ungeregelter Abfluss) und Aufgabe 9.4 (geregelter Abfluss), so zeigt sich trotz der geringeren, nun aber gleichmäßigen Maximalabgabe bei geregeltem Abfluss ein kleineres erforderliches Speichervolumen.

## Aufgabe 9.5

Die Ergebnisse aus Beispiel 9.4 und Aufgabe 9.4 können über den Volumenausgleich $V_Z = V_A$ zwischen Füll- und Entleerungsphase des Speichers kontrolliert werden, siehe Bild 10.25. Dies gilt sowohl für ungeregeltes als auch geregeltes Abflussverhalten aus einem Speicher.

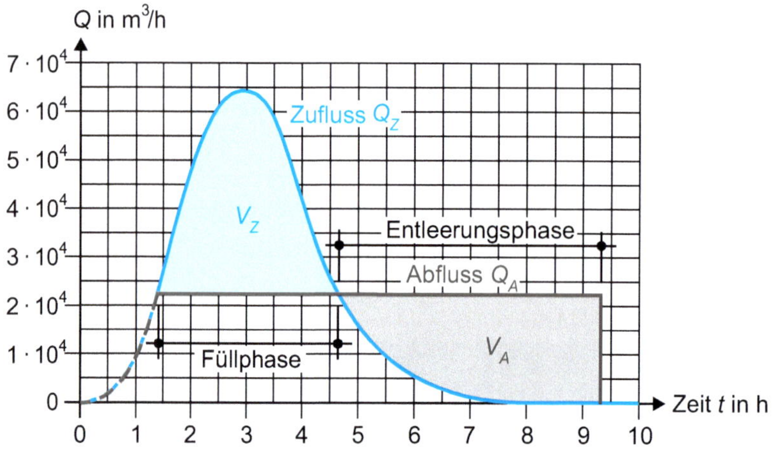


**Bild 10.25** Volumenausgleich zwischen Füll- und Entleerungsphase des Speichers

## Aufgabe 9.6

Das Minimalvolumen $V_{min}$ wird umso geringer, je besser der Zufluss an die Verbrauchsganglinie angepasst werden kann. Im Fall von Beispiel 9.5 könnte der Zeitraum des Pumpenzulaufs – sofern im Wasserwerk realisierbar – beispielsweise auf 6 bis 22 Uhr gelegt werden bei gleichzeitiger Erhöhung des Zuflusses auf $Q_P$ = 500 m³/h. Mit diesen Maßnahmen ließe sich das fluktuierende Wasservolumen auf $V_{min} = |V_1| + |V_2| = 400 + 680\ \text{m}^3 = 1080\ \text{m}^3$ reduzieren.

# Literatur


[1] Aigner, D.; Bollrich, G.: Handbuch der Hydraulik, 2. Auflage, Beuth Verlag, Berlin 2021

[2] Albert, A. (Hrsg.): Schneider Bautabellen für Ingenieure, 24. Auflage, Reguvis Fachmedien, Köln 2020

[3] Bohl, W.; Elmendorf, W.: Technische Strömungslehre, 13. Auflage, Vogel Buchverlag, Würzburg 2005

[4] Bollrich, G.: Technische Hydromechanik 1, 8. Auflage, Beuth Verlag, Berlin 2019

[5] Chow, V. T.: Open Channel Hydraulics, Mc Graw-Hill Book Comp., New York 1959

[6] Döhla, W.; Kilger, H.-J.: Zur Berechnung hydraulischer Verzweigungen, VDI-Fortschrittsberichte Reihe 7 Nr. 128, VDI-Verlag, Düsseldorf 1987

[7] DVGW-Merkblatt W 302: Hydraulische Berechnung von Rohrleitungen und Rohrnetzen; Druckverlusttafeln für Rohrdurchmesser von 40 – 2000 mm, 1981

[8] DWA: Fachwörterbuch Deutsch - Englisch, Englisch - Deutsch, Hennef 2007

[9] Frank, G.: Hydraulische Untersuchungen für das Tiroler Wehr. Der Bauingenieur, 1956, Heft 3

[10] Franke, P.-G.: Hydraulik für Bauingenieure, Verlag de Gruyter, Berlin 1974

[11] Gardel, A.: Pressure Drop in Flows through T-shaped Pipe Fittings, Bulletin Technique de la Suisse Romande, Vol. 83 No. 9 (pp. 123 – 130) and 10 (pp. 143 – 149), 1957

[12] Giles, R. V.; Evett, J. B.; Liu, C.: Fluid Mechanics and Hydraulics, Fourth Edition, Mc Graw-Hill Book Comp., New York 2014

[13] Hager, W. H.: Abwasserhydraulik – Theorie und Praxis, Springer-Verlag, Berlin Heidelberg 1994

[14] Heinemann, E.; Feldhaus, R.: Hydraulik für Bauingenieure, 2. Auflage, Teubner Verlag, Stuttgart 2003

[15] Hinkelmann, R.: Hydrologie und Wasserwirtschaft - Speicherwirtschaft, Vorlesungsunterlagen TU Berlin, 2006

[16] Holschemacher, K. (Hrsg.): Entwurfs- und Berechnungstafeln für Bauingenieure, 2. Auflage, Bauwerk Verlag, Berlin 2005

[17] Idelčik, I. E.: Handbook of Hydraulic Resistance, Third Edition, Begell House Inc., New York 1996

[18] Kümmel, W.: Technische Strömungsmechanik, 2. Auflage, Teubner Verlag, Stuttgart 2004

[19] Leske, W.: Neue hydraulische Berechnungsverfahren und Gestaltungsgrundsätze für Hochwasserentlastungsanlagen an Talsperren, Habilitationsschrift, TU Dresden, 1970

[20] Lewinsky-Kesslitz, H. P.: Druckstoßberechnungen für die Praxis, Manz-Verlag Schulbuch, Wien 1998

[21] Miller, D. S.: Internal Flow Systems, BHRA Fluid Engineering, 1978

[22] Mull, R.; Holländer, H.: Grundwasserhydraulik und -hydrologie, Springer-Verlag, Berlin 2002

[23] Naudascher, E.: Hydraulik der Gerinne und Gerinnebauwerke, 2. Auflage, Springer-Verlag, Wien 1992

[24] Preser, F.: Klausurtrainer - Hydromechanik für Bauingenieure, Springer Vieweg Verlag, Wiesbaden 2013

[25] Raabe, J.: Hydraulische Maschinen und Anlagen, VDI-Verlag, Düsseldorf 1989

[26] Rapp, C.: Hydraulik für Ingenieure und Naturwissenschaftler, Springer Vieweg Verlag, Wiesbaden 2017

[27] Rössert, R.: Hydraulik im Wasserbau, 10. Auflage, Oldenbourg Verlag, München 1999

[28] Schmidt, M.: Gerinnehydraulik, Bauverlag, Wiesbaden 1957

[29] Schröder, R. C. M.: Technische Hydraulik, Springer-Verlag, Berlin 1994

[30] Strybny, J.: Ohne Panik Strömungsmechanik, 3. Auflage, Vieweg Verlag, Wiesbaden 2007

[31] Truckenbrodt, E.: Fluidmechanik, Band 1 und 2, Springer-Verlag, Berlin/Heidelberg/New York 1980

[32] Valentin, F.: Grundwasserhydraulik, Vorlesungsunterlagen TU München, 1998

[33] Valentin, F.: Hydraulik I – Einführung in die Hydromechanik, Hydraulik II – Angewandte Hydromechanik, Vorlesungsunterlagen TU München, 1999

[34] Wagner, W.: Strömung und Druckverlust, 5. Auflage, Vogel Buchverlag, Würzburg 2001

[35] Wetzell, O. W. (Hrsg.): Wendehorst Bautechnische Zahlentafeln, 32. Auflage, Teubner Verlag, Stuttgart 2007

[36] Zuppke, B.: Hydromechanik im Bauwesen, 4. Auflage, Bauverlag, Wiesbaden 1992

# Index